U0229908

普通高等教育"十一五"国家级规划教材　计算机系列教材

纪钢 李娅 洪雄 王艳 肖朝晖　编著

Visual Basic 程序设计

清华大学出版社
北　京

内 容 简 介

本书以 Visual Basic 6.0 软件为基础，以计算机程序设计的思想和方法为核心，通过有效的教学方法及应用知识来组织教材内容。全书共分为 11 章，主要内容包括 Visual Basic 程序设计概述、Visual Basic 可视化程序设计基础、Visual Basic 语言程序设计基础、Visual Basic 程序设计基本结构、数组、过程与函数、Visual Basic 主要控件设计及键盘与鼠标事件、Visual Basic 文件系统、对话框与菜单程序设计、Visual Basic 图形处理及工具栏设计、Visual Basic 数据库应用基础。

本书的特点是其内容包含 Visual Basic 软件基础，易懂易学，基本满足 Visual Basic 二级考试大纲，通过实例例程，注重理论性和实用性相结合；各章按照教学要求既有理论知识，又有实验操作；各章教学内容明确，章节衔接合理，使课程的教与学更具目的性和有效性。

本书既可作为高等院校计算机专业和非计算机专业学习 Visual Basic 程序设计的教材，也可供相关工程技术人员和计算机爱好者学习计算机程序设计使用。

图书在版编目（CIP）数据

Visual Basic 程序设计/纪钢等编著. --北京：清华大学出版社，2014
计算机系列教材
ISBN 978-7-302-35212-9

Ⅰ. ①V… Ⅱ. ①纪… Ⅲ. ①BASIC 语言－程序设计 Ⅳ. ①TP312

中国版本图书馆 CIP 数据核字(2014)第 014337 号

责任编辑：付弘宇 薛 阳
封面设计：傅瑞学
责任校对：焦丽丽
责任印制：何 芊

出版发行：清华大学出版社
网 址：http://www.tup.com.cn，http://www.wqbook.com
地 址：北京清华大学学研大厦 A 座 **邮 编**：100084
社 总 机：010-62770175 **邮 购**：010-62786544
投稿与读者服务：010-62776969，c-service@tup.tsinghua.edu.cn
质 量 反 馈：010-62772015，zhiliang@tup.tsinghua.edu.cn
课 件 下 载：http://www.tup.com.cn，010-62795954
印 刷 者：三河市中晟雅豪印务有限公司
装 订 者：三河市新茂装订有限公司
经 销：全国新华书店
开 本：185mm×260mm **印 张**：21 **字 数**：507 千字
版 次：2014 年 2 月第 1 版 **印 次**：2014 年 2 月第1 次印刷
印 数：1～2500
定 价：39.00 元

产品编号：057181-01

前言

FOREWORD

Windows 程序设计是一种面向对象程序设计，其主要方法就是采用将程序设计和对象设计有机地结合在一起，即可视化程序设计方式。可视化程序设计是目前最好的 Windows 应用程序开发工具。Visual Basic 6.0 是一种基于对象的可视化编程语言，因其具有简单易学、开发效率高和功能强大等特点，广泛用于程序设计语言教学及应用程序开发中。

目前有各种 Visual Basic 6.0 程序设计的教材，每本教材都各有自己的特色，Visual Basic 程序设计课程不仅应当使学生掌握程序设计的基本知识、基本方法和编程技能，对学生更应是一种理念、思维方式和知识综合应用能力的培养。本教材的编写以此为出发点，其特点是内容涵盖教育部《关于进一步加强高等学校计算机基础教学的意见》(即白皮书)及 Visual Basic 二级考试大纲；在教材内容的组织及选材上尽量符合学生的学习习惯和思维方式，其教材体系结构具有完整性、系统性和合理性；坚持以计算机程序设计的思想和方法为核心，通过理论知识及实例例程的讲解，使学生从应用程序的组织、协调和控制中领会知识的综合应用方法。同时每章均附有习题，并根据教学要求设计了部分相关的上机实验，以培养学生的编程技能和实际操作能力。

全书由重庆理工大学纪钢、李娅、肖朝晖、洪雄、王艳等老师编写，全书共分 11 章，其中，第 1 章为 Visual Basic 程序设计概述；第 2 章为 Visual Basic 可视化程序设计基础；第 3 章为 Visual Basic 语言程序设计基础；第 4 章为 Visual Basic 程序设计基本结构；第 5 章为数组；第 6 章为过程与函数；第 7 章为 Visual Basic 主要控件设计及键盘与鼠标事件；第 8 章为 Visual Basic 文件系统；第 9 章为对话框与菜单程序设计；第 10 章为 Visual Basic 图形处理及工具栏设计；第 11 章为 Visual Basic 数据库应用基础。

本书既可作为高等院校计算机专业和非计算机专业学习 Visual Basic 程序设计的教材，也可供相关工程技术人员和计算机爱好者学习计算机程序设计使用，同时也可作为参加 Visual Basic 二级等级考试的参考用书。

本书虽经反复修改，但限于作者水平，不当之处仍在所难免，谨请广大读者指正。

编　者

2013 年 9 月

目录

CONTENTS

第1章 Visual Basic 程序设计概述

本章介绍 Visual Basic 6.0 语言、开发集成环境的主要组成部分及其使用。

本章主要任务如下。

- 了解 Visual Basic 6.0 的功能及其特点；
- 掌握 Visual Basic 6.0 开发集成环境的主要组成部分及其使用；
- 了解 Visual Basic 6.0 联机帮助功能的使用方法。

1.1 中文 Visual Basic 6.0 简介

Visual Basic 6.0 是 Microsoft 公司推出的基于 Windows 环境的计算机程序设计语言，它继承了 BASIC 语言简单易学的优点，同时增加了许多新的功能。有的 Visual Basic 采用面向对象的程序设计技术，摆脱了面向过程语言的许多细节，而将主要精力集中在解决实际问题和设计友好界面上，使开发 Windows 应用程序更迅速、简捷。

什么是 Visual Basic? Visual 指的是开发图形用户界面(Graphical User Interface，GUI)的方法。在图形用户界面下，不需要编写大量代码去描述界面元素的外观和位置，而只要将预先建立的对象加到屏幕上的适当位置，再进行简单的设置即可。Basic 指的是 BASIC(Beginners All-Purpose Symbol Instruction Code，初学者通用的符号指令代码)语言，是一种应用十分广泛的计算机语言。Visual Basic 在原有 BASIC 语言的基础上进一步发展，至今包含了数百条语句、函数及关键词，其中很多和 Windows GUI 有直接关系。专业人员可以用 Visual Basic 实现其他任何 Windows 编程语言的功能，而初学者只要掌握几个关键词就可以建立简单的应用程序。

1.1.1 Visual Basic 的发展

1991 年，Microsoft 公司推出 Visual Basic 1.0 版，它虽然存在一些缺陷，但仍受到了广大程序员的青睐，随后 Microsoft 公司又分别在 1992 年、1993 年、1995 年和 1997 年相继推出了 2.0、3.0、4.0、5.0 等多个版本。目前常用的版本 Visual Basic 6.0 是 1998 年下半年推出的。Visual Basic 6.0 版较以前版本其功能和性能都大大增强了，它还提供了新的、灵巧的数据库和 Web 开发工具。

Visual Basic 6.0 有三种版本，分别为学习版、专业版和企业版。

学习版使编程人员能轻松开发 Windows 和 Windows NT(R)的应用程序。该版本包括所有的内部控件以及网络、选项卡和数据绑定控件。学习版提供的文档有 Learn VB Now CD 和包含全部联机文档的 Microsoft Developer Network CD。

专业版为专业编程人员提供了一整套功能完备的开发工具。该版本包括学习版的全部功能以及 ActiveX 控件、Internet Information Server Application Designer、集成的 Visual Database Tools 和 Data Environment、Active Data Objects 以及 Dynamic HTML Page Designer。专业版提供的文档有 Visual Studio Professional Features 手册和包含全部联机文档的 Microsoft Developer Network CD。

企业版使得专业编程人员能够开发功能强大的组内分布式应用程序。该版本包括专业版的全部功能以及 Back Office 工具(如 SQL Server、Microsoft Transaction Server、Internet Information Server、Visual SourceSafe、SNA Server 以及其他)。企业版提供的文档有 Visual Studio Enterprise Features 手册以及包含全部联机文档的 Microsoft Developer Network CD。

这三个版本是在相同的基础上建立起来的,用以满足不同层次用户的需要。对大多数用户来说,专业版就可以满足要求。本书使用的是 Visual Basic 6.0 企业版(中文),而书中介绍的内容尽量做到与版本无关。

1.1.2 Visual Basic 的特点

Visual Basic 有以下几个主要的特点。

1) 提供了面向对象的可视化编程工具

Visual Basic 采用的是面向对象的程序设计方法(Object Oriented Programming, OOP),它把程序和数据封装在一起,视作一个对象。设计程序时只需从现有的工具箱中"拖"出所需的对象,如按钮、滚动条等,并为每一个对象设置属性,就可以在屏幕上"画"出所需的用户界面,因而程序设计的效率可以大大提高。

2) 事件驱动的编程方式

传统的程序设计是一种面向过程的方式,程序总是按事先设计好的流程运行,即用户不能随意改变、控制程序的流向,这不符合人类的思维习惯。在 Visual Basic 中,用户的动作-事件控制着程序的流向,每个事件都能驱动一段程序的运行。程序员只需编写响应用户动作的代码,而各个动作之间不一定有联系,这样的应用程序代码一般比较短,所以程序易于编写与维护。

3) 结构化的程序设计

尽管 Visual Basic 是面向对象的程序设计语言,但是在具体的时间或过程编程中,仍要采用结构化的程序设计。Visual Basic 具有丰富的数据类型和结构化程序结构,而且简单易学。此外,作为一种程序设计语言,Visual Basic 还有以下独到之处:

增强了数值和字符串处理功能,和传统的 BASIC 语言相比有许多改进;

提供了丰富的图形及动画指令,可方便地绘制各种图形;

提供了定长和动态(变长)数组,有利于简化内存管理;

增加了递归过程调用,使程序更为简练;

提供了一个可供应用程序调用的包含多种类型的图标库;

具有完善的调试、运行出错处理。

4) 提供了易学易用的应用程序集成开发环境

在 Visual Basic 的集成开发环境中,用户可设计界面、编写代码、调试程序,直至将应用程序编译成可执行文件在 Windows 上运行，使用户在友好的开发环境中工作。

5）支持多种数据库系统的方向

数据访问特性允许对包括 Microsoft SQL Server 和其他企业数据库在内的大部分数据库格式建立数据库和前端应用程序，以及可调整的服务器端部件。利用数据控件可访问 Microsoft Access、Dbase、Microsoft FoxPro、Paradox 等，也可以访问 Microsoft Excel、Lotus 1-2-3 等多种电子表格。

6）支持动态数据交换（DDE）、动态链接库（DLL）和对象的连接与嵌入（OLE）

动态数据交换是 Microsoft Windows 除了剪贴板和动态链接函数库以外，在 Windows 内部交换数据的三种方式。利用这项技术可使 Visual Basic 的开发能够用程序与其他 Windows 应用程序之间建立数据通信。

动态链接库中存放了所有 Windows 应用，用程序可以共享的代码和资源，这些代码或函数可以用多种语言写成。Visual Basic 利用这项技术可以调用任何语言产生的 DLL，也可以调用 Windows 的应用程序接口（API）函数，以实现 SDK 所能实现的功能。

对象的连接与嵌入是 Visual Basic 访问所有对象的一种方法。利用 OLE 技术，Visual Basic 将其他应用软件作为一个对象嵌入到应用程序中进行各种操作，也可以将各种基于 Windows 的应用程序嵌入到 Visual Basic 应用程序中，实现声音、图像、动画等多媒体的功能。

7）完备的联机帮助功能

与 Windows 环境下的其他软件一样，在 Visual Basic 中，利用帮助菜单和 F1 功能键，用户可以随时方便地得到所需的帮助信息。Visual Basic 帮助窗口中显示了有关的示例代码，通过复制、粘贴操作可获得大量的示例代码，为用户的学习和使用提供了极大的方便。

另外，Visual Basic 6.0 与以前的版本不同，它是 Visual Studio 家族的一个组件，保留了 Visual Basic 5.0 的优点，如在开发环境上的改进，增加了工作组，在代码编辑器中提供了控件属性/方法的自动提示，能编译成本机代码，大大提高程序的执行速度等。同时，Visual Basic 6.0 在数据技术、Internet 技术及智能化向导方面都有了许多新的特性。读者可通过阅读 Visual Basic 6.0 的帮助系统来了解新特性。

1.2 Visual Basic 6.0 的集成开发环境

Visual Basic 集成开发环境（IDE），为用户提供了整套的工具，方便用户开发应用程序。它在一个公共环境里集成许多不同的功能，如设计、编辑、编译和调试。下面介绍 Visual Basic 6.0 的集成开发环境。

1.2.1 主界面

当启动 Visual Basic 6.0 时，可以见到如图 1-1 所示的“新建工程”界面，界面中列出了可建立的工程类型。其中会提示选择要建立的工程类型。使用 Visual Basic 6.0 可以生成 13 种类型的应用程序（图中仅看到 10 种，通过拖动滚动条可看到另外 3 种）。

在图 1-1 中的界面中有以下三个选项卡。

(1) 新建：这个选项卡中列出了可生成的工程类型，“新建”选项卡中的工程是用户从头开始创建的。

(2) 现存：这个选项卡中列出了可以选择和打开的现有工程。

(3) 最新：这个选项卡中列出了最近使用过的工程，用户可以选择打开一个需要的工程。

选择“新建”选项卡中的“标准 EXE”图标并单击“打开”按钮，可以打开如图 1-2 所示的 Visual Basic 6.0 集成开发环境窗口。

图 1-1　Visual Basic 6.0 中可以新建的工程类型

需要说明的是，一般启动时，可能见不到图 1-2 中的“立即”界面。在 Visual Basic 集成环境中的其他窗口，都可以通过“视图”菜单中的相应命令来打开和关闭这个窗口。

(1) 标题栏

标题栏位于主界面最上面的一行，如图 1-2 所示。标题栏显示界面标题及工作模式，启动时显示为“工程 1-Microsoft Visual Basic[设计]”，表示 Visual Basic 处于程序设计模式。Visual Basic 有三种工作模式：设计(Design)模式、运行(Run)模式和中断(Break)模式。

设计模式：可进行用户界面的设计和代码的编制，以完成应用程序的开发。

运行模式：运行应用程序，这时不可编辑代码，也不可编辑界面。处于这种模式时，标题栏中的标题为“工程 1-Microsoft Visual Basic[运行]”。

中断模式：应用程序运行暂时中断，这时可以编辑代码，但不可编辑界面。此时，标题栏中的标题为“工程 1-Microsoft Visual Basic[中断]”。按 F5 键或单击工具栏的继续按钮，程序继续运行；单击结束按钮，程序停止运行。在此模式下会弹出“立即”界面，在“立即”界面内可输入简短的命令，并立即执行。

(2) 菜单栏

Visual Basic 集成开发环境的菜单栏中包含使用 Visual Basic 所需要的命令。它除了提供标准“文件”、“编辑”、“视图”、“窗口”和“帮助”菜单之外，还提供了编程专用的功能菜单，如“工程”、“格式”、“调试”、“外接程序”等 13 个菜单。

Visual Basic 6.0 集成开发环境中的基本菜单如下。

文件：包含打开和保存工程以及生成可执行文件的命令。

编辑：包含编辑命令和其他一些格式化、编辑代码的命令，以及其他编辑功能命令。

视图：包含显示和隐藏 IDE 元素的命令。

工程：包含在工程中添加构件、引用 Windows 对象和工具箱新工具的命令。

格式：包含对齐窗口控件的命令。

调试：包含一些通用的调试命令。

运行：包含启动、设置断点和终止当前应用程序运行的命令。

查询：包含操作数据库表时的查询命令以及其他数据访问命令。

图标：包含操作 Visual Basic 工程时的图标处理命令。

工具：包含建立 ActiveX 控件时需要的工具命令，并可以启动菜单编辑器以及配置环境选项。

外界程序：包含可以随意增删的外界程序。缺省时这个菜单中只有“可视化数据管理器”选项。通过“外接程序管理器”命令可以增删外界程序。

窗口：“包含屏幕窗口布局命令”。

帮助：提供相关帮助信息。

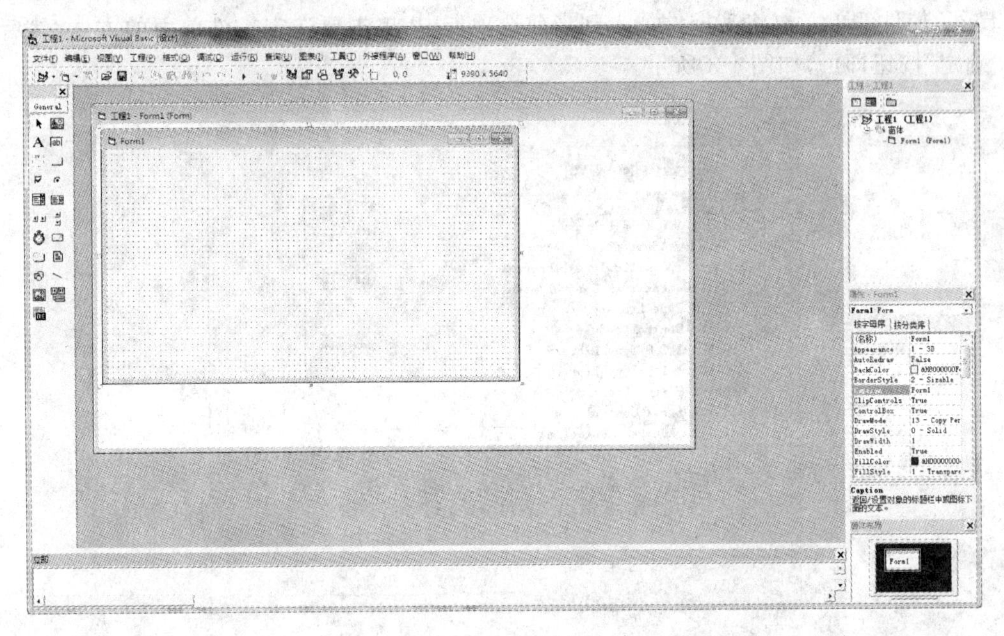

图 1-2　Visual Basic 6.0 集成开发环境

(3) 工具栏

工具栏在编程环境下提供对于常用命令的快速访问。单击工具栏上的按钮，即可执行该按钮所代表的操作。按照默认规定，启动 Visual Basic 之后将显示“标准”工具栏。其他工具栏，如“编辑”、“窗口设计”和“调试”工具栏可以通过“视图”菜单中的“工具栏”命令移进或移出。工具栏能紧贴在菜单栏下方，或以垂直条状紧贴在左边框上。如果用鼠标将它从某栏下面移开，则它能"悬"在界面中。一般工具栏在菜单栏的正下方。

1.2.2 窗体设计界面

"窗体设计界面"也称为对象界面。Windows 的应用程序运行后都会打开一个界面，窗体设计界面是应用程序最终面向用户的界面，是屏幕中央的主界面。通过在窗体中添加控件并设置相应的属性来完成应用程序界面的设计。每个界面必须有一个窗体名称，系统启动后就会自动创建一个窗体(默认名为 Form1)。用户可通过"工程/添加窗体"来创建新窗体或将已有的窗体添加到工程中。程序每个窗体保存后都有一个窗体文件名(扩展名为. frm)。注意窗体名即窗体的 Name 属性和窗体文件名的区别。

1.2.3 工具箱

系统启动后默认的 General 工具箱就会出现在屏幕左边，其中每个图标表示一种控件，常用的有 20 个。

用户可以将不在工具箱中的其他 ActiveX 控件放到工具箱中。通过"工程"菜单中的"部件"命令或从"工具箱"快捷菜单中打开"部件"选项卡，就会显示系统安装的所有 ActiveX 控件清单。要将某控件加入到当前选项卡中，单击要选定控件前面的方框，然后单击"确定"按钮即可，如图 1-3 所示。

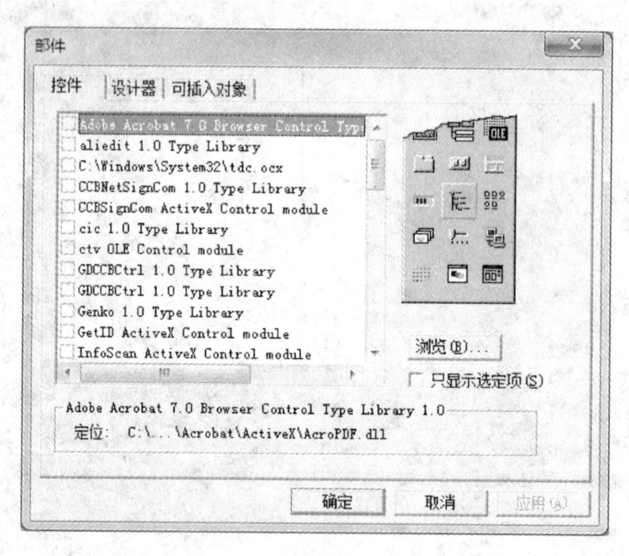

图 1-3 "部件"界面

1.2.4 工程资源管理器

工程是指用于创建一个应用程序文件的集合。工程资源管理器列出了当前工程中的窗体和模块。

在工程资源管理器界面中有三个按钮，分别表示“查看代码”、“查看对象”和“切换文件夹”。

单击“查看代码”按钮，可打开“代码编辑器”查看代码。

单击“查看对象”按钮，可打开“窗体设计器”查看正在设计的窗体。

单击“切换文件夹”按钮，则可以隐藏或显示包含在对象文件夹中的个别项目列表。

1.2.5 属性界面

属性是指对象的特征，如大小、标题或颜色等。在 Visual Basic 6.0 设计模式中属性界面列出了当前选定窗体或控件的属性及其值，用户可以对这些属性值进行设置。例如，要设置 Command1 命令按钮上显示的字符串，可以找到属性界面 Captain 属性，输入“开始”之类的字符串，如图 1-4 所示。

1.2.6 窗体布局界面

窗体布局界面显示在屏幕右下角。用户可使用表示屏幕的小图像来布置应用程序中各窗体的位置。这个界面在多窗体应用程序中很有用，因为通过它可以指定每个窗体相对于主窗体的位置。如图 1-5 所示为桌面上两个窗体及相对位置。

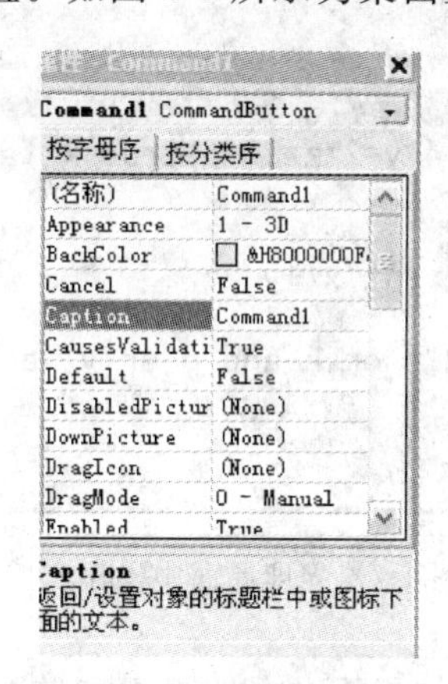

图 1-4 属性设置界面

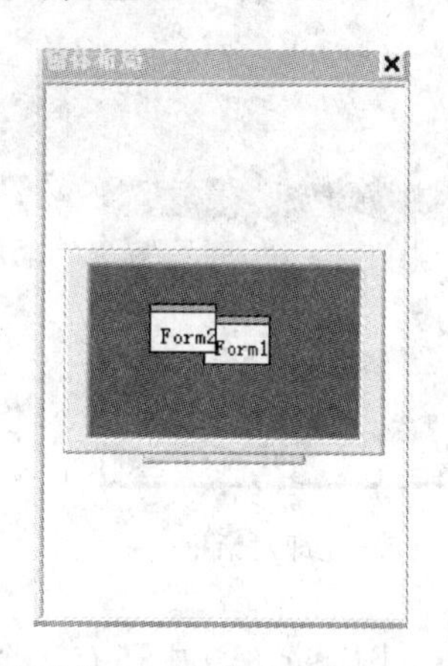

图 1-5 窗体布局界面

右键单击小屏幕，弹出“快捷菜单”，可通过该“快捷菜单”设计窗体启动位置，窗体 Form1 启动位置居于屏幕中心。

1.2.7 代码编辑器界面

在设计模式中，通过双击窗体或窗体上的任何对象或单击“工程资源管理器”界面中的“查看代码”按钮都可打开代码编辑器界面。代码编辑器是输入应用程序代码的编辑器。应用程序的每个窗体或标准模块都有一个单独的代码编辑器界面。

1.2.8 立即界面

在 Visual Basic 集成开发环境 IDE 中，运行“视图/立即窗口”命令或使用快捷键 Ctrl+G，即可打开立即界面，如图 1-6 所示。

立即界面是 Visual Basic 所提供的一个系统对象，也称为 Debug 对象，供调试程序使用。它只有方法，不具备任何事件和属性，通常使用的是 Print 方法。

在设计状态下，可以在立即界面中进行一些简单的命令操作，如给变量赋值，用“?”或 Print(两者等价)输出一些表达式的值，如图 1-7 所示。

例如：

在立即界面中使用赋值符给变量赋值，即输入

```
x=3.14:y=2:z=30:p=true:k=false
```

使用“? 表达式”或“Print 表达式”输出其表达式的值，操作如下。

```
?x+y
  5.14                                    '输出结果
Print int(x)+y/2
  4                                       '输出结果
?not p or k and p or y >z
  False                                   '输出结果
```

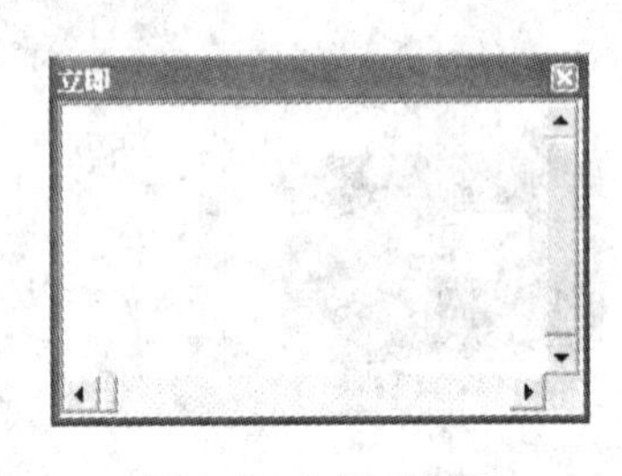

图 1-6 立即对话框

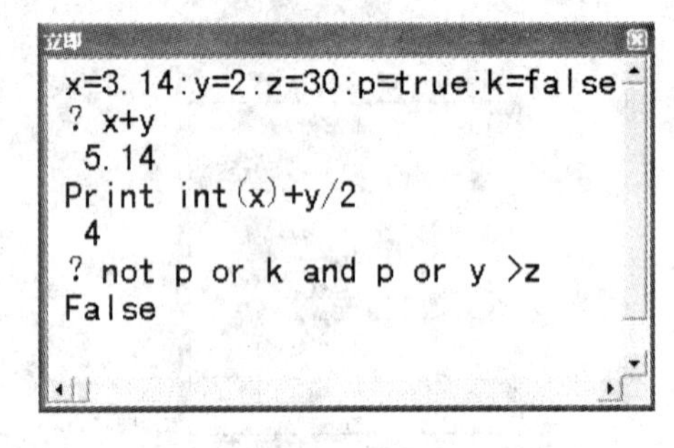

图 1-7 立即界面中操作实例

此外，Visual Basic 6.0 中还有两个非常有用的附加界面：本地界面和监视界面。它们都是为调试应用程序提供的，它们只在运行工作模式下才有效。

1.3 Visual Basic 6.0 帮助系统的使用

Visual Basic 系统为用户提供了完备的帮助功能。从 Visual Studio 6.0 开始，所有的帮助文件都采用全新的 MSDN 文档的帮助方式。MSDN Library 中包含了 1GB 的内容，存放在两张 CD 盘上。涉及的内容包括上百个示例代码、文档、技术文章、Microsoft 开发人员知识库等。用户可通过运行第一张盘上的 setup.exe 程序，并通过“用户安装”选项将 MSDN Library 安装到计算机中。

1.3.1 使用 MSDN Library 查阅器

在 Visual Basic 6.0 中，选择“帮助”菜单的“内容”或“索引”菜单项，即可打开 MSDN Library Visual Studio 6.0 窗口。其中，“目录”选项卡列出了一个完整的主题分级列表，通过目录树可查找信息；“索引”选项卡可用来以索引方式通过索引表查找信息；“搜索”选项卡可用来通过全文搜索查找信息。

1.3.2 上下文帮助

Visual Basic 的许多部分是上下文相关的。上下文相关意味着不必搜寻“帮助”菜单就能直接获得有关这些部分内容的帮助。例如，为了获得有关 Visual Basic 语言中关键词 selectcase 的帮助，只需将插入点置于“代码”窗口中的关键词 selectcase 上并按 F1 键，即可进入与 selectcase 有关的帮助内容。

在 Visual Basic 界面的任何上下文相关部分按 F1 键，就可显示有关该部分的信息。上下文相关部分包括以下内容。

(1) Visual Basic 中的每个界面(“属性”界面、“代码”界面等)；

(2) 工具箱中的控件；

(3) 窗体或文档对象的对象；

(4) “属性”界面中的属性；

(5) Visual Basic 关键词(语句、声明、函数、属性、方法、事件和特殊对象)；

(6) 错误信息。

1.3.3 运行所提供的样例

Visual Basic 提供了上百个实例，对学习、理解、掌握 Visual Basic 有很大的帮助。与 Visual Basic 5.0 不同，Visual Basic 6.0 中。在安装 MSDN 时，这些实例默认安装在 \program files\microsoft visual studio \msdn98\98vs\2052\samples\vb98\子目录中。在该子目录下，又以不同的子目录存放了许多实例工程，用户只要打开所需工程，就可运行并观察其效果，也可查看代码学习各控件的使用方法和编程思路。

当需要时，可以同已建立的工程文件一样，通过“文件”菜单的“打开工程”命令，根据实例安装的路径，打开所需的实例。

习题 1

一、思考题

1. 简述 Visual Basic 的功能特点及 Visual Basic 6.0 的特点。
2. Visual Basic 6.0 有几个版本？它们之间有哪些差别？

3. Visual Basic 6.0 开发环境有什么特点？要显示各界面，如属性界面、工程管理界面、窗体布局界面及立即界面，如何操作？

4. 在 Visual Basic 6.0 的集成开发环境中，立即界面的作用是什么？

5. 如何获得 Visual Basic 6.0 系统的帮助功能？

6. Visual Basic 有哪三种工作模式？它们有何特点？在哪些情况下可进入中断模式？

二、选择题

1. 以下说法错误的是(　　)。
   A. Visual Basic 是一种可视化编程工具
   B. Visual Basic 是面向对象的编程语言
   C. Visual Basic 是结构化程序设计语言
   D. Visual Basic 采用事件驱动编程机制

2. 相对于传统编程语言，Visual Basic 最突出的特点是(　　)。
   A. 可视化编程　　B. 面向对象的程序设计
   C. 结构化程序设计　　D. 事件驱动编程机制

上机实验

1. 如果条件允许，自己动手安装 Visual Basic 6.0 系统。

2. 启动 Visual Basic 6.0 系统，按照本书 1.2 节内容，对 Visual Basic 集成开发环境中主要界面的操作做初步了解。

第2章　Visual Basic 可视化程序设计基础

本章主要介绍 Visual Basic 的一些基本概念，理解面向对象程序设计的思想，通过几个常用控件的属性、事件和方法的学习，初步掌握 Visual Basic 程序设计的方法。

2.1　面向对象程序设计的基本概念

2.1.1　面向过程与面向对象程序设计

面向过程程序设计方法主要采用了结构化程序设计思想，它对需要解决的问题进行程序设计时，采用"自顶向下、逐步求精、模块化"的方法，把一个待求解的复杂问题划分成多个较小的问题，每个问题的求解都是一个过程，每个过程都可以独立进行设计、修改和调试，程序的执行流程是事先设计好的，一般不能改变。

显然，这种方法把解决问题的重点放在过程的设计与开发上，它把一个大的程序划分为多个相对独立、易于处理和控制、功能简单的程序模块，每个模块实现一个功能，通过一系列具有严密逻辑性的过程调用和处理完成相应的任务。

但是，该方法的缺点是显而易见的。一是数据和对数据的操作是相互分离的，这样程序中的任一数据都可以被其他模块访问，不能保证数据的安全性；二是程序各功能模块之间的调用关系比较复杂，使得程序模块的耦合性低和模块重用率不高；三是该程序设计方法中数据类型不能实现对文本、图形、声音等多媒体等数据的处理。

面向对象程序设计方法则与面向过程的程序设计方法有着本质的不同，它的基本思想是将计算机求解现实世界中的问题作为一个对象看待。即将数据与处理数据的操作合并成一个单元，每个单元称为一个对象，每个对象都有自己的属性和行为。例如，一个人、一辆汽车、一台机器等都是对象，所有人都有姓名、年龄、性别、身高等属性，有会跑、会跳、会哭等行为，将二者合起来定义为类。

面向对象程序设计是以数据为中心进行程序组织和代码设计的，由用户定义数据及其对数据的操作。该方法更接近人的思维方法，能客观地反映问题的本质，提高软件开发效率。

值得一提的是，我们现在使用面向对象的程序设计方法，并不是要放弃结构化程序设计方法。在面向对象程序的设计过程中，仍需要使用很多结构化程序设计技术。

Visual Basic 具有结构化高级语言的语句结构，同时支持面向对象程序的设计技术，是一种功能较为强大的面向对象程序设计开发工具。

2.1.2 对象与类的概念

对象是具有特殊属性(数据)和行为方式(方法)的实体。在面向对象的程序设计中,客观存在的一切东西都可以看成对象,如一个人,一台电脑、一支笔等就是一个对象。

以人为例来分析一个对象。人与人之间是通过姓名、年龄、性别、身高等特征加以区分的,这些特征称之为对象的属性,属性是对象的数据部分。每个人会跑、会跳、会走路等,称之为对象的方法,方法是对象的固有行为;对来自外部的信息每个人都会做出反应,如受到表扬或惩罚,称之为对象可响应的事件,事件是外部世界作用于对象且对象能够做出响应的行为。

在 Visual Basic 中,对象可以由系统设置好,直接供用户使用,也可以由程序员自己设计。Visual Basic 设计的对象有窗体、各种控件、菜单、显示器等。窗体和控件是用户使用最多的。

类是同一种对象的集合与抽象,是一个整体概念,也是对对象的抽象化,而对象则是类的具体化。如对于人类来说,具体的对象是每个人,把所有的人共同所具有的东西进行抽象,形成一个所有人的抽象,就是人类。人类是所有人的抽象化,而每个人是人类的具体化。

2.1.3 对象的属性、事件与方法

在 Visual Basic 中,工具箱各控件类在窗体上实现就为具体的对象。利用 Visual Basic 语言进行程序设计,就是对于各种控件对象的三个特征进行设计。

(1) 属性:控件的特征。

(2) 事件:发生在用户和界面控件之间的交互。

(3) 方法:控件所提供的某种能执行的操作。

1. 属性

对象中的数据保存在属性中,属性是用来描述和反映对象特征的。例如,“控件名称”(Name)、“标题”(Caption)及“是否可用”(Enabled)等属性决定了对象展现给用户的界面具有什么样的外观及功能。不同的对象具有不同的属性,如标签有 Caption 属性而无 Text 属性,文本框无 Caption 属性而有 Text 属性。

在设计应用程序时,通过改变对象的属性值来改变对象的外观和行为。对象属性的设置可以通过以下两种方法来实现。

(1) 在设计阶段,可在属性界面直接设置选定对象的属性。

(2) 在程序代码中通过赋值实现,其格式如下。

```
对象.属性=属性值
```

例如,给一个对象名为 Command1 的标签的 Caption 属性赋值为字符串“确定”,在程序代码中的书写格式为:

```
Command1.Caption="确定"
```

2. 事件

对象的事件是由外部环境作用于对象且对象能够做出响应的行为。例如，每个窗体都能够响应 Click（单击）事件。该事件是鼠标发出的作用于窗体且窗体能够响应的行为。

```
Private Sub Form_Click()
    Print "好好学习 VB"
End Sub
```

其中，Form 是一个窗体对象的名称，当鼠标在该对象上单击时，系统就会跟踪到指针所指的对象上，同时给该对象发送一个 Click 事件，并执行这个代码所描述的过程。执行结束后，控制权交还给系统，并等待下一个事件。

在代码中设计事件过程的一般形式如下：

```
Private Sub 对象名_事件过程名[(参数列表)]
    …事件过程代码
End Sub
```

3. 方法

方法是为编程者提供的用来完成特定操作的过程和函数。Visual Basic 将一些常用的操作事先编写成一个个子程序，供用户直接调用，这样可以简化用户编程，方便地实现某些功能。这些 Visual Basic 提供的专用子程序称为“方法”。对象方法的调用格式为：

```
[对象.]方法[参数名表]
```

其中，省略了对象表示当前对象，一般指窗体。

例如，在窗体 Form1 上打印输出 Good morning，可使用 Form1 窗体的 Print 方法：

```
Form1.Print "Good morning"
```

若当前窗体是 Form1，则可直接写为 Print "Good morning"。

Visual Basic 提供了大量的方法，有些方法可以适用于多种甚至所有类的对象，而有些方法可能只适用少数几种对象。

2.2 Visual Basic 基本控件的操作

2.2.1 控件对象的建立及基本操作

1. 控件对象的建立

可以通过两种方法在窗体上建立一个控件，第一种方法步骤如下（以文本框为例）：

(1) 单击工具箱中的文本框图标，该图标凹陷表示选中。

(2) 把鼠标移到窗体上，此时鼠标光标变“＋”号。

(3) 把“+”号移到窗体的适当位置,按下鼠标左键拖出一个矩形框,松开鼠标后,就会在窗体上画出一个大小相当的文本框,如图 2-1 所示。

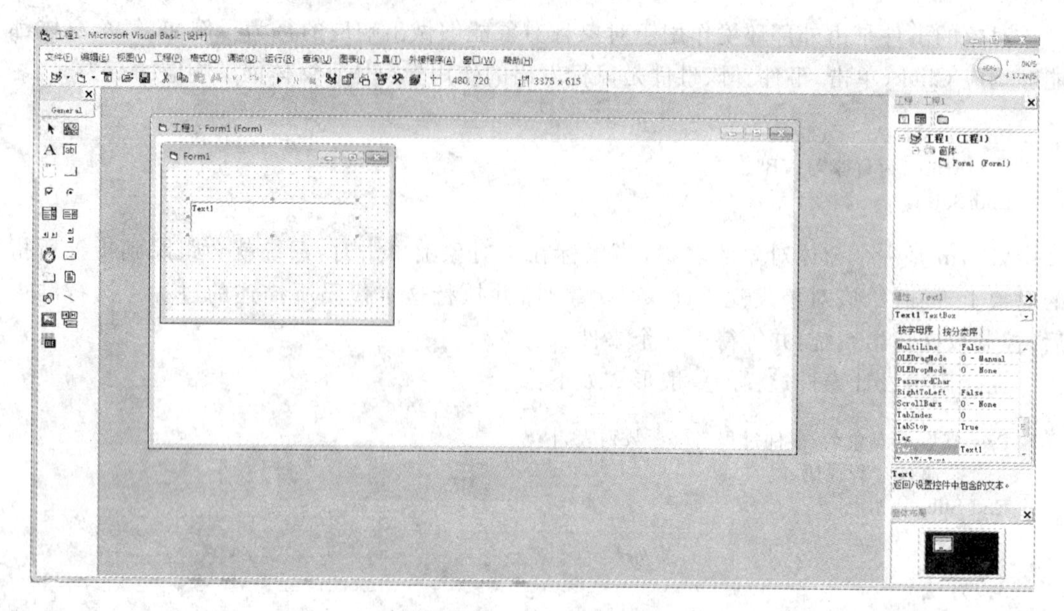

图 2-1 建立控件

第二种建立控件的方法很简单,即双击工具箱中某个所需要的控件图标,就可在窗体中央画出该控件,并且所建立的控件大小和位置是固定的。

2. 控件的基本操作

1) 控件的缩放和移动

缩放:单击要进行操作的控件后,在它的边框上有 8 个黑色控点,用鼠标拖拉上、下、左、右 4 个小方块,可使控件在相应的方向上放大或缩小;如果拖拉 4 个角上的某个小方块,则可使该控件同时在两个方向上放大或缩小。

移动:把光标移到控件上,按住鼠标左键不放,然后移动鼠标,就可以把控件移到窗体内的任何位置。

2) 统一控件尺寸、间距和对齐方式

① 统一控件尺寸:选定要操作的控件,选择“格式”→“统一尺寸”菜单项,在其子菜单中选取相应的项来统一控件的尺寸,如图 2-2 所示。

② 控件间距:选定要操作的控件,在“格式”菜单中选择“水平间距”或“垂直间距”下的各子命令来统一多个控件在水平或垂直方向上的布局。

③ 对齐:选择“格式”→“对齐”中的各项子命令调整多个控件的对齐方式。

3) 控件的复制和删除

对控件进行复制的操作步骤如下。

① 选择需要复制的控件(例如 Command1)。

② 选择“编辑”→“复制”命令。

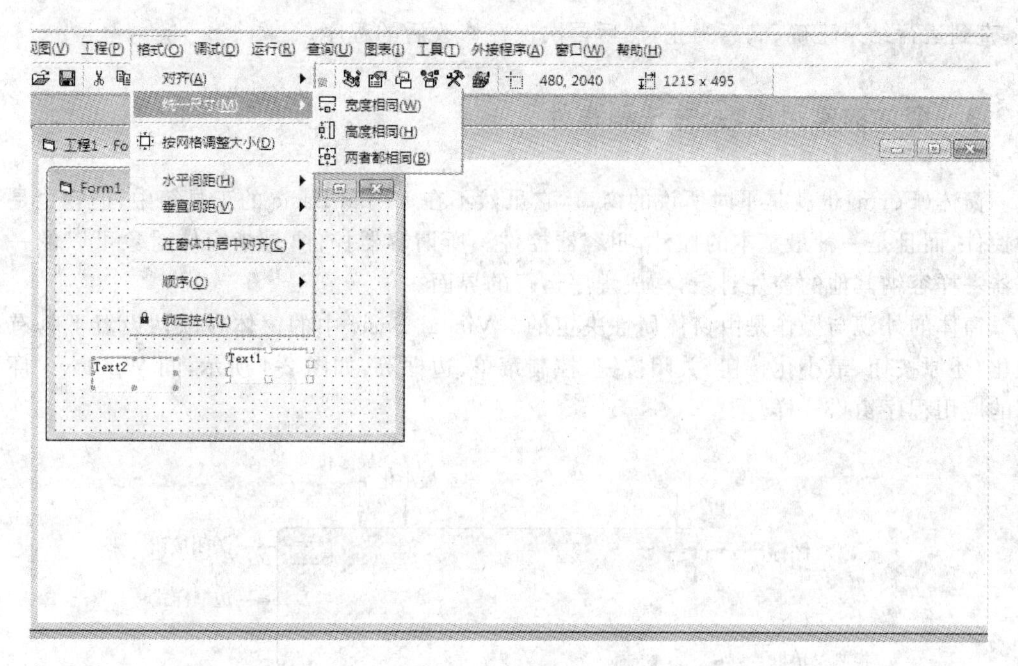

图 2-2 统一选定控件尺寸

③ 选择“编辑”→“粘贴”命令，如图 2-3(a)所示。询问是否建立控件数组，单击“否”按钮后，就把控件复制到窗体的左上角，如图 2-3(b)所示。

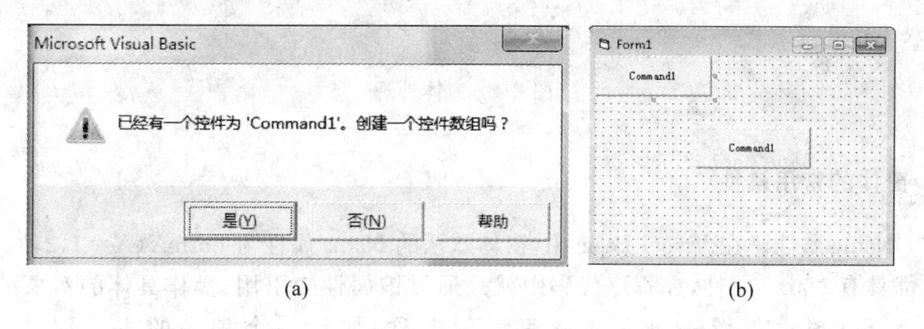

(a) (b)

图 2-3 复制控件

清除控件，先选中该控件，然后按 Delete 键，即可把该控件清除。

2.2.2 创建应用程序的基本步骤

创建 Visual Basic 应用程序的基本步骤如下。

(1) 首先要打开一个新的工程，即创建一个新工程。

(2) 使用工具箱在窗体上放置所需控件，来创建应用程序界面。

(3) 通过属性界面或通过程序代码设置属性值，通过该步骤来改变对象的外观和行为。

(4) 通过代码界面编写一些与对象有关的事件代码。

(5) 保存文件。

(6) 最后对所编程序进行测试，若运行结果有错或对界面不满意，可通过前面的步骤修改,直到运行结果正确、满意为止,然后再次保存修改后的程序。

2.2.3 窗体的常用属性、方法和事件

窗体(Form)也就是平时所说的窗口,它虽然不在 Visual Basic 的工具箱中,但它也是一种控件,而且是一种最基本的控件,叫容器控件。所谓容器控件,是指窗体对象可以像一个容器一样容纳其他的控件对象,构成程序运行的界面。

窗体的外观与操作是由窗体属性决定的。Visual Basic 中的窗体在默认设置下具有最大化/还原按钮、最小化按钮、关闭按钮、控制菜单、边框等,如图 2-4 所示,同 Windows 环境下的应用程序窗口一样。

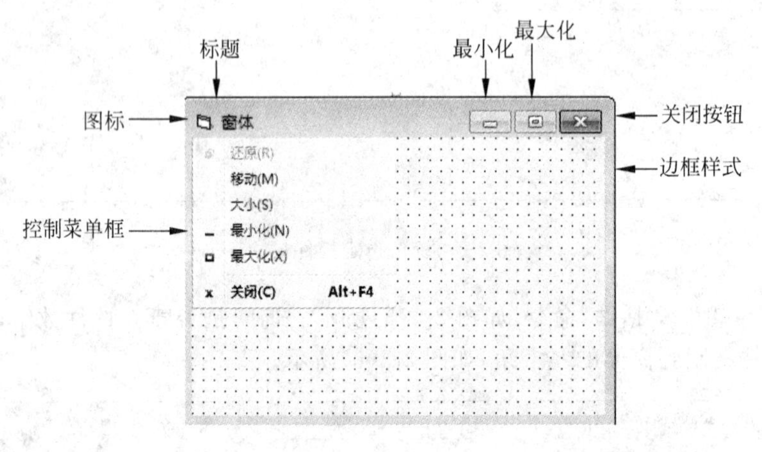

图 2-4 窗体外观

1. 窗体的常用属性

(1) Name 属性。在 Visual Basic 中,窗体默认的 Name 属性为 Form$X$(X=1,2,3,…),任何对象都具有 Name 属性,在程序代码中就是通过该属性来引用、操作具体的对象的,所以最好给 Name 属性设置一个有实际意义的名称,如给一个程序的主控窗体命名为 MainForm。这样在程序代码中的意义就很清楚了,也增强了程序的可读性。

(2) Left、Top 和 Height、Width 属性。窗体运行在屏幕中,屏幕是窗体的容器,对于窗体对象,Top 表示窗体到屏幕上边框的距离,Left 表示窗体到屏幕左边框的距离;对于控件,Top 表示对象到窗体上边框的距离,Left 表示对象到窗体左边框的距离,其默认单位是 twip(缇)。

1twip=1/20 点=1/1440 英寸=1/567 厘米

Height、Width 表示对象的高度和宽度。对于窗体,指的是窗口的高度和宽度,包括边框和标题栏。

屏幕(Screen)、窗体(Form1)和命令按钮(No)的 Left、Top、Height、Width 属性表示如图 2-5 所示。

(3) Caption 标题属性。决定出现在窗体的标题栏上的文本内容,也是当窗体最小化后出现在窗体图标下的文本。

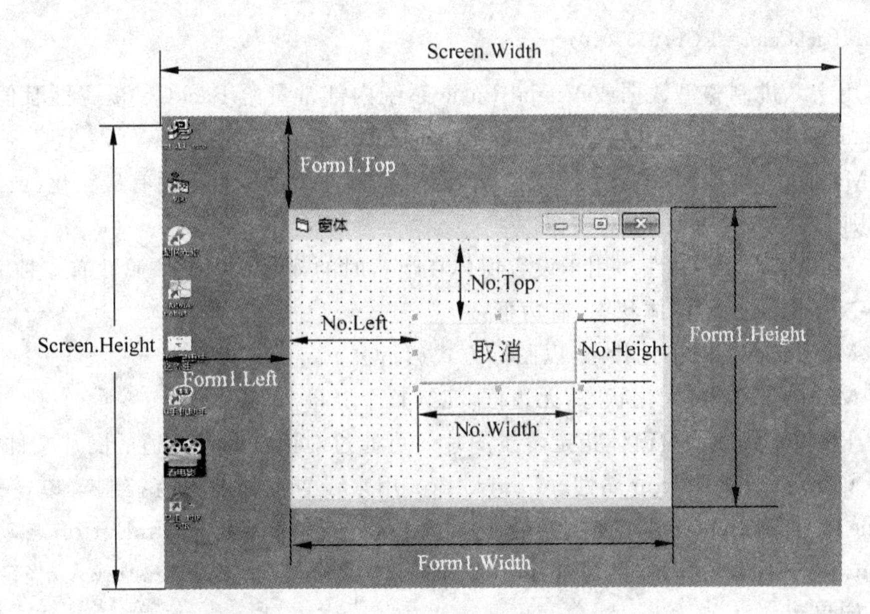

图 2-5 对象的 Left、Top、Height、Width 属性

(4) 字体 Font 属性。设定对象上所显示文字的字体、大小等外观，在属性窗口设置。如在代码中设置，则要使用以下属性。

① FontName 属性：其值为字符型，表示字体名称。

② FontSize 属性：其值为整型，表示字体大小，Visual Basic 中以磅为单位指定字体尺寸。

③ FontBold、FontItalic、FontStrikeThru、FontUnderLine 属性：其值为逻辑型，取值为 True 时表示粗体、斜体、加删除线及带下划线。

(5) Enabled 属性。用于确定一个窗体或控件是否能够对用户产生的事件做出反应。通过在运行时把 Enabled 属性设为 True 或 False 来使窗体或控件能被用户操作或不能操作。

例 2-1 下面的程序当文本框 Text1 不包含任何文本时使命令按钮 Command1 无效。

```
Private Sub Text1_Change()
    If  Text1.Text="" Then                   '查看文本框是否为空
            Command1.Enabled=False            '使文本框无效
        Else
            Command1.Enabled=True             '使文本框有效
        End If
End  Sub
```

(6) Visible 属性。用于确定窗体或控件可见或隐藏，其值为逻辑型。

(7) BackColor 和 ForeColor 属性。其值为十六进制颜色值，表示前景(正文)颜色、背景(正文以外显示区域的)颜色。在 Visual Basic 中通常用 Windows 操作系统下的红-绿-蓝(RGB)颜色方案，使用调色板或在代码中使用 RGB 或 QBColor 函数指定标准的 RGB 颜色。

例如，将窗体 Form1 的背景色设为红色，则可使用

Form1.BackColor=RGB(255,0,0)

也可用十六进制整型数据或 Visual Basic 系统内部常量给 BackColor 属性赋值。例如 Form1.BackColor=&HFF& 等价于 Form1.BackColor=vbRed。

(8) MaxButton 和 MinButton 属性。其值为 True 时,窗体右上角有最大化(或最小化)按钮;否则无最大化(或最小化)按钮。

(9) WindowsState 属性。用于设置窗体在运行时的显示状态。该属性有三种取值。

① 0-Normal:正常窗体状态,有边框。

② 1-Minimized:最小化状态,以图标方式运行。

③ 2-Maximized:最大化状态,无边框,充满整个屏幕。

(10) Picture 属性。为窗体指定背景图片。可通过对话框选择合适的图片文件载入。

(11) ControlBox 和 Icon 属性。ControlBox 用来设置窗体是否有控制菜单,一般取默认值(True)。若为 False,则无控制菜单,同时系统将 MaxButton 和 MinButton 自动设置为 False;Icon 用于设置窗体图标,可选择合适的图标文件(*.ico 或 *.cur)载入,当窗体最小化时以图标显示。

(12) BorderStyle 属性。用于设置窗体边框类型,默认值为 2,属性取值如下。

① 0-None:窗体无边框,不能移动及改变大小。

② 1-Fixed Singel:窗体为单线边框,能移动,不能改变大小。

③ 2-Sizable:窗体为双线边框,能移动并能改变大小。

④ 3-Fixed Dialog:窗体为固定的,不能改变大小。

⑤ 4-Fixed ToolWindow:窗体外观与工具条相似,有关闭按钮,不可改变大小。

⑥ 5-Sizable ToolWindow:窗体外观与工具条相似,有关闭按钮,可改变大小。

2. 窗体的方法

方法由 Visual Basic 系统提供,用来完成特定操作,隶属于对象。窗体常用的方法有 Print、Show、Hide、Cls 和 Move 等。

1) Print 方法

用来输出数据和文本,其格式为:

[对象名.]Print [表达式列表]

说明:

① 对象名:可以是窗体(Form)、图片框(PictureBox)或打印机(Printer),也可以是立即界面(Debug)。省略对象名时,则在当前窗体上输出。

② 表达式列表:可以是数值、字符串表达式,对于数值表达式,先计算出表达式的值,然后输出;字符表达式将按原样输出,一定要字符串放在双引号内;如果表达式缺省,则输出一个空行。当输出多个表达式时,各表达式用逗号、分号或空格分隔开。如果用逗号作分隔,则按标准输出格式显示数据项(以 14 个字符位置为单位把一行分为若干个区段,表达式的值按顺序在相应的区段输出)。如果用分号作分隔符,则按紧凑格式输出数据,即光标定位在上个显示字符后面。

例 2-2 编写窗体的 Click 事件过程，如下所示：

```
Private Sub Form_Click()
x = 5: y = 16
Print "x="; x, "y="; y
Print x + y
Print
Print x, y
Print
Print x; y
Print
End Sub
```

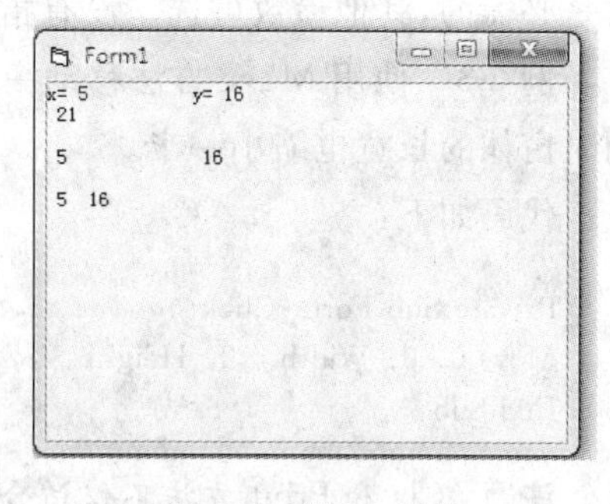

图 2-6 例 2-2 结果

程序运行后单击窗体，则在窗体上的输出结果如图 2-6 所示。

2) Show 方法

可用于显示窗体，使窗体可见。调用该方法将窗体显示到屏幕上，同时要将其 Visible 属性设置为 True。Show 方法兼有装入和显示窗体两种功能，其格式为：

[对象名.]Show[模式]

说明：参数"模式"用来确定窗体的状态，可以取两种值，即 0 和 1。当"模式"值为 1(或常量 vbModel)时，表示窗体是"模态型"窗体，鼠标不能到其他窗口内操作，只在此窗体内起作用，只有关闭该窗口才能对其他窗口进行操作。当"模式"为 0（或常量 vbModeless 或缺省）时，表示窗体为"非模态型"窗口，对其他窗口进行操作时不用关闭该窗体。

3) Hide 方法

用于隐藏指定的窗体，使窗体不可见。调用该方法只是把窗体在屏幕上隐藏，并将其 Visible 属性设置为 False，在内存中并没有删除窗体。虽然用户无法直接访问隐藏窗体上的控件，但对该窗体的代码操作仍然有效，其格式为：

[对象名.]Hide

例如：

```
Form1.Hide                              '隐藏第一个窗体
Form2.Show                              '显示第二个窗体
```

注意：Show、Hide 一般用于多窗体设计。

4) Cls 方法

Cls 方法用来清除运行时在窗体上显示的文本或图形，其格式为：

[对象名.]Cls

Cls 只能清除运行时在窗体上显示的图形或文本，而不能清除窗体设计时的图形或文本，当使用 Cls 方法后，窗体的当前坐标属性 CurrentX 和 CurrentY 被置为 0。

5) Move 方法

用于移动窗体位置或改变窗体尺寸，其格式为：

[对象名.] Move Left[, Top [Width [,Height]]]

说明：Left、Top 是窗体的左上角坐标，Width、Height 是窗体的宽度和高度。Left 参数是必需的，其他参数可选。没有指定的参数保持原来的值不变。

例 2-3 使用 Move 方法移动一个窗体。单击窗体，窗体移动并定位在屏幕的左上角，同时窗体的长宽也缩小一半。

代码如下：

```
Private Sub Form_Click()
Move 0, 0, Width / 2, Height / 2
End Sub
```

注意：Cls 和 Print 方法不仅适合窗体，而且适用于图片框。只有把窗体的 AutoRedraw 属性设为 True 时，Print 方法在 Form_Load()事件过程中才起作用，否则不起作用。而 Move 方法适用于除计时器(Timer)以外的其他对象。

3. 窗体事件

窗体事件是窗体识别的动作。与窗体有关的事件较多，下面介绍几个常用的窗体事件。

(1) Load 事件：运行程序时，窗体被装入工作区时将自动触发该事件，因此该事件可以用来在启动程序时对属性和变量进行初始化。

例如，在窗体的 Load 事件中设置窗体和标签的有关属性：

```
Private Sub Form_Load()
    Caption="窗体的标题"
    Label1.Caption="标签的标题"
End Sub
```

(2) Click 事件：在程序运行时单击窗体内的某个位置，Visual Basic 将调用窗体的 Form_Click 事件。如果想调用窗体内控件的 Click 事件，则只能单击窗体内的相应控件触发其 Click 事件。

(3) DbClick 事件：程序运行时双击窗体内的某个位置，就触发了两个事件：第一次按动鼠标时，触发 Click 事件；第二次按动鼠标时，产生 DbClick 事件。

(4) UnLoad 事件：卸载窗体时触发该事件。

(5) Resize 事件：无论是用户交互，还是通过代码调整窗体的大小，都会触发一个 Resize 事件。

例如，可在窗体的 Resize 事件中编写如下代码，使窗体在调整大小时，始终位于屏幕的中心。

```
Private Sub Form_Resize()
    Form1.Left = Screen.Width / 2 - Form1.Width / 2     'Screen 是系统屏幕对象
    Form1.Top = Screen.Height / 2 - Form1.Height / 2
End Sub
```

2.2.4 命令按钮

命令按钮(Command Button)是常用的控件之一。在 Visual Basic 程序设计中,通过单击命令按钮,触发相应的事件过程,实现一个命令的启动、中断、结束等操作。

命令按钮的基本属性有:Name、Enable、Visible、Font、Height、Width、Top、Left 等,这些属性与在窗体中使用的相同。

1. 常用属性

(1) Caption 属性。用来设置命令按钮上显示的文本,即标题。利用 Caption 属性还可以为命令按钮设置访问快捷方式,方法是当设置 Caption 属性时在打算作为访问键的字母前面加上一个"&"符号。例如,将 Caption 属性设置为"保存(&S)",则运行时将出现"保存(S)"。此时只要用户按下 Alt+S 键,就能执行"保存"命令按钮。

(2) Value 属性。检查按钮是否按下。只需在程序代码中将该按钮的 Value 属性设置为 True,程序运行时自动按下按钮,即可触发命令按钮的 Click 事件,执行命令按钮的 Click 事件过程。该属性在设计时无效。

(3) Cancel 属性。当一个命令按钮的 Cancel 属性被设置为 True 时,按 Esc 键与单击该命令按钮的作用相同。在一个窗体中,只允许有一个命令按钮的 Cancel 被设置为 True。

(4) Default 属性。要使按 Enter 键与单击该命令按钮的作用相同的话,只要把命令按钮的 Default 属性设置为 True 即可。在一个窗体中,只允许有一个命令按钮 Default 被设置为 True。

(5) Style 属性。确定按钮显示的形式,设置为 0 只能显示文字,设置为 1 则文字、图形均可显示。

(6) Picture 属性。设置图形按钮上显示的图形文件(. bmp 和. ico),此属性只有当 Style 属性值设为 1 时才有效。

(7) ToolTipText 属性。用于设置按钮的文字提示,该属性通常与 Picture 属性同时使用,以便在运行时对图形按钮加以提示。

例如,在命令按钮的属性界面中,将一命令按钮的 Caption 属性设置为 VF,Style 属性设置为 1,给 Picture 属性加载一图形(*. bmp 或 *. gif)文件,ToolTipText 设置为"单击此按钮可启动 Viusal FoxPro"。程序运行后,将鼠标指向命令按钮上的情况如图 2-7 所示。

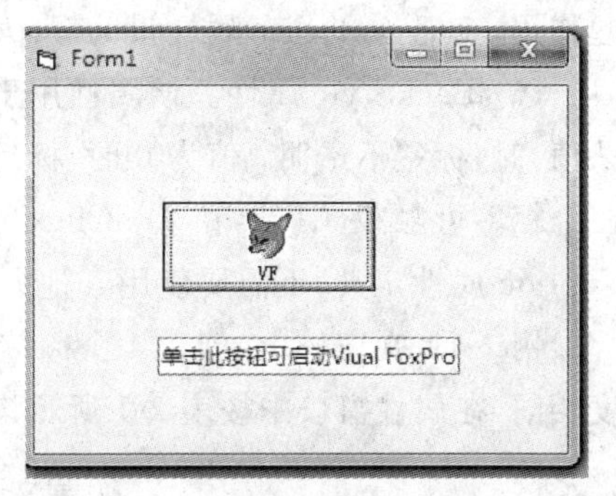

图 2-7 命令按钮的属性设置

2. 常用方法

Move 方法,该方法的使用与窗体中的 Move 方法一样。Visual Basic 系统中的所有可视控件都有该方法,不同的是窗体的移动是对屏幕面而言的,而控件的移动则是相对其"容器"对象而言的。

3. 常用事件

Click 事件对命令按钮控件来说，是最重要的触发方式。单击命令按钮时，将触发 Click 事件，并调用和执行已写入 Click 事件中的代码。

2.2.5 标签控件

标签控件(Label)是用来显示文本信息的，它所显示的信息不能直接编辑，只能通过 Caption 属性来设置或修改。它主要用来为其他控件加标注和显示提示信息。

标签控件的基本属性有：Name、Height、Width、Top、Left、Enable、Visible、Font、ForeColor、BackColor 等，这些属性与在窗体中使用的相同。

标签控件的常用属性如下：

(1) Caption 属性。Caption 属性用来改变 Label 控件中的显示文本。

(2) Alignment 属性。用于设置 Caption 属性中文本的对齐方式，共三种可选值：值为 0 时，左对齐(Left Justify)；值为 1 时，右对齐(Right Justify)；值为 2 时，居中对齐(Center Justify)。

(3) BorderStyle 属性。该属性用来设置标签的边框，有两种可选值：0 和 1。属性值(默认值)为 0，标签无边框；属性值为 1(1-Fixed Single)，标签加上边框。

(4) AutoSize 属性。AutoSize 属性确定标签是否会随标题内容的多少自动变化。如果值为 True，则随 Caption 内容的多少自动调整控件的大小，且不换行；如果值为 False，则标签的大小不能自动调整，超出尺寸范围的内容不予显示。

(5) WordWrap 属性。WordWrap 属性决定 Label 控件的文本内容是否自动换行。如果值为 True，则文本自动换行，标签在垂直方向的变化大小与文本相适应，水平宽度不变；为 False 时文本不换行，仅水平地展开或缩短并与文本的长度相适应。为了使 WordWrap 起作用，应把 AutoSize 属性设为 True。

(6) BackStyle 属性。该属性用于确定标签的背景是否透明，有两种可选值：值为 1(默认值)时，标签不透明；值为 0 时，标签透明。

标签可触发 Click 和 DblClick 事件。此外，标签主要用来显示一小段文本，通过 Caption 属性定义，不需要使用其他方法。

例 2-4 在窗体上，创建 4 个标签，其名称使用默认值 Label1～Label4，它们的高度和宽度相同，在属性窗口中按表 2-1 所示设置它们的属性，运行后界面如图 2-8 所示。

表 2-1 标签控件的属性设置

控件名	属性	属性值
标签(Label1)	Caption	左对齐
	Alignment	0
	BorderStyle	1

续表

控 件 名	属 性	属 性 值
标签(Label2)	Caption	右对齐
	Alignment	1
	BorderStyle	1
标签(Label3)	Caption	水平居中
	Alignment	2
	BorderStyle	0
标签(Label4)	Caption	居中
	AutoSize	True
	BorderStyle	1

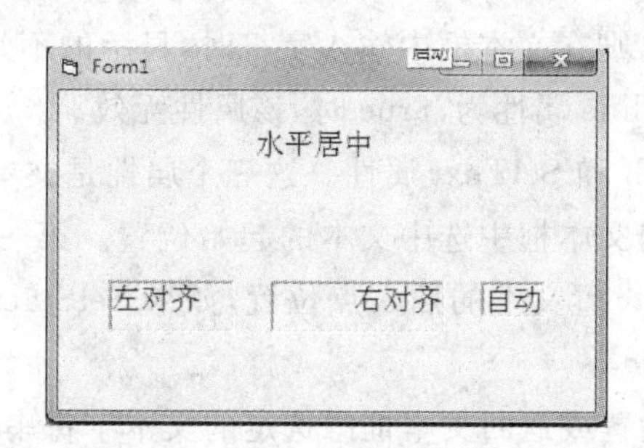

图 2-8 标签常用属性设置效果

2.2.6 文本框控件

文本框(TextBox)是一个文本编辑区域,它主要用来录入与修改数据,也可以用来显示数据。

文本框的基本属性有：Name、Height、Width、Top、Left、Enable、Visible、Font、ForeColor、BackColor 等,这些属性与在窗体中使用的相同。

1. 常用属性

(1) Text 属性。用来设置文本框中显示的内容。通常,Text 属性所包含的字符个数不超过 2048 个。

例如

```
Text1.Text="学好 VB"
```

(2) Multiline 属性。Multiline 属性为 False(默认值),表示只允许单行输入,并忽略 Enter 键的作用；当把 Multiline 属性设为 True 时,表示允许多行输入,当文本长度超过文本框宽度时,文本内容会自动换行。

(3) ScrollBars 属性。指定是否在文本框中添加水平和垂直滚动条,它有如下 4 种取值。

① 0-None：无滚动条。

② 1-Horizontal：只有水平滚动条。

③ 2-Vertical：只有垂直滚动条。

④ 3-Both：同时具有水平和垂直滚动条。

注意：要使 ScrollBars 属性生效，必须把 Multiline 属性为 True 时。如果 ScrollBars 属性为非零值，文本框中的自动换行功能就不起作用了，必须按 Enter 键才能使文本框中的文本换行。

(4) Locked 属性。该属性用来指定文本框是否可被编辑。当设置为 False(默认值)时，文本框中的文本可以被编辑；当设置为 True 时，文本框中的文本只能滚动和选择，但不能编辑。

(5) MaxLength 属性。在文本框中可以输入的最大字符数由该属性来设置。默认值为0，表示文本框所能容纳的字符数不能超过 32 000(多行文本)。

(6) PasswordChar 属性。设置显示文本框中的替代字符。它常用于设置密码输入，如 PasswordChar 设定为"*"，则在文本框中输入字符时，显示的不是输入的字符，而是被设置的字符(如星号)。当 Multiline 属性为 True 时，该属性无效。

(7) SelStart、SelLength 和 SelText 属性。这三个属性是文本框对文本编辑的属性。

① SelStart 属性：确定文本框中选中文本的起始位置。第一个字符的位置为 0。若没有选择文本，则用于返回或设置文本的插入点位置，如果 SelStart 的值大于文本的长度，则 SelStart 取当前文本的长度。

② SelLength 属性：设置或返回文本框中选定的文本字符串长度。

③ SelText 属性：设置或返回当前选定文本中的文本字符串。

2. 常用方法

文本框经常使用的方法是 SetFocus，该方法的作用是将焦点置于某个文本框中，其格式为：

```
[对象.]SetFocus
```

该方法可以把焦点移到指定的文本框中。当在窗体上建立了多个文本框后，可以用该方法把光标置于所需要的文本框上。

3. 常用事件

(1) Change 事件。当用户在文本框中输入新的内容或在程序运行时将文本框的 Text 属性值改变时，触发该事件。用户每向文本输入一个字符就引发一次该事件，因此，Change 事件常用于对输入字符类型的实时检测。

(2) LostFocus 事件。当鼠标选择窗体中的其他对象或按下 Tab 键使光标离开当前文本框时，触发该事件。用 Change 事件过程和 LostFocus 事件过程都可以检查文本框的 Text 属性值，但后者更有效。

例 2-5 简易记事本，将文本框(Text1)内容复制到另一个文本框(Text2)内。

在窗体上创建两个文本框和三个命令按钮，在窗口按表 2-2 所示设置它们的属性，运行后界面显示如图 2-9 所示。

表 2-2 属性设置

控 件 名	属 性	属 性 值
文本框 1	Name	Text1
	FontSize	26 磅
文本框 2	Name	Text2
	FontSize	26 磅
命令按钮 1	Name	CmdCopy
	Caption	复制
命令按钮 2	Name	CmdPaste
	Caption	粘贴
命令按钮 3	Name	CmdEnd
	Caption	退出

图 2-9 例 2-5 的界面

代码如下：

```
Dim st As String
Private Sub Cmdcopy_Click()
st = Text1.SelText
End Sub

Private Sub Cmdpaste_Click()
    Text2.SelText = st
End Sub

Private Sub Cmdend_Click()
End
End Sub
```

2.3 一个简单 Visual Basic 应用程序实例

为了使读者初步掌握 Visual Basic 程序的开发过程，理解 VB 程序的运行机制。本节通过一个简单的 Visual Basic 程序建立与调试实例，向读者介绍 Visual Basic 应用程序的开发过程和 Visual Basic 集成开发环境的使用。

例 2-6 实现简单用户登录的界面,界面如图 2-10 所示,输入信息,单击"确定"按钮均有提示。

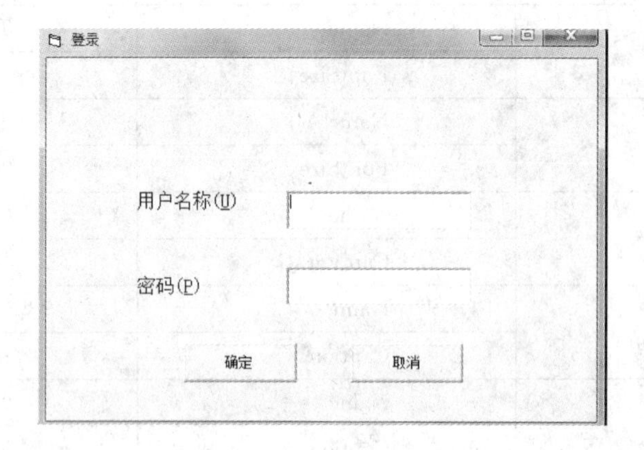

图 2-10 程序运行界面

2.3.1 新建工程

启动 Visual Basic 6.0,将出现"新建工程"对话框,从中选择"标准 EXE",单击"确定"按钮,即进入 Visual Basic 的"设计工作模式",这时 Visual Basic 创建了一个带有单个窗体的新工程,系统默认工程为"工程 1",如图 2-11 所示。

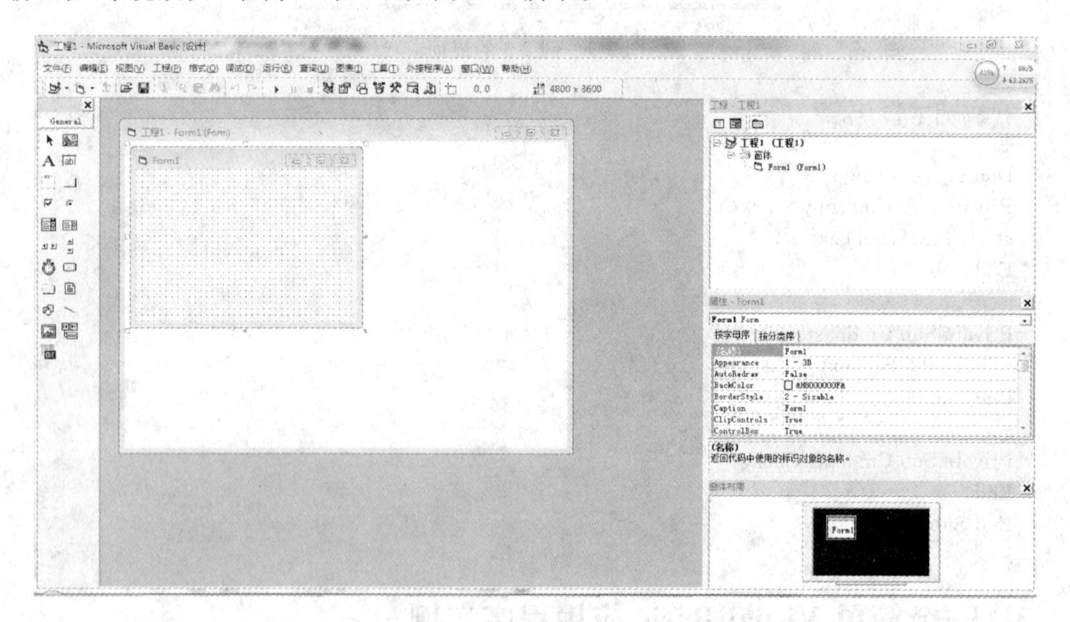

图 2-11 Visual Basic 6.0 的 IDE 设计工作模式

如果已在 Visual Basic 6.0 的集成开发环境中,则可单击"文件"菜单项→"新建工程"命令,从"新建工程"对话框中选定一个工程类,也可进入如图 2-11 所示的集成环境。

2.3.2 可视化界面设计

1. 在窗体上放置控件

根据题意向窗体上添加三个标签、两个文本框和两个命令按钮，并调整各控件的大小及位置。

2. 设置对象的属性值

对象的属性值如表 2-3 所示。

表 2-3 对象属性设置

控件名	属性	属性值
窗体	Name	FrmLogin
	Caption	登录
标签 1	Name	lblUser
	Caption	用户名称(&U)
标签 2	Name	lblWordPass
	Caption	密码(&P)
标签 3	Name	lblDisp
	Caption	“”
文本框 1	Name	txtUser
文本框 2	Name	txtPass
	PasswordChar	*
按钮 1	Name	CmdOK
	Caption	确定
按钮 2	Name	CmdCancel
	Caption	取消

例如，选中文本框 2，再通过“属性”界面来设置控件的属性，将文本框 2 的 Name 属性设置为 Txtpass，如图 2-12 所示。也可以通过“属性”界面来设置选中控件的大小(Width 和 Height 属性值)和在窗体上的位置(Left 和 Top 属性值)，如图 2-13 所示。

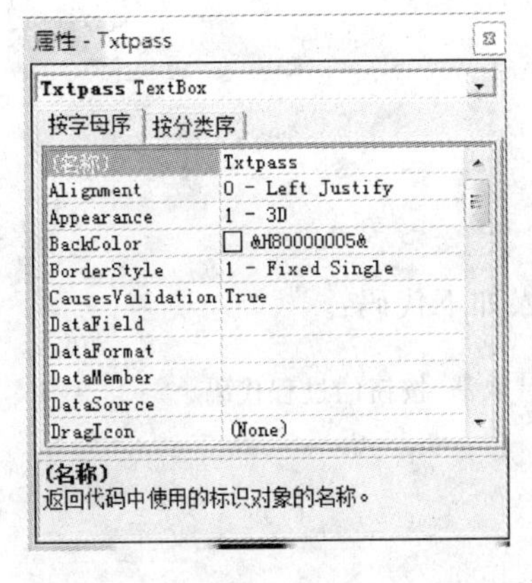

图 2-12 设置 Name 属性

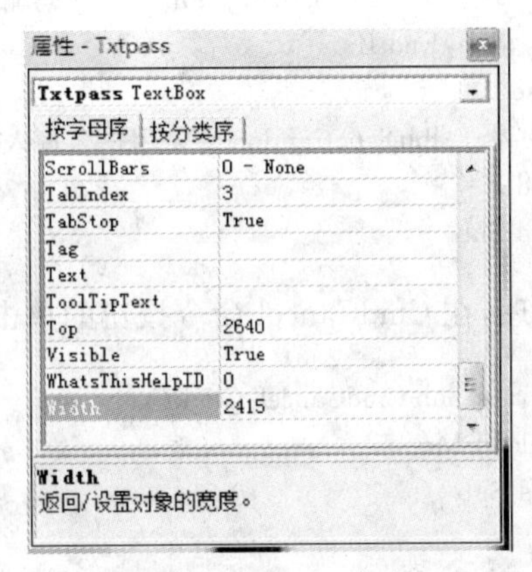

图 2-13 设置 Width 属性

2.3.3 编写事件驱动代码

双击命令按钮进入代码编辑窗口编写程序代码。打开“对象”下拉列表，从中选择Cmdok对象，再从“事件”下拉列表框中选择Click事件，则在代码窗口中会出现事件过程的框架，如图2-14所示。

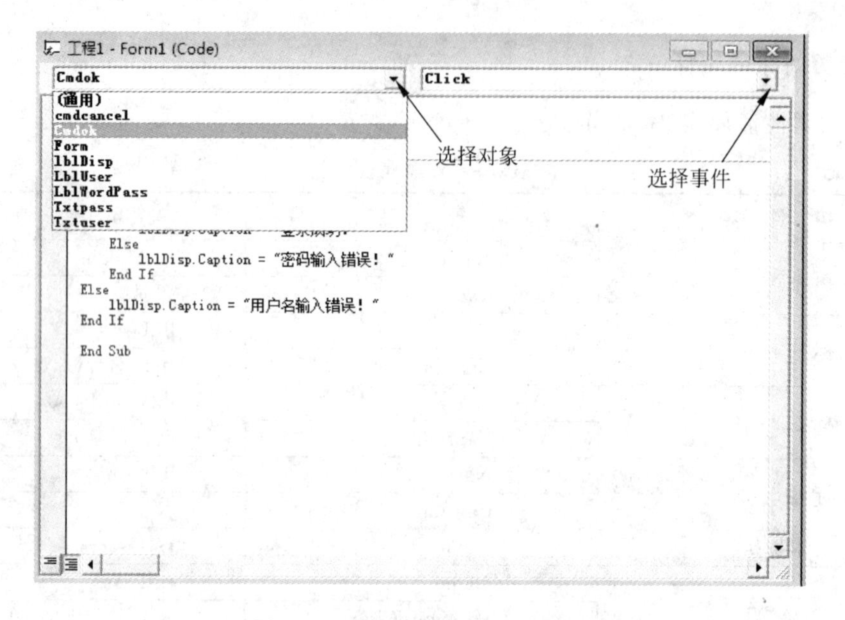

图2-14　编写事件代码窗口界面

在Cmdok命令按钮的单击事件中写入如下代码：

```
Private Sub Cmdok_Click()                    '编写"确定"按钮的过程代码
If  Txtuser = "admin" Then
        If  Txtpass = "123456" Then
            lblDisp.Caption = "登录成功!"
        Else
            lblDisp.Caption = "密码输入错误!"
        End If
Else
        lblDisp.Caption = "用户名输入错误!"
End If
End Sub
```

同理，在CmdCancel命令按钮的单击事件中写入如下代码：

```
Private Sub CmdCancel_Click()                '编写"取消"按钮的过程代码
Unload Me
End Sub
```

2.3.4 文件保存与运行

为了防止程序不正确或操作不当造成程序丢失。对象的事件过程编写完成后，在试运行之前最好先保存程序，程序运行结束后还要再次将修改过的文件保存。

Visual Basic 中应用程序以工程文件的形式保存，一个工程涉及多种类型的文件，如窗体文件、标准模块文件等。本例中仅涉及一个窗体，只要保存一个窗体文件和一个工程文件即可。

1. 保存窗体文件

选择"文件"菜单项→"Form1 另存为"命令，在弹出的"文件另存为"对话框中，输入文件名，如图 2-15 所示。可在"保存在"文本框中选择所要保存的文件夹；在"文件名"文本框中输入文件名；系统根据不同的文件类型自动添加文件扩展名，如窗体文件扩展名为.frm；若不输入文件名，则系统采用默认窗体文件名。

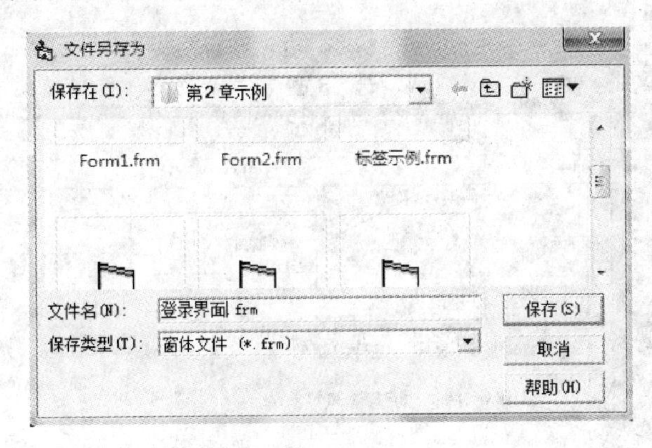

图 2-15 "文件另存为"对话框

2. 保存工程文件

单击常用工具栏上的保存按钮，或选择"文件"菜单项→"工程另存为"命令，弹出"工程另存为"对话框，输入工程文件名，操作方法与保存窗体相同。工程文件扩展名为.vbp；若不输入工程文件名，则系统采用默认工程文件名"工程 1.vbp"，本例取名"登录界面.vbp"。

整个工程所属文件保存完毕后，一个完整的应用程序就编制完成了。若要再次修改或运行该文件，只需双击工程文件名，就可以把文件调入内存进行所需的操作了。

3. 程序运行与调试

选择"运行"菜单项→"启动"命令、按 F5 键或单击工具栏的 ▸ 按钮，进入运行状态，若程序代码没有错，就得到如图 2-10 所示的界面；若程序代码有错，如将 lblDisp 错写成 lbDisp，则出现如图 2-16 所示的信息提示框。

此提示框中有以下三种选择。

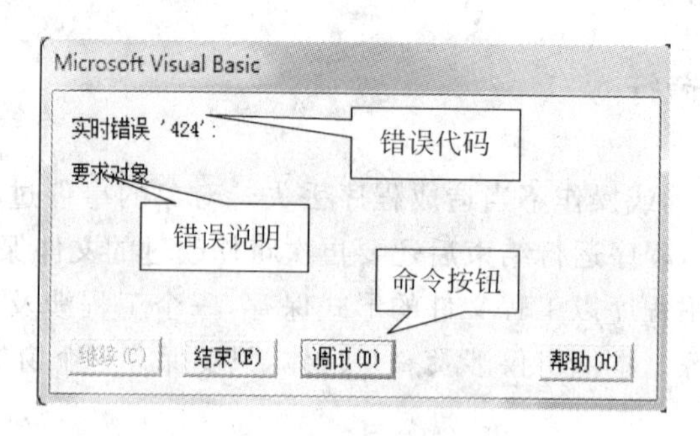

图 2-16 程序运行出错时的提示框

（1）单击“结束”按钮，结束程序运行，回到设计工作模式，从代码窗口去修改错误的代码。

（2）单击“调试”按钮，进入中断工作模式，此时出现代码窗口，光标停在有错误的行上，如图 2-17 所示。修改其错误后，可按 F5 键或单击工具栏的 ▸ 按钮继续运行。

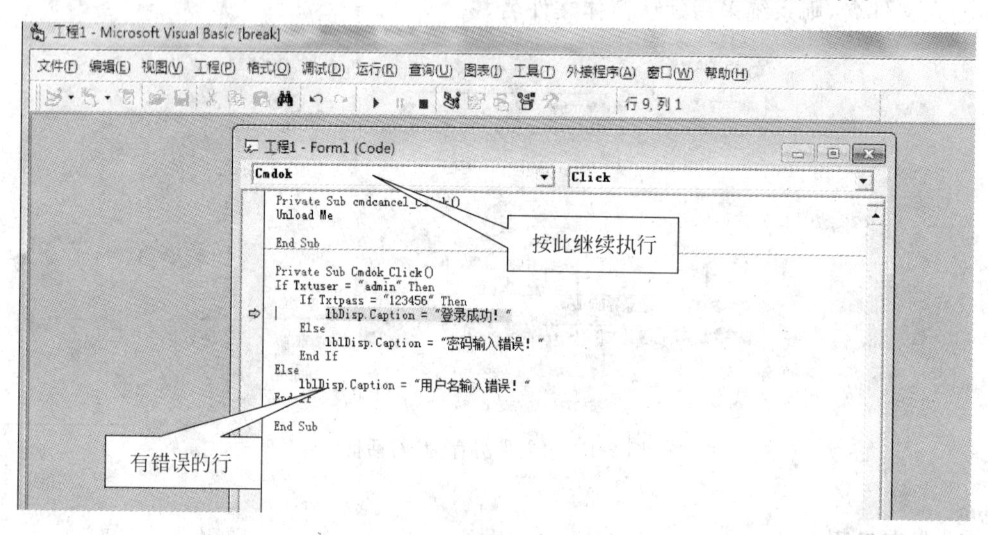

图 2-17 中断工作模式

（3）单击“帮助”按钮可获得系统的详细帮助。

运行调试程序，直到满意为止，再次保存修改后的程序。

4. 生成可执行程序

Visual Basic 提供了两种运行程序的方式：解释执行和编译执行方式。

（1）编译运行方式。如果将源程序编译为二进制可执行文件，就可以使程序脱离 Visual Basic 集成开发环境运行。编译可执行文件可通过选择“文件”菜单项→“生成登录界面.exe”菜单实现。其中“生成登录界面.exe”是与工程文件名相同的可执行文件名。

（2）解释运行方式。一般调试程序就是解释执行方式，因为解释执行方式是边解释边执行的，在运行中如果遇到错误，则自动返回代码窗口并提示错误语句，使用比较方便。当程序调试运行正确后，今后要多次运行或提供给其他用户使用该程序，就要将程序编译成可执行程序。

在 Visual Basic 集成开发环境下生成可执行文件的步骤如下。

① 执行"文件"→"生成 XXX. exe"命令，系统弹出"生成工程"对话框。

② 在"生成工程"对话框中选择生成可执行文件的文件夹并指定文件名。

③ 在"生成工程"对话框中单击"确定"按钮，编译和连接生成可执行文件。

习题 2

一、选择题

1. 要对窗体的(　　)属性进行设置，才能使 Print 方法在 From_Load 事件中起作用。

A. BackColor　　B. AutoRedraw　　C. ForeColor　　D. Caption

2. 下列说法正确的是(　　)。

A. 属性的一般格式为对象名_属性名称，可以在设计阶段赋予初值，也可以在运行阶段通过代码来更改对象的属性。

B. 对象是不特殊属性和行为方法的实体。

C. 属性是对象的特性，所有的对象都有相同的属性。

D. 属性值只可以在属性界面中设置。

3. 将 ScrollBars 属性设置为(　　)时，文本框控件只有垂直滚动条。

A. 0　　B. 1　　C. 2　　D. 3

4. 所有对象都具有(　　)属性。

A. Text　　B. Name　　C. ForeColor　　D. Caption

5. 当运行程序时，系统自动执行启动窗体的(　　)事件过程。

A. Load　　B. Click　　C. UnLoad　　D. MinButton

6. 应修改该控件的(　　)属性，可改变控件在窗体中的左右位置。

A. Top　　B. Left　　C. Width　　D. Right

7. 在 PasswordChar 属性中设置 #，但运行时仍显示文本内容，原因是(　　)。

A. 文本框的 Locked 属性设置为 False

B. 文本框的 Locked 属性设置为 True

C. 文本框的 Multiline 属性设置为 False

D. 文本框的 Multiline 属性设置为 True

8. 下列说法错误的是(　　)。

A. Caption 不是只读属性，运行时对象的名称可以通过代码改变

B. 设置 Height 或 Width 的数值单位为 twip，1twip＝1/10point

C. Icon 属性用来设置用户窗体的图标

D. 用来激活属性界面的快捷键是 F4 键

9. 在 Visual Basic 中，要将一个窗体加载到内存进行预处理但不显示，应使用的语句是(　　)。

A. Load　　B. Show　　C. Hid　　D. UnLoad

10. 要使窗体在运行时不可改变窗体的大小和没有最大化和最小化按钮，只要对下列的(　　)属性设置即可。

A. MaxButton　　B. BorderStyle　　C. BackCol　　D. Caption

二、填空题

1. 标签控件能够显示文本信息，文本内容只能用________属性来设置。

2. Visual Basic 程序设计采用的编程机制是________。

3. 在运行程序时，在文本框中输入新的内容，或在程序代码中改变 Text 的属性值，相应会触发________事件。

4. 默认情况下，窗体的事件是________事件。

5. 在设计阶段，当双击窗体上的某个控件时，打开的窗口是________。

6. 在代码窗口对窗体的 BorderStyle、MaxButton 属性进行设置，但运行后没有效果，原因是这些属性________。

7. 在窗体上已建立多个控件如 Text1、Label1、Command1，若要使程序一运行焦点就定位在 Command1 控件上，应对 Command1 控件设置________属性的值为________。

8. 在刚建立工程时，使窗体上的所有控件具有相同的字体格式，应对________的属性进行设置。

9. 在文本框中，通过________属性能获得当前插入点所在的位置。

10. 要将名为 MyFrom 的窗体显示出来，正确的使用方法是________。

11. 属性是 Visual Basic 对象性质的描述，对象的数据就保存在________中。

12. Visual Basic 中将一些________和________编写好并封装作为方法供用户直接调用。

13. 对象是基本的运行实体，它既包括了数据(属性)，也包括作用于________和对象的________。

14. 建立一个新的窗体模块，应选择________菜单下的“添加窗体”命令。

15. Visual Basic 窗体文件的扩展名为________，工程文件的扩展名为________。

三、编程题

1. 设计一个窗体，窗体标题为“红黄背景”，程序运行时，在窗体上单击鼠标左键，窗体背景变成黄色，双击鼠标左键，窗体背景变成红色，运行界面如图 2-18 所示。

图 2-18　窗体的红黄背景

2. 设计一个应用程序,实现标签的显示和隐藏,单击"显示标签"命令按钮,将标签显示;单击"隐藏标签"命令按钮,将标签隐藏,运行界面如图 2-19 所示。

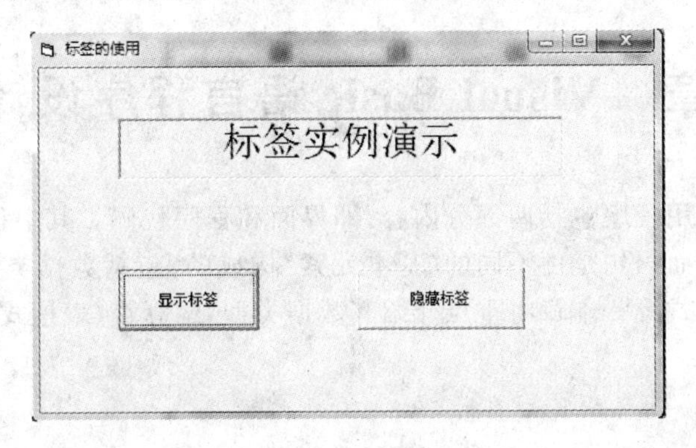

图 2-19 标签实例

第3章　Visual Basic 语言程序设计基础

Visual Basic 应用程序包括两部分内容，即界面和程序代码。其中程序代码的基本组成单位是语句（指令），而语句是由不同的“基本元素”构成的，包括数据类型、常量、变量、内部函数、运算符和表达式等。本章将重点介绍其数据类型、运算符、表达式及常用的内部函数。

3.1　数据类型

数据是程序的必要组成部分，也是程序处理的对象。为了对数据进行快速处理和有效地利用存储空间，所有高级语言都对数据进行分类处理，不同类型数据的操作方式和取值范围不同，所占存储空间的大小也不同。Visual Basic 数据类型分为基本数据类型和自定义数据类型。

3.1.1　基本数据类型

基本数据类型是系统定义的数据类型。Visual Basic 6.0 提供的基本数据类型主要有数值型和字符型数据，此外还提供了字节、货币、对象、日期、逻辑和变体数据类型，如表3-1所示。

表3-1　Visual Basic 标准数据类型

数据类型	关键字	类型符	前缀	占字节数	取值范围
字符型	String	$	str	与字符串长度有关	定长字符串：0～65 535 变长字符串：0～2.0×10^{10}个字符
字节型	Byte	无	bty	1	0～255
整型	Integer	%	int	2	－32 768～32 767
长整型	Long	&	lng	4	－2 147 483 648～2 147 483 647
单精度型	Single	!	sng	4	负数：－3.402 823E＋38～－1.401 298E－45 正数：1.401 298E－45～3.402 823E＋38
双精度型	Double	#	dbl	8	负数：－1.797 693 134 862 33E＋308～－4.940 656 458 412 47E－324 正数：4.940 656 458 412 47E－324～1.797 693 134 862 33E＋308
货币型	Currency	@	cur	8	－922 337 203 685 477.580 8～922 337 203 685 477.580 7
逻辑型	Boolean	无	bln	2	True 或 False
日期型	Date	无	dtm	8	1/1/100～12/31/9999
对象型	Object	无	obj	4	任何对象
变体型	Variant	无	vnt	按需分配	上述有效范围之一

1. 数值型数据

在 Visual Basic 中，数值型数据分为整型数和实型数两大类。

1）整型数

整型数是不带小数点和指数符号的数，在机器内部以二进制补码形式表示。根据表示数的范围不同，可以分为整型和长整型。

① 整数(Integer，类型符为“%”)：整型数在内存中占 2 个字节(16 位)，其取值范围为 −32 768～32 767。也可以在一个整数后加上类型符“%”来表示一个 Integer 类型的整数，如 234%。

② 长整数(Long)：长整型数在内存中占 4 个字节(32 位)，其取值范围为−2 147 483 648～2 147 483 647。也可以在一个数据后面加上类型符“&”来表示一个 Long 类型的整数，如 34 567&。

2）实型数

实型数也称浮点数，是带小数部分的数值。浮点数由三部分组成：符号、指数及尾数。根据表示数的范围不同，可以分为单精度型和双精度型数，其中双精度数表示数的精度比单精度数要高，表示的数的范围也比单精度数大。

① 单精度数(Single，类型符为“!”)：单精度数在内存中占 4 个字节(32 位)，其中符号占 1 位，指数占 8 位，其余 23 位表示尾数。单精度可以精确到 7 位十进制数。其负数的取值范围为−3.402 823E+38～−1.401 298E−45，正数的取值范围为 1.401 298E−45～3.402 823E+38。指数用“E”(或“e”)表示。

② 双精度数(Double，类型符为“#”)：双精度数在内存中占 8 个字节(64 位)，其中符号占 1 位，指数占 11 位，其余 52 位表示尾数。双精度可以精确到 15 位或 16 位十进制数。其负数的取值范围为−1.797 693 134 862 33E+308～−4.940 656 458 412 47E−324，正数的取值范围为 4.940 656 458 412 47E−324～ 1.797 693 134 862 33E+308。双精度浮点数的指数可用“D”(或“d”)表示，VB 会自动转换成 E。

2. 字符型数据

字符串(String)是用双引号界定的一个字符序列，由 ASCII 字符(除双引号和回车符之外)、汉字及其他可打印字符组成。

Visual Basic 的字符串有两种，即可变长度字符串和固定长度字符串。可变长度字符串是指在程序运行期间字符串的长度不固定的字符串，固定长度字符串是指在程序运行期间长度保持不变的字符串。

3. 布尔型数据

布尔型数据(Boolean)也称为逻辑型，用两个字节存储，它只取两种值，即 True(真)或 False(假)。当布尔型数据转换为整型数据时，True 转换为−1，False 转换为 0；当其他类型数据转换为布尔型时，非 0 数转换为 True，0 转换为 False。

4. 日期型数据

日期型数据(Date)用于表示日期和时间,在内存中占用 8 个字节,以浮点数形式存储,可以表示的日期范围从 100 年 1 月 1 日至 9999 年 12 月 31 日,而时间可以从 0:00:00 至 23:59:59。

5. 货币型数据

货币型数据(Currency)主要用来表示货币值,在内存中占 8 个字节(64 位),精确到小数点后 4 位,小数点前 15 位,在小数点后 4 位以后的数字将被舍去,属于定点数,即小数点位置固定的数,其取值范围为－922 337 203 685 477.580 8～922 337 203 685 477.580 7。

6. 对象型数据

对象型数据(Object)可用来引用当前应用程序中或其他应用程序中的对象,用 4 个字节存储。

7. 变体型数据

变体型数据(Variant)是一种特殊的数据类型,是所有未定义类型变量的缺省类型。即如果程序中的变量未定义类型,VB 将视之为变体类型。它可以表示任意值,包括数值、字符串、日期时间等。

3.1.2 自定义数据类型

当单个基本数据不能满足用户需要的时候,VB 允许用户利用 Type 关键字来自定义自己所需的数据类型。自定义数据类型是由已存在的若干个数据类型组合而成的,常常把这种结构称为"记录"。例如:一个学生的基本信息,包括"学号"、"姓名"、"性别"、"年龄"、"入学成绩"等数据,都可以用 Visual Basic 所提供的 Type 语句让用户自己定义数据类型,它的形式如下:

```
Type 数据类型名
    元素名 1 As 类型
    元素名 2 As 类型
        …
        …
    元素名 n As 类型
End Type
```

```
Type StudType
    Xh As String
    Xm As String
    Xb As String
    Nl As Integer
    Score As Single
End Type
```

一旦定义好了新数据类型,就可用这种数据类型来定义变量了,例如:

```
Dim Student As StudType
```

定义了一个名为 Student 的变量,属于 StudType 类型。

定义了这个变量后,就可以使用它来访问该变量中的各个元素了,其形式为:

变量名.元素名

例如：

Student.Nl　　　　　　　'表示访问 Student 变量中的 Nl 元素

说明：自定义类型的作用域默认是 Public，那么默认时，必须将自定义类型的定义放在标准模块(.bas 文件对应的模块)中。如果有自定义类型的定义放在窗体模块(.frm 文件对应的模块)中，则必须在定义前加上 Private。

3.2 常量与变量

根据程序的需要，可以将数据分为不同的数据类型。在程序中，不同类型的数据既可以以常量的形式出现，也可以以变量的形式出现。常量在程序执行期间是不发生变化的，而变量的值是可变的，它代表内存中指定的存储单元。

3.2.1 常量

Visual Basic 中的常量分为三种：普通常量、符号常量和系统常量。

1. 普通常量

普通常量也称为直接常量，可从字面形式上判断其类型。Visual Basic 中常用的直接常量有：整型常量、实型常量、字符串常量、布尔常量和日期常量。

1) 整型常量

整型常量就是整常数。在 Visual Basic 中，经常使用的整常数有三种进制，它们分别是十进制、八进制和十六进制。

① 十进制整数。

十进制整数的数码为 0～9，其取值范围为－32 728～32 727，如 15、－890。

② 八进制整数。

八进制整数必须以 & 或 &O(字母 O)作为八进制数的前缀，数码的取值为 0～7，其取值范围为 &O0～&O177777，如 &O15(或 O15)表示八进制数，其对应的十进制数是 13。

③ 十六进制整数。

十六进制整数必须以 &H(或 &h)作为十六进制数的前缀，数码的取值为 0～9，A～F(或 a～f)，其取值范围为 &H0～&HFFFF，如 &H15 表示十六进制数，其对应的十进制数是 21。

说明：上面整数表示的是整型(Integer)，如果要表示长整型(Long)，则在数的后面加类型符“&”。如 15&，&O15&，&H15& 分别表示十进制、八进制和十六进制长整型常数 15，$(15)_8$，$(15)_{16}$。

2) 实型常量

实型常量也称为浮点数。在 Visual Basic 中，浮点数分为单精度数和双精度数。实型常量有两种表示形式。

① 十进制小数形式。

它是由正负号(＋、－)、数字(0～9)和小数点(.)或类型符号(!、#)组成的，其中“!”表示单精度数,“#”表示双精度数。

例如:0.235、.235、235.0、235!、235#等都是十进制小数形式。系统默认的实型常量都是双精度类型,即235.0和235#是等价的常量。除非特别用单精度类型符“!”加以说明的,如235!。

② 指数形式。

它由符号、指数及尾数组成,其指数可用“D”或“E”表示。当指数为正数时,正号也可以省略。

例如:2.35E+2(或2.35E2)和2.35D+2相当于235或2.35×10^2。

同一个实数的指数表示形式有很多种。如235.0可以表示为2.35E+2、0.235E+3、235E+1或0.0235E+5。一般将2.35×10^2称为规范化的指数形式。

3) 字符串常量

字符串常量是一个用双引号括起来的字符序列,如" Visual Basic "、" $x+y$"、" 123 "、" "等。其中," "表示空字符串,即双引号之间没有任何字符。

如果字符串中有双引号,如abc " 123,则用连续两个双引号表示,即" abc " " 123"。

4) 布尔常量

布尔型数据又称为逻辑型,它只有两种可能的取值,即True(逻辑真)或False(逻辑假)。

5) 日期常量

任何在字面上可以被认作日期和时间的字符串,只要用两个“#”括起来,都可以作为日期型常量。

例如#05/16/2013#、#September 2,2013#、#05/16/2013 12:30:00#、# 9:00:00 AM #。

2. 符号常量

在Visual Basic中,可以定义符号常量,用来代替数值或字符串。这样做可以提高程序的可读性和可维护性。

符号常量说明的一般格式为

```
Const 常量名 [As 类型|类型符号]=常量表达式
```

说明:

① 常量名:常量名的命名规则与变量名相同(见3.2.2小节)。为便于与一般变量区别,符号常量名常常采用大写字母。

② [As 类型|类型符号]:用来说明常量的数据类型。方括号表示该项可以省略,若省略该项,则由右边常量表达式值的数据类型决定。

③ 常量表达式:可以是数值常量、字符串常量以及由这些常量与运算符组成的表达式。在一行可以定义多个符号常量,各常量之间用逗号隔开。

例如:

```
Const PI# = 3.1415926535
Const PI As Double = 3.1415926535
```

```
Const PI2=2 * PI             '声明 PI2 是符号常量,值为 2×3.141 592 653 5
Const MAX As Integer = 256, MYSTR As string = "happy"
Private Const DATATODAY As Date = #10/8/2009#
```

注意：第一个和第二个定义形式等价。另外，如果符号常量只在过程或某个窗体模块中使用，则在定义时应加上关键字 Private(可以省略)。如果符号常量在多个模块中使用，则必须在标准模块中定义，并在开头加上关键字 Public(具体情况参第 6 章)。

3. 系统常量

在 Visual Basic 的对象库中，提供了应用程序和控件的系统常量。例如，在"对象浏览器"中的 Visual Basic(VB)、Visual Basic for Application(VBA)等对象库中列举了 Visual Basic 的常量，其他提供对象库的应用程序如 Microsoft Excel、Microsoft Project 以及每个 ActiveX 控件的对象库等也提供了常量。这些常量可与应用程序的对象、方法和属性一起使用。

系统内部定义的常量名使用两字符的前缀，如 Visual Basic(VB)、Visual Basic for Application(VBA)对象库中的常量名前缀是"vb"。

系统常量的使用，提高了程序的可读性和可维护性。同时，由于常量值在 Visual Basic 的后续版本中可能还会改变，因此使用系统常量还可保持程序的兼容性。

例如 vbCrLf 表示"回车换行"符，vbRed 表示红色，vbKeyReturn 表示 Enter 键等，窗体状态属性(WindowsState)可接受的常量如表 3-2 所示。

表 3-2 WindowsState 常量

常量	值	描述
vbNormal	0	正常
vbMinimized	1	极小化
vbMaximized	2	极大化

在程序中使用语句 Form1. WindowState=vbMaximized，将窗口极大化，显然要比使用语句 Form1. WindowState==2 易于阅读和理解。

3.2.2 变量

在程序的运行过程中，变量用来临时存储数据，每个变量都有其名字和相应的数据类型。变量的名字称为变量名，通过变量名来引用该变量，而数据类型则决定了该变量的存储方式和内存中占据存储单元的大小。

1. 变量的命名规则

Visual Basic 变量用一个标识符来命名，标识符的命名遵循以下规则：

① 必须是以字母或汉字开头，由字母、汉字、数字和下划线组成的字符串。

② 不能使用 Visual Basic 中的关键字，如 If，While，End 等。

③ 不区分大小写，如 MAX 和 max 是同一个变量。

④ 变量名最长为255个字符，且字符之间必须并排书写，不能出现上下标。

2. 变量的声明

在程序中使用变量前，一般必须先声明变量名及其数据类型，系统根据所做的声明为变量分配相应的存储单元。在 Visual Basic 6.0 中可以不事先声明变量，而直接引用。因此 Visual Basic 中声明变量可分为显式声明和隐式声明两种。

1）显式声明

程序中使用 Dim 语句声明的变量，就是显式声明。

Dim 语句的一般格式为

```
Dim 变量名 [As 类型]
Dim 变量名 [类型符]
```

注意：

① 变量名是用户定义的标识符，应遵循变量命名规则。

② [As 类型]和[类型符]都是用来说明变量的数据类型的。其中类型可以是 Integer、Single、String 等，类型符可以是%、!、$ 等。方括号表示可以省略，若省略该项，则所声明的变量默认为 Variant 型。

③ 一条 Dim 语句可同时定义多个变量，但每个变量必须有自己的类型说明，类型说明不能共用，变量声明之间须用逗号分隔。

例如：

```
Dim x As Integer, y As Single, z
```

等价于

```
Dim x%, y!, z
```

在上例中，x 定义为整型，y 定义为单精度型，z 没有声明其数据类型，属于 Variant 型。

字符串变量的存储空间与字符串的长度有关。Visual Basic 中，根据其存放字符串长度是否固定，有两种定义方式：

```
Dim 字符串变量 As String
Dim 字符串变量 $
Dim 字符串变量 As String * 字符数
```

注意：

① 第一种和第二种方式定义的是变长字符串，最多可存放 2MB 字符；第二种方式定义的是定长字符串，存放的最多字符数由“*”后的“字符数”决定。

② 对于定长字符串，若赋值的字符数少于定义的字符数，则右端补空格。反之，将多余部分截取。

③ 在 Visual Basic 中，一个汉字与一个西文字符一样，都算作一个字符，占两个字节。

例如：

```
Dim str1 As String          '声明变长字符串变量
Dim x $                     '声明变长字符串变量
Dim str2 As String * 10     '声明定长字符串变量
```

2）隐式声明

在 Visual Basic 中，如果一个变量未经 Dim 语句声明就直接使用，称为隐式声明。使用时，系统会以该名字自动创建一个变量，并默认为变体类型。这样做给初学者带来了方便，但是正因为这一点方便，可能给程序带来不易发生的错误，同时降低程序的执行效率。

例如，下面是一个很简单的程序，其使用的变量 a，b，Sum 都没有事先定义。

```
Private Sub Form_Click()
  Sum = 0
  a = 10: b = 20
  Sum = a + b
  Print "和="; Sun
End Sub
```

则程序的运行结果为 Sum=。而不是 Sum=30。这是因为把 Print "Sum="; Sum 错误地写成 Print "Sum="; Sun，导致程序运行结果错误，但却不会给出任何错误信息。因为，程序中的 a，b，Sum 变量并没有声明，Visual Basic 系统分辨不出 Sun 是写错了，还是新的变量。

为了避免上述的麻烦，应该是“先声明变量，后使用变量”，从而提高程序的执行效率。要做到这一点，必须要求变量做强制显式声明，其方法有以下两种：

① 在各种模块的声明部分中添加如下语句：

```
Option Explicit
```

② 也可以选择“工具”→“选项”命令，在弹出的“选项”对话框中打开“编辑器”选项卡，再复选“要求变量声明”选项，如图 3-1 所示。这样就可以在新模块中自动插入 Option Explicit 语句了。

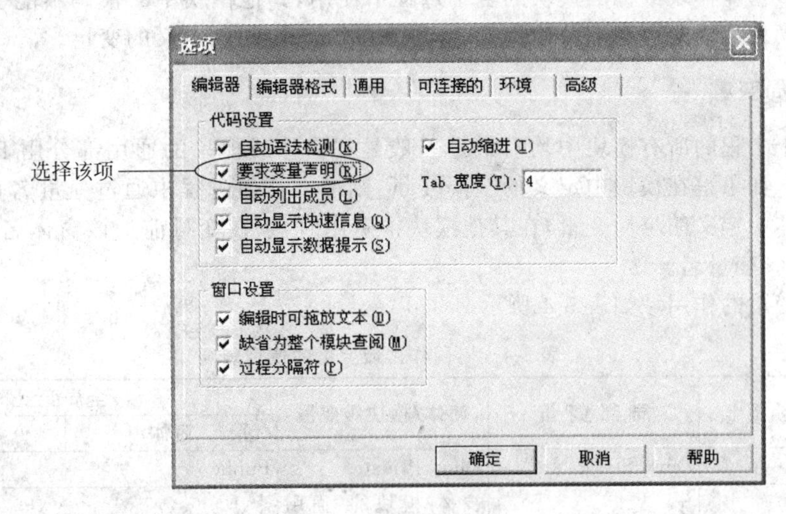

图 3-1　变量的显示声明

3. 变量的默认值

当变量被声明后，如果没有给这个变量赋初值，Visual Basic 就会自动给该变量赋予一个默认值。对于不同类型的变量，默认值如表 3-3 所示。

表 3-3　WindowsState 变量

变量类型	默认值(初值)
变长字符串	空字符串""
定长字符串	空格字符串,其长度等于定长字符串的字符个数
数值型	0(或 0.0)
逻辑型	False
日期型	#0:00:00#
对象型	Nothing
变体类型	Empty

3.2.3　变量的作用域

变量的作用域指的是变量的有效范围,即变量的“可见性”。声明变量的位置不同以及声明时使用的关键字不同,所声明变量的有效范围也不一样。Visual Basic 中变量有三种作用域:过程级、窗体/模块级和全局级。

1. 过程级变量

过程级变量也称为局部变量,只在所定义的过程内有效,在其他过程内无效。某个过程的执行只对该过程内的变量产生作用,对其他过程中相同名字的局部变量没有任何影响。因此,在不同的过程中可以定义相同名字的局部变量,它们之间没有任何关系。

2. 窗体/模块级变量

只在该窗体模块或标准模块的各个过程中使用,其他模块中的代码不能引用。一般是在窗体或模块的通用声明部分使用 Dim 语句或 Private 语句定义的变量。

3. 全局变量

在整个工程的所有模块中均有效。一般是在窗体或模块的通用部分用 Public 语句定义的变量。如果是在模块中定义的全局变量,则可在任何过程中通过变量名直接访问;如果是在窗体中定义的全局变量,在其他模块中引用时,须在变量前加该窗体名,即定义该变量的窗体名.变量名。

三种变量的作用域如表 3-4 所示。

表 3-4　不同作用域变量的使用规则

作用范围	局部变量	窗体/模块级变量	全局变量	
			窗体	标准模块
声明方式	Dim, Static	Dim, Private	Public	
声明位置	在过程中	窗体/模块的“通用声明”段	窗体/模块“通用声明”段	
能否在本模块的其他过程存取	不能	能	能	
能否被其他模块存取	不能	不能	能,但须在变量名前加窗体名	能

3.3 运算符与表达式

运算符是描述各种不同运算关系的符号。被运算的对象，即数据，称为运算量或操作数。运算符和操作数组合成表达式，实现对数据的加工。在 Visual Basic 中有 4 种运算符：算术运算符、字符串运算符、关系运算符和逻辑运算符，各运算符的优先顺序如表 3-5 所示。

表 3-5 Visual Basic 的运算符

运算符种类	优先级	运算符(按优先顺序排列)
算术运算符	1	^、*、/、\、Mod、+、−
字符运算符	2	+、&
关系运算符	3	=、>、>=、<、<=、<>、Like、Is
逻辑运算符	4	Not、And、Or、Xor、Eqr、Imp

3.3.1 算术运算符与算术表达式

算术运算符是常用的运算符，用来执行简单的算术运算。Visual Basic 提供了 8 个算术运算符，表 3-6 给出了各算术运算符及其优先级。

表 3-6 Visual Basic 的算术运算符

运 算 符	含 义	优 先 级	实 例	结 果
^	乘方	1	3^2	9
−	负号	2	−3+2	−1
*	乘	3	5*3	15
/	除		5/2	2.5
\	整除	4	5\2	2
mod	取余数	5	5 mod 2	1
+	加	6	2+3	5
−	减		3−1	1

在 8 个算术运算符中，除取负(−)是单目运算符外，其他均为双目运算符(需要两个操作数)加(+)、减(−)、乘(*)、除(/)、取负(−)等几个运算符的含义与数学中的基本相同，下面介绍其他几个运算符的操作。

1. 指数运算

指数运算用来计算乘方和方根，其运算符为“^”。计算 a^b 时，若左操作数 a 为正实数，则右操作数 b 可为任意数值。若左操作数 a 为负实数，则右操作数 b 必须是整数。

例如：

```
10^2        '结果为100          8^(−1/3)      '结果为0.5
(−8)^2      '结果为64           (−8)^(1/3)    '错误
```

2. 整除运算

整除运算符是"\",其操作数一般为整型数。当操作数为带有小数的实型数据时,则先将操作数四舍五入为整数,然后再做整除运算。

例如:

```
10\2        '结果为 5            10\2.5        '结果为 3
```

3. 取模运算

取模运算符是 mod,其操作数一般为整型数。当操作数为带有小数的实型数据时,则先将操作数四舍五入为整数,然后再做求余运算,而且求余结果的符号始终与第一个操作数的符号相同。

例如:

```
10 mod 3    '结果为 1            10 mod 3.5    '结果为 2
  -5 mod'结果为-1               5 mod -2      '结果为 1
```

4. 算术运算符的优先级

Visual Basic 中,算术运算符的优先级在表 3-6 中给出了。当一个表达式中含有多种算术运算符时,按级别由高到低进行,同级运算符从左到右运算。如果表达式中含有括号,则先计算括号内表达式的值;有多层括号时,从内层括号到外层括号计算。

例如:

```
5+2*10 mod 10\9 / 3 +2^2            '结果为 11
```

3.3.2 字符串运算符与字符串表达式

字符串运算符有两个:"&"和"+",它们都是将两个字符串依次连接起来,生成一个新的字符串的。由字符串运算符与操作数组成的表达式称为字符串表达式。

例如:

```
"Abc" & "123"    '结果为 Abc123        "100" + "123"       '结果为 100123
```

在字符串变量后使用"&"时应注意,变量与运算符"&"间要加一个空格。这是因为符号"&"还是长整型的类型定义符,当变量与符号"&"接在一起时,Visual Basic 先把它作为类型定义符处理。

此外,还需注意连接符"&"和"+"的区别。

"&":连接符两旁的操作数不管是字符型还是数值型,进行连接操作前,系统都先将操作数转换成字符型,再进行连接。

"+":连接符两旁的操作数均为字符型,才能完成字符串的连接操作,此时和"&"连接符完全等价。若一个为数字字符型操作数,另一个为数值型,则自动将数字字符转换为数值型,然后进行算术运算;若一个为非数字字符型,另一个为数值型,则出错。

例如：

```
"100" + 123     '结果为 223          "Abc" + 123     '出错
```

3.3.3 关系运算符与关系表达式

关系运算符都是双目运算，用来比较两个操作数之间的关系，由关系运算符与操作数组成的式子称为关系表达式。关系表达式的运算结果是一个逻辑值，若关系成立，则结果为True；若关系不成立，则结果为False。Visual Basic提供了9种关系运算符，表3-7给出了各关系运算符及其优先级。

表3-7 Visual Basic的关系运算符

运算符	含　义	实　例	结　果
=	等于	"ABCD" = "ABR"	False
>	大于	"ABCD"> "ABR"	False
>=	大于或等于	"bc" >= "abcd"	True
<	小于	23<3	False
<=	小于或等于	"23" <= "3"	True
<>	不等于	"ABC"<> "abc"	True
Like	字符串匹配	" This " Like " * is"	True
Is	对象引用比较		

对于关系运算符需注意以下规则：

(1)"="表示关系运算中的等于，注意与赋值运算符"="含义不同，详见4.2.1节。

(2)当两个操作数均为数值型时，按其大小比较。对于单精度数或双精度数进行比较时，应特别小心，运算可能会给出非常接近但不相等的结果。

例如：

```
1.0/3.0 * 3.0=1.0                    '结果为 False
```

在数学上显然是一个恒等式，但在计算机上执行时可能会给出假(False)。因此应避免对两个浮点数做"相等"或"不相等"的判断，上式可改写为

```
Abs(1.0/3.0 * 3.0-1.0)<1E-5          'Abs 是求绝对值
```

只要它们的差小于一个很小的数(这里是10的-5次方)，就认为1.0/3.0 * 3.0与1.0相等。

(3)当两个操作数均为字符型时，则按字符的ASCII码值从左到右逐一比较，即首先比较两个字符串的第一个字符，其ASCII码值大的字符串大，如果第一个字符相同，则比较第二个字符，以此类推，直到出现不同的字符为止。

例如：

```
"How" > "Hello",
```

等价于

```
"o" > "e"
```

的比较,结果为 True。

(4) 不同类型数据可以进行比较。当数值型数据与可转换为数值型的数据比较时,如 23>"123",则按数值大小比较,结果为 False。当数值型数据与不能转换成数值型的字符型比较,如 23>"ABC",就出现错误。

(5) Like 运算符用来比较字符串表达式和 SQL 表达式中的样式,主要用于数据库查询。Is 运算符用于两个对象变量的引用比较,也可以在 Select Case 语句中使用。

(6) 关系运算符的优先级相同,运算顺序是从左向右的。

3.3.4 逻辑运算符与表达式

逻辑运算也称为布尔运算。用逻辑运算符连接两个或多个关系式,组成一个布尔表达式。Visual Basic 中提供了 6 种逻辑运算符,表 3-8 给出了各逻辑运算符及其优先级。

表 3-8 Visual Basic 的逻辑运算符

运算符	含义	优先级	说　　明	实例	结果
Not	取反	1	当操作数为假时,结果为真 当操作数为真时,结果为假	Not F	T
And	与	2	两个操作数均为真的,结果才为真	T And F T And T	F T
Or	或	3	两个操作数有一个为真时,结果为真	T Or F F Or F	T F
Xor	异或		两个操作数不相同,即一真一假时,结果才为真	T Xor F T Xor T	T F
Eqv	等价	4	两个操作数相同时,结果才为真	T Eqv F F Eqv F	F T
Imp	蕴含	5	第一个操作数为真,第二个操作数为假,结果才为假,其余结果均为真	T Imp F T Imp T	F T

对于逻辑运算符需注意以下规则:

(1) 数学中判断 X 是否在区间$[a,b]$时,习惯上写成 $a\leqslant X\leqslant b$,但在 Visual Basic 中不能写成

$$A<=X<=b$$

应写成

$$A<=X \text{ And } X<=b$$

(2) 算术运算中的操作数也可以是逻辑型,若是逻辑型,系统会自动转换成数值型(True 为-1,False 为 0)后再运算。

例如:

```
30-True                    '结果为 31
10-False + "3"             '结果为 13
```

以上介绍了 Visual Basic 中常用的运算符和表达式。为了检验各个表达式的操作,可以编写事件过程,如 Form_Click 或 Command1_Click。但是这样做比较烦琐,因为必须在

执行事件的过程中才能看到结果。为此，Visual Basic 提供了命令行解释程序(Command Line Interpreter,CLI)，可以通过命令行直接显示其表达式的执行结果，这种方式称为直接方式。

在“立即”界面中可以输入命令，命令行解释程序对输入的命令进行解释，并立即响应，与 DOS 中命令行的执行情况类似。

例如：

```
x=2: y=4      <CR>
print x+y     <CR>
6
```

其中<CR>为 Enter 键，其“立即”界面运行情况如图 3-2 所示。

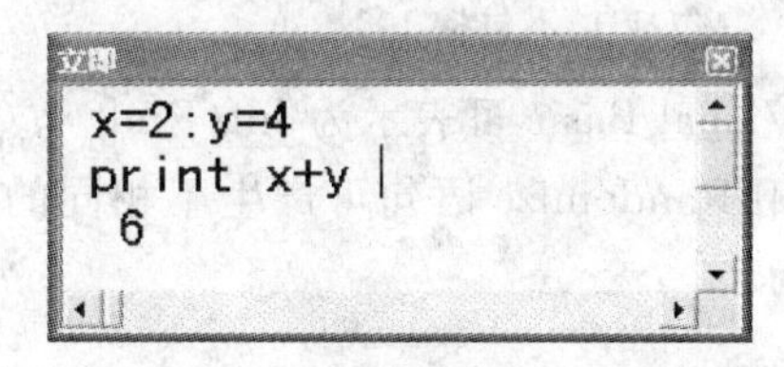

图 3-2 “立即”界面运行情况

3.4 常用内部函数

在 Visual Basic 中，有内部函数和用户自定义函数两类。用户自定义函数是用户自己根据需要定义的函数。内部函数也称为标准函数或库函数，它们是 Visual Basic 系统为实现一些特定的功能而设置的函数，可以在程序中直接调用。本章将介绍常用的内部函数。

3.4.1 数学函数

数学函数用于各种数学运算，包括三角函数、求平方根、绝对值及对数、指数等。常用的数学函数如表 3-9 所示，表中 x 是一个数值表达式。

表 3-9 常用数学函数

函数	功能	实例	结果
Abs(x)	返回 x 的绝对值	Abs(−10)	10
Sqrt(x)	返回 x 的平方根	Sqrt(25)	5
Exp(x)	求 e 的 x 次方，即 e^x	Exp(2)	7.389
Log(x)	求自然对数 $\ln x$	Log(10)	2.303
Sin(x)	返回 x 的正弦值	Sin(0)	0
Cos(x)	返回 x 的余弦值	Cos(0)	1
Tan(x)	返回 x 的正切值	Tan(0)	0
Atn(x)	返回 x 的反正切值	Atn(0)	0
Sgn(x)	符号函数。当 x 为正数时，返回值为 1；当 x 为负数时，返回值为 −1；当 x 为 0 时，返回值为 0	Sgn(−9)	−1
Rnd[(x)]	随机函数	Rnd	0～1 之间的数

说明：

(1) 三角函数的自变量 x 是一个数值表达式。其中 Sin、Cos 和 Tan 的自变量是以弧度为单位的角度，而 Atn 函数的自变量是正切值，它返回正切值为 x 的角度，以弧度为单位。在一般情况下，自变量以角度给出，可以用下面的公式转换为弧度：

$$1(度)= \pi/180 = 3.14159/180(弧度)$$

Visual Basic 没有余切函数，求 x 弧度的余切值可以表示成 $1/\mathrm{Tan}(x)$。

(2) 随机函数 Rnd[(x)]。Rnd 函数可以不要参数，其括号也可以省略。返回[0,1)(即包括 0,但不包括 1)之间的双精度随机数。若要产生 1～100 的随机数，则可通过下面的表达式实现：

```
Int(Rnd * 100) + 1          '包括 1 和 100,Int 表示取整
Int(Rnd * 99) + 1           '包括 1,不包括 100
```

产生[N,M]区间的随机数，Visual Basic 可表示为 Int(Rnd * (M－N＋1)) ＋ N。

调用 Rnd 函数之前，使用 Randomize 语句可产生不相同的随机数序列，避免同一序列的随机数反复出现，其格式为

```
Randomize[n]
```

这里的 n 是一个整型数，作为随机数发生器的种子。若省略 n，则根据系统时钟获得种子。

例如，下段程序每次运行时，都会产生不同序列的 10 个[1,100]之间的随机整数。

```
Randomize
For i = 1 To 10
    Print Int(Ran * 100) + 1
Next i
Print
```

说明：如果程序中没有 Randomize 语句，则每次都产生相同序列的 10 个[1,100]之间的随机整数。

3.4.2 字符串函数

字符串函数主要用于各种字符串处理。Visual Basic 提供了大量的字符函数，具有很强的字符串处理能力。常用的字符串函数如表 3-10 所示。

表 3-10 常用字符串函数

函数	功能	实例	结果
Ltrim(s)	删除字符串 s 前导空格	Ltrim(" abc ")	"abc "
Rtrim(s)	删除字符串 s 尾部空格	Rtrim(" abc ")	" abc"
Trim(s)	删除字符串 s 前导和尾部空格	Trim(" abc ")	"abc"
Left(s,n)	取字符串 s 前 n 个字符	Left("abcef",3)	"abc"
Right(s,n)	取字符串 s 后 n 个字符	Right("abcef",3)	"cef"
Mid(s,m,n)	取字符串 s 从第 m 个字符开始的 n 个字符	Mid("abcde", 2, 3)	"bcd"
Len(s)	求字符串 s 的长度	Len("abcde")	5

续表

函　数	功　能	实　例	结　果
Lcase(s)	大写字母转换成小写字母	Lcase("ABcd")	"abcd"
Ucase(s)	小写字母转换成大写字母	Ucase("ABcd")	"ABCD"
Space(n)	生成有 n 个空格的字符串	Space(3)	"　"
Instr(s1,s2)	求字符串 s2 在字符串 s1 中首次出现的位置;如果 s2 没有出现在 s1 中,则返回值为 0	InStr("ABCDEF","CD")	3
String(n,s)	生成由字符串 s 的首字符构成的长度为 n 的新字符串	String(3, "abc")	"aaa"

3.4.3 转换函数

转换函数用于数据类型或形式的转换,包括整型、实型、字符串之间以及数值与 ASCII 字符之间的转换。常用的转换函数如表 3-11 所示。表中的 x 和 n 是数值表达式,s$ 是字符串表达式。

说明:

(1) Chr 函数可以得到那些非显示的控制字符,例如:

```
Chr(13)     '回车符          'Chr(13)+ Chr(10)       '回车换行
Chr(7)      '响铃 Beep       'Chr(8)                 '退格符
```

(2) Str(x)返回把数值型数据 x 转换为字符型后的字符串,字符串的第一位一定是空格(x 是正数)或是符号(x 是负数),小数点组后的"0"将被去掉。

(3) 假设 x=12.3467,如果要求 x 保留小数点后三位,有几种方法实现?

① Fix(x * 1000+0.5)/1000;

② Int(x * 1000+0.5)/1000;

③ Round(x,3)。

表 3-11　常用类型转换函数

函　数	功　能	实　例	结　果
Fix(x)	返回 x 的整数部分	Fix(-4.5) Fix(4.5)	-4 4
Int(x)	返回不大于 x 的最大整数	Int(-4.5) Int(4.5)	-5 4
Chr(x)	将 x 的值转换成对应的字符	Chr(97)	"a"
Asc(s$)	返回字符串 s 中首字符的 ASCII 码值	Asc("a")	97
Val(s$)	将数字字符串 s 转换成为数值	Val("123abc") Val("abc123")	123 0
Str(x)	将 x 的值转换成字符串	Str(1.45)	" 1.45"
Hex(x)	将十进制数转换成十六进制	Hex(100)	64
Oct(x)	将十进制数转换成八进制数	Oct(100)	144
Round(x,n)	按四舍五入原则对 x 保留 n 位小数。省略 n 时,则对 x 四舍五入取整	Round(3.176,2) Round(-3.6)	3.18 -4

3.4.4 日期和时间函数

日期和时间函数用来返回系统当前的日期和时间。常见的日期和时间函数如表3-12所示。表中的 *d* 为日期常量或变量，*t* 为日期/时间常量或变量。

表 3-12 常用日期和时间函数

函数	功能	实例	结果
Now	返回系统日期/时间	Now	2013-6-3 9:34:33
Day(*d*)	返回当前的日期	Day(Now)	3
WeekDay(*d*)	返回当前的星期	WeekDay(Now)	2(代表星期一)
Month(*d*)	返回当前的月份	Month(Now)	6
Year(*d*)	返回当前的年份	Year(Now)	2013
Hour(*d*)	返回当前的小时	Hour(Now)	9
Minute(*d*)	返回当前的分钟	Minute(Now)	34
Second(*d*)	返回当前的秒	Second(Now)	33
Time	返回当前的时间	Time	9:34:33

3.4.5 其他函数

1. Format 函数

格式输出函数可以使数值、日期或字符串按指定的格式输出，返回类型为字符型。函数的格式为

```
Format(数值表达式,格式字符串)
```

该函数的功能是：按"格式字符串"指定的格式输出"数值表达式"的值。如果省略"格式字符串"，则 Format 函数的功能与 Str 函数基本相同，唯一的差别是，当把正数转换成字符串时，Str 函数在字符串前面留有一个空格，而 Format 函数则不留空格。

用 Format 函数可以使数值按"格式字符串"指定的格式输出，包括在输出字符串前加 $、字符串前或后补零及加千分位分隔逗点等。"格式字符串"是一个字符串常量或变量，它由专门的格式说明字符组成，如表 3-13 所示。当格式字符串为常量时，必须放在双引号中。

表 3-13 格式说明符号

格式字符	含义	实例	结果
#	数字；不在前面或后面补零	Format(125, "####")	125
0	数字；在前面或后面补零	Format(125, "00000")	00125
.	显示小数点	Format(125.25, "0000.000")	0125.250
		Format(125.25, "####.###")	125.25
,	千位分隔逗点	Format(12512.25, "##,##.##")	12,512.25
%	百分比符号	Format(0.257, "00.0%")	25.7%

续表

格式字符	含义	实例	结果
$	美元符号	Format(358.9,"$###0.00")	$358.90
+−	正、负号	Format(358.9,"+###0.00") Format(−358.9,"−###0.00")	+358.90 −358.90
E+ E−	指数符号	Format(358.9,"0.00E+00") Format(358.9,"0.00E−00")	3.59E+02 3.59E02

2. Shell 函数

在 Visual Basic 中,除了可以调用内部函数外,还可以调用 Windows 下的应用程序,这一功能通过 Shell 函数实现。Shell 函数的调用格式如下:

```
Shell(命令字符串[,窗口类型])
```

其中"命令字符串"是要执行的应用程序的文件名(包括路径)。它必须是可执行文件,其扩展名为.com、.exe、.bat 或.pif,其他文件不能用 Shell 函数执行。"窗口类型"是执行应用程序时的窗口的大小,有 6 个系统常量,如表 3-14 所示。

表 3-14 "窗口类型"系统常量

常量	值	窗口类型
vbHide	0	窗口被隐藏,焦点移到隐式窗口
vbNormalFocus	1	窗口具有焦点,并还原到原来的大小和位置
vbMinimizedFocus	2	窗口会以一个具有焦点的图标来显示
vbMaximizedFocus	3	窗口是一个具有焦点的最大化窗口
vbNormalNoFocus	4	窗口被还原到最近使用的大小和位置,而当前活动的窗口仍然保持活动
vbMinimizedNoFocus	5	窗口以一个图标来显示,而当前活动的窗口仍然保持活动

Shell 函数调用某个应用程序并成功地执行后,返回一个任务标识,它是执行程序的唯一标识,例如:

```
ProID=Shell("c:\Windows\notepad.exe",1)
```

该语句调用记事本 notepad.exe,使记事本程序启动后具有正常窗口,并成为当前窗口,同时把 ID 返回给 ProID。注意,在具体输入程序时,ID 不能省略。

习题 3

一、选择题

1. 以下可以作为 Visual Basic 变量名的是(　　)。

   A. A#A　　B. countA　　C. 3A　　D. A8

2. Visual Basic 的合法直接常量有(　　)。

   A. π　　B. %100　　C. True　　D. &H12ag

3. 下面说法不正确的是(　　)。

A. 整型关键字为 Integer,类型符为 &

B. 日期型关键字为 Date,无类型符

C. 单精度型关键字为 Single,类型符为!

D. 字符型关键字为 String,类型符为 $

4. 下列数据类型中,占用内存最小的是(　　)。

A. Boolean　　B. Byte　　C. Integer　　D. Single

5. 下列日期型数据正确的是(　　)。

A. @January 10,2012@　　B. #January 10,2012#

C. "January 10,2012"　　D. &January 10,2012&

6. 下列运算结果正确的是(　　)。

A. 10/3=3　　B. 9 mod 4=2　　C. "20" + "12"　　D. 10\3=3

7. Visual Basic 表达式 3\3 * 3/3 mod 3 的值(　　)。

A. −1　　B. 1　　C. −3　　D. 3

8. 设 $a=1,b=5,c=1$,执行语句 Print $a=b=c$ 后窗体上显示的是(　　)。

A. True　　B. False　　C. 10　　D. 出错信息

9. 下列程序运行结果是(　　)。

```
a=35: b=-25: i=Not a=b: Print i
```

A. −45　　B. True　　C. 0　　D. False

10. “x 是小于 10 的非负数”,用 Visual Basic 表达式表示正确的是(　　)。

A. 0<=x<=10　　B. 0<=x<10

C. 0<=x and x<10　　D. 0<=x or x<10

11. 表达式(5 + 6) > 9 And ("23" < "3")的值为(　　)。

A. True　　B. False　　C. 1　　D. 0

12. Int 函数用于取整,它返回不大于自变量的最大整数,但也可用于做四舍五入运算。要把 567.345 保留两位小数而将第三位四舍五入,应使用(　　)表达式。

A. Int(x * 100+0.5)　　B. Int(x * 100)/100

C. Int(x * 100+0.5) /100　　D. Int(x * 100)

13. 函数 Int(Rnd * 100)是在(　　)范围内的整数。

A. [0,100]　　B. (1,100)　　C. [0,99]　　D. (1,99)

14. 设 a%=20,b$="30",则下列输出结果是"2030"的语句是(　　)。

A. Print str(a)　　B. Print "a" + b　　C. Print a + b　　D. Print a & b

15. 用于从字符串左边截取字符的函数是(　　)。

A. Ltrim()　　B. Trim()　　C. Left()　　D. Instr()

16. 下列语句的输出结果为(　　)。

```
Print Format$(5689.36, "000,000.000")
```

A. 5,689.36　　B. 5,689.360　　C. 5,689.3　　D. 005,689.360

二、填空题

1. Visual Basic 在同一行可以书写多条语句，语句间用________分隔；单行语句可分若干行书写，在本行后加续行符________。

2. 长整型的关键字和类型符分别为________、________。

3. 双精度型的关键字和类型符为________、________。

4. 在 Visual Basic 中，定义全局变量的关键字为________，且变量应在________的变量声明区中定义，定义局部变量通常使用________、________或________，其中，定义静态变量的关键字为________。

5. Int(－4.5)，Int(4.5)，Fix(－4.5)，Fix (4.5)的值分别是________、________、________、________。

6. 表达式 15－8>6 And 3 * 4<5 和 Right("abcde",3)的值分别是________、________。

7. String(4, "abc")和 Mid("abcde",2,3) 的值分别是________、________。

8. 表示字符变量 s 是字母(不区分大小写)的逻辑表达式为________。

9. UCase(Mid("china",2,3))的结果是________。

10. 表示 x 是 5 的倍数或是 9 的倍数的逻辑表达式为________。

三、程序题

1. 下列程序的输出结果是________。

```
Private Sub Form_Click()
   x = 542
   x = Int(x / 100)
   y = x mod 10
   y = x = y
   Print x; y
End Sub
```

2. 下列程序的输出结果是________。

```
Private Sub Form_Click()
   x = Str(10.4) + "理工大学"
   y = Right(x, 2)
   Print Val(x) & y
End Sub
```

3. 编写程序，在文本框输入一个三位数，单击窗体后，在窗体打印输出该数的个位数、十位数和百位数。

第4章　Visual Basic程序设计基本结构

Visual Basic是面向对象的程序设计语言，采用的是面向对象的程序设计方法。但是具体到每个对象的事件过程或模块中的每个通用过程，还是采用结构化程序设计方法，结构化程序设计的基本结构可分为顺序结构、选择结构和循环结构。本章首先介绍程序设计中的算法和算法表示，然后详细介绍结构化程序设计的三种基本结构。

4.1　Visual Basic结构化设计概述

计算机的所有操作都是按照人们预先编制好的程序进行的。所谓程序，简单来说就是一系列指令的有序组合，计算机通过运行该组命令，达到预期的目的。

学习计算机程序设计首先应从问题描述开始，问题描述是算法的基础，而算法则是程序的基础。

数据是操作的对象，操作的目的是对数据进行加工处理，以得到期望的结果。作为程序设计人员，必须认真考虑、设计数据结构和算法。为此，1976年瑞士计算机科学家沃思(N. Wirth)曾提出一个著名的公式：

程序＝算法＋数据结构

实际上，在设计一个程序时，要综合运用算法、数据结构、设计方法、语言工具和环境等方面的知识。这其中，算法是程序设计的灵魂，数据结构是数据的组织形式，语言则是编程的工具。

4.1.1　算法的概念

人们使用计算机，就是要利用计算机处理各种不同的问题，而要做到这一点，人们就必须事先对各类问题进行分析，确定解决问题的具体方法和步骤，再编制好一组让计算机执行的指令即程序，交给计算机，让计算机按人们指定的步骤有效地工作。这些具体的方法和步骤，其实就是解决一个问题的算法。根据算法，依据某种规则编写计算机执行的命令序列，就是编制程序，而书写时所应遵循的规则，即为某种语言的语法。

广义地讲，算法是为完成一项任务所应当遵循的一步一步的规则的、精确的、无歧义的描述，它的总步数是有限的。

狭义地讲，算法是解决一个问题所采取的方法和步骤的描述。

1. 算法的特征

一个正确的算法，应具备如下的基本特征。

(1) 有穷性：算法中的操作步骤必须是有限个，而且必须是可以完成的，有始有终是算法最基本的特征。

(2) 确定性：算法中每个执行的操作都必须有确切的含义，并且在任何条件下，算法都只能有一条可执行的路径，无歧义性。

(3) 可行性：算法中所有操作都必须是可执行的。如果按照算法逐步去做，就一定可以找出正确答案。可行性是一个正确算法的重要特征。

(4) 有零个或多个输入：在程序运行过程中，有的数据是需要在算法执行过程中输入的，而有的算法表面上看没有输入，但实际上数据已经被嵌入其中了。没有输入的算法是缺少灵活性的。

(5) 有一个或多个输出：算法进行信息加工后应该得到至少一个结果，而这个结果应当是可见的。没有输出的算法是没有用的。

例 4-1 输入三个数，然后输出其中最大的数，其算法可表述如下：

步骤 1，输入 A、B、C。

步骤 2，设有一个变量 MAX，A 与 B 中大的一个放在 MAX 中。

步骤 3，C 与 MAX 中大的一个放在 MAX 中。

步骤 4，输出 MAX，MAX 即为最大数。

例 4-2 求 $1+2+3+\cdots+N$ 的值，其算法可表述如下：

步骤 1，输入 N 的值。

步骤 2，设有两个变量 S、I，I 为大于等于 0 的整数，为计数用，S 存放求和的结果。令 $I=1$，$S=0$。

步骤 3，$I=I+1$，$S=S+I$。

步骤 4，判断 $I<=N$ 是否成立。如果成立返回步骤 3，如果不成立则向下执行。

步骤 5，输出 S，即 $S=1+2+3+\cdots+N$。

2. 算法的描述

要对算法进行描述，必须要使用相应的工具。目前，计算机程序设计中常用的描述工具有：自然语言、流程图、N-S 图等。

1) 自然语言

自然语言是人类在日常生活中进行交流的语言，自然也可用于描述问题求解的算法，但用自然语言描述算法，存在着文字冗长、有二义性、表达不确切等不足之处。自然语言描述方法不是值得推崇的方法。

2) 传统流程图

传统流程图是历史最悠久、使用最广泛的一种描述算法的发放，算法的发放，也是软件开发人员最熟悉的一种算法描述工具。它的主要特点是对控制流程的描绘很直观，便于初学者掌握。

流程图是描述算法过程的一种图形方法，具有直观、形象、易于理解等特点，所以应用广泛。常用的流程符号，如表 4-1 所示。

表 4-1 传统流程图符号

图形符号	名　称	含　义
	起止框	表示一个算法的开始与结束
	数据框	表示数据的输入输出操作
	处理框	表示初始化、赋值、运算等操作
	判断框	表示按条件选择操作
	流程线	表示流程及流程的方向

3）N-S 图

在条件判断比较多的情况下，传统流程图中的箭头使整个流程图显得比较凌乱，所以提出 N-S 流程图解决这个问题。N-S 流程图是在传统流程图的基础上发展的，它去掉了流程图中的流程线，全部算法都表示在一个矩形框内。

4.1.2 程序的控制结构

结构化程序设计的基本结构有顺序结构、选择结构、循环结构三种，这三种基本结构是表示算法的基本单元。

1. 顺序结构

顺序结构是一种最简单的算法结构。在顺序结构中，算法的每一个操作都是按从上到下的线性次序执行的。如图 4-1 所示为顺序结构的传统流程图和 N-S 流程图。

2. 选择结构

选择结构又称为分支结构，它是根据给定的条件，选择执行一个分支的算法结构。因此在选择结构中，必然要包括一个条件判断的操作。如图 4-2 所示为选择结构的传统流程图和 N-S 流程图。

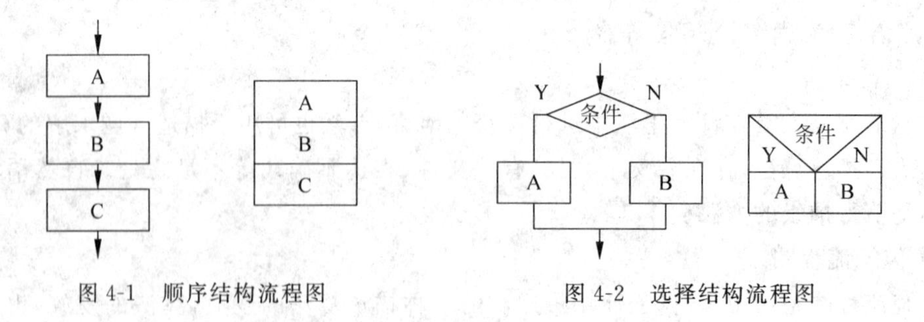

图 4-1 顺序结构流程图　　图 4-2 选择结构流程图

例 4-1 的算法用传统流程图和 N-S 流程图表示如图 4-3 所示。

3. 循环结构

循环结构又称为重复执行结构，它根据给定条件，判断是否重复执行某一组操作。基本

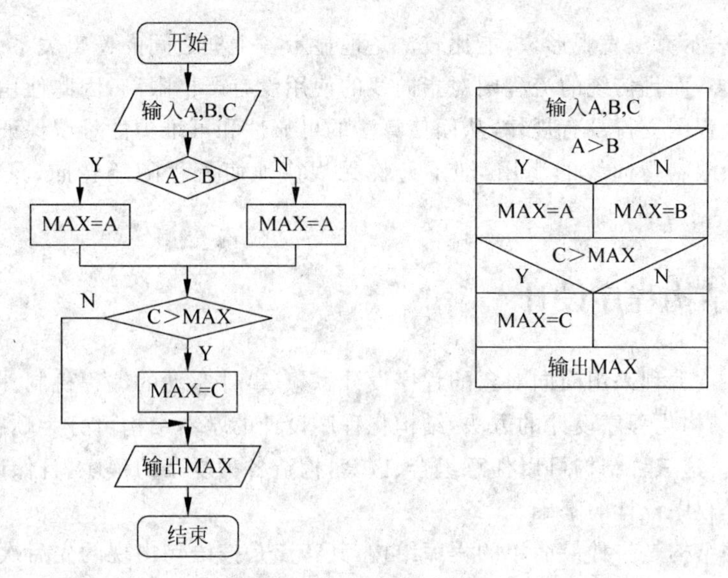

图 4-3　例 4-1 的算法流程图

的循环结构有“当型循环”和“直到型循环”两种，如图 4-4 和图 4-5 所示。

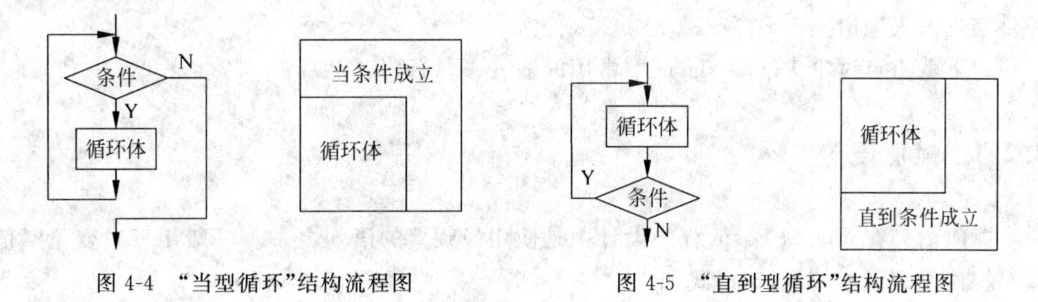

图 4-4　“当型循环”结构流程图　　　　图 4-5　“直到型循环”结构流程图

例 4-2 的算法用传统流程图和 N-S 流程图表示如图 4-6 所示。

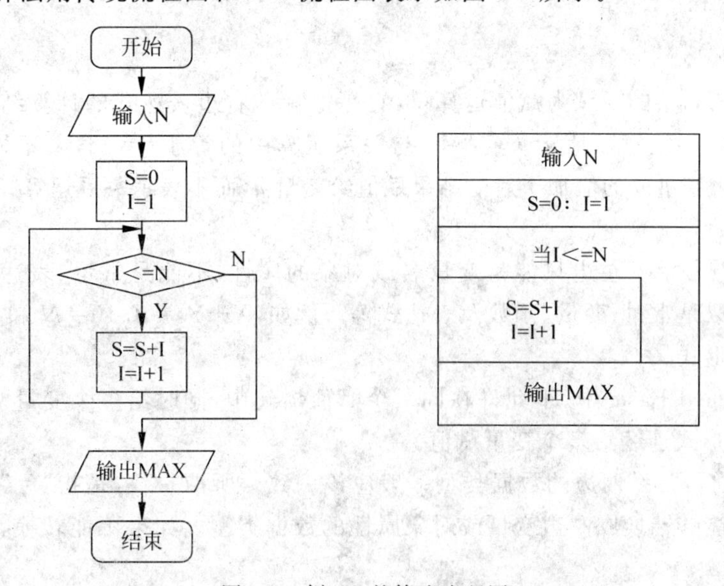

图 4-6　例 4-2 的算法流程图

用流程图表示算法直观形象，能比较清楚地显示各个框之间的逻辑关系。但是，这种流程图占用篇幅多，而且传统的流程图对指向线的使用没有严格限制，因此使用者可以不受限制，这使得画流程图变得没有规律，从而使算法的可靠性和可维护性难以保证。为了提高算法的质量，必须限制指向线的滥用，即不允许无规律地使流程随意转向，只能按顺序进行下去。

4.2 顺序结构程序设计

Visual Basic 编程采用面向对象的程序设计思想、事件驱动的编程机制。但事件过程的编写依然沿用结构化程序设计的方法，结构化程序设计的基本结构可分为顺序结构、选择结构和循环结构。这三种结构可以任意组合、嵌套，构造各种复杂的程序，且保证结构清晰、层次分明，它们是程序设计的基础。

其中，顺序结构是一种最简单的程序结构，其特点是按语句出现的先后次序从上到下依次执行，它是任何程序的主体结构。一个计算机程序通常分为数据输入、数据处理和结果输出三个部分。计算机通过输入操作接收数据，然后对数据进行处理，并将处理完的数据以完整有效的方式输出给用户。Visual Basic 提供了多种形式的输入输出手段，并可以通过各种控件实现输入输出操作。

以下就重点讨论 Visual Basic 中常用的输入、输出语句。

4.2.1 赋值语句

赋值语句在 Visual Basic 程序设计中是使用最频繁的语句之一。一般用于对变量赋值或对控件设定属性值，语句格式如下：

变量名=表达式
[对象名.]属性=表达式

说明：

(1) 赋值语句中的“=”为赋值运算符，它是把“=”右边表达式的计算结果赋值给“=”左边的变量。特别注意赋值运算符“=”与关系运算中的等于(=)含义不同。例如，语句 $n=n+1$ 表示将变量 n 的值加 1 后的结果赋值给变量 n，而不表示关系运算“=”两边的值是否相等。

(2) 赋值符号“=”左边只能是变量名或对象的属性，不能是常量、表达式或函数。而“=”的右边可以是常量、变量、函数及表达式等。例如，$X+Y=Z$、$10=N$ 和 Exp(2)=S 都是错误的表示形式。

(3) 在 Visual Basic 中，不允许在同一个赋值语句中，同时给多个变量赋值，如不能用 $a=b=c=1$ 的形式连续给多个变量赋值。

(4) 赋值符号“=”两边的数据类型一般应该一致。所谓一致，是指“=”右边表达式结果的数据类型能够转换成左边变量或对象属性的数据类型。如果不能转换，系统将提示出错信息。

例如：

```
Str$ =123
```

变量Str表示字符类型，就会将数值123自动转换为字符串“123”，赋值给Str，执行后Str的值为“123”；

例如：

```
Z%="123A"
```

变量Z表示数值型，而字符“123A”不能自动转换为数值型，就会提示“类型不匹配”的错误信息。

4.2.2 Print 方法

Visual Basic 用 Print 方法在对象上输出数据，该方法既可以用于窗体，也可以用于其他对象。Print 方法的一般格式：

```
[对象名.] Print [表达式][,|;]
```

说明：[对象名.]可以是窗体名、图片框名，也可以是立即界面 Debug。若省略对象，则表示在当前窗体上输出。用 Print 方法在图片框和立即界面对象中输出与在窗体对象中输出完全相同。如果省略对象名，则在当前窗体上输出，例如：

```
Form1.Print"Visual Basic"            '在窗体 Form1 中显示 Visual Basic
Picture1.Print"Visual Basic"         '在图片框 Picture1 中显示 Visual Basic
Print"Visual Basic"                  '在当前窗体中显示 Visual Basic
```

在2.3.3小节窗体对象的方法中对 Print 方法做了详细的介绍。在这里，进一步说明 Print 方法与 Tab 函数、Spc 函数的配合使用。

例 4-3 设计一个窗体，说明 Print 方法的使用。

新建一个窗体，在该窗体上设计如下事件过程：

```
Private Sub Form_Click()
  Print Now
  Print "18 * 5="; 18 * 5
  Print "**"; Space(8); "##" & "$$"
  Print
  FontItalic = True
  Print "重庆";
  FontBold = True
  Print "理工大学"
End Sub
```

运行程序，在该窗体中的任意位置处单击鼠标，出现如图4-7所示的窗体界面。

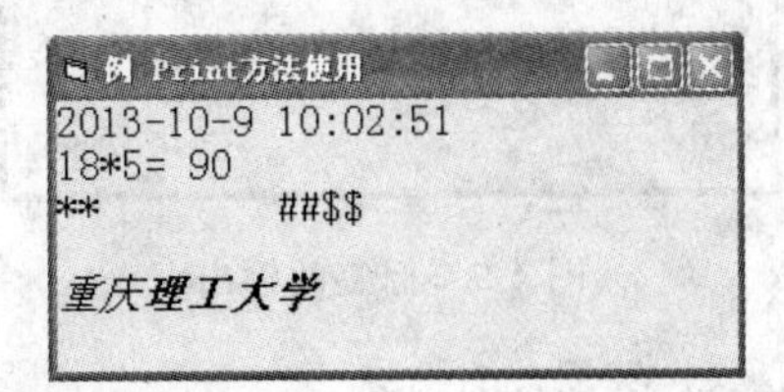

图 4-7 Print 方法的使用

4.2.3 文本框与标签控件用于数据的输入和输出

1. 用文本框输入输出数据

文本框是一个文本编辑区域，在设计状态或运行状态均可以在这个区域中输入、编辑和显示文本，类似于一个简单的文本编辑器。常用于在程序运行时接收用户输入的数据，也可以使用文本框输出数据。

例 4-4 当在 Text1 文本框中输入一个字符时，触发 Text1 的 KeyPress 事件，将该字符对应的 ASCII 在 Text2 文本框中输出。如图 4-8 所示，Text1 中输入 a，Text2 中输出 a 的 ASCII 码 97。

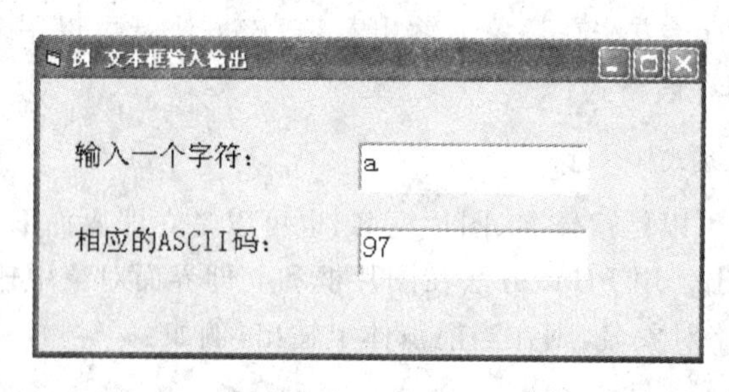

图 4-8 文本框的输入与输出

程序代码如下：

```
Private Sub Text1_KeyPress(KeyAscii As Integer)
    Text2.Text = KeyAscii
End Sub
```

2. 用标签输出数据

标签主要用于显示文本信息，通常用于标注本身不具有 Caption 属性的控件。标签也常用于完成输出操作，它所显示的内容只能通过 Caption 属性来设置或修改，不能直接编辑。

例 4-5 利用标签输出如图 4-9 所示的窗体中的图形。

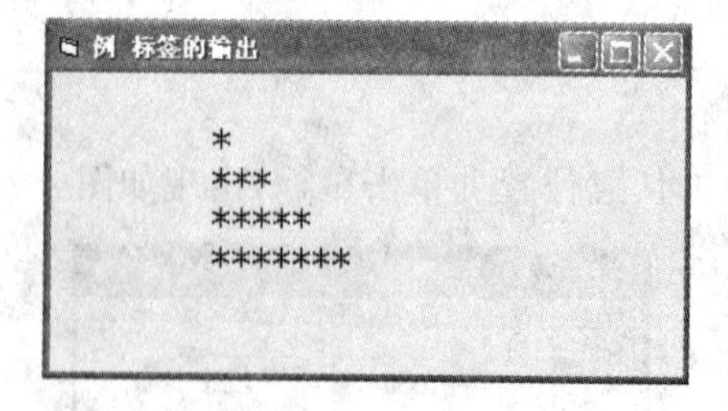

图 4-9 标签的输出

新建一个窗体，在上添加一个标签控件，将标签 Label1 的 AutoSize 属性设为 True，程序代码如下：

```
Private Sub Form_Click()
  Label1.Caption = "*" & vbCrLf
  Label1.Caption = Label1.Caption & "***" & vbCrLf
  Label1.Caption = Label1.Caption & "*****" & vbCrLf
  Label1.Caption = Label1.Caption & "*******" & vbCrLf
End Sub
```

说明：该系统常量 vbCrLf 表示回车换行。

4.2.4 输入输出函数(InputBox,MsgBox)

在 Windows 环境下,简单信息的输入输出一般是通过对话框来实现的。Visual Basic 提供了两种预定义的对话框,即输入对话框和输出对话框,分别通过 InputBox 函数、MsgBox 函数和过程来实现。本节将分别介绍 InputBox 函数和 MsgBox 函数。

1. InputBox 函数

InputBox 函数可以产生一个对话框,称为输入对话框,这个对话框作为输入数据的界面,等待用户输入数据,并返回输入的内容。函数的返回值是 String 类型,其格式为

InputBox(提示信息[,对话框标题][,默认值][,横坐标][,纵坐标])

说明：

① 提示内容为字符型表达式,其长度不超过 1024 个字符；是在对话框内显示的信息,用来提示用户输入,该项不能省略。如果提示信息包括多行,可在各行字符之间使用回车符 Chr(13)、换行符 Chr(10)、回车与换行的组合 Chr(13) & Chr(10)或系统符号常量 vbCrLf 来分隔。

② 对话框标题为字符型表达式,运行程序时该参数显示在对话框的标题栏中。如果省略,则在对话框标题栏显示当前的应用程序名。

③ 默认值为字符型表达式,用来作为对话框中用户输入区域的默认值,一旦用户输入数据,则该数据立即取代默认值。若省略该参数,则默认值为空白。

④ 横坐标,纵坐标为两个整型表达式,用来确定对话框与屏幕左边界和上边界的距离,其单位为 twip。这两个参数必须全部给出或全部省略。如果省略这一对位置参数,则对话框显示在屏幕中心线向下约三分之一处。

例如：

```
x = InputBox("提示信息", "对话框标题", 100)
```

用该 InputBox 函数打开的对话框如图 4-10 所示。

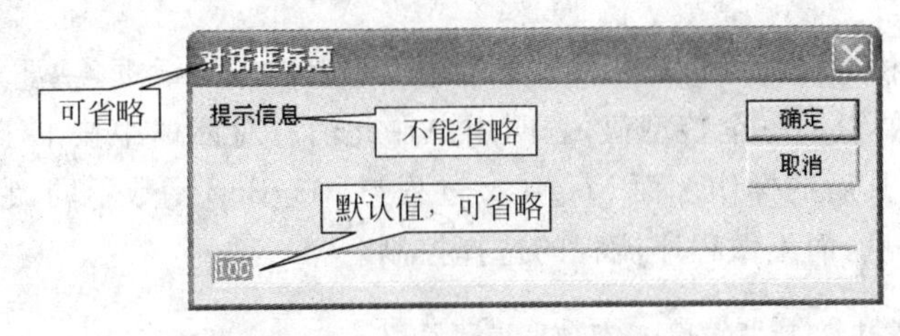

图 4-10 InputBox 函数各参数说明

说明：

(1) 各项参数次序必须一一对应，除第一项“提示信息”不能省略，其余参数均可省略，如果处于中间位置的参数省略，则对应的逗号不能省略。

(2) 由 InputBox 函数返回的数据类型是字符型数据，即上例中 x 得到的是字符串“100”，而不是数值 100。如果要将数值 100 赋值给 x，就必须利用 Val()函数进行类型转换，如

```
x = Val(InputBox("提示信息", "对话框标题", 100))
```

例 4-6 编写程序，通过 InputBox 函数输入学生基本信息，然后在文本框中输出，如图 4-11 所示。

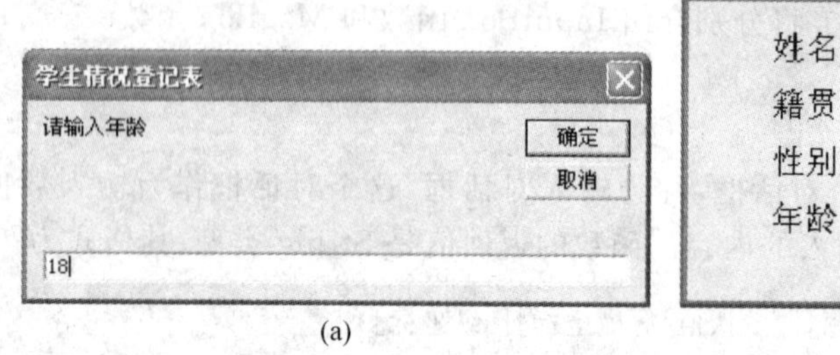

(a)

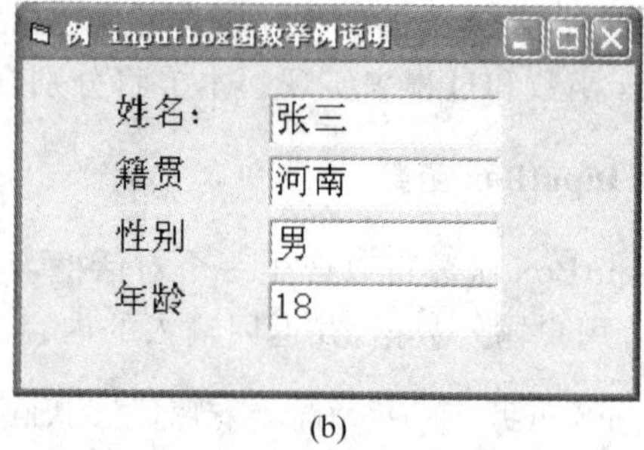

(b)

图 4-11 InputBox 函数举例说明

程序代码如下：

```
Private Sub Form_Click()
    Strtitle$ = "学生情况登记表"
    str1$ = "请输入姓名"
    str2$ = "请输入籍贯"
    str3$ = "请输入性别"
    str4$ = "请输入年龄"
    Text1.Text = InputBox(str1$, Strtitle$)
    Text2.Text = InputBox(str2$, Strtitle$)
    Text3.Text = InputBox(str3$, Strtitle$)
    Text4.Text = InputBox(str4$, Strtitle$)
End Sub
```

程序运行后，单击窗体在窗体上连续显示如图 4-11(a)所示的对话框，分别输入“张三”、“河南”、“男”、“18”，单击“确定”后，在文本框中输出相应的学生信息。

2. MsgBox 函数和过程

MsgBox 函数和过程都可以产生一个对话框，称为输出对话框，主要用来向用户传送信息。MsgBox 函数要返回一个整型值，表明用户在此消息对话框中按下了那个按钮，可以根据用户的选择决定其后的操作。而 MsgBox 过程与 MsgBox 函数不同，它没有返回值，常常仅用于显示某些信息，而不做程序流程的选择控制。

MsgBox(提示内容[,对话框样式][,对话框标题])

说明：

① 提示内容为字符型表达式，该项不能省略。其含义与 InputBox 函数中的对应参数相同。

② 对话框标题为字符型表达式，该项是可选项。其含义也与 InputBox 函数中的对应参数相同。

③ 对话框样式为整型表达式，该项为可选项。其值指定在对话框中显示按钮数目及形式、图标类型、默认按钮以及对话框模式等，其具体格式为：

```
[按钮类型][+图标样式][+默认按钮][+默认]
```

若省略该项，取其默认值 0。对话框样式中各项的取值及其含义如表 4-2 所示。

表 4-2　对话框样式参数的设置值及其描述

类型	系统常量	数值	功能说明
按钮类型	vbOKOnly	0	(默认值) 只显示一个"确定"按钮
	vbOKCancel	1	显示"确定"和"取消"按钮
	vbAbortRetryIgnore	2	显示"终止"、"重试"和"忽略"按钮
	vbYesNoCancel	3	显示"是"、"否"和"取消"按钮
	vbYesNo	4	显示"是"和"否"按钮
	vbRetryCancel	5	显示"重试"和"取消"按钮
图标样式	vbCritical	16	显示停止图标
	vbQuestion	32	显示提问图标
	vbExclamation	48	显示警告图标
	vbInformation	64	显示输出图标
默认按钮	vbDefaultButton1	0	第一个按钮为默认按钮
	vbDefaultButton2	256	第二个按钮为默认按钮
	vbDefaultButton3	512	第三个按钮为默认按钮
	vbDefaultButton4	768	第四个按钮为默认按钮
模式	vbApplicationModal	0	应用程序强制返回；应用程序一直被挂起，直到用户对消息框做出响应才继续工作
	vbSystemModel	4096	系统强制返回；全部应用程序都被挂起，直到用户对消息框做出响应才继续工作

例如：下面给出三个 MsgBox 函数，其对应的 MsgBox 对话框依次如图 4-12 所示。

```
k = MsgBox("红灯停", vbCritical, "提示信息")
k = MsgBox("真的要退出吗?", vbQuestion + vbYesNo, "提示信息")
k = MsgBox("密码错!", vbInformation + vbOKCancel, "提示信息")
```

④ MsgBox 函数的返回值是一个整数，这个整数与所选择的按钮有关。如前所述，MsgBox 函数所显示的对话框有 7 种按钮，返回值与这 7 种按钮相对应，分别为 1～7 的整数，如表 4-3 所示。

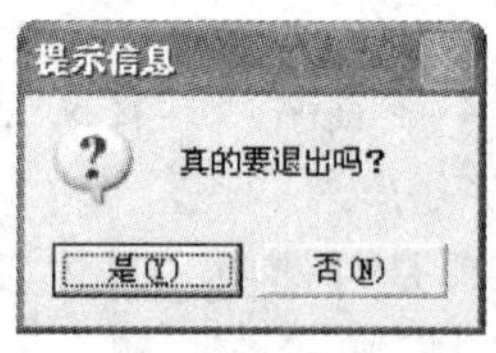

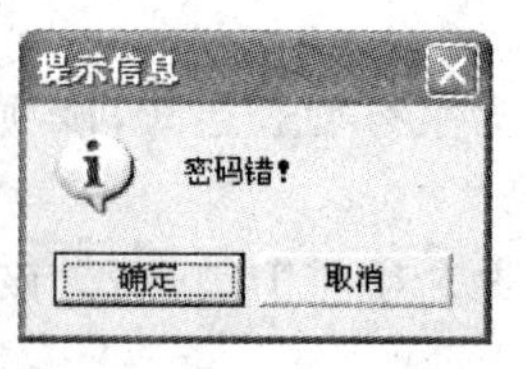

图 4-12 MsgBox 对话框样式

表 4-3 MsgBox 函数的返回值

系统常量	返回值	操作说明
vbOK	1	选择了“确定”按钮
vbCancel	2	选择了“取消”按钮
vbAbort	3	选择了“终止”按钮
vbRetry	4	选择了“重试”按钮
vbIgnore	5	选择了“忽略”按钮
vbYes	6	选择了“是”按钮
vbNo	7	选择了“否”按钮

使用 MsgBox 有无返回值是由 MsgBox 函数或 MsgBox 过程决定的,MsgBox 过程无返回值,其调用的一般形式为

```
MsgBox "程序执行结束,按"确定"返回", "提示信息"
```

而 MsgBox 函数有返回值,其调用的一般形式为

```
x = MsgBox("程序执行结束,按"确定"返回", "提示信息")
```

上述程序对应的 MsgBox 对话框如图 4-13 所示。

图 4-13 MsgBox 对话框

如果用户要根据 MsgBox 函数的返回值,实现程序流量的控制,就必须通过编写代码来实现,如

```
If x=1 Then end
```

等价于

```
If x=vbOK Then end
```

用户单击“确定”按钮后,程序就结束。

例 4-7 编写程序,用 MsgBox 函数判断是否继续执行。

程序代码如下:

```
Private Sub Form_Click()
  msg$ = "请检查此数是否正确"
  Title$ = "数据检查对话框"
  x = MsgBox(msg$, vbYesNo + vbCritical, Title$)
  If x = 6 Then
    Print "该数正确"
  Else
    Print "请重新输入"
```

```
    End If
End Sub
```

上述事件过程首先产生一个对话框，如图 4-14(a)所示。对话框中有两个按钮，即“是”(Yes)和“否”(No)。如果选择“是”，则返回 6，在窗体上打印“该数正确”，如图 4-14(b)所示；如果选择“否”，则返回 7，在窗体上打印“请重新输入”。

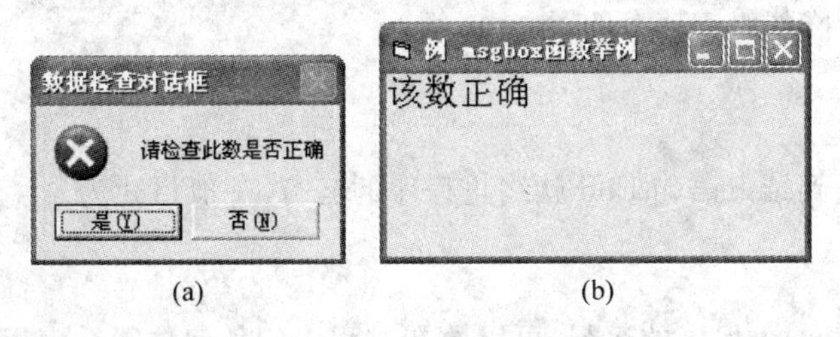

(a) (b)

图 4-14 MsgBox 函数举例说明

程序中使用了选择结构，将在 4.3 选择结构程序设计一节中介绍。

4.2.5 常用的基本语句

1. 注释语句

注释语句用来对程序或程序中某些语句做出解释，其目的是提高程序的可读性。Visual Basic 中的注释由'或 Rem 来标注，一般格式为：

```
'注释内容
```

或

```
Rem 注释内容
```

例如：

```
Const PI As Single = 3.14159          '声明符号常量 PI
Const PI! = 3.14159                   'Rem 声明符号常量 PI
```

说明：

(1) 注释语句是非执行语句，对程序的执行结果没有任何影响；

(2) 注释内容指要包括的任何注释文本；

(3) 一条注释语句的范围从注释符号起到本行结尾，Visual Basic 中一条注释语句不能注释多行；

(4) 如果在其他语句行后使用 Rem 注释语句，必须用冒号(:)与 Rem 语句隔开。

2. 暂停语句

Stop 语句用来暂停程序的执行，相当于在事件代码中设置断点，一般格式为：

```
Stop
```

说明：

(1) Stop 语句的主要作用是把解释程序设置为中断(Break)模式，以便对程序进行检查和调试。可以在程序的任何地方设置 Stop 语句，当执行 Stop 语句时，系统将自动打开立即窗口。

(2) Stop 语句不会关闭任何文件或清除变量。但如果在可执行文件(*.exe)中含有 Stop 语句，则将关闭所有的文件并退出程序。因此，当程序调试结束后，在生成可执行文件(*.exe)之前，应清除代码中所有的 Stop 语句。

3. 结束语句

程序运行时，遇到结束语句 End 就终止程序的运行，一般格式为：

```
End
```

其功能是：结束一个程序的运行，可以放在过程中的任何位置结束程序。例如：

```
Private Sub Command1_Click()
    End
End Sub
```

End 语句除用来结束程序外，在不同环境下还有其他一些用途，包括

① End Sub：结束一个 Sub 子过程；

② End Function：结束一个 Function 函数过程；

③ End If：结束一个 If 语句块；

④ End Type：结束记录类型的定义；

⑤ End Select：结束情况语句。

当在程序中执行 End 语句时，将终止当前程序，重置所有变量，并关闭所有数据文件。

4.2.6 应用举例

例 4-8 单击“输入数据”使用输入框函数输入两个整数分别存放于变量 a 和 b，并用标签控件输出这两个数；单击“交换数据”按钮，将 a 和 b 的内容交换后用标签控件输出，如图 4-15 所示。

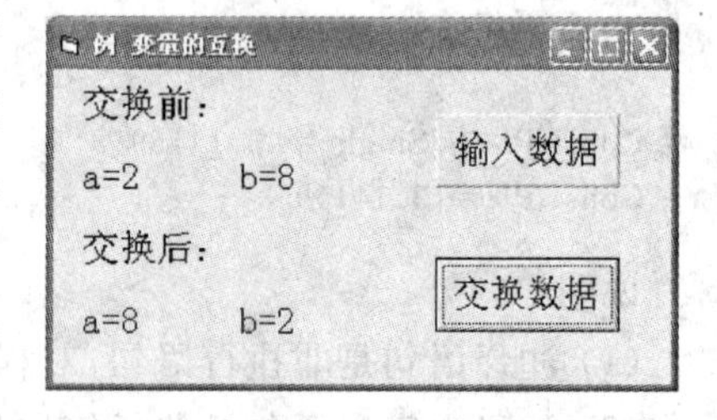

图 4-15 互换变量值的程序运行界面

程序代码如下：

```
Dim a%, b%
Private Sub Command1_Click()
  a = Val(InputBox("输入数据 a="))
  b = Val(InputBox("输入数据 b="))
  Label3.Caption = "a=" & a & Space(5) & "b=" & b
End Sub
Private Sub Command2_Click()
  Dim temp%
  temp = a: a = b: b = temp
  Label4.Caption = "a=" & a & Space(5) & "b=" & b
End Sub
```

说明：将 x 和 y 两个数交换的算法，引入一个中间变量 t，按照如图 4-16 所示的顺序完成 x 和 y 的交换。

具体算法如下：

$t = x$
$x = y$
$y = t$

例 4-9 使用文本框输入圆的半径，然后使用输出消息框输出计算出的圆的周长和面积（要求保留两位小数位数）。程序运行界面如图 4-17 所示。

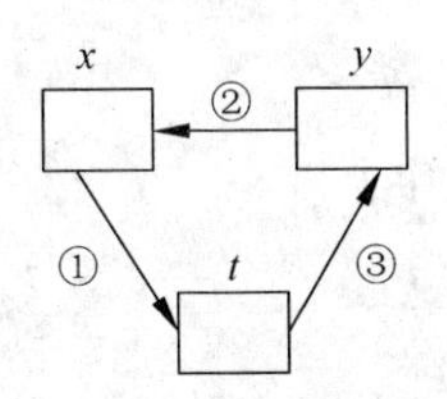

图 4-16 两个数的交换

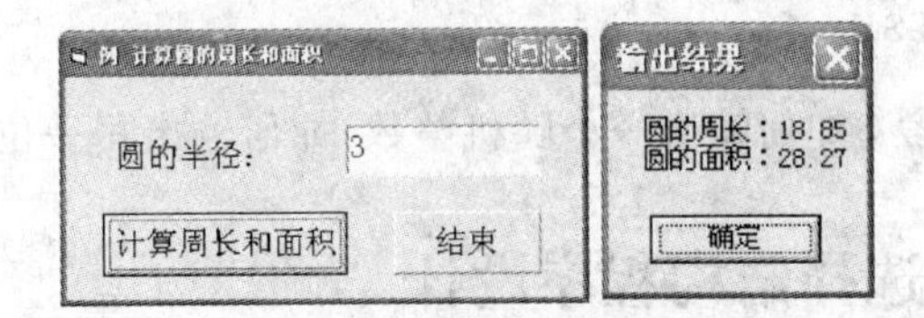

图 4-17 计算圆周长和面积的程序运行界面

在程序代码中设置窗体及控件的属性，用变量 r 表示圆的半径，c 表示圆的周长，s 表示圆的面积。

程序代码如下：

```
Private Sub Form_Load()
    Form1.Caption = "例 计算圆的周长和面积"
    Label1.Caption = "圆的半径："
    Text1.Text = ""
    Command1.Caption = "计算周长和面积"
    Command2.Caption = "结束"
End Sub
Private Sub Command1_Click()
    Dim r!, s!, c!
    Dim out $
    Const PI# = 3.1415926                    '定义符号常量 PI 代表 π
    r = Val(Text1.Text)
    c = 2 * PI * r
    s = PI * r * r
    c = Int(c * 100 + 0.5) / 100             '保留小数点后两位
    s = Int(s * 100 + 0.5) / 100
    out = "圆的周长：" & c & vbCrLf & "圆的面积：" & s
    MsgBox out, , "输出结果"
End Sub
Private Sub Command2_Click()
    End
End Sub
```

例 4-10 调用随机函数生成一个 0～10 000 之间的随机整数，计算该整数的位数及最高位数字，程序运行界面如图 4-18 所示。

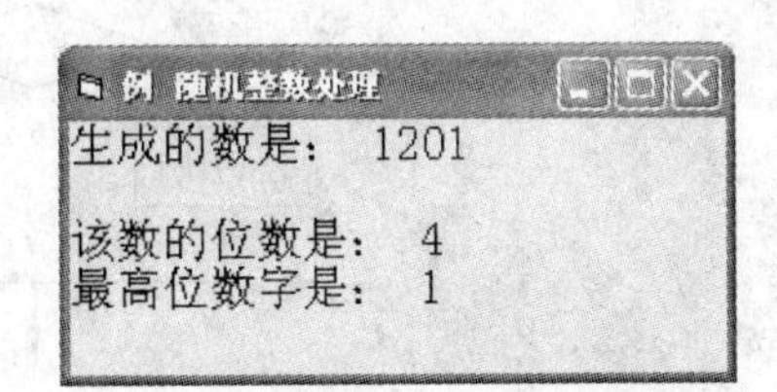

图 4-18 随机整数处理的程序运行界面

程序代码如下：

```
Private Sub Form_Click()
   Dim a As Integer, a1 As Integer, n As Integer
   Randomize
   a = Int(Rnd() * 10001)
   Print "生成的数是: "; a
   n = Len(Str(a))-1
   '转换后的字符串包括符号位,因此数字的有效数据位数比字符串长度小 1
   a1 = Int(a / 10 ^(n-1))
   Print
   Print "该数的位数是: "; n
   Print "最高位数字是: "; a1
End Sub
```

思考:如何输出一个随机整数,如何输出每一位具体的数字?

4.3 选择结构程序设计

选择结构又称为分支结构,它根据给定的条件是否成立,决定程序的运行线路,在不同的条件下,执行不同的操作。在 Visual Basic 中,这样的问题通过选择结构程序来解决,而选择结构通过条件语句来实现,条件语句有 If 语句和 Select Case 语句。

4.3.1 If 语句

If 语句的一般格式如下:

```
If 条件 Then
     语句块 1
[Else
     语句块 2]
End If
```

改为一行的格式如下:

```
If 条件 Then  语句块 1  [Else  语句块 2]
```

If 语句的执行流程是:当"条件"为 True 时,执行"语句块 1",否则执行"语句块 2",其流程图如图 4-19 所示。"["和"]"可以省略,即没有 Else 语句,表示单分支结构,则"语句块 2"处无语句。

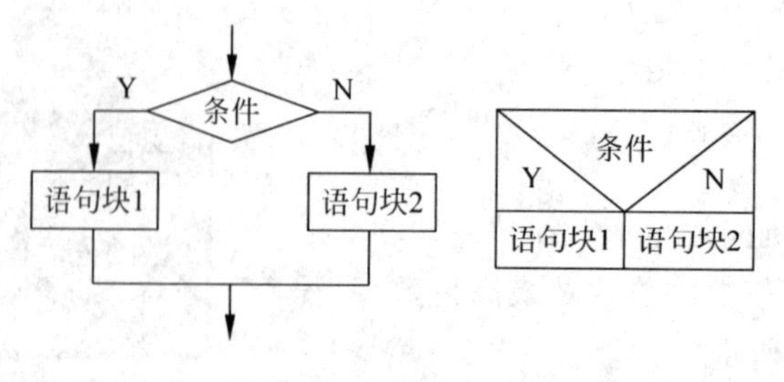

图 4-19 If 语句流程图

说明：

(1) 条件可以是一般关系表达式、逻辑表达式，也可以是算术表达式。对于算术表达式，Visual Basic 将 0 作为 False，其他非 0 数作为 True 处理。

(2) 语句块 1、语句块 2 可以是单条语句，也可以是复合、空语句等。

(3) Else 子句可以省略，当无 Else 子句时 If 语句的形式为：

```
If 条件 Then
    语句块 1
End If
```

或

```
If 条件 Then   语句块 1
```

例 4-11 输入一个年份，判断该年是否是闰年。判断某年是否为闰年的规则是：(1)能被 4 整除，但不能被 100 整除的年份是闰年。(2)能被 400 整除的年份是闰年。程序的运行结果如图 4-20 所示。

图 4-20 判断闰年的程序运行界面

程序代码如下：

```
Private Sub Command1_Click()
  Dim y As Integer
  y = Val(Text1.Text)
  If (y mod 4 = 0 And y mod 100 <> 0) Or y mod 400 = 0 Then
    MsgBox Str$(y) & "是闰年", , "判断闰年"
  Else
    MsgBox Str$(y) & "不是闰年", , "判断闰年"
  End If
End Sub
Private Sub Command2_Click()
  End
End Sub
```

例 4-12 输入三个数，然后把这三个数按从小到大的顺序输出。

算法分析如下。

(1) 读入三个数分别存放在变量 a、b、c 中。

(2) 首先比较 a 与 b，如果 $a>b$ 则将 a 与 b 的值进行交换；然后比较 a 与 c，如果 $a>c$ 则将 a 与 c 的值进行交换，这样能使 a 为最小。

(3) 再比较 b 与 c，如果 $b>c$ 则将 b 与 c 的值进行交换，这时将较小的值保存在 b 中，较大的值在 c 中。

(4) 最后输出 a、b、c 的值。

设计如图 4-21 所示的界面,在三个文本框中分别输入三个数,单击"排序"按钮实现从小到大的排序;单击"清空"按钮后,清空所有文本框;单击"退出"按钮后,结束程序运行。

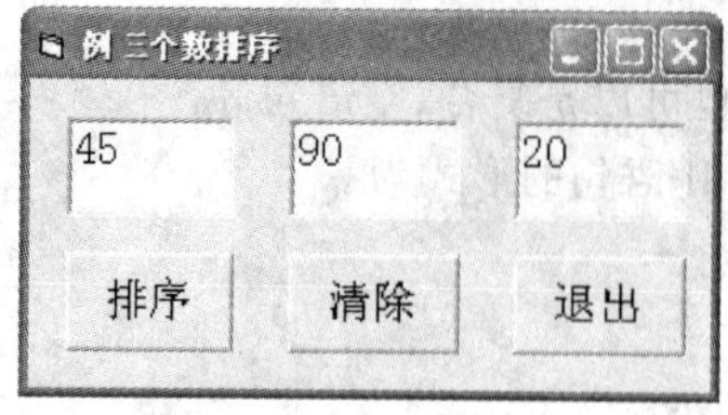

(a) 排序前运行界面

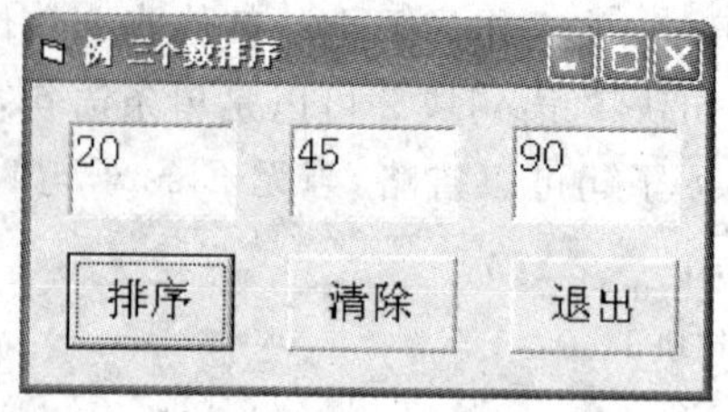

(b) 排序后运行界面

图 4-21 三个数的排序程序运行界面

程序代码如下:

```
Private Sub Command1_Click()
    Dim a%, b%, c%, k%
    a = Val(Text1.Text)
    b = Val(Text2.Text)
    c = Val(Text3.Text)
    If a > b Then k = a: a = b: b = k
    If a > c Then k = a: a = c: c = k
    If b > c Then k = b: b = c: c = k
    Text1.Text = a
    Text2.Text = b
    Text3.Text = c
End Sub
Private Sub Command2_Click()
  Text1.Text = ""
  Text2.Text = ""
  Text3.Text = ""
  Text1.SetFocus
End Sub
Private Sub Command3_Click()
  End
End Sub
```

4.3.2 If 语句的嵌套

在 If 语句的 Then 分支和 Else 分支中,可以完整地嵌套另一个 If 语句,例如:

```
If 条件 1 Then
    If 条件 2 Then
        ...
    Else
        ...
    End If
Else
    If 条件 3  Then ... Else ...
```

```
End If
```

这种一条 If 语句中又有 If 语句的语句，称为 If 语句的嵌套形式。

说明：

(1) 嵌套只能在一个分支内嵌套，不能出现交叉。

(2) 多层 If 语句的嵌套结构中，要特别注意 If 与 Else 的配对关系，Else 语句不能单独使用，它必须和 If 配对使用。配对的原则是：Else 总是与其最靠近的 If 语句配对，从 Else 语句往上查找，如遇 End If 则需跳过一个 If，同时跳过单行的 If 语句。

例 4-13 窗体运行时根据不同的时间段显示不同的问候语：0 时～12 时，显示“上午好!”；12 时以后～18 时，显示“下午好!”；18 时以后～24 时，显示“晚上好!”。单击窗体后，程序运行界面如图 4-22 所示。

程序代码如下：

```
Private Sub Form_Click()
  Dim h As Integer
  Print Time
  h = Hour(Time)
  Print
  ForeColor = RGB(255, 0, 0)
  If h < 12 Then
    Print "上午好!"
  Else
    If h < 18 Then
        Print "下午好!"
    Else
        Print "晚上好!"
    End If
  End If
End Sub
```

图 4-22 程序运行界面

例 4-14 已知如下分段函数，输入 x，求 y。

$$y=\begin{cases} x^2 & x\leqslant 0 \\ x+5 & 0<x\leqslant 10 \\ -x & x>10 \end{cases}$$

设计如图 4-23 所示的程序界面，使用文本框输入 x 的值，结果 y 的值显示在另一个文本框中。

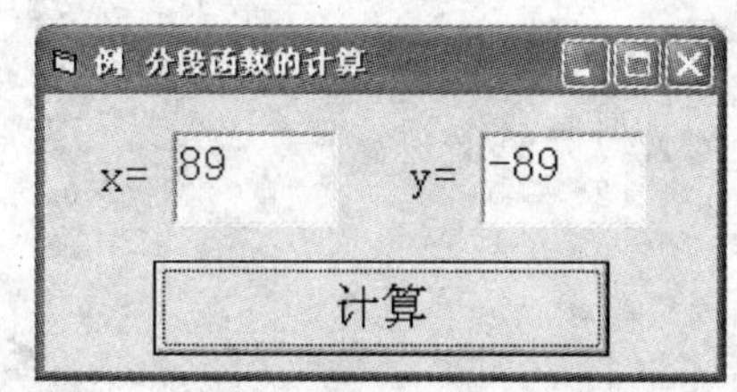

图 4-23 分段函数计算的程序运行界面

程序代码如下：

```
Private Sub Command1_Click()
  Dim x As Single, y As Single
  x = Val(Text1.Text)
  If x > 0 Then
    If x > 10 Then
      y = -x
    Else
      y = x + 5
    End If
  Else
    y = x * x
  End If
  Text2.Text = Str(y)
End Sub
```

例 4-15 求一元二次方程 $ax^2+bx+c=0$ 的程序，要求考虑实根、虚根等情况，结果保留三位小数位数。

设计如图 4-24 所示的程序界面，使用文本框输入方程的系数 a,b,c，通过一元二次方程根的计算公式 $x_{1,2}=\dfrac{-b\pm\sqrt{b^2-4ac}}{2a}$ 来求解方程的根。关键是计算 b^2-4ac 的值是否大于等于零来决定是实根还是虚根。

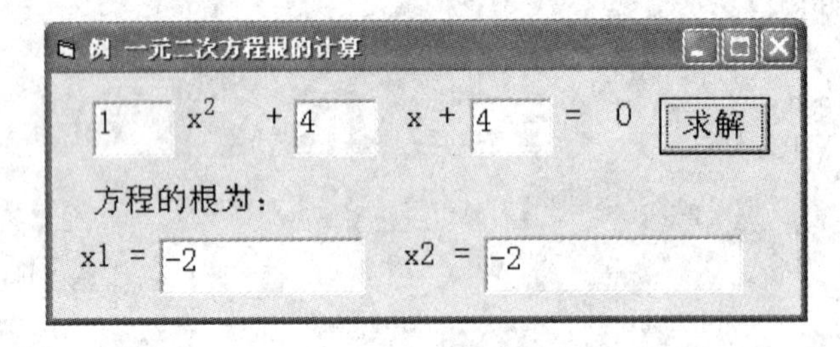

图 4-24　求解一元二次方程根的运行界面

程序代码如下：

```
Private Sub Command1_Click()
    Dim a!, b!, c!, x1!, x2!, d!
    a = Val(Text1.Text)
    b = Val(Text2.Text)
    c = Val(Text3.Text)
    disc = b * b - 4 * a * c
    If disc >= 0 Then
      If disc > 0 Then
        x1 = (-b + Sqr(disc)) / (2 * a)
        x2 = (-b - Sqr(disc)) / (2 * a)
      Else
        x1 = -b / (2 * a)
        x2 = -b / (2 * a)
      End If
      Text4.Text = Str(Round(x1, 3))
      Text5.Text = Str(Round(x2, 3))
```

```
    Else
        x1 = -b / (2 * a)
        x2 = Sqr(Abs(disc)) / (2 * a)
        x1 = Round(x1, 3)
        x2 = Round(x2, 3)
        Text4.Text = Str(x1) & "+" & Str(x2) & "i"
        Text5.Text = Str(x1) & "-" & Str(x2) & "i"
    End If
End Sub
```

4.3.3 多路分支结构

1. 多分支 If 结构

虽然用嵌套 If 语句也能实现多分支结构程序，但用多分支 If 结构程序更简洁明了。多分支 If 结构的格式如下：

```
If 条件 1 Then
    语句块 1
ElseIf 条件 2  Then
    语句块 2
    ...
ElseIf 条件 n  Then
    语句块 n
[Else
    语句块 n+1]
End If
```

执行过程是：首先判断表达式 1，如果其值为 True，则执行<语句块 1>，然后结束 If 语句。如果表达式 1 的值为 False，则判断表达式 2，如果其值为 True，则执行<语句块 2>，然后结束 If 语句。如果表达式 2 的值为 False，再继续往下判断其他表达式的值。如果所有表达式的值都为 False，则才执行<语句块 $n+1$>。该执行过程的流程如图 4-25 所示。

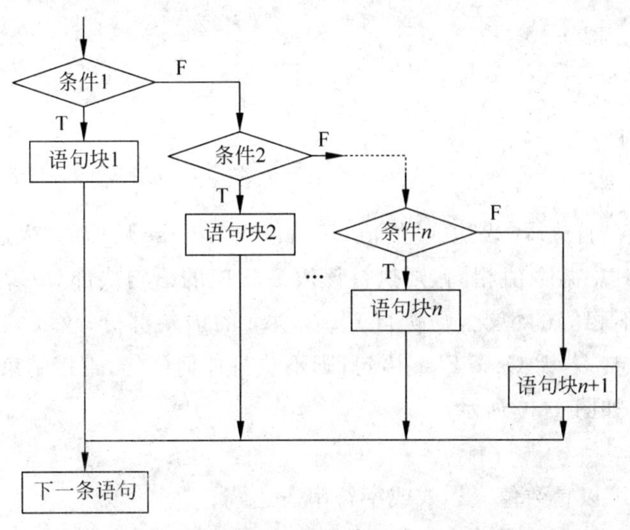

图 4-25　多分支 If 结构执行流程图

例 4-16 输入一组学生成绩(100 分制),评定其等级。方法是:90～100 分为“优秀”,80～89 分为“良好”,70～79 分为“中等”,60～69 分为“及格”,60 分以下为“不及格”。

用多分支 If 结构实现的程序段如下:

```
If x >= 90 Then
   Print "优秀"
ElseIf x >= 80 Then
        Print "良好"
    ElseIf x >= 70 Then
            Print "中等"
        ElseIf x >= 60 Then
                Print "及格"
            Else
                Print "不及格"
End If
```

说明:If 语句中由上至下,只有前面的条件不成立时,才执行后面的 Else 语句。当某个 If 语句中表达式成立时,将不再执行后面的 ElseIf 语句。

2. Select Case 语句

当选择的情况较多时,虽然可以使用 If 语句来实现,但不直观。Visual Basic 提供了处理多分支情况的语句——Select Case 语句,可以方便、直观地处理多分支的控制结构。Select Case 语句的格式如下:

```
Select Case 表达式
    Case 表达式列表 1
        语句块 1
    [Case 表达式列表 2
        语句块 2
        …
    Case 表达式列表 n
        语句块 n
    Case Else
    语句块 n+1]
End Select
```

执行过程如下。首先求“表达式”的值,然后依次与 Case 后面的“表达式列表”中的值一一进行比较,若与其中某个值相同,则执行该表后相应的语句块部分;若出现与“表达式列表”中的所有值均不相等的情况,则执行 Case Else 的语句部分;然后退出 Select Case 结构,执行其后的语句。若无 Case Else 语句,则不执行任何语句,直接结束 Select Case 语句。其执行过程的流程如图 4-26 所示。

说明:

(1)“表达式”可以是数值表达式或字符串表达式。

(2)“表达式列表”中的类型必须与“表达式”的类型一致。

(3) “表达式列表”可以是下面4种形式之一：

① 表达式，如Case $X+3$。

② 枚举表达式列表，如Case 2,4,6。

③ 表达式1 to 表达式2，如Case 80 to 90。

④ Is关系表达式，Case Is<60。

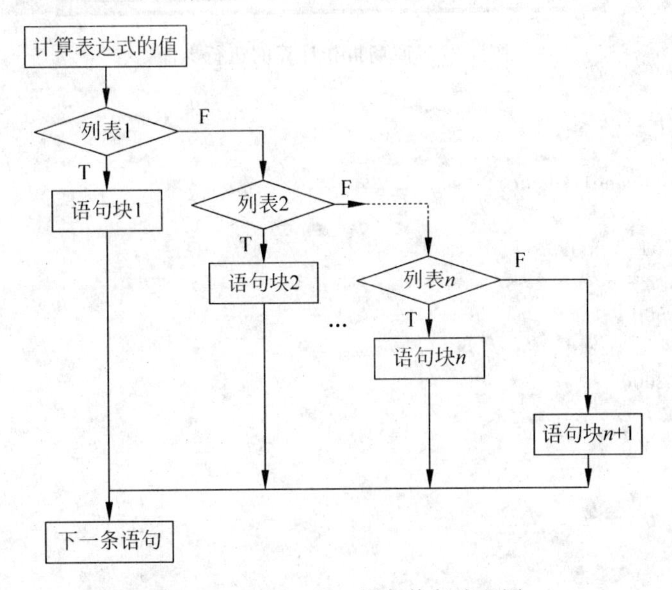

图4-26 Select Case语句执行流程图

例4-17 将例4-16中用多分支If结构实现的程序段改用Select Case结构，实现的程序段为：

```
Select Case x
  Case Is >= 90
     Print "优秀"
  Case 80 To 89
     Print "良好"
  Case 70 To 79
     Print "中等"
  Case 60, 61, 62, 63, 64, 65, 66, 67, 68, 69
     Print "及格"
  Case Else
     print "不及格"
End Select
```

例4-18 商店按购买货物的多少分别给予不同优惠折扣：①500元以下，无优惠；②500(含)～2000元减价5%；③2000(含)～5000元减价10%；④5000元(含)以上减价20%。根据应付款计算出实付款数。

设计如图4-27所示的程序界面，在窗体上分别建立三个文本框，一个文本框输入应付款，一个文本框根据应付款自动产生对应折扣，一个文本框计算出实付款。

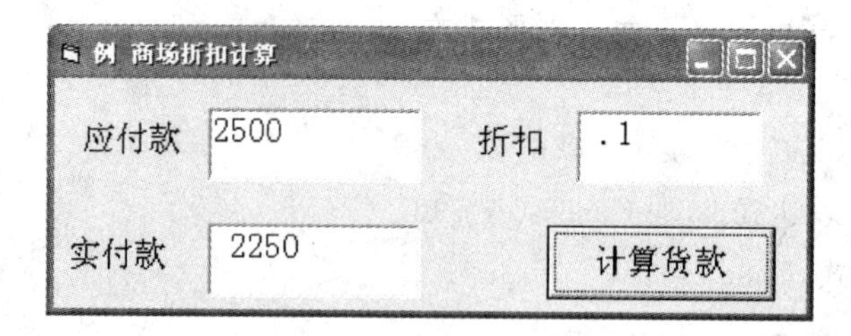

图 4-27 商场折扣计算的运行界面

程序代码如下：

```
Private Sub Command1_Click()
 Dim m!, d!
 m = Val(Text1.Text)
 Select Case m
   Case Is < 500
     d = 0
   Case Is < 2000
     d = 0.05
   Case Is < 5000
     d = 0.1
   Case Else
     d = 0.2
 End Select
 Text2.Text = Str(d)
 Text3.Text = Str(m * (1 - d))
End Sub
```

4.3.4 IIf 函数与 Choose 函数

1. IIf 函数

IIf 函数可用来执行简单的条件判断操作，它相当于 If …Then…Else 结构。IIf 函数的使用格式如下：

```
IIf(条件,表达式 1,表达式 2)
```

功能是：当“条件”为真时，返回“表达式 1”的值作为函数的值；当“条件”为假时，返回“表达式 2”的值作为函数的值。

例如，将 x，y 中较大的值存放在变量 max 中。

用 If …Then…Else 语句：

```
If  x>y  Then max=x  Else max=y
```

用 IIf 函数：

```
max=IIf(x>y,x,y)
```

2. Choose 函数

Choose 函数可实现简单的 Select Case…End Select 语句的功能，其语法格式为

```
Choose(表达式,表达式 1,表达式 2,…,表达式 n)
```

功能是：当“表达式”的值为 1 时，函数值为“表达式 1”的值；当“表达式”的值为 2 时，函数值为“表达式 2”的值；……；当“表达式”的值为 n 时，函数值为“表达式 n”的值。

说明：

(1) “表达式”的类型为数值型。

(2) 当“表达式”的值是 $1\sim n$ 的非整数时，系统自动取整。

(3) 当“表达式”的值不在 $1\sim n$ 之间时，Choose 函数的值为 Null。

例如：根据 Nop 的值，得到＋，－，*，/的运算符，可用 Choose 函数来实现。

```
Nop = Int(Rnd * 4) + 1
OP = Choose(Nop, "+", "-", "*", "/")
```

当 Nop 的值为 1 时，OP=“＋”；当 Nop 的值为 2 时，OP=“－”；以此类推。

4.4 循环结构程序设计

前面的章节中已经讨论了顺序结构、选择结构等，但在实际应用中，经常遇到一些操作并不复杂，但需要反复多次处理的问题，例如输入一个有效的密码、计数和累加产生总数、持续不断地接收输入数据等。这些例子都要用到循环结构，它是一种重复执行的程序结构。它判断给定的条件，如果条件成立，即为“真”(True)，则重复执行某一些语句(称为循环体)；否则，即为“假”(False)，则结束循环。

Visual Basic 中提供了三种不同风格的循环结构，包括计数循环(For…Next 循环)、当型循环(Do While…Loop 循环)、直到型循环(Do…Loop While 循环)。其中 For…Next 循环按规定的次数执行循环体，而 Do While…Loop 和 Do…Loop While 循环则是在给定的条件满足时才执行循环体的。

4.4.1 For … Next 循环语句

For 语句一般用于循环次数已知的循环，其使用格式如下：

```
For 循环变量 = 初值 To 终值 [Step 步长]
    [循环体]
    [Exit For]
Next [循环变量]
```

它的执行过程可以用如图 4-28 所示的流程图表示。

For 循环的执行过程为：

(1) 把初值赋值给循环变量。

(2) 判断循环变量的取值是否超过终值。

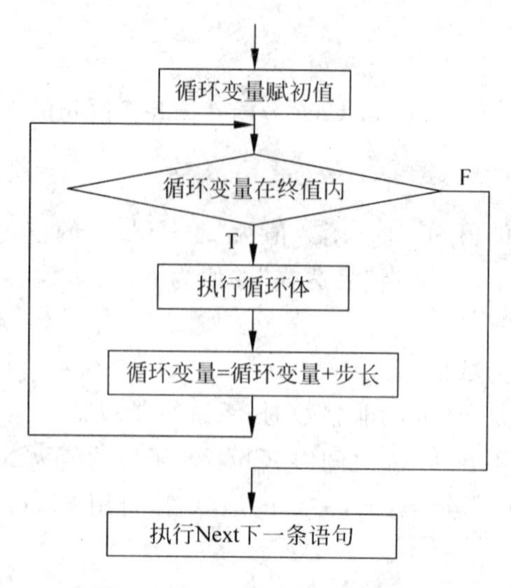

图 4-28 For 循环执行流程图

(3) 若循环变量没有超过终值，则执行一次循环体，并将循环变量加上步长赋给循环变量，重复步骤(2)。

(4) 若循环变量超过终值，则结束循环，执行 For 循环的后续语句。

对 For 循环说明以下几点：

(1) 循环变量：也称为“控制变量”或“循环计数器”，是一个数值型变量。

(2) 初值、终值和步长：均是数值表达式，其值若是实数，则自动取整。当“初值”小于“终值”时，“步长”应为正数，反之应为负数。“步长”为 1 时，可略去不写。“步长”不应该等于 0，否则构成死循环。

(3) 循环体：是需要重复执行的语句，可以是一条或多条语句。

(4) Exit For：用于强制退出循环，它总是出现在 If 语句或 Select Case 语句内部，内嵌在循环语句中。

(5) Next：循环终端语句，在 Next 后面的“循环变量”与 For 语句中的“循环变量”必须相同。

(6) 循环次数计算的公式为：

$$循环次数 = \text{Int}((终值-初值)/步长+1)$$

例 4-19 用 For 循环求 1+2+3+…+100 的和。

本题是一个累加问题，算法比较简单，如图 4-29 所示。窗体的单击事件处理过程如下：

```
Private Sub Form_Click()
  Dim S As Integer, I As Integer
  S = 0
  For I = 1 To 100
    S = S + I
  Next I
  Print "S="; S
End Sub
```

例 4-20 使用输入框函数输入 10 个整数，找出其中的最小值，并输出。其算法流程图如图 4-30 所示。窗体的单击事件处理过程如下：

```
Private Sub Form_Click()
  Dim x%, min%, i%
  x = Val(InputBox("输入第一个数："))
  min = x
  Print x;
  For i = 2 To 10
      x = Val(InputBox("输入第" & i & "个数："))
      Print x;
      If x < min Then min = x
  Nexti
  Print
  Print "最小值为："; min
End Sub
```

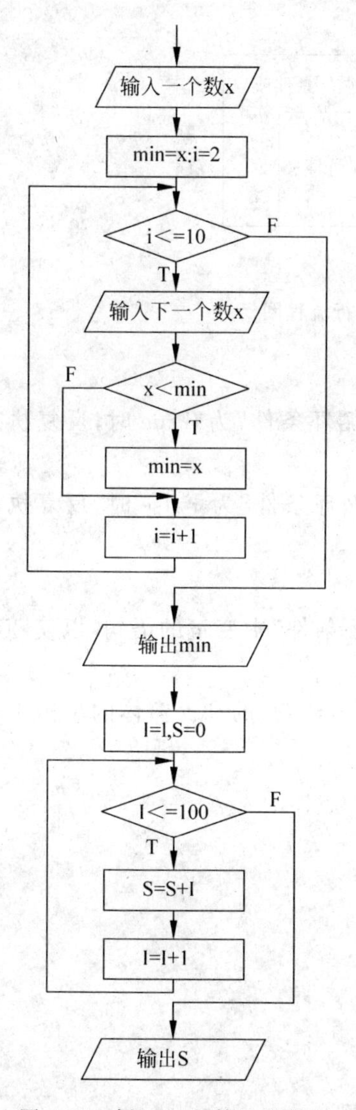

图 4-29 例 4-19 的算法流程图

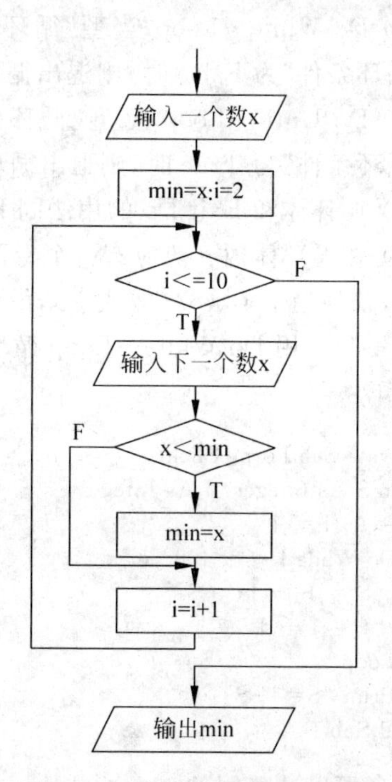

图 4-30 例 4-20 的算法流程图

4.4.2 Do…Loop 循环语句

Do…Loop 语句是根据条件决定循环的语句，可以分为"当型"循环和"直到型"循环。

1. "当型"循环

Do…Loop"当型"循环的结构如下：

```
Do [While|Until 循环条件]
   [循环体]
   [Exit Do]
Loop
```

具体的执行过程如图 4-31 所示。

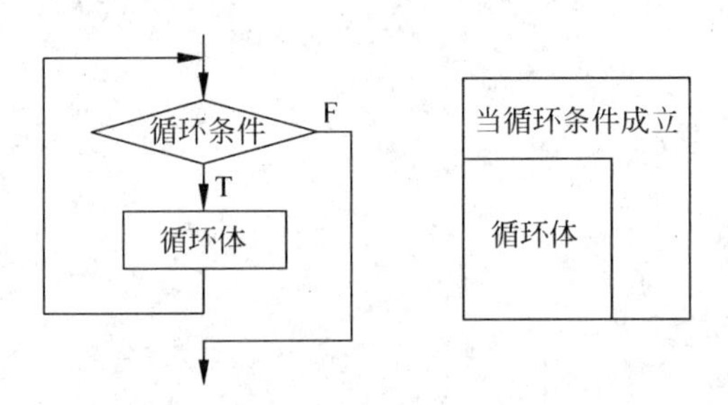

图 4-31 Do While…Loop 执行流程图

说明：

(1) Do While…Loop"当型"循环的功能是：当"循环条件"为 True 时，反复执行循环体；"循环条件"为 False 时，则退出循环。

(2) Do Until…Loop"当型"循环的功能是：当"循环条件"为 False 时，反复执行循环体；"循环条件"为 True 时，则退出循环。

(3) 循环体和 Exit Do 的用法同 For 循环相同。

(4) 在循环体内一般应有一个专门用来改变"循环条件"中变量的语句，以使随着循环的执行，条件趋于不成立(或成立)，最后达到退出循环。

例 4-21 用 Do While…Loop 循环求 1＋2＋3＋…＋100 的和。窗体的单击事件处理过程如下：

```
Private Sub Form_Click()
Dim S As Integer, I As Integer
S = 0: I = 1
  Do While I <= 100
    S = S + I
    I = I + 1
  Loop
  Print "S="; S
End Sub
```

读者可以试着用 Do Until…Loop 改写上面的程序。

例 4-22 使用输入框函数输入 10 个整数，找出其中的最小值，并输出。要求用 Do While…Loop 循环实现。窗体的单击事件处理过程如下：

```
Private Sub Form_Click()
  Dim x%, min%, i%
  x = Val(InputBox("输入第一个数: "))
  min = x
  Print x;
  i = 2
  Do While i <= 5
     x = Val(InputBox("输入第" & i & "个数: "))
     Print x;
     If x < min Then min = x
     i = i + 1
  Loop
Print
  Print "最小值为: "; min
End Sub
```

2. "直到型"循环

Do…Loop"直到型"循环的结构如下：

```
Do
   [循环体]
   [Exit Do]
Loop [While|Until 循环条件]
```

其执行过程如下。先执行"循环体"语句，然后再判断"循环条件"，同样对于 Do…Loop While 循环而言，如果"循环条件"为 True，则反复执行循环体；"循环条件"为 False，则退出循环。对于 Do…Loop Until 循环则刚好相反，如果"循环条件"为 False，则反复执行循环体；"循环条件"为 True，则退出循环。

具体的执行过程如图 4-32 所示。

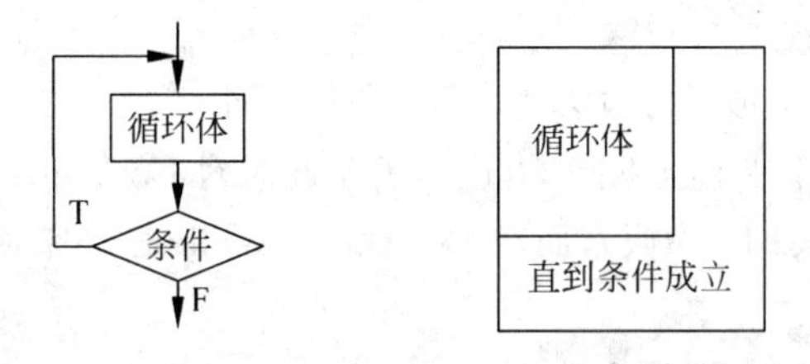

图 4-32 Do…Loop While 执行流程图

例 4-23 用 Do …Loop While 循环求 1+2+3+…+100 的和。窗体的单击事件处理过程如下：

```
Private Sub Form_Click()
  Dim S As Integer, I As Integer
  S = 0: I = 1
  Do
```

```
    S = S + I
    I = I + 1
  Loop While I <= 100
  Print "S="; S
End Sub
```

读者可以试着用 Do…Loop Until 改写上面的程序。

可以看出：对于同一个问题，既可以用 Do While…Loop 语句，也可以用 Do…Loop While 语句处理，Do…Loop While 语句结构可以转换为 Do While…Loop 结构。

在一般情况下，用 Do While…Loop 语句和用 Do…Loop While 语句处理同一个问题时，若两者的循环体部分是一样的，则它们的结果也一样。例 4-21 和例 4-23 循环体是相同的，得到的结果也相同。但是如果 Do While…Loop 语句后面的表达式一开始就为 False，则两种循环的结果是不同的。

例 4-24 Do While…Loop 和 Do…Loop While 循环的比较。

(1) Do While…Loop

```
Dim S As Integer, I As Integer
S = 0
I=Val(InputBox("输入 I 的值: "))
Do While I <= 10
    S = S + I
    I = I + 1
    Loop
    Print "S="; S
```

运行结果如下。

```
输入 1,即 I=1 时
S=55
再运行一次
输入 11,即 I=11 时
S=0
```

(2) Do…Loop While

```
Dim S As Integer, I As Integer
S = 0
I=Val(InputBox("输入 I 的值: "))
Do
    S = S + I
    I = I + 1
    Loop While I <= 10
    Print "S="; S
```

运行结果如下。

```
输入 1,即 I=1 时
S=55
再运行一次
输入 11,即 I=11 时
S=11
```

程序分析如下。

(1) 当输入 I 的值小于或等于 10 时，两者结果相同。

(2) 当 $I>10$ 时，两者结果就不同了，这是由于此时对 Do While…Loop 循环而言，一次也不执行循环体(表达式 $I<=10$ 为假)，而对 Do…Loop While 循环来说则要执行一次循环体。

4.4.3 While …Wend 循环语句

While …Wend 语句的使用格式如下：

```
While [循环条件]
    [循环体]
Wend
```

功能是：当"循环条件"为 True 时，执行循环体。该语句与 Do While…Loop 实现的循环完全相同。

例 4-25 求两个自然数的最大公约数和最小公倍数。

算法分析：两个自然数 $a,b(a>b)$ 的最大公约数是所有能同时除尽 a,b 的整数中的最大数；最小公倍数＝两个数之积/最大公约数。

算法一：采用穷举法。穷举法的基本思想是：对问题的所有可能状态一一测试，直到找到解或将全部可能状态都测试过为止。此例是将 a,b 中的较小者 b 到 1 之间的每一个整数去检验是否能同时除尽 a,b，只要有一个数满足条件，则停止寻找过程。算法的流程图如图 4-33 所示。实现程序代码如下：

```
Private Sub Form_Click()
   Dim a%, b%, min%, i%
   a = Val(InputBox("请输入 a 的值："))
   b = Val(InputBox("请输入 b 的值："))
   min = IIf(a < b, a, b)
   For i = min To 1 Step -1
    If a mod i = 0 And b mod i = 0 Then
          Exit For
    End If
   Next i
   Print "最大公约数是："; i
   Print "最小公倍数是："; a * b / i
End Sub
```

算法二：辗转相除法。辗转相除法的思想是：将大数 a 作为被除数，小数 b 作为除数，二者余数为 r。如果 $r<>0$，则将 $b\to a$，$r\to b$，重复上述除法，直到 $r=0$ 为止。此时最大公约数就是 b。算法的流程图如图 4-34 所示。实现程序代码如下：

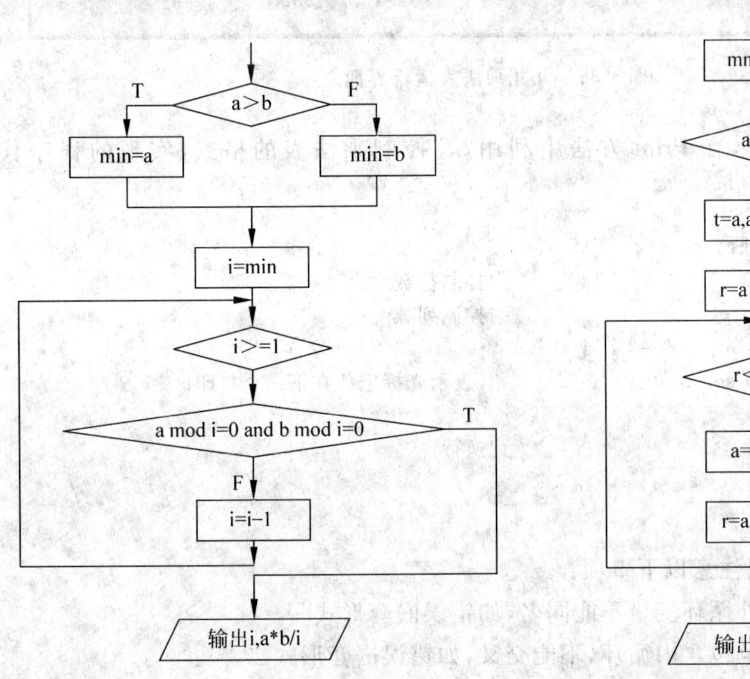

图 4-33　穷举法求最大公约数流程图

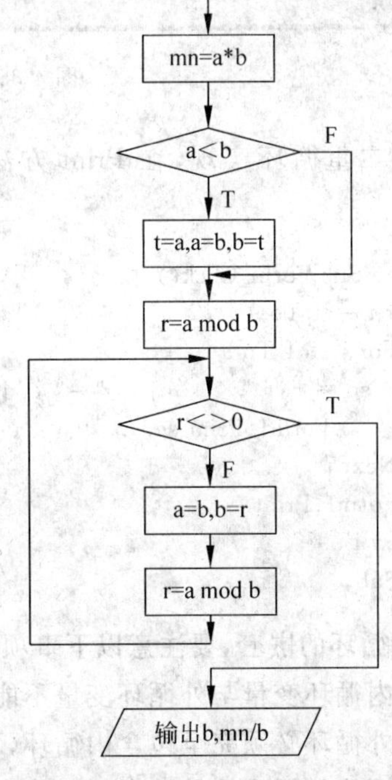

图 4-34　辗转相除法求最大公约数流程图

```
Private Sub Form_Click()
  Dim a%, b%, t%, r%, mn%
  a = Val(InputBox("请输入 a 的值: "))
  b = Val(InputBox("请输入 b 的值: "))
  mn = a * b
  If a < b Then t = a: a = b: b = t
  r = a mod b
  Do While r <> 0
     a = b : b = r
    r = a mod b
  Loop
  Print "最大公约数是: "; b
  Print "最小公倍数是: "; mn / b
End Sub
```

4.4.4 循环结构的嵌套

循环可以嵌套使用,即循环体内还可以包含另一个完整的循环。循环的嵌套可以是双重的,也可以是多重的。

例 4-26 按如图 4-35 所示的格式输出九九乘法表。

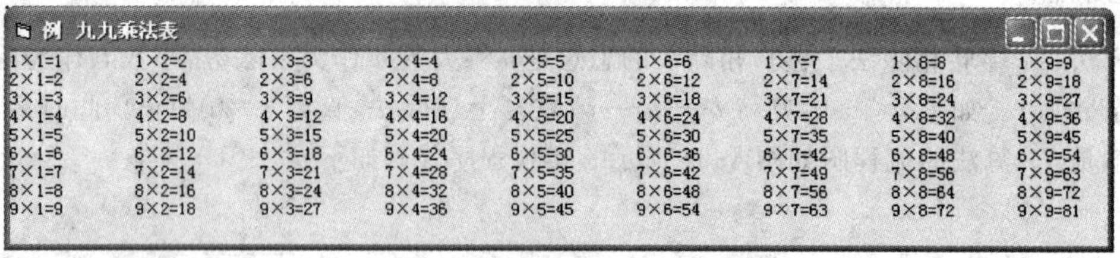

例 九九乘法表

1×1=1	1×2=2	1×3=3	1×4=4	1×5=5	1×6=6	1×7=7	1×8=8	1×9=9
2×1=2	2×2=4	2×3=6	2×4=8	2×5=10	2×6=12	2×7=14	2×8=16	2×9=18
3×1=3	3×2=6	3×3=9	3×4=12	3×5=15	3×6=18	3×7=21	3×8=24	3×9=27
4×1=4	4×2=8	4×3=12	4×4=16	4×5=20	4×6=24	4×7=28	4×8=32	4×9=36
5×1=5	5×2=10	5×3=15	5×4=20	5×5=25	5×6=30	5×7=35	5×8=40	5×9=45
6×1=6	6×2=12	6×3=18	6×4=24	6×5=30	6×6=36	6×7=42	6×8=48	6×9=54
7×1=7	7×2=14	7×3=21	7×4=28	7×5=35	7×6=42	7×7=49	7×8=56	7×9=63
8×1=8	8×2=16	8×3=24	8×4=32	8×5=40	8×6=48	8×7=56	8×8=64	8×9=72
9×1=9	9×2=18	9×3=27	9×4=36	9×5=45	9×6=54	9×7=63	9×8=72	9×9=81

图 4-35 九九乘法表运行界面

利用二重循环实现,在 Print 方法中利用","控制乘法表的格式,实现的程序代码如下:

```
Private Sub Form_Click()
  For i = 1 To 9                          '控制行数
    For j = 1 To 9                        '控制列数
      se = i & "×" & j & "=" & i * j
        Form1.Print se,                   ',表示光标定位在下一个打印区
    Next j
    Form1.Print                           '换行
  Next i
End Sub
```

对于循环的嵌套,要注意以下事项:

(1) 内循环变量与外循环变量不能同名,如错误嵌套形式一。

(2) 外循环必须完全包含内循环,不能交叉,如错误嵌套形式二。

(3) 不能从循环体外转向循环体内,也不能从外循环转向内循环。

错误嵌套形式一：

```
For I = 1 To 10
    For I = 1 To 20
  …
    Next I
```

错误嵌套形式二：

```
For I = 1 To 10
      For J = 1 To 20
         …
      Next I
Next J
```

例如：

```
For I = 1 To 10
    For J = 1 To 10
        Print "*"
    Next J
Next I
```

思考：一共打印了多少个“*”？

例 4-27 将一张面值为 100 元的人民币等值换成 100 张 5 元、1 元、0.5 元的零钞，要求每种零钞不少于 1 张，问有哪几种组合？

算法分析：本题同样常用穷举法，其基本思想是把所有的可能组合一一考虑到，对每种组合都判断是否符合要求，符合则输出。如果用 X、Y、Z 来分别代表 5 元、1 元、0.5 元的零钞的张数，根据题意得到如下的不定方程：

$$X+Y+Z=100$$
$$5X+Y+0.5Z=100$$

根据这个不定方程，通常采用三重循环来处理，具体的程序代码如下：

```
Private Sub Form_Click()
  Dim X%, Y%, Z%, N%
  Print "5 元              1 元              0.5 元"
  N = 0
  For X = 1 To 100
     For Y = 1 To 100
        For Z = 1 To 100
          If X + Y + Z = 100 And 5 * X + Y + 0.5 * Z = 100 Then
             Print X, Y, Z
             N = N + 1
          End If
        Next Z
     Next Y
  Next X
  Print "共有" & N & "组合"
End Sub
```

讨论：此为“最笨”之法，要进行 101×101×101= 1 030 301 次(一百多万次)运算。通过分析知道，X 最大取值应小于 20，因每种面值不少于 1 张，因此 Y 最大取值应为 $100-X$，同时在 X,Y 确定后，Z 的值更确定了，$Z=100-X-Y$，所以本问题的算法使用二重循环即可实现，优化后的程序代码如下：

```
Private Sub Form_Click()
```

```
    Dim X%, Y%, Z%, N%
    Print "5 元            1 元            0.5 元"
    N = 0
    For X = 1 To 19
        For Y = 1 To 100 - X
            Z = 100 - X - Y
            If 5 * X + Y + 0.5 * Z = 100 Then
                Print X, Y, Z
                N = N + 1
            End If
        Next Y
    Next X
    Print "共有" & N & "组合"
End Sub
```

例 4-28 假定有下面的程序段:

```
Private Sub Form_Click()
  Dim i%, j%, k%
  For i = 1 To 2
    For j = 1 To i
      For k = j To 3
        Print "i="; i, "j="; j, "k="; k
      Next k
    Next j
  Next i
End Sub
```

这是个三重循环程序,在这个程序中,外层、中层和内层循环的循环次数分别是多少?

分析:在多重循环中,外层循环变化一次,内层循环从头到尾执行一遍。该题是一个三重循环,而且层循环变量的终值和内层循环变量的初值是随上一层循环的循环变量的变化而变化的,因此需要逐层加以计算后累加出各层的循环次数。模拟计算机的过程,计算机各层的循环次数如下。

(1) 外层循环:i=1 To 2,循环次数为 2。

(2) 中层循环:当 i=1 时,j=1 To 1,循环 1 次。

当 i=2 时,j=1 To 2,循环 2 次。

中层循环次数为 3 次。

(3) 内层循环:当 j=1 时,k=1 To 3,循环 3 次。

当 j=1 时,k=1 To 3,循环 3 次。

当 j=2 时,k=2 To 3,循环 2 次。

内层循环次数为 8 次。

因此,外层、中层、内层循环的循环次数分别为 2、3、8。

单击窗体事件后,程序的运行结果如图 4-36 所示,可以把这个结果与上面分析的情况对照。

```
例 多重循环分析
i= 1        j= 1        k= 1
i= 1        j= 1        k= 2
i= 1        j= 1        k= 3
i= 2        j= 1        k= 1
i= 2        j= 1        k= 2
i= 2        j= 1        k= 3
i= 2        j= 2        k= 2
i= 2        j= 2        k= 3
```

图 4-36 多重循环运行界面

4.4.5 其他控制语句

1. Goto 语句

有时需要从程序中的某个语句转移到另一个语句，这时可以使用 Goto 语句。Goto 语句是无条件转移语句，它的一般形式为

```
Goto [标号|行号]
```

说明：

(1) "标号"是一个以冒号结尾的标识符，例如 Goto Start。

(2) "行号"是一个整型数，例如 Goto 1200。

(3) Visual Basic 对 Goto 语句的使用有一定的限制，它只能在一个过程中使用。

(4) 由于 Goto 语句易破坏程序的结构，因此一般不提倡使用。

例 4-29 使用 Goto 语句求 1+2+3+…+100 的和。

实现的程序代码如下：

```
Private Sub Form_Click()
  Dim I%, S%
start:
  I = I + 1
  S = S + I
  If I >= 100 Then Goto Ending
  Goto start
Ending:
  Print "S="; S
End Sub
```

2. Exit 语句

Exit 语句用于中途跳出循环，可以直接使用，也可以用条件判断语句加以限制，在满足某个条件时才能执行此语句，跳出循环。使用中途跳出语句，可以为某些循环体或过程设置明显的出口，能够增强程序的可读性。

在 Visual Basic 中，Exit 语句可用于退出 Do…Loop、For…Next、Function 或 Sub 代码块。对应的使用格式为 Exit Do、Exit For、Exit Function 或 Exit Sub，分别表示退出一个 For 循环结构、退出一个 Do 循环结构、退出一个函数过程、退出一个子过程。

例 4-30 使用 Exit 语句求 1+2+3+…+99 的和。

```
Private Sub Form_Click()
  Dim S As Integer, I As Integer
  S = 0: I = 1
  Do While True
    S = S + I
    I = I + 2
    If I > 99 Then Exit Do
```

```
Loop
  Print "S="; S
End Sub
```

3. With…End With 语句

经常需要在同一对象中执行多个不同的动作，用 With 语句，可使该代码更容易编写、阅读和更有效地运行，其语法格式为

```
With 对象名
     与对象操作的语句块
End With
```

例如，需要对同一对象设置几个属性，常用方法为：

```
Private Sub Form_Load()
  Command1.Caption = "确定"
  Command1.Visible = True
  Command1.Left = 4500
  Command1.Top = 500
End Sub
```

使用 With…End With 语句，上面程序的代码应为：

```
Private Sub Form_Load()
  With Command1
     .Caption = "确定"
     .Visible = True
     .Left = 4500
     .Top = 500
  End With
End Sub
```

说明：

(1) 程序一旦进入 With…End With 语句，对象就不能更改，因此不能用一个 With…End With 语句来设置多个不同的对象。

(2) 属性前面的"."不能省略。

4.4.6 循环结构程序应用举例

例 4-31 编写程序，用近似公式$\frac{\pi}{4}=1-\frac{1}{3}+\frac{1}{5}-\frac{1}{7}+\cdots+(-1)^{n-1}\frac{1}{2n-1}$求 π 的近似值，直到最后一项的绝对值小于 10^{-4} 为止。

程序分析：本题通过累加算法计算 π 的值，实际上是求一个数列前 n 项之和，要求第 n 项的绝对值小于 10^{-4}。可以用 While 循环来实现，循环结束的条件是最后一项(第 n 项)的绝对值小于 10^{-4}。

从上面的近似公式可以看出，数列中第 n 项的分母是第 $n-1$ 项的分母加上 2，第 n 项的分子是第 $n-1$ 项的分子乘以 -1，把数列中小于 10^{-4} 之前的项累加起来，其和就是所求

的 π 的近似值。

程序代码如下：

```
Private Sub Form_Click()
  Dim s As Integer
  Dim n As Single, t As Single
  Dim PI As Single
  t = 1                                  't 用来存放当前项的值,初值为 1
  PI = 0                                 'PI 用来存放所求的累加和,初值为 0
  n = 1                                  'n 存放每项的分母
  s = 1                                  's 存放每项的分子
  While Abs(t) >= 0.0001
    PI = PI + t
    n = n + 2
    s = -s                               's 改变符号
    t = s / n
  Wend
  PI = PI * 4
  Print PI
End Sub
```

程序中 4 个变量 s、n、t、PI 分别用来存放数列中每项的分子、分母、当前项的值及累加和的值。

运行程序,单击窗体后,在窗体上输出 π 的近似值 3.141 397。

该程序所求得的 π 的值与实际 π 的值相差较大,与最后一项的数据精度有关。如果把最后项的绝对值定得再小一些,例如 10^{-6},则求得 π 的近似值为 3.141 594。

例 4-32 求 1!+2!+3!+…+n!的值,分别用双重循环和单层循环来完成。

方法一：使用双重循环完成,内层循环为阶乘型,即求 n!,外层循环为累加型。算法的 N-S 流程图如图 4-37 所示,实现程序代码如下：

```
Private Sub Form_Click()
  n = Val(InputBox("请输入 n: "))
  s = 0                                  's 为求和的结果
  For i = 1 To n
    s1 = 1
    For j = 1 To i
      s1 = s1 * j                        's1 为阶乘的结果
    Next j
    s = s + s1
  Next i
  Print s
End Sub
```

方法二：使用单层循环完成,在同一循环中先阶乘,在累加。算法的流程图如图 4-38 所示,实现程序代码如下：

```
Private Sub Form_Click()
  n = Val(InputBox("请输入 n: "))
  s = 0: s1 = 1
```

```
    For i = 1 To n
      s1 = s1 * i                                      's1 为阶乘的结果
      s = s + s1                                       's 为累加的结果
    Next i
    Print s
  End Sub
```

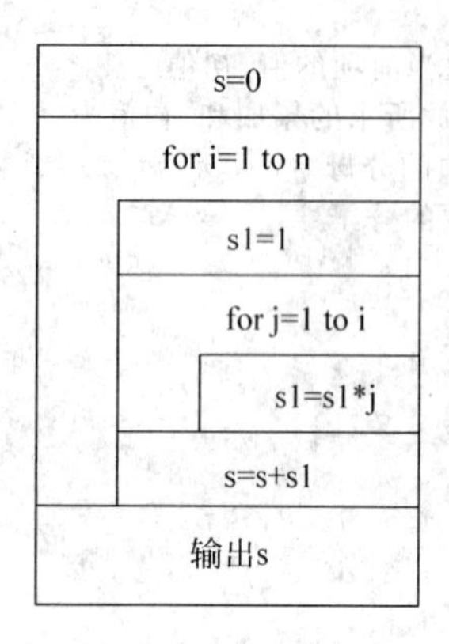

图 4-37　双重循环求阶乘和流程图

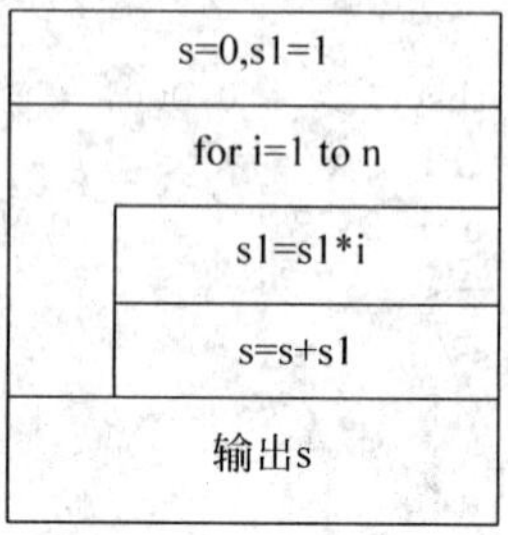

图 4-38　单层循环求阶乘和流程图

例 4-33　判断一个整数,判断是否为素数。

算法分析:素数是大于 1,且除了 1 和它本身以外,不能被其他任何正数所整除的整数。为了判断整数 N 是不是素数的基本方法是:将 N 分别除以 2,3,…,$N-1$,若都不能整除,则 N 为素数。否则,只要其中一个整数能被除尽,则 N 不是素数。算法的流程图如图 4-39 所示。

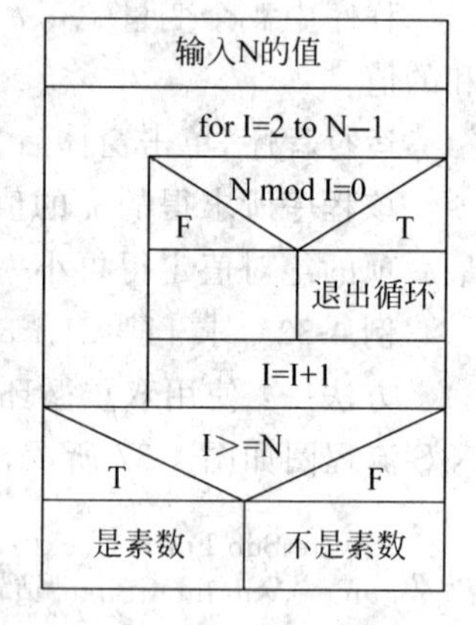

图 4-39　判断素数流程图

实现程序代码如下:

```
Private Sub Form_Click()
  Dim N%, I%, K%
  N = Val(InputBox("N=?"))
  For I = 2 To N - 1
    If N mod I = 0 Then Exit For
  Next I
  If I >= N Then
     Print N; "是素数"
  Else
     Print N; "不是素数"
  End If
End Sub
```

讨论:事实上不必除那么多次,因为 N=Sqrt(N) * Sqrt(N),所以,当 N 能被大于等于 Sqrt(N)的整数整除时,一定存在一个小于等于 Sqrt(N)的整数,使 N 能被它整除,因此只要判断 N 能否被 2,3,…,Sqrt(N)整除即可。

思考:打印输出 1000 以内的所有素数。

例 4-34　统计文本中字母、数字、其他字符的个数。设计如图 4-40 所示的程序界面,使用一个文本框来接收输入的文本,另外三个文本框来输出统计个数。

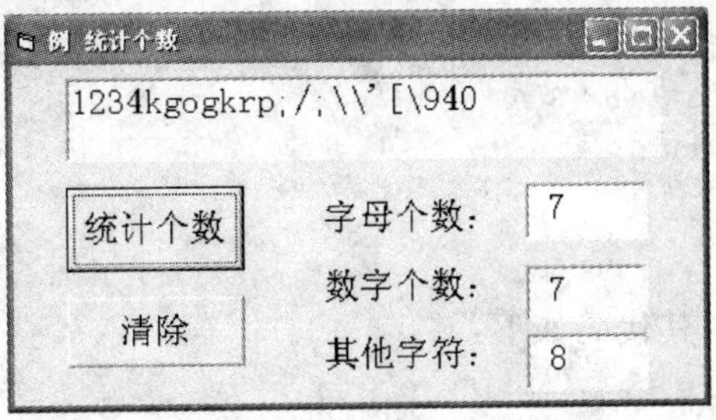

图 4-40　统计个数运行界面

具体的程序代码如下：

```
Private Sub Command1_Click()
  Dim N%, m%, I%, J%, K%,
  Dim st As string
  st = Text1.Text
  N = Len(st)
  For m = 1 To N
    Char = Mid(st, m, 1)                          '取第 i 个字符
    Select Case Char
      Case "a" To "z"
          I = I + 1
      Case "A" To "Z"
          I = I + 1
      Case "0" To "9"
          J = J + 1
      Case Else
          K = K + 1
      End Select
  Next m
  Text2.Text = Str(I)
  Text3.Text = Str(J)
  Text4.Text = Str(K)
End Sub
Private Sub Command2_Click()
  Text1.Text = ""
  Text2.Text = ""
  Text3.Text = ""
  Text4.Text = ""
End Sub
```

例 4-35　打印出所有的"水仙花"数。所谓"水仙花"数，是一个三位数，其各位数字的立方和等于该数本身。例如 407 就是一个"水仙花"数，因为 $407=4^3+0^3+7^3$。

方法一：采用单层循环，其代码如下：

```
Private Sub Form_Click()
  Dim n%, g%, s%, b%, sum%
  For n = 100 To 999
    g = n mod 10
```

```
      s = n \10 mod 10
      b = n \100
      sum = g ^ 3 + s ^ 3 + b ^ 3
      If sum = n Then Print n;
   Next n
End Sub
```

方法二：采用穷举法，其代码如下：

```
Private Sub Form_Click()
  Dim i%, j%, k%, m%, n%
  For i = 1 To 9
    For j = 0 To 9
      For k = 0 To 9
        m = i * 100 + j * 10 + k
        n = i ^ 3 + j ^ 3 + k ^ 3
        If m = n Then Print n;
      Next k
    Next j
  Next i
End Sub
```

例 4-36 输入一正整数 n，假设 $n=4$，则输出如图 4-41 所示的三角形。

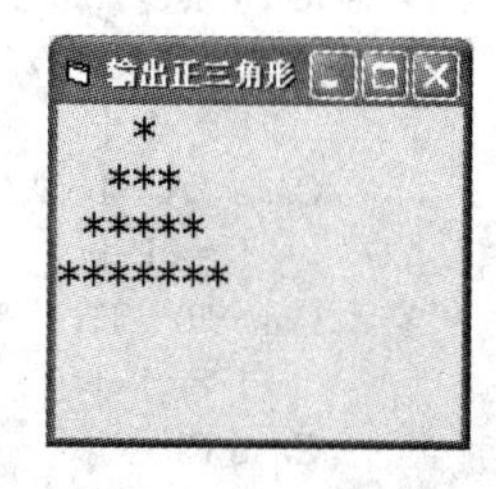

图 4-41 输出正三角形的运行界面

要点分析(设 $n=4$)

第一行 3 个空格=4－1 1 个"＊"=2＊行号－1

第二行 2 个空格=4－2 3 个"＊"=2＊行号－1

第三行 1 个空格=4－3 5 个"＊"=2＊行号－1

第四行 0 个空格=4－4 7 个"＊"=2＊行号－1

通过分析，找出每行空格、＊ 与行号 i、列号 j 及总行数 n 的关系。由此归纳出：第 i 行的空格数是 $n-i$ 个；第 i 行的"＊"数是 $2*i-1$ 个。由此，实现程序代码如下：

```
Private Sub Form_Click()
 Dim n%, i%, j%
 n = 4
 For i = 1 To n
   For j = 1 To n - i
     Print " ";
   Next j
   For j = 1 To 2 * i - 1
     Print "*";
   Next j
   Print
 Next i
End Sub
```

思考：该程序采用 For 循环的双重嵌套，能否改为 For 循环语句与 Do…While 循环语句嵌套或 Do 循环语句的双重嵌套。

例 4-37 打印 Fibonacci 数列的前 20 项，每行打印 5 个数。该数列前两个数是 1，1，以后的每个数都是其前两个数之和。

程序分析：这是个典型的递推问题。所谓递推，是指根据前面的一个或多个结果推导出下一个结果。这样的问题可以利用循环结构，从已知数开始，循环计算，直到计算出第 N 个数。其算法流程图如图 4-42 所示，程序的运行结果如图 4-43 所示。

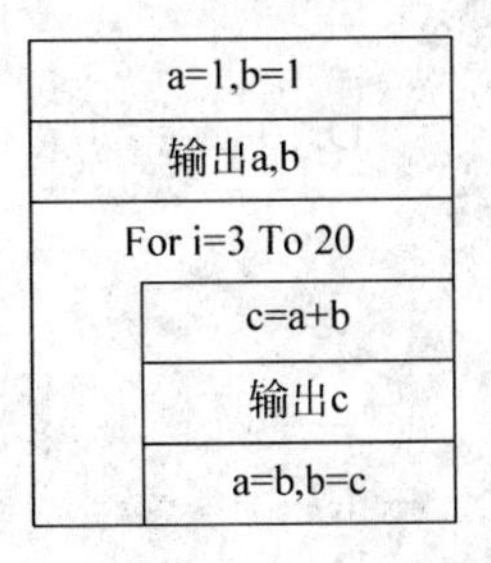

图 4-42 Fibonacci 数列流程图

例 打印Fibonacci

1	1	2	3	5
8	13	21	34	55
89	144	233	377	610
987	1597	2584	4181	6765

图 4-43 打印 Fibonacci 数列

程序代码如下：

```
Private Sub Form_Click()
  Dim a, b, c, i As Integer
  a = 1: b = 1
  Print a, b,
  For i = 3 To 20
     c = a + b
     Print c,
     a = b: b = c
     If i \5 = i / 5 Then Print                    '控制每行输出 5 个数
  Next i
End Sub
```

习题 4

一、选择题

1. InputBox 函数返回值的类型是(　　)。

   A. integer　　B. string　　C. boolean　　D. single

2. 在窗体上有个命令按钮，然后编写如下事件过程：

```
Private Sub Command1_Click()
    m = InputBox("输入第一个数")
    n = InputBox("输入第二个数")
    Print n + m
End Sub
```

程序运行后，单击命令按钮，先后在两个输入框中分别输入"1"和"5"，则输出结果为(　　)。

   A. 1　　B. 51　　C. 6　　D. 15

3. 语句 If $x = 1$ Then $y = 1$,下列说法正确的是(　　)。

A. $x=1$ 和 $y=1$ 均为赋值语句

B. $x=1$ 和 $y=1$ 均为关系表达式

C. $x=1$ 为赋值语句,$y=1$ 为关系表达式

D. $x=1$ 为关系表达式,$y=1$ 为赋值语句

4. 设 $a=6$,则执行 $x=\text{IIf}(a>5,-1,0)$ 后 x 的值为(　　)。

A. 5　　B. 6　　C. −1　　D. 0

5. 下列程序段的执行结果为(　　)。

```
x = 2: y = 5
If x * y < 1 Then y = x - 1 Else y = -1
Print y - x > 0
```

A. False　　B. True　　C. −1　　D. 1

6. 下列程序段求两个数中的较大数,不正确的是(　　)。

A. max=IIf(x>y,x,y)

B. If x > y Then Max = x Else Max = y

C. Max = x
   If y >= x Then Max = y

D. If y >= x Then Max = y
   Max = x

7. 下列程序段的执行结果为(　　)。

```
a = 95
If a > 60 Then m = 1
If a > 70 Then m = 2
If a > 80 Then m = 3
If a > 90 Then m = 4
Print m
```

A. 1　　B. 2　　C. 3　　D. 4

8. 下列程序段的执行结果为(　　)。

```
x = Int(Rnd + 3)
Select Case x
   Case 5
      Print "excellent"
   Case 4
      Print "good"
   Case 3
      Print "pass"
   Case Else
      Print "fail"
End Select
```

A. excellent　　B. good　　C. pass　　D. fail

9. 下列程序段的执行结果为(　　)。

```
Private Sub Command1_Click()
 a = 1: b = 0
 Select Case a
  Case 1
    Select Case b
       Case 0
          Print " ** 0 ** "
       Case 1
          Print " ** 1 ** "
    End Select
  Case 2
    Print " ** 2 ** "
 End Select
End Sub
```

A. ** 0 **　　B. ** 1 **　　C. ** 2 **　　D. 0

10. For 循环程序执行循环体的条件是(　　)。

A. 循环变量的值大于终值　　B. 循环变量的值小于终值

C. 循环变量的值在终值之内　　D. 步长值必须为正

11. 循环语句 For i = −3 To 20 Step 4 的循环次数是(　　)。

A. 6　　B. 7　　C. 5　　D. 4

12. 下列程序段的执行结果为(　　)。

```
Private Sub Form_Click()
  a = 0: b = 1
  Do
    a = a + b
    b = b + 1
  Loop While a < 10
  Print a; b
End Sub
```

A. 10　5　　B. a　b　　C. 0　1　　D. 10　30

13. 下列程序段的执行结果为(　　)。

```
Private Sub Form_Click()
  j = 0
  Do While j < 30
     j = (j + 1) * (j + 2)
     k = k + 1
  Loop
  Print k; j
End Sub
```

A. 0　1　　B. 3　182　　C. 30　30　　D. 4　30

14. 下列程序段的执行结果为(　　)。

```
Private Sub Form_Click()
```

```
  s = 0: t = 0: u = 0
  For x = 1 To 3
    For y = 1 To x
      For z = y To 3
        s = s + 1
      Next z
      t = t + 1
    Next y
    u = u + 1
  Next x
  Print s; t; u
End Sub
```

A. 3　6　14　　B. 14　6　3　　C. 14　3　6　　D. 16　4　3

15. 下列程序段的执行结果为(　　)。

```
Private Sub Command1_Click()
 s = 1
 Do
   s = (s + 1) * (s + 2)
   n = n + 1
 Loop Until s >= 30
Print n; s
End Sub
```

A. 2　3　　B. 2　56　　C. 5　12　　D. 10　20

16. 在窗体上画一个名称为Text1的文本框和一个名称为Command1的命令按钮,然后编写如下事件过程:

```
Private Sub Form_Click()
  Dim i As Integer, n As Integer
  For i = 0 To 50
    i = i + 3
    n = n + 1
    If i > 10 Then Exit For
  Next
  Text1.Text = Str(n)
End Sub
```

程序运行后,单击命令按钮,在文本框中显示的值是(　　)。

A. 2　　B. 4　　C. 3　　D. 5

17. 下列程序段的执行结果为(　　)。

```
a = 6
For k = 1 To 0
  a = a + k
Next k
Print k; a
```

A. −1　6　　B. −1　16　　C. 1　6　　D. 11　21

18. 循环嵌套应遵循的原则是(　　)。

A. 内、外循环控制变量不能重名　　B. 内、外循环不能交叉

C. 不能从循环体外调到循环体内　　D. 以上都对

19. 下列程序段的执行结果为(　　)。

```
p = 1
 For j = 1 To 4
   p = p - 1: q = 0
   For k = 1 To 4
     p = p + 1: q = q + 1
   Next k
 Next j
Print p; q
```

A. 1　4　　B. 13　4　　C. 12　8　　D. 20　6

20. 在窗体上画一个命令按钮,然后编写如下事件过程:

```
Private Sub Command1_Click()
  x = 0
  Do Until x = -1
    a = Val(InputBox("a="))
    b = Val(InputBox("b="))
    x = Val(InputBox("x="))
    a = a + b + x
    Loop
  Print a
End Sub
```

程序运行后,单击命令按钮,依次在输入对话框中输入5、4、3、2、1、-1,运行结果为(　　)。

A. 2　　B. 3　　C. 14　　D. 15

二、填空题

1. Visual Basic 提供的结构化程序设计的三种基本结构分别是________、________、________。

2. Visual Basic 的赋值语句既可以给________赋值,也可给对象的________赋值。

3. 在 Visual Basic 中,如果知道循环次数,一般应选择的循环是________。

4. "*X* 是小于100的非负数",用 Visual Basic 正确的表示方式是________。

5. 以下程序段的运行结果是________。

```
num = 0
While num <= 2
  num = num + 1
  Print num
Wend
```

6. 有下列循环语句:

```
For j = -3 To 5 Step -1
```

```
  Print j;
Next j
```

则其循环执行的次数是________。

7. 要使以下 Do 循环执行三次，空格处的最小整数是________。

```
x = 1
Do
  x = x + 2
  Loop While x <=________
```

8. 有下列事件过程：

```
Private Sub Command1_Click()
  x = 1
  Do Until x > 1
    x = x + 1
  Loop
  Print x
End Sub
```

程序运行后单击命令按钮，输出结果是________。

9. 有下列事件过程：

```
Private Sub Command1_Click()
    x = InputBox("输入一个数")
    Do While x <> 0
        y = y & x mod 10
        y = x \10 mod 10 & y
        x = x \100
        Print y
      Loop
End Sub
```

程序运行后单击命令按钮，输入 12345678，则输出结果是________。

10. 有下列事件过程：

```
Private Sub Command1_Click()
    x = InputBox("输入一个整数")
    Select Case x
      Case Is < -3
        Print (x + 1) / (x + 3)
      Case -3 To 3
        Print x * x + 1
      Case Is > 3
        Print x
    End Select
End Sub
```

程序运行后单击命令按钮，输入 2，则输出结果是________。

三、程序题

1. 设计一个窗体,窗体上有两个文本框,在其中一个文本框中输入一个三位整数,在另一个文本框中将它反向输出,如输入123,输出321。

2. 在文本中输入一个数,判断该数是否为水仙花数。所谓水仙花数,是指一个三位整数,满足条件:各位数字的立方和等于该数本身,如153($1^3+5^3+1^3=153$)。

3. 给定三角形的三条边,计算三角形的面积。编写程序,首先判断给出的三条边能否构成三角形,如可以构成,则计算并输出该三角形的面积;否则要求重新输入。当输入−1时结束程序。

4. 编程计算 y 的值,x 的值由键盘输入。要求结果 y 保留两位小数。

$$y=\begin{cases}2*x-10 & (x>100)\\ x+10 & (0<x\leqslant 100)\\ x/3+1 & (x\leqslant 0)\end{cases}$$

5. 求 $1-1/2+1/3-1/4+\cdots+1/99-1/100$。

6. 编程计算1~100的偶数的和。

7. 在窗体上输出100~200之间(包括100和200)不能被3整除的奇数及这些数的和。

8. 产生50个1~100之间的随机整数,显示所有小于60的数。

9. 使用InputBox函数输入20个10~99之间的整数,计算它们的最大值、最小值和平均值。

10. 设 $m=1*2*3*\cdots*n$,编程求 m 不大于200 000时最大的 n。

11. 由键盘输入一个正整数,找出大于或等于该数的第一个素数。

12. 利用随机函数产生10个10~99之间的随机整数,找出其中的素数并在窗体上输出该素数。

13. 一个数的因子之和等于这个数本身,则称这样的数为"完全数"。例如,数28的因子为1、2、4、7、14,其和1+2+4+7+14=28,因此28是一个完全数。试编写一个程序,求出1000以内的所有完全数。

14. 一个球从100m的高度自由下落,每次落地后反跳回原高度的一半,再落下。求它在第10次落地时,共经过多少米?落地10次的反弹高度是多少?

15. 把十进制转换为二~十六的任意进制数的字符串。

第5章 数　　组

数组是 Visual Basic 程序设计语言的一个重要概念，用于处理大量数据问题。为处理的方便，常常把具有相同类型的若干数据按一定形式组织起来，这些同类型的数据元素集合就是数组。

通过本章的学习，理解数组的用途和在内存中的存放形式；掌握一维和二维数组的定义及引用方法；掌握应用数组解决常见的问题。

5.1 数组的概念

在实际应用中，常常需要对成批数据进行处理，例如统计学生的成绩、对各种商品进行分类、单位职工的工资，一般情况下，这些数据类型相同而且数量较大，数据之间存在一定的顺序关系。为了便于处理一批相同类型的数据，在 VB 语言程序设计中引入了数组的概念。

数组并不是一种数据类型，而是具有相同数据类型的变量组成的一个有序集合。这些变量具有相同的名称和数据类型，而且在内存中占用连续地址的存储单元。通常，我们将数组中的每个数据称为"数组元素"，数组中的每个数组元素相当于一个变量，数组元素通过下标进行区分，下标代表数组元素在数组中的顺序(位置)。

为了说明使用数组的优势，我们举一个应用中的例子加以说明。例如输入 20 个学生某门课程的成绩，打印出低于平均分的学生的成绩。如果使用前面所学的知识，采用输入一个数就累加的方法来计算全部学生的总分，然后计算平均分。但是，若要打印出低于平均分学生的成绩就需要把每个学生的成绩都保存下来，再依次和平均分进行比较，这就要定义 20 个简单变量来存放 20 个学生的成绩。这样，不仅增加了系统内存的开销，而且程序很冗长，如果不是 20 个数，而是 200、2000 甚至更多，用简单变量来处理会使这种相对简单的数据处理变得非常复杂。

如果输入 20 个数据能使用类似数学中的下标变量 $\boldsymbol{a}(i)(i=1,2,\cdots,20)$的形式，这样就可使用循环语句来实现程序了。VB 语言中表示下标变量就是通过定义数组来实现的。使用数组编程的程序段如下：

```
Dim i As Integer, s As Single, ave As Single, a(20) As Integer
For i = 1To 20
    a(i) = Val(InputBox("输入 a(" & i & ") = ?"))
    s = s + a(i)
Next i
For i = 1To 20
    If a(i) > ave Then Print a(i)
Next i
```

上面程序段中的 $\boldsymbol{a}(i)$是 VB 使用了数组来表示数学下标变量的方法。使用数组的最大好处就是用一个数组名代表逻辑上相关的一批数据,用下标表示数组中的各个元素,与循环语句结合使用,无论是20个数还是200个数都不会增加代码,使得程序书写简洁、结构清晰。

下面是关于数组的两个最基本的概念。

数组。是具有相同数据类型的变量的一个有序集合。例如,Dim ***a***(1 to 10) As Integer表示一个包含10个数组元素、数组名为 ***a***,数组中的数据类型为整型。

数组元素。数组中的变量,数组元素的表示方法如下。

```
数组名(下标1,下标2,…)
```

例如:

```
Dim a(1 to 10)   As Single
  a(3)=2.6            'a(3)表示一维数组a中的第三个元素
```

数组维数。由数组元素中下标的个数决定。一个下标表示一维数组,两个或多个下标表示二维数组或多维数组。

5.2 数组的定义

数组必须按"先定义(声明),后使用"的原则。在计算机中,定义数组的目的就是让系统为其开辟所需的一块内存区域,数组名是这个区域的名称,区域的每个单元都有自己的地址,该地址用下标表示。根据开辟内存时机的不同,将数组分为固定(静态)数组和动态数组。固定数组是在应用程序编译时开辟内存区域的,其大小不能改变,而动态数组则是在应用程序运行时动态地开辟内存区域的,其大小可以改变。

5.2.1 固定数组

根据固定数组的特点,数组声明包括声明数组名、数组的维数、每一维的元素个数及元素的数据类型。在VB中,声明固定数组的格式与声明变量的格式基本一样,用不同的关键字(Dim,Public,Static)声明,其适用范围不同。声明固定数组的格式如下。

1) 一维数组

```
Dim  数组名([<下界>] to <上界>) [As <数据类型>]
```

或

```
Dim [<数据类型符>]([<下界>] to <上界>)
```

例如:

```
Dim a(5) As Integer     '声明了a数组有6个元素
```

等价于

```
Dim a%(5)
```

2) 二维数组

```
Dim 数组名([<下界>] to <上界>,[<下界>] to <上界>) [As <数据类型>]
```

或

```
Dim [＜数据类型符＞]([＜下界＞]to ＜上界＞,[＜下界＞] to ＜上界＞)
```

说明：

① 数组名命名与简单变量相同，可以是任意合法的变量名。

② 默认＜下界＞为 0，若需要下标从 1 开始，可在模块的通用部分使用 Option Base 语句将其值设为 1，其格式如下。

```
Option Base 0|1          '后面的参数只能取 0 或 1
```

例如：

```
Option Base 1            '将数组下声明中默认＜下界＞下标设为 1
```

定义必须在数组定义前完成，如果数组是多维数组则该定义对每一维都有效。

③ 格式中[ ]部分为可选部分。

④ ＜上界＞和＜下界＞必须是常量、常量表达式或符号常量，一般是整型常量。若是实数，系统则自动按四舍五入取整。

例如：

```
x=10
Dim str(x) As String    '错误,因为 x 是变量
Const p=10
Dim b(p) As Single      '正确,因为 P 是符号常量
Dim a(4.6) As Integer  '等价于 Dim a(5) As Integer
```

⑤ 当用 Dim 语句定义数组时，缺省把数组元素值初始化为 0、空字符串或 False，也就是说，如果是数值型数组，其数组元素的初始值为 0；如果是字符型数组，其数组元素的初始值为空字符串；如果是逻辑型数组，其元素的初始值为 False。

⑥ 二维数组在内存的存放顺序是“先行后列”。

例 5-1 定义数组实例。

```
Dim   A(6)   As   Integer
A(2)=2
A(3)=3
S=A(2)+A(3)
```

说明：程序中语句 ***A***(6)中 ***A*** 为数组名，6 为下标上界值，Integer 为数组类型名(整型)，***A***(2)为数组元素，2 为下标。

对于数组变量 A 的各数组元素在内存中的排列顺序如下。

A(0)	A(1)	A(2)	A(3)	A(4)	A(5)	A(6)

例 5-2 定义一个二维数组。

```
Dim A(1 to 3,1 to 2) As Integer
```

上面语句中，1 表示第一维下标下界，1 to 3 中的 3 表示第一维下标上界，1 to 2 中的 1 表示第二维下标下界，2 表示第二维下标上界。所以上面数组 ***A*** 的定义 ***A***(1,1)～***A***(2,3)共

6个元素。如 Dim ***B***(3,4) As Integer 这个语句表示第一维下标下界和第二维下标下界都是从0开始的,所以数组 ***B*** 的定义是 ***B***(0,0)~***B***(3,4)共 4×5=20 个元素。

通常把第一维下标称为行下标,第二维下标称为列下标。二维数组在内存的存放顺序是“先行后列”。上例,数组 **A** 的各元素在内存中的存放顺序如下。

A(1,1)	**A**(1,2)	**A**(1,3)	**A**(2,1)	**A**(2,2)	**A**(2,3)

3) 多维数组的声明

在处理三维空间问题等其他复杂问题时要使用到维数更多的数组,通常把三维及三维以上的数组称为多维数组。

定义多维数组的格式如下:

Dim 数组名([＜下界＞] to ＜上界＞,[＜下界＞] to ＜上界＞,…) [As＜数据类型＞]

例如:

```
Dim A(4,4,4)   As Integer            '声明 A 是三维数组
```

多维数组的使用与二维数组的使用相似,通过确定各维的下标值,多维数组的元素就可以使用了。操作多维数组常常用到多重循环,一般每一循环控制一维下标。

5.2.2 动态数组

动态数组是相对于静态数组而言的,VB 把需要在运行时才开辟的内存区的数组叫做动态数组。有时程序运行之前是无法确定一个数组的大小的,如果使用静态数组的话,就得定义一个足够大的数组,这样会浪费大量存储空间,使内存操作变慢。动态数组在程序运行的任何时间内都可以根据数组的实际大小来分配内存空间,它使用方便、灵活,有助于高效地管理内存。

1. 动态数据的声明

建立动态数组包括声明和大小说明两步。

(1) 在模块或窗体过程使用 Dim、Private 或 Public 声明一个没有下标的数组(括号不能省略),格式如下:

Dim 数组名()As [数据类型]

(2) 在过程用 ReDim [Preserve] 数组名(＜下标 1＞[,＜下标 2＞…])

Preserve 参数表示保留数组中原来的数据。

例如:

```
Option Base 1                              '指定数组下标从 1 开始
Dim dynarr() As Integer                    '在过程外声明动态数组
    Sub Form_Click()
Redim dynarr (6)                           '在过程中定义数组为 6 个元素
dynarr (2)=8
dynarr (3)=19
```

```
    ReDim Preserve dynarr (10)          '在过程中定义数组为10个元素,保留
                                        '数组中的原数据
End Sub
```

说明：

① 在窗体或模块层定义的动态数组只有类型，没有指定维数，其维数在 ReDim 语句中给出。

② ReDim 语句是一个可执行语句，可多次使用但只能出现在过程中；可改变数组的维数和大小，但不能在将一个数组定义为某种类型之后，再使用 ReDim 将该数组改为其他数据类型。

例如：

```
Dim b() As  Integer
ReDim b() As Single                     '这个语句是错误的
```

③ ReDim 中的下标可以是常量，也可以是有了确定值的变量。

例如：

```
Dim a()  As  Integer
ReDim a(10)
X=2
Y=3
ReDim a(x, y)
```

④ 使用了 Preserve 关键字可以保留原有的数据，但只能重定义数组最末维的大小，对数组的维数就不能改变了。

例如：

```
dim the() As  Integer
ReDim  the (2,3)
ReDim Preserve  the(2, 4)               '这个语句是错误的
```

例 5-3 随机产生 n 个[10,90]之间的整数，在图片框输出，求其平均值，用文本框输出。其中的 n 由文本框输入，运行结果如图 5-1 所示。

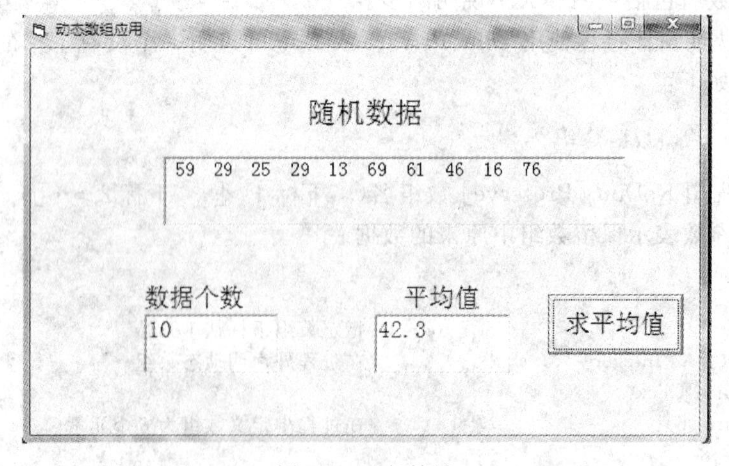

图 5-1 运行结果

分析如下。产生随机数据用 Rnd 函数，由于 n 不确定，是由用户输入的，因此定义存放数据的数组时，要定义为动态数组，根据用户输入的数值为数组动态分配空间。根据题意在窗体上添加控件，并设置控件属性，如表 5-1 所示。

表 5-1 各对象的属性设置

控件	属性	属性值	控件	属性	属性值
Form1	Caption	动态数组应用	Command1	Caption	求平均值
Label1	Caption	随机数据	Pictrue1	FontSize	18
Label2	Caption	数据个数	Text1	Text	""
Label3	Caption	平均值	Text2	Text	""

程序代码如下：

```
Option Base 1                              '在窗体层输入
Private Sub Command1_Click()
Dim c() As Integer
Dim n%, i%, sum!
Randomize
n = Val(Text1.Text)
ReDim c(n)
For i = 1 To n
    c(i) = Int(Rnd * 81)+10
    Picture1.Print c(i)
    sum = sum + c(i)
Next i
Text2.Text = sum / n
End Sub
```

2. 数组的清除

在一个程序中同一数组只能定义一次，并且在内存中分配的相应存储空间大小是不能改变的。如果需要清除数组的内容或对数组重新定义的话，可以用 Erase 语句来实现，其格式为

Erase 数组名[,数组名]…

Erase 语句用来重新初始化静态数组的元素，或者释放动态数组的存储空间。在 Erase 语句中，只需给出要刷新的数组名，不带括号和下标，例如 Erase **A**。

说明：

① 对于动态数组，Erase 语句释放数组所使用的内存。也就是说，动态数组经过 Erase 操作后将不存在，下次使用该动态数组之前，必须要用 ReDim 语句重新定义该数组。

② 对于静态数组，Erase 语句只是重新初始化数组元素的值。也就是说，如果数组是数值型，则把数组中的所有元素置为 0；如果是变长字符串数组，则把所有元素置为空字符串；如果是定长字符串数组，每个元素值设置为长度与定长值相同的空格字符串。

5.3 数组的基本操作

5.3.1 数组元素的操作

1. 利用赋值语句对数组元素赋初值

如果数组元素初值已知或要对指定的部分数组元素赋值时，可以使用赋值语句与 For 循环一起配合实现。

例如：

```
Private Sub Form_Click()
    Dim A(1 to 10) As Integer                  '定义一个数组，包括 10 个元素
    For i=1To 10
        A(i)=i                 '通过循环变量控制数组元素的下标，每个数组元素得到的值为 i 的值
    Next i
End Sub
```

2. 利用 Array()函数对数组元素赋初值

利用 Array 对数组元素赋值，声明数组可以省略圆括号，并且数组类型只能是 Variant；由 Array 函数括号内的参数个数决定数组的上界，也可通过函数 Ubound()获得。

例如：

```
Private Sub Form_Click()
Dim A()
A=Array(3,5,7,9)
For i=Lbound(a)To Ubound(a)
        Print a(i);
Next i
End Sub
```

5.3.2 数组的输入与输出

1. 数组的输入

数组元素一般是通过 InputBox 函数输入的，由于数组元素的值是一个个输入的，因此可以利用循环语句，在循环体中调用 InputBox 函数来实现数据的输入，每循环一次调用一次 InputBox 函数，就可以实现一个数组元素的输入，由此就可依据数组元素的个数决定循环的次数了。

(1) 给一维数组 **A** 输入数据的程序如下：

```
Private Sub Form_Click()
Dim A(1 to 10) As Integer                     '定义一个数组，包括 10 个元素
```

```
    For i=1 To 10
        A(i)=Val(Inputbox("输入 A(" & i  & ")的值"))
    Next i
End Sub
```

(2) 给二维数组 ***B*** 输入数据的程序如下：

```
Private Sub Form_Click()
    Dim B(1 to 3,1 to 4)As Integer            '定义一个数组,包括 10 个元素
    For i=1To 3
        For j=1 To 4
            B(i,j)=Val(Inputbox("输入 B(" & i  & ","& j &")的值"))
        Next j
Next i
End Sub
```

2. 数组的输出

数组的输出实际上就是输出所有数组元素,每个数组元素都是一个数据,所以数组元素输出可以用 Print 方法实现。设有如下一组数据：

```
1    2    3    4
5    6    7    8
9    10   11   12
```

可以用下面的程序把这些数据输入一个二维数组：

```
Dim C(1 to 3,1 to 4) As Integer
For i=1To 3
    For j=1To 4
        C(i,j)=Val(inputbox("Enter Data"))
    Next j
Next i
```

原来的数据分为 3 行 4 列,存放在数组 ***C*** 中。为了使数组中的数据仍按原来的 3 行 4 列输出,可以用以下程序实现：

```
For i=1To 3
    For j=1To 4
        Print C(i,j); " ";
    Next j
    Print
Next i
```

5.3.3 与数组有关的几个函数

1. Array 函数

Array 函数是 VB 所提供的用于对一维数组元素赋初值的函数。

其格式为：

数组变量名=Array([数组元素值列表])

说明:

(1) 数组名。可以是预先定义好的数据类型为Variant动态数组,也可以是没有定义而直接使用的数组。

(2) 数组元素值列表。数据列表中的数据是给数组元素赋初值的,数据之间用“,”分隔;数据的个数决定了数组的大小。

例如:

```
Private Sub Command1_Click()
    Dim a() As Variant, b
    a = Array(33, 23, 66)                 '数组 a 为定义的变体型动态数组
    b = Array(12, 26, 36)
                        '数组 b 虽以变量的形式定义,但经过 Array()函数初始化,即可作为数组使用
    c = Array("Name", "Age", "Sex")     '数组 c 未定义而直接使用
    For i = 0 To 2
        Print a(i), b(i), c(i)
    Next i
End Sub
```

2. Lbound()函数与Ubound()函数

Lbound()函数与Ubound()函数分别用来确定数组某一维的下界和上界值,其格式为

```
LBound(<数组名>[,<维>])
UBound(<数组名>[,<维>])
```

其中,“维”是指要测试数组的某一维。

5.4 数组的应用

1. 求最高分和最低分

例5-4 输入30个学生的成绩,将其存入一个一维数组中,并在窗体上输出最高分和最低分。

算法分析如下。通过InputBox函数将30个学生的成绩放在数据类型为单精度实数的一维数组中;然后,先假设第一个学生的成绩是最高分,用循环与另外29个学生成绩比较,若发现有更高的成绩,则更新最高分。同理,求出最低分。

```
Private Form_Click()
Const N =30
Dim score(1 To N) As Single, i As Integer, max As Single, min As Single
    For i = 1 To N
        score(i) = Val(InputBox("请输入第" & i & " 个学生的成绩"))
    Next i
    max = score(1)
    min = score(1)
```

```
    For i = 2 To N
        If score(i) > max Then max = score(i)
        If score(i) < min Then min = score(i)
    Next i
    Print "最高分为:" & max, "最低分为:" & min
End Sub
```

2. 排序问题

生活中经常会碰到一些例如对学生成绩进行由高到低排列，对产品销量由低到高排列等问题，即排序。排序是计算机处理数据中的常见方式，也就是将一组数据按升序或降序排列。排序的算法很多，选择法和冒泡法是排序的常用算法。

1）选择法排序

例 5-5 从随机产生 6 个在[10,100]之间的整数，用选择法排序对这 6 个数从大到小(降序)排序。

算法分析如下。

① 将随机生成的 6 个在[10,100]之间的整数依次存放在数组 sort(1)、sort(2)、…、sort(6)中。

② 第一趟，先在 sort(1)～sort(6)范围内找最大数，找到后与 sort(1)的值交换，这一趟比较的结果是把 6 个数中最大的数放在 sort(1)中。

③ 第二趟，在剩下的 5 个数 sort(2)～sort(6)中找最大数，找到后与 sort(2)的值交换，这一趟比较的结果是把 6 个数中第二大的数放在 sort(2)中。

④ 以此类推，第五趟后，这个数列已按从大到小(降序)的顺序排列好了。

程序代码如下：

```
Private Sub Form_Click()
Const N = 6                                      '常数 N 确定数组大小
Dim sort(1 To N) As Integer, i%, index%, temp%
Randomize
For i = 1 To N
    sort(i) = Int(Rnd * 91) + 10                 '产生 N 个[10,100]之间的随机数存放到数组中
Next i
Print "排序前为: "
For i = 1 To N                                   '输出数组
    Print sort(i);
Next i
Print
For i = 1 To N - 1                               '进行 N-1 遍比较
    index = i                                    '对第 i 遍比较时，开始假定第 i 个元素最小
    For j = i + 1 To N                           '每次从剩下的元素中选择最小的，因此 j 是从 i+1 开始的
        If sort(index) < sort(j) Then index = j  '记录最小元素的下标
    Next j
temp = sort(i)                  '引入中间变量 temp，实现选出的最小元素与第 i 个位置上的元素交换
    sort(i) = sort(index)
    sort(index) = temp
Next i
Print "排序后为: "
For i = 1 To N
```

```
    Print sort(i);
Next i
Print
End Sub
```

程序运行结果如图 5-2 所示。

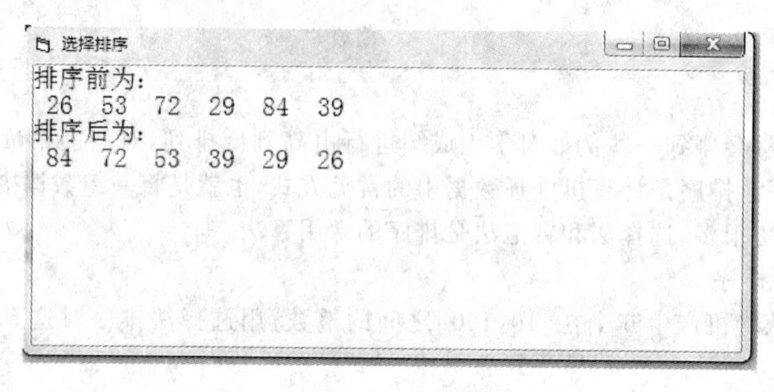

图 5-2　例 5-5 选择排序运行结果

2）冒泡排序法

例 5-6　将例题 5-5 用冒泡法按升序(从小到大)排序。

算法分析如下。依次比较相邻的两个数,小的数交换到前头,大的数放到后面。

第一趟,首先比较第一个和第二个数,将小数放前,大数放后。然后比较第二个数和第三个数,将小数放前,大数放后,如此继续,至此第一趟结束,将最大的数放到了最后。

第二趟,对余下的 $n-1$ 个数进行比较,仍从第一个和第二个比较,将小数放前,大数放后,一直比较到第 $n-1$ 个数,将次大数放到了倒数第二个数的位置。

以此类推,n 个数共进行 $n-1$ 趟比较,最后完成由小到大的排序。

程序代码如下:

```
Private Sub Form_Click()
Const N = 6
Dim sort(1 To N) As Integer , i% , temp%
Randomize
For i = 1 To N
    sort(i) = Int(Rnd * 91) + 10
Next i
Print "排序前为:"
For i = 1 To N
    Print sort(i);
Next i
Print                                    '输入一空行
For i = 1 To N - 1                       '进行 N-1 趟比较
    For j = 1 To N - i
              '在第 i 趟比较中,对在数组 1~N-i 个元素两两相邻比较,大数沉底
        If sort(j) > sort(j + 1) Then    '令较小的数上浮,大数下沉
temp = sort(j)
            sort(j) = sort(j + 1)
            sort(j + 1) = temp
```

```
        End If
    Next j
Next i
Print "排序后为:"
For i = 1 To N
    Print sort(i);
Next i
Print
End Sub
```

3. 矩阵的基本操作

1) 求矩阵中最大值及其所在的行和列

例 5-7 有如下的一个 3×4 矩阵,求矩阵中的最大值及其所在的行和列。程序运行结果如图 5-3 所示。

$$\boldsymbol{a}=\begin{bmatrix}12 & 16 & 18 & 13\\ 21 & 25 & 24 & 36\\ 37 & 45 & 23 & 34\end{bmatrix}$$

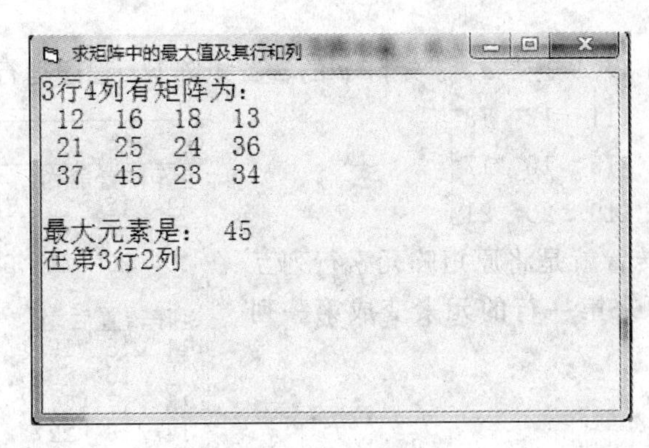

图 5-3 例 5-7 运行结果

算法分析如下。

假设二维数组中的第一个元素 $\boldsymbol{a}(1,1)$为最大值,将其赋给 max 变量。

通过二重循环,分别提取二维数组中的其他元素与 max 变量值比较,如果找到一个元素比 max 中的值还大,则把该元素的值赋给 max,同时记录下这个元素的行、列下标。

以此类推,最后找出二维数组中的最大值元素及下标。

程序代码如下:

```
Private Sub Form_Click()
Const N = 3, M = 4
Dim a(1 To N, 1 To M) As Integer
Dim i%, Col%, Row%, Max%, j As Integer
For i = 1 To 3
    For j = 1 To 4
        a(i, j) = Val(InputBox("请输入 a(" & i & "," & j & ")元素的值"))
        Print a(i, j);
```

```
        Next j
        Print
    Next i
    Print
    Max = a(1, 1)                               '假设二维数组中第一个元素的值最大
    Row = 1
    Col = 1
    For i = 1 To N
        For j = 1 To M
            If Max < a(i, j) Then Max = a(i, j)
            Row = i                             '记录最大元素的行下标
            Col = j                             '记录最大元素的列下标
            End If

        Next j
    Next i
    Print "最大元素是:"; Max
    Print "在第" & Row & "行" & Col & "列"
    End Sub
```

2）矩阵转置

例 5-8　有如下的 3×4 矩阵 ***a***，求矩阵 ***a*** 的转置矩阵 ***b***。程序运行结果如图 5-4 所示。

$$\boldsymbol{a}=\begin{bmatrix}10 & 11 & 12 & 13\\ 14 & 15 & 16 & 17\\ 18 & 19 & 20 & 21\end{bmatrix}$$

算法分析如下。转置就是将原矩阵元素行列互换形成的矩阵，例如原来第一行的元素变成第一列的元素。

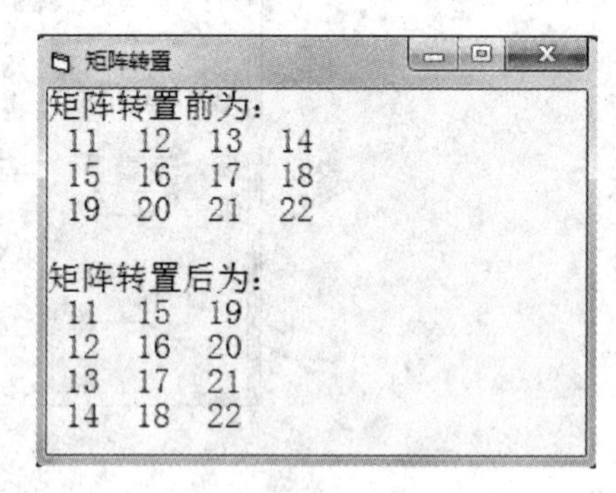

图 5-4　例 5-8 运行结果

程序代码如下：

```
    Private Sub Form_Click()
    Const N = 3, M = 4
    Dim a(1 To N, 1 To M) As Integer
    Dim b(1 To M, 1 To N) As Integer
    Dim i%, s%, j As Integer
    s = 10
    Print "矩阵转置前为:"
    For i = 1 To 3
        For j = 1 To 4
            a(i, j) = s + 1
            s = s + 1
            Print a(i, j);
        Next j
        Print
    Next i
    Print
    For i = 1 To N
        For j = 1 To M
         b(j, i) = a(i, j)                      '行列互换
```

```
        Next j
    Next i
    Print "矩阵转置后为："
    For i = 1 To M
        For j = 1 To N                          '循环N次,输出一行共N个元素
        Print b(i, j);
        Next j
        Print                                   '输出一行后换行,再输出下一行
    Next i
    End Sub
```

5.5 控件数组

前面介绍了普通数组,在VB中,还可以使用控件数组,它为处理一些具有相似功能的控件提供了方便的途径。

5.5.1 控件数组的概念

控件数组由多个同类型的控件组成,这些控件拥有同一个控件名字和同样的属性设置。控件数组建立后,数组中的每一个控件都有一个唯一的索引号(Index),即下标。每个控件的下标可以通过查看该控件的属性界面的Index属性得到。由于控件数组中的各个控件共享Name属性,所以控件数组是通过每个控件的下标(Index)来标识各个控件的。第一个建立的控件数组元素的下标是0,第二个元素下标是1,以此类推,如Option1(0),Option1(1),Option1(3),…。和普通数组一样,控件数组的下标也放在圆括号中。

控件数组的每个控件共享同样的事件过程。例如,单选按钮控件数组Option1中有三个单选按钮,无论选中哪个单选按钮,都会调用同一个事件过程。如何区分是控件数组中的具体哪个控件调用了它们共享的事件过程呢？Visual Basic是通过把这个控件的下标索引值传送给控件数组共享的事件过程中的Index参数来区分的。如单击Option1控件数组中的某个单选按钮时,调用事件的过程如下：

```
Private Sub Option1_Click(Index As Integer)
    ...
End Sub
```

调用这个事件过程,将被单击这个单选按钮(单选按钮控件数组中)的Index属性传给过程,由它指明单击了哪个单选按钮。

5.5.2 控件数组的建立

1. 在设计阶段建立控件数组

在设计阶段建立控件数组有两种方法。

(1) 在窗体上画若干个同一类型的控件,然后依次将它们的Name属性(即控件数组

名)设置为相同的值即可。

(2) 在窗体上画一个控件,选中该控件进行复制(按 Ctrl+C 键),再进行多次粘贴(按 Ctrl+V 键),即可建立所需个数的控件数组元素。

控件数组建立后,要想将数组中的其中一个元素删除,只要改变这个数组元素的 Name 属性,并把它的 Index 属性置为空(不是 0)即可。

2. 在运行阶段添加控件数组元素

(1) 在窗体上放置控件数组的第一个控件,并将其 Index 属性置为 0,表示该控件为控件数组的第一元素。

(2) 在相应的事件代码中通过 Load 方法添加其余若干个元素,也可通过 UnLoad 方法删除某个元素。

Load 方法和 UnLoad 方法的格式如下。

```
Load 控件数组名(<表达式>)
UnLoad 控件数组名(<表达式>)
```

<表达式>为整型数据,表示控件数组的某个元素。

(3) 通过 Left 和 Top 属性确定每个新添加的控件数组元素在窗体上的位置,并将 Visible 属性置为 True。

例如,通过运行程序在窗体上添加三个命令按钮。

在窗体上画出命令按钮控件组中的第一个控件,并将该命令按钮的 Index 属性设为 0,宽度为 1200,高度为 600。

程序代码如下:

```
Private Sub Form_Load()
Dim i% , n%
n = 0
For i = 0 To 2
    Command1(n).Left = i * 1300          '设置第 n 个命令按钮的 Left 属性
    n = n + 1
    Load Command1(n)                     '添加命令控件数组的第 n 个元素
    Command1(n).Visible = True
Next i
End Sub
```

5.5.3 控件数组的使用

例 5-9 建立一个单选按钮数组,用该单选按钮数组来控制图形的填充方式,程序运行界面如图 5-5 所示。

程序界面设计如下。1 个图形控件,4 个单选按钮数组控件和一个框架控件,在属性界面中按表 5-2 所示设置各个对象的属性值。

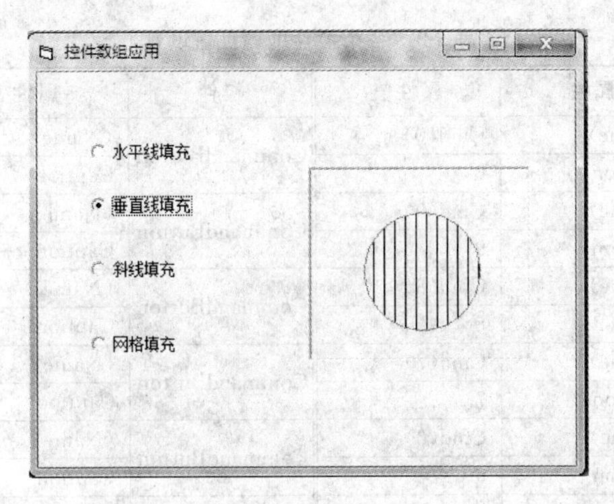

图 5-5 例 5-9 界面设计

表 5-2 各控件对象的属性值设置

控件	属性	属性值	控件	属性	属性值
Form1	Caption	控件数组应用	Optionbutton	(Name)	Option1(3)
Optionbutton	(Name)	Option1(0)		Caption	网格填充
	Caption	水平填充	Pictrue		
Optionbutton	(Name)	Option1(1)	Shape1	shape	3-Circle
	Caption	垂直填充		bordercolor	&H000000FF&
Optionbutton	(Name)	Option1(2)			
	Caption	斜线填充			

程序代码如下：

```
Private Sub Option1_Click(Index As Integer)
Select Case Index
    Case 0
        Shape1.FillStyle = 2
    Case 1
        Shape1.FillStyle = 3
    Case 2
        Shape1.FillStyle = 4
    Case 3
        Shape1.FillStyle = 6
End Select
End Sub
```

例 5-10 设计一个简易计算器的程序，程序运行界面如图 5-6 所示。

程序界面设计如下。在窗体建立一个文本框，用来显示数值及运算结果，一个命令按钮数组控件(共有 16 个元素)用来表示数字 0～9、"+、-、*、/"运算符，一个命令按钮用来清除文本框控件，在属性界面中按表 5-3 所示设置各控件对象的属性。

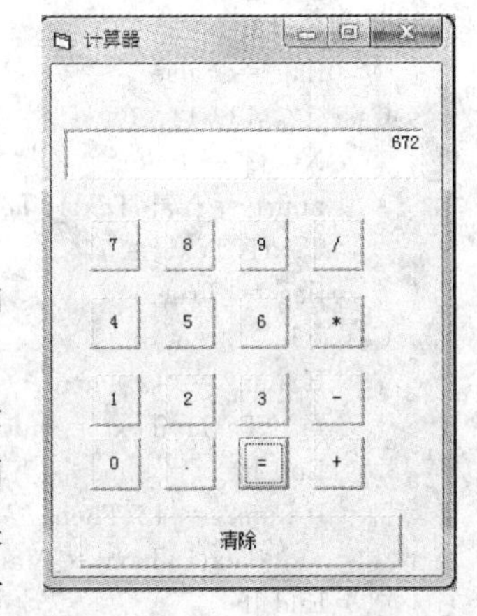

图 5-6 计算器运行界面

表 5-3 各个控件的属性值设置

控件	属性	属性值	控件	属性	属性值
CommandButton	(Name)	Cmd(0)	CommandButton	(Name)	Cmd(1)
	Caption	0		Caption	1
CommandButton	(Name)	Cmd(9)	CommandButton	(Name)	Cmd(10)
	Caption	9		Caption	.
CommandButton	(Name)	Cmd(8)	CommandButton	(Name)	Cmd(11)
	Caption	8		Caption	=
CommandButton	(Name)	Cmd(7)	CommandButton	(Name)	Cmd(12)
	Caption	7		Caption	/
CommandButton	(Name)	Cmd(6)	CommandButton	(Name)	Cmd(13)
	Caption	6		Caption	*
CommandButton	(Name)	Cmd(5)	CommandButton	(Name)	Cmd(14)
	Caption	5		Caption	—
CommandButton	(Name)	Cmd(4)	CommandButton	(Name)	Cmd(15)
	Caption	4		Caption	+
CommandButton	(Name)	Cmd(3)	TextBox	(Name)	Text1
	Caption	3	CommandButton	(Name)	Cmd2
CommandButton	(Name)	Cmd(2)		Caption	清除
	Caption	2			

程序代码如下：

```
Dim flag As Boolean
Dim num1 As Double
Dim num2 As Double
Private Sub Cmd1_Click(Index As Integer)
Select Case Index
  Case 1, 2, 3, 4, 5, 6, 7, 8, 9, 0
      Text1.Text = Text1.Text & Index
  Case 10
      If flag Then
          Text1.Text = Text1.Text & "."
      End If
      flag = False
  Case 12, 13, 14, 15
      Num2 = Index
      num1 = Val(Text1.Text)
      Text1.Text = ""
      flag = True
  Case 11
      If num2 = 12 Then
          Text1.Text = num1 / Val(Text1.Text)
      End If
      If num2 = 13 Then
          Text1.Text = Val(Text1.Text) * num1
      End If
      If num2 = 14 Then
```

```
            Text1.Text = num1 - Val(Text1.Text)
        End If
        If num2 = 15 Then
            Text1.Text = Val(Text1.Text) + num1
        End If
        flag = True
End Select
End Sub

Private Sub Cmd2_Click()
Text1.Text = ""
End Sub

Private Sub Form_Load()
    flag = True
    num1 = 0
    num2= 0
End Sub
```

习题 5

一、填空题

1. 以下程序的输出结果是________。

```
Option Base 1
Private Sub Form_Click()
    Dim a
    a=Array(1,2,3,4)
    j=1
    For i=4 to 1 step -1
        s=s+a(i) * j
        j=j * 10
    Next i
    Print s
End Sub
```

2. 下面的程序用冒泡法将数组 ***a*** 中的 10 个整数按升序排列，请将程序补充完整。

```
Option Base 1
Private Sub Command1_Click()
    Dim a
    a=Array(678,45,324,528,439,387,87,875,273,823)
    For i=1 To 9
        For j=________ To 10
          If a(i)>=a(j) then
              temp=a(i)
              a(i)=a(j)
              a(j)=temp
          End If
```

```
        Next j
    Next i
    For i=1 to 10
        Print a(i)
    Next i
End Sub
```

3. 设执行以下程序段时依次输入 2、4、6，则执行结果为________。

```
Public Sub Form_Click()
    Dim a%(4)
    Dim b%(4)
    For k=0 To 2
        a(k+1)=Val(InputBox("Enter data: "))
        b(3-k)=a(k+1)
    Next k
    Print b(k)
End Sub
```

4. 下面的程序产生并输出一个 3×3 的二维矩阵，将其转置后，再在窗体上输出。

```
Public Sub Form_Click()
    Dim a(3,3) As Integer
    Dim k As Integer, j As Integer, t As Integer
    For k=1To 3
        For j=1To 3
          a(k,j)=int(rnd * 10)+1
          Form1.Print (a(k,j));
        Next j
        ________
    Next k
    Form1.Print
    For k=2 To 3
        For j=1 To ________
          ________
        Next j
    Next k
    For j=1To 3
        Form1.Print a(j,1);a(j,2);a(j,3)
    Next j
End Sub
```

二、选择题

1. 以下属于 Visual Basic 中合法数组元素的是(　　)。

   A. ***K***8　　B. ***K***(0)　　C. ***K***{8}　　D. ***K***[8]

2. 下列叙述中，正确的是(　　)。

   A. 控件数组的每一个成员的 Caption 属性值都必须相同

   B. 控件数组的每一个成员的 Index 属性值都必须不相同

   C. 控件数组的每一个成员都执行不同的事件过程

D. 对已建立的多个类型相同的控件,这些控件不能组成控件数组

3. 使用语句 Dim **A**(2) As Integer 声明数组 **A** 之后,以下说法(　　)是正确的。

A. 数组 **A** 中的所有元素都为 0

B. 数组 **A** 中的所有元素值都不确定

C. 数组 **A** 中的所有元素都为 Empty

D. 执行 Erase **A** 后,数组 **A** 所有元素值都不为 0

4. 以下程序段的输出结果是(　　)。

```
Dim a
a=Array(1,2,3,4,5,6,7)
For i=LBound(a) To UBound(a)
    a(i)=a(i) * a(i)
Next i
Print a(i)
```

A. 49　　　　B. 0　　　　C. 不确定　　　　D. 程序出错

5. 下面的数组声明语句中,正确的是(　　)。

A. Dim a [1,5] As String　　　　B. Dim a [1 to 5,1 to 5]　As String

C. Dim a (1 to 5,1 to 5)　As String　　　　D. Dim a (1: 5,1: 5) As String

三、简答题

1. 什么是数组?什么是数组元素?

2. 数组数据的输入和输出常使用什么语句进行控制?

四、编程题

1. 随机产生[10～100)之间的 8 个整数,并放入一个一维数组中,然后将其前 4 个元素与后 4 个元素对换,分别输出数组原来各个元素的值和对换后各元素的值。

2. 编一程序,将一维数组中元素向右循环移位,移位次数键盘输入。

例如,数组各元素的值依次为 0,1,2,3,4,5,6,7,8,9,10;位移 3 次后,各元素的值依次为 8,9,10,0,1,2,3,4,5,6,7。

3. 编程求下列矩阵主对角线上的各个元素之和。

$$\begin{bmatrix}1 & 2 & 3\\4 & 5 & 6\\7 & 8 & 9\end{bmatrix}$$

第6章　过程与函数

Visual Basic 允许用户定义自己的过程和函数。用户通过使用自定义过程和函数，能提高代码利用率，并使程序结构清晰、简洁，便于调试和维护。

通过本章的学习，掌握过程与函数的定义和调用，并能编写相应的程序。

6.1　过程概述

现实生活中，很多用户都了解机器生产或组装的过程，如汽车的生产或组装。整台机器的不同组件常在不同地方建造测试，最后将各组件组装到一起构成完整的机器，或者一些小组件又是由几个小的零部件构成的。类似这样大批量生产的模块化方法使得整个生产操作更有效率，形成规模化的生产线。

编程也是这样，如果把一个庞大复杂的程序分割成较小的逻辑单元，每个逻辑单元完成一定独立的功能，那么就可以简化程序设计的任务，划分的逻辑单元就叫过程，它是执行某一特定任务的代码段，可用于替代重复任务或共享任务。

因此，当需要用程序解决现实问题的规模较大、较复杂时，可以按功能将该问题细分成一个一个小的功能模块，这样的小程序段，在 Visual Basic 6.0 中被称为过程或函数过程（函数过程简称函数）。因此过程是 VB 程序的基本组成单位。

Visual Basic 把程序按功能分为多个模块。每个模块的代码中又分为相互独立的过程，每个过程完成一个具体的特定的任务。使用“过程”不仅是实现结构化程序设计思想的重要方法，而且是避免代码重复，便于程序调试维护的一个重要手段。在 Visual Basic 中就是使用子过程或函数过程来构建应用程序的。

解决一个问题既可以使用子过程，也可以使用函数过程，是使用子过程还是使用函数过程呢？如果是需要求得一个值，一般情况使用函数过程，如不是为了求一个值，而是完成一些操作，或需要返回多个值，则使用子过程比较方便。

Visual Basic 6.0 应用程序是由过程（Sub 子过程和函数过程）组成的，过程是完成某种特殊功能的一组独立的程序代码。Visual Basic 6.0 中的过程分为系统定义的过程（无需用户编写代码）和用户自定义的过程（需用户自行编写代码实现所需功能），用户定义过程通常又分为两大类过程：事件过程和通用过程。

事件过程是当某个事件发生时，对该事件做出响应的程序段，它是 Visual Basic 6.0 应用程序的主体。

通用过程是完成一项指定的任务的代码块，建立通用过程是因为有时不同的事件过程要执行相同的动作，这时可以将那些公共语句放入通用过程，并由事件过程来调用它，这样就不必重复编写代码了，且易于维护应用程序。

在程序设计过程中，将一些常用的功能编写成过程，可供多个不同的事件过程多次调用,从而可以减少重复编写代码的工作量,实现代码重用,使程序简练、便于调试和维护。

在 Visual Basic 6.0 中,过程分为子过程(Sub)、函数过程(Function)、属性过程(Property)三种,本书主要介绍子过程和函数过程。Sub 子过程和 Function 函数过程的主要区别在于 Sub 子过程没有返回值,而 Function 函数过程可以有返回值。

6.2 Sub 子过程

Sub 过程也称为子过程,是在响应事件时执行的代码块或是被事件过程调用时完成一定功能的通用代码块。子过程不带返回值,子过程的语法如下。

```
[Private|Public][Static] Sub 过程名(参数)
  Statements
  [Exit Sub]
  Statements
End Sub
```

每次调用过程都会执行 Sub 和 End Sub 之间的 Statements,可以将子过程放入标准模块、类模块和窗体模块中。缺省时,所有模块中的子过程都为 Public(公用的),即可以在应用程序中的任何地方调用它。如果使用 Private 声明子过程,则该子过程只能在声明它的模块中调用。参数类似于变量声明,它声明了调用过程时传递进来的值(数值或地址)。

例如:

```
Sub sum(x%,y%,s%)
    s=x+y
End Sub
```

这是一个子过程,它的功能是计算两个数的和。要执行这个过程,必须调用该过程。

6.2.1 事件过程

事件是指某对象(控件或窗体)对于外部动作的响应,当某个对象发生了某种事件时,就会执行与该对象的这个事件相对应的代码,这段代码被称为"事件过程"。事件过程通常是处于空闲状态的,直到程序响应用户引发的事件或系统引发的事件时才调用相应的事件过程。确定控件如何响应事件的事件过程可以称为"事件处理器"。

要为某一控件的特定事件编写程序,可以通过双击控件切换到代码窗口再选择相应的事件来完成,也可以通过"视图"菜单中的"代码窗口"命令切换到代码窗口来完成。在"代码窗口"视图中编写事件过程,要先从代码窗口的对象列表中选择一个对象,从过程列表中选择一个过程,这时代码窗口中就会自动出现事件过程的模板,在中间加上自己的代码即可。常用的事件有两种,即鼠标事件和键盘事件。

事件过程的命名格式如下:

```
Private Sub 对象名_事件名([参数列表])
  [局部变量和常量的声明]
  语句块
```

```
  [Exit Sub]
  语句块
End Sub
```

用户不能改变事件过程原型,事件过程是私有的。这里的对象名是指控件的名称或者窗体名。一个控件的事件过程是将控件的实际名字(在 Name 属性中规定的)、下划线、事件名和()组合起来。例如,如果希望在单击了一个名为 CmdPlay 的命令按钮后执行动作,则要在 CmdPlay_Click()事件过程中编写相应代码。一个窗体的事件过程是将 Form(对于 MDI 窗口为 MDIForm)、下划线和事件名组合起来。例如:在窗体上按了一下鼠标左键,这样就发生了一个窗体的 Click(即单击)事件,并执行与其对应的事件过程。这个事件过程的名称为 Form_Click()。

可以为事件过程编写代码,使得当某个对象发生了某个事件时可以执行用户需要的一些操作。即在使用控件的相应事件时,必须对其相应的事件编写对应的代码,否则控件什么事情也不会做。当然,不同的控件具有不同的事件。

6.2.2 通用过程

有时,多个不同的事件过程要用到一段相同的程序代码(执行相同的任务),为了避免程序代码的重复,可以把这一段代码独立出来,作为一个过程,这样的过程称为“通用过程”。要创建一个新的通用过程,只要在代码窗口的对象列表中选择“通用”选项,然后按照子过程的语法在代码窗口中输入子过程即可。

通用过程(自定义过程)的语法格式如下:

```
[Private|Public][Static] Sub 过程名([形参列表])
  [局部变量和常量的声明]
  语句块
  [Exit Sub]
  语句块
End Sub
```

子过程定义说明如下。

(1) 子过程以 Sub 开始,End Sub 结束,中间可以利用 Exit Sub 中途退出过程。

(2) 以 Private 定义的子过程是私有的,只允许本模块内的过程调用;用 Public 定义的子过程是公有的,允许被整个工程中的任意过程调用;系统缺省为 Public。

(3) Static 表示静态“局部”变量,变量一经定义,在整个程序运行期间就不会被重新初始化,不能在“通用”-“声明”字段中使用。

(4) 过程名的命名规则与变量名一样,即第一个字符必须是字母或汉字,后面由字母、汉字、数字或下划线组成,不能使用 Visual Basic 6.0 中系统自带的关键字;在同一个工程中,过程名不要重名。

(5) 形参列表。这个列表的功能在于接收必要的数据信息,建立与主调程序之间的关系;参数的个数可以为零个、一个甚至多个;参数间用逗号分隔;括号不可省略。

(6) 形参列表的形式为(ByVal *a* As Integer，ByRef *b* As Integer)。

(7) End Sub 标志，Sub 过程执行结束，程序将返回调用该 Sub 过程的语句处继续执行。

(8) 过程不能嵌套定义，但是可以调用其他过程。例如以下过程的定义就是非法的。

```
Private Sub Cmd1_Click()
    ...
    Private Sub P()
            Print"输出结果为："
        End Sub
    ...
End Sub
```

事件过程 Cmd1_Click()的定义中不能嵌套定义子过程 P()，嵌套定义非法！

但是如有定义

```
Private SubP()
  Print"输出结果为："
End Sub
```

则在定义 Cmd1_Click()中可以调用子过程 P()。

```
Private Sub Cmd1_Click()
...
  P()                    '调用子过程 P()
...
End Sub
```

注意：“通用过程”必须先定义，然后才能使用。

下面将事件过程和通用过程(自定义过程)按定义方式和调用方式及其特点进行总结比较，如表 6-1 所示。

表 6-1 事件过程和通用过程的比较

定 义	调 用 执 行	特 点
二者都是以 Sub 语句开头，以 End Sub 语句结尾的代码块	都有两种调用方式，Call 和直接使用过程名	事件过程没用返回值，通用过程必须有。返回值的类型也可定义
事件过程是系统原有的(当用户执行某个操作时对该事件响应的代码，主体)，定义时只需选择即可	事件过程执行在操作时触发	通用过程可以向变量一样出现在语句中，必须用“函数名＝表达式”语句来赋值
通用过程是用户根据需要自定义的，用来把反复用到的代码封装起来	通用过程用代码调用触发	事件过程不可

6.2.3 子过程的建立

Sub 子过程的建立分为事件过程的建立与通用过程的建立，两者的建立方法略有不同。但通常都有两种方法，根据程序员操作习惯不同自行选择熟悉的方法。事件过程的建立方法如下。

方法 1：

(1) 在 Visual Basic 6.0 设计窗口中选择“视图”菜单下的“代码窗口”命令，或者从工程管理器中的窗体文件上单击鼠标右键，在弹出的快捷菜单中选择“查看代码”命令，如图 6-1 所示。

(2) 在代码编辑器窗口中，选择所需要的“对象”和该对象触发的“事件”，如图 6-2 所示。

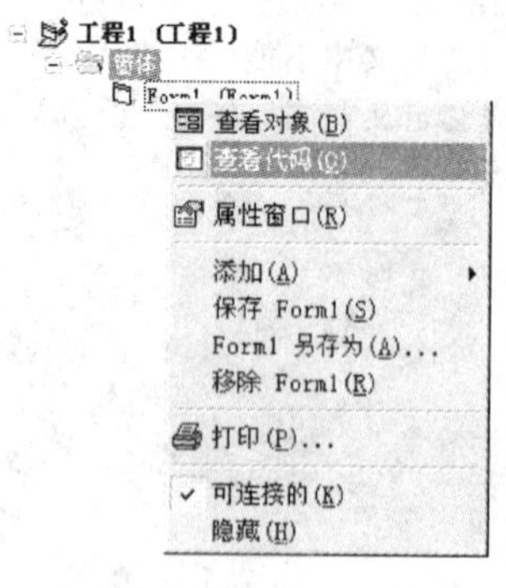

图 6-1　窗体文件的快捷菜单

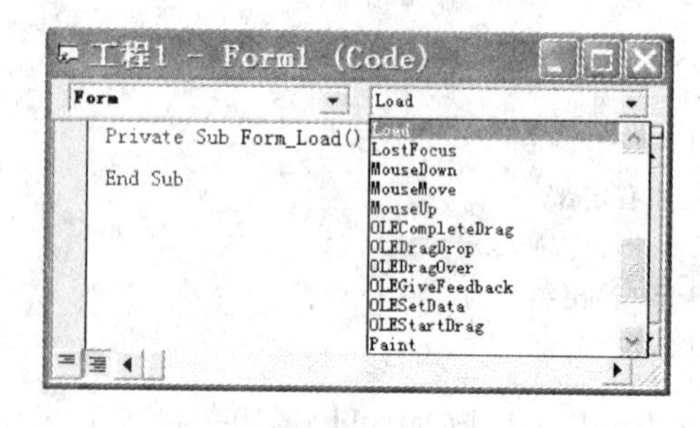

图 6-2　子过程建立代码窗口

(3) 在系统自动生成的子过程模板 Private Sub…End Sub 之间键入代码。

(4) 保存工程和窗体。

方法 2：

(1) 用鼠标左键快速双击窗体或窗体上的控件，打开代码编辑器窗口。

(2) 系统在打开的代码编辑器窗口中建立了一个被双击对象的事件过程模板。

(3) 在模板 Private Sub…End Sub 之间键入代码。

(4) 保存工程和窗体。

通用 Sub 子过程不属于任何一个事件驱动过程，所以不能把通用过程放在事件过程内部，应该放在事件过程外面，与事件过程独立开来，即通用过程与事件过程是同一级别的。建立通用过程的方法如下。

方法 1：

(1) 打开代码编辑器窗口。

(2) 选择“工具”菜单中的“添加过程”，打开“添加过程”对话框，如图 6-3 所示。

(3) 从对话框中输入过程名，并选择“类型”和“范围”，单击“确定”按钮。

(4) 代码窗口上方的“对象框”出现“通用”，程序区出现过程模板的开始语句 Sub 和结束语句 End Sub，在新创建的过程中输入相应的代码。

方法 2：

(1) 在代码编辑器窗口的对象中选择“通用”，在文本编辑区输入 Private Sub 过程名。

(2) 按 Enter 键，即可创建一个 Sub 过程模板，即以 Sub 语句开始并以 End Sub 语句结尾，如图 6-4 所示。

(3) 在新创建的过程中输入相应的语句完成过程需要的功能。

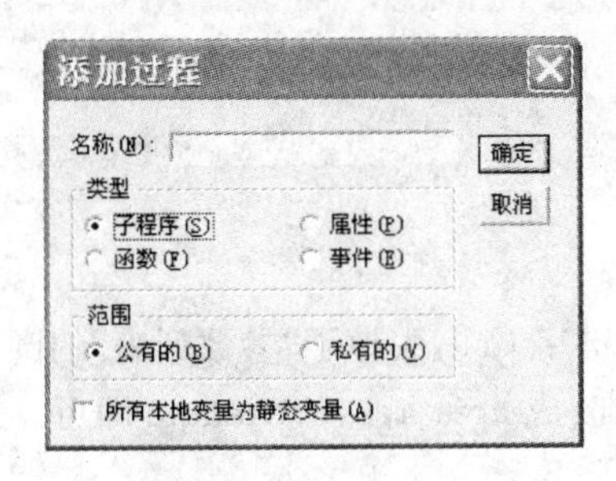

图 6-3 “添加过程”对话框

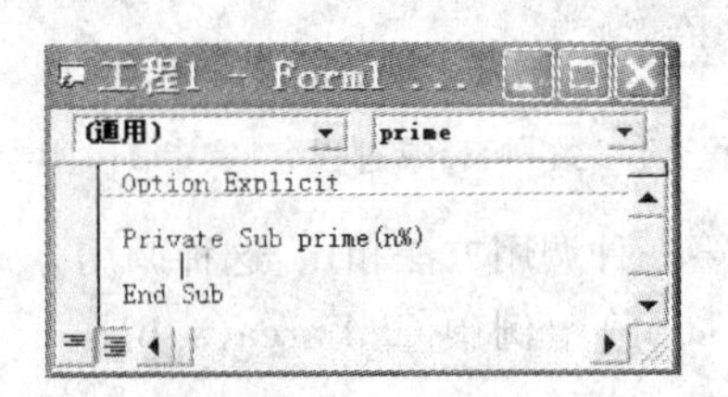

图 6-4 过程模板

通用子过程的代码和事件过程的代码类似，代码如下。

```
Private Sub Change (x1 As Integer, x2 As Integer)
   Dim Temp As Integer
   Temp=x1
   x1=x2
   x2=Temp
End Sub
```

6.2.4 子过程的调用

子过程的调用有两种方式，一种是利用 Call 语句加以调用，另一种是把过程名作为一个语句来直接调用。

1. 用 Call 语句调用 Sub 过程

语法格式为：

Call 过程名([参数列表])

实际参数的个数、类型和顺序，应该与被调用过程的形式参数相匹配，有多个参数时，用逗号分隔。

例 6-1 利用过程编写求三角形面积的程序。

如图 6-5 所示，在文本框中输入相应的数据，然后单击“计算”按钮，在下面的文本框中显示计算的结果。图 6-6 是在按钮单击事件过程中用 Call 调用面积过程 area 的代码窗口。

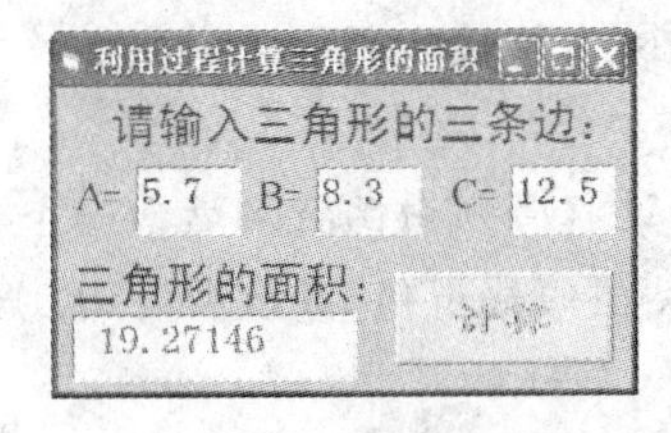

图 6-5 计算三角形面积

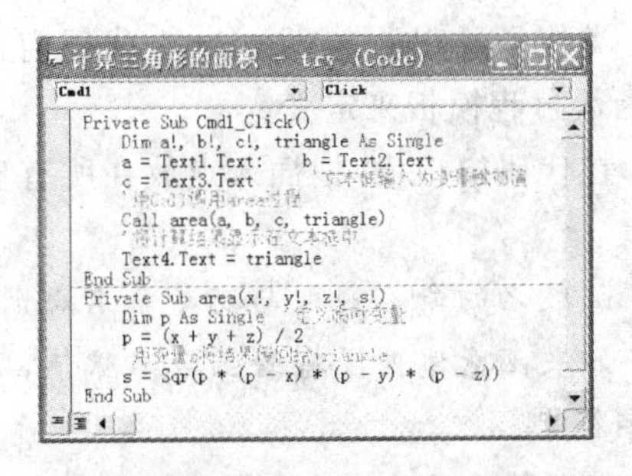

图 6-6 计算三角形面积的过程调用代码

2. 把过程名作为一个语句来使用

语法格式为：

过程名[参数列表]或过程名[实参1[,实参2,…]]

与第一种调用方法相比，这种调用方式省略了关键字Call，去掉了“参数列表”的圆括号。例如：将上例中Call area(a,b,c,triangle)语句改成area a,b,c,triangle即可。

6.3 Function函数过程

与子过程一样，函数也是一个程序模块，也是用来完成特定功能的独立程序代码。因此在Visual Basic 6.0程序中把函数称为函数过程。与子过程相比，不同之处是函数执行完成后，函数的计算结果(称为“函数返回值”)被送到函数的调用点(即调用该函数的程序位置)处，供程序的后继部分继续进行处理，而子过程是没有返回值的。

6.3.1 Function函数过程的建立

函数的语法格式如下。

```
[Private|Public][Static] Function 过程名(参数列表)[As 返回类型]
  [局部变量和常量的声明]        '用 Dim 或 Static 声明
  语句块
  [函数名=表达式]
  [Exit Function]
  语句块
  [函数名=表达式]
End Function
```

可见，函数过程的形式与子过程的形式类似。Function是函数过程的开始标记，End Function是函数过程的结束标记，语句块是具有特定功能的多条语句构成的程序段，Exit Function语句表示退出函数过程。As子句决定函数过程返回值的类型，如果忽略As子句，则函数过程的类型为变体型。其他各部分的功能同子过程中相应部分的含义完全相同。

由于函数过程要返回一个值，因此，在过程内部应该至少有一条为＜函数名＞(函数名就像一个变量)赋值的语句。

Function函数过程的建立有以下两种方法。

(1) 类似子过程的定义方法，在代码窗口中，利用“工具”菜单下的“添加过程”命令，插入一个函数过程模板来定义。

(2) 在代码窗口中，把插入点放在所有现有过程之外，直接输入函数来定义。

注意：

(1) 函数名的命名规则与变量命名规则相同。函数过程必须由函数名返回一个值。

(2) 如果函数体内没有给函数名赋值，则返回对应类型的缺省值，数值型返回0，字符型返回空字符串。

(3) 函数过程内部不得再定义Sub过程或Function过程。

6.3.2 Function函数过程的调用

函数过程是用户自定义的函数，它的调用与使用Visual Basic 6.0系统的内部函数没有区别。最简单的情况是将函数的返回值赋给一个变量。

调用函数过程可以由函数名带回一个数值给调用程序，被调用的函数必须作为表达式或表达式中的一部分，再与其他的语法成分一起配合使用。因此，与子过程的调用方式不同，函数不能作为单独的语句加以调用。

最简单的情况就是在赋值语句中调用函数过程，其形式为

变量名=函数过程名([参数列表])

注意：

(1) 必须给参数加上括号，即使没有参数也不可省略括号。

(2) Visual Basic 6.0中也允许像调用Sub过程一样来调用Function函数过程，但这样就没有返回值了。

例 6-2 计算一个数 *n* 的阶乘的函数，代码如下：

```
Private Function fact & (n %)
  Dim i%
  Fact=1
  For i=1 to n
    Fact=fact * i
  Next i
End Function
```

而调用这个函数可以为如下形式：

```
Dim rec &
rec=fact(10)            '调用fact函数过程计算10的阶乘
```

函数子过程通常是由事件过程或其他函数过程调用的。发生函数调用后程序的执行流程如图6-7所示。其中X表示某个对象(控件或窗体)，Y表示该事件上发生的事件(如Click()即单击事件)。程序运行后触发了X_Y事件，从上往下执行，直到调用一个过程(通用过程或函数过程)。调用完毕，返回到调用点，继续执行后续程序，直到碰到Exit Sub或End Sub语句。

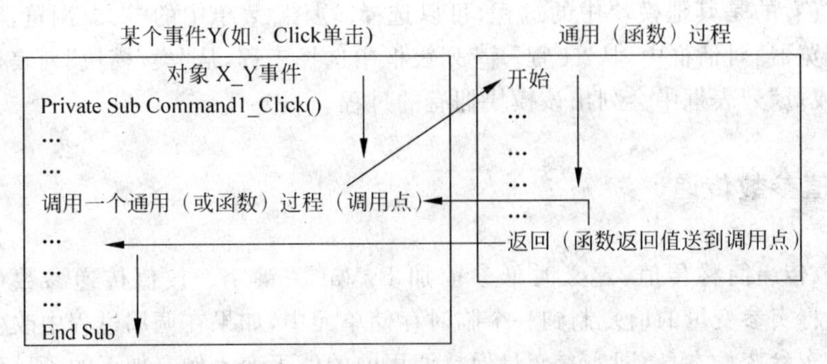

图6-7 过程调用执行流程示意图

6.4 过程之间的参数传递

在调用自定义过程时，调用者是通过参数向过程传递信息的。参数分为形式参数（简称形参）和实际参数（简称实参）。

形式参数（形参）：指出现在 Sub 子过程和 Function 函数过程形式参数（简称形参）表中的变量名、数组名，过程被调用前，没有分配内存，其作用是说明自变量的类型和形态以及在过程中的角色。形参可以是：

（1）除定长字符串变量之外的合法变量名。

（2）后面跟()括号的数组名。

实际参数（简称实参）：是指调用 Sub 子过程和 Function 函数过程时，传送给相应过程的变量名、数组名、常数或表达式。在过程调用传递参数时，形参与实参是按位置结合的，形参表和实参表中对应的变量名可以不必相同，但位置必须对应起来。

形参与实参的关系：形参如同公式中的符号，实参就是符号具体的值；调用过程实现形参与实参的结合，相当于把数值代入公式进行计算。

在 Visual Basic 6.0 中，参数的传递方式有两种：传地址和传值。其中传地址是指传递参数变量的地址，也被称为引用（在 C 语言中地址被称为指针，实际上是一个变量在内存中的编号），是 Visual Basic 6.0 默认的参数传递方式。如果在定义过程时，在形参前加上关键字 ByVal，则参数传递方式变为传值。

在子过程和函数过程调用时，如果实参是常量（包括系统常量、用 Const 自定义的符号常量）或表达式，无论在定义时使用值传递还是地址传递，此时都是按值传递方式将常量或表达式计算的值传递给形参变量的。如果形参定义是传地址的方式，但调用时想使实参变量按值的方式传递，则把实参变量加上括号，将其转换成表达式即可。

6.4.1 查看过程

过程之间的调用，需要传递参数，而通用过程是程序中的公共代码段，可供各个事件过程调用，因此编写程序时经常要查看模块或其他模块中有哪些通用过程。

要查看当前模块中有哪些 Sub 过程和 Function 过程，可以在代码窗口的对象框中选择“通用”项，此时在过程框中会列出现有过程的名称。

如果要查看的是其他模块中的过程，可以选择“视图”菜单中的“对象浏览器”命令；然后在“对象浏览器”对话框中，从“工程/库”列表框中选择工程，从“类/模块”列表框中选择模块，此时在“成员”列表框中会列出该模块拥有的过程。

6.4.2 数值参数传递

数值参数传递简称传值，定义时形参前加 ByVal 关键字。按值传递参数（Passed By Value）时，是将实参变量的值复制到一个临时存储单元中，如果在调用过程中改变了形参的值，不会影响实参变量本身，即实参变量保持调用前的值不变。例有如下的子过程定义。

```
Sub sum(x%,y%,ByVal s%)
    s=x+y
End Sub
```

其中形参 s 定义为整型的，前有 ByVal 关键字，表明该参数的传递是传值的方式。那么在调用子过程 sum 时，如果有实参 x 传给形参 s 一个数值，调用过程中形参 s 的值被 $x+y$ 的值覆盖了，调用过程后实参 x 的值是不会发生变化的。

6.4.3 地址参数传递

按地址传递参数(Passed By Reference)，被调用过程的形参在定义时前面有 ByRef 关键字作为修饰词或省略该关键字。传递参数时，把实参变量的地址传送给被调用过程，形参和实参共用内存的同一地址。在被调用过程中，形参的值一旦改变，相应实参的值也跟着改变。如果实参是一个常数或表达式，VB 会按"传值(ByVal)"方式来处理。

在例子 6-1 中，事件过程 Cmd1_Click()调用 area 子过程，实际参数 a、b、c 传递给形式参数 x、y、z，计算结果通过实参 triangle 传递地址给形参 s，形参 s 的值发生了变化，则实参 triangle 也跟着发生同样的变化，因此在第四个文本框中输出的结果是 triangle 变量的值。此例中的参数传递没有使用 ByVal 或 ByRef 进行说明，因此缺省情况下采用 ByRef 的方式(传地址)。以下两个子过程的定义是等价的。

```
Public Sub swap(a!,b!)
  ...
  ...
  ...
End Sub
```

```
Public Sub swap(ByRef a!, ByRef b!)
  ...
  ...
  ...
End Sub
```

传地址和传值的区别如下。

传地址方式相当于实参和形参共用同一个地址，也就是说实参和形参是共同改变的，可以理解为实参与形参之间保持双向传递，即形参的改变直接影响实参的结果；而传值方式中，形参相当于实参值的拷贝，形参的改变不会影响到实参的值，实参到形参只是一个单向的传递。

例 6-3 传值和传地址程序比较。

定义两个相同运算的函数 test1 和 test2，所不同的是 test1 接收的是一个以传址方式(ByRef)传递的参数 m；而 test2 接收的是一个以传值(ByVal)方式传递的参数 m。运行界面如图 6-8 和图 6-9 所示。

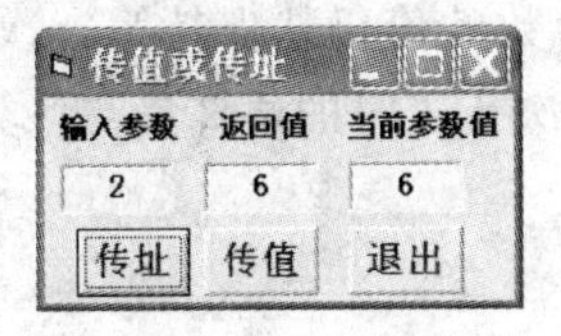

图 6-8 传地址方式

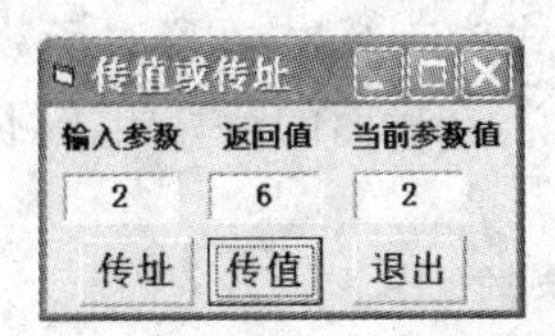

图 6-9 传值方式

代码如下：

```
Option Explicit
'定义一个以传址方式传递参数(VB 默认)的函数
Function test1 (ByRef m As Integer) As Integer
    m = m * 3
    test1 = m            '返回运算结果 m
End Function
'定义一个以传值方式传递参数的函数
Function test2 (ByVal m As Integer) As Integer
    m = m * 3
    test2 = m            '返回运算结果 m
End Function
Private Sub Command1_Click()
    Dim i As Integer
    i = Val (Text1.Text)
    Text2 = test1(i)    '传递参数给 test1 函数(传址,VB 默认方式),取返回值
    Text3 = i            '显示函数运算后的参数当前值
End Sub
Private Sub Command2_Click()
    Dim i As Integer
    i = Val (Text1.Text)
    Text2 = test2(i)    '传递参数给 test2 函数(传值),并取返回值
    Text3 = i            '显示函数运算后的参数当前值
End Sub

Private Sub Command3_Click()
    End
End Sub

Private Sub Text1_GotFocus()
    Text1 = ""
    Text2 = ""
    Text3 = ""
End Sub
```

分析如下。

(1) 两个函数中的运算完全相同，都是对参数进行乘以 3 的运算，返回值也完全相同。

(2) 请注意，假如输入一个参数 2，经过函数运算以后，再显示一下参数的值，就会看到区别。在参数以传地址方式调用函数，经过 $m=m*3$ 的运算后，这个参数地址中的值也发生了变化，所以当前参数就不再是第一次传入时的值 2 了，而是 6。这就意味着，在后面的计算中，m 将以新值 6 参与运算。

而以传值方式传递参数，在经过函数运算后，参数的值仍然保持第一次传入时的值，仍然是 2。也就是说，在后面的运算中，m 仍然以第一次传入时的值 2 参与计算。

6.4.4 数组参数

Visual Basic 6.0 允许把数组作为过程的形参，过程定义时，形参列表中数组的语法格

式为形参数组名()[As 数据类型]。

形参数组只能按地址传递参数,对应的实参也必须是数组,且数据类型相同(即形参数组和实参数组共用一段内存单元)。调用过程时,把要传递的数组名放在实参表中,数组名后面可以不跟圆括号。且在调用过程中不可以再用 Dim 语句对形参数组进行声明,否则会产生"重复声明"的错误。但在使用动态数组时,可以用 ReDim 语句改变形参数组的维界,重新定义数组的大小。

说明:

(1) 可以将数组或数组元素作为参数进行传递。

(2) 被调过程可通过 Lbound 和 Ubound 函数确定实参数组的上、下界。

(3) 传递数组时,数组名及后面的圆括号要写全。

(4) 传递数组元素时,直接写上该数组元素,形参中有变量与之对应。

例 6-4 随机产生 10 个整数,存在数组 a 中,并将数组 a 作为参数,传递到排序过程对其排序。

程序代码如下:

```
Option Base 0
Dim a%(9)                                '定义数组
Private Sub Command1_Click()
  Randomize
  Dim i%, j%
  p=""
  For i=0 To 9
    a(i)=Int(Rnd() * 99+1)               '产生 100 以内的 10 个随机数
    p=p&Str (a (i)) &","
    Label1.Caption=LTrim (Left (p, Len (p)-1))
  Next i
End Sub

Private Sub Command2_Click()
  p="":
  Callpai_xu(a())                        '数组作为参数调用
  For i=0 To 9
    p=p&Str (a(i)) &","
  Next i
  Label2.Caption=LTrim (Left (p, Len (p)-1))
End Sub
'冒泡排序子过程
Sub pai_xu (p() As Integer)
  For i=0 To 8
    For j=i+1 To 9
        If p (i)>p (j) Then
            t=p(i): p(i) =p(j): p(j) =t
        EndIf
    Next j
  Next i
End Sub
```

执行结果如图 6-10 所示。

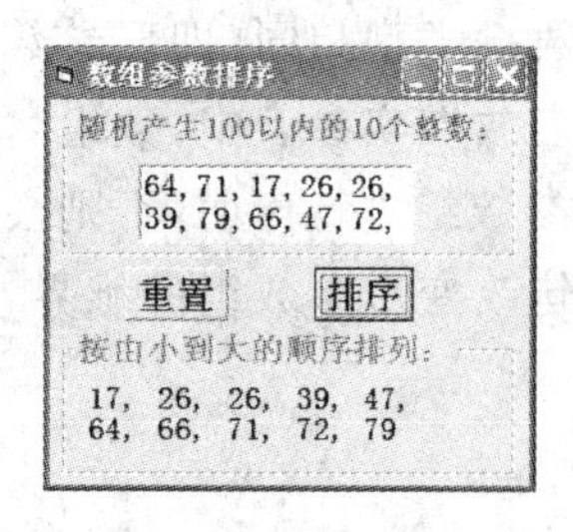

图 6-10　数组参数排序

冒泡排序算法简介如下。

冒泡排序法是简单的排序方法之一,它和气泡从水中往上冒的情况有些类似。对于 n 个数,如果按从小到大的顺序进行排列,算法的步骤如下。

(1) 对于数组 $\boldsymbol{a}$ 中的 $1\sim n$ 个数据,先将第 n 个和第 $n-1$ 个数据进行比较,如果 $\boldsymbol{a}(n)<\boldsymbol{a}(n-1)$,则两个数交换位置。

(2) 然后比较第 $n-1$ 个和第 $n-2$ 个数据;依次类推,直到第二个数据和第一个数据进行比较交换,这称为一趟冒泡。这一趟最明显的效果是:将最小的数据传到了第一位。

(3) 然后,对 $2\sim n$ 个数据进行同样操作,则具有次小值的数据被安置在第二个位置上。

(4) 重复以上过程,直至没有数据需要交换为止。

这种排序的方法被形象地比喻成“冒泡”,在排序过程中,小的数就如气泡一般逐层上冒,而大的数逐个下沉。

由此还可得出,对于 n 个数,要进行 $n-1$ 趟的排序,每一趟应该进行 $n-1$ 次比较操作。算法用二重循环实现,参考示例代码如下:

```
Private Sub Form_Click()
  Dim a, c As Variant
  Dim i As Integer, j As Integer, temp As Integer
  Dim flag As Boolean
  a = Array (15, 47, 10, 82, 59)
  For j = 0 To UBound (a) - 1
    flag = False                    '设置交换标记
    For i = 0 To UBound (a) - 1
      If (a(i) > a(i + 1)) Then     '若是递减,改为a(i)<a(i+1)
          temp = a(i)
          a(i) = a(i + 1)
          a(i + 1) = temp
          flag = True
      End If
    Next i
    If flag = False Then            '如果不再发生交换,循环结束
      Exit For
    End If
  Next j
  For Each c In a
    Print c;
  Next
End Sub
```

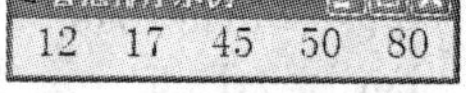

冒泡排序示例
12　17　45　50　80

图 6-11　冒泡排序示例结果

程序运行结果如图 6-11 所示。

6.4.5　使用参数

参数在传递过程中,调用同一个过程或函数过程,传递参数的个数是可选的。即调用同

一个过程或函数过程时，可以根据形参中的声明情况做相应的调整。主要有以下几种情况：使用可选的参数，提供可选参数的缺省值，使用不定数量的参数。具体介绍如下。

1. 使用可选的参数

在过程形参表中列入关键字 Optional，指定的形式参数为可选参数。如果此参数后的其他参数也设置为可选的，则每个参数都必须用 Optional 关键字声明。

例 6-5 两个命令按钮的事件代码调用同一个过程，一个传递两个参数，另一个传递一个参数。

程序代码如下：

```
Private Sub ListT(x as String, Optionaly as String)
  Consts="@@@@@"
  If IsMissing(y) Then
    t=Format(x, s)
  Else
    t=Format(x, s) & Format(y, s)
  End If
  List1.AddItemt
End Sub

Private Sub Command1_Click()
  Dim a As String, b As String
  a=InputBox("","第一个参数")
  b=InputBox("","第二个参数")
  CallListT(a, b)
End Sub

Private Sub Command2_Click()
  Dim a As String
  a=InputBox("","输入参数")
  CallListT(a)
End Sub
```

执行结果如图 6-12 所示。

2. 提供可选参数的缺省值

在多个参数传递过程中，如果其中一个没有传递参数，则对应的参数设置为默认值。关键字仍然是 Optional，但是该可选参数的变量设置为初值。

例 6-6 在例 6-5 中，给未传递参数指定一个缺省值"****"。

只需修改 Sub 过程 ListT 的代码。

程序代码如下：

```
Private Sub ListT(x As String, Optional y As String="****")
  Consts="@@@@@"
  t=Format(x, s) & Format(y, s)
  List1.AddItemt
End Sub
```

执行结果如图 6-13 所示。

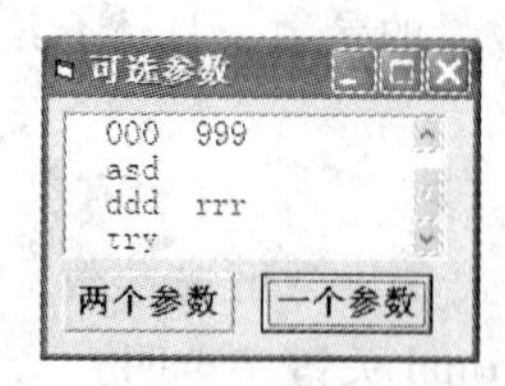

图 6-12 可选的参数

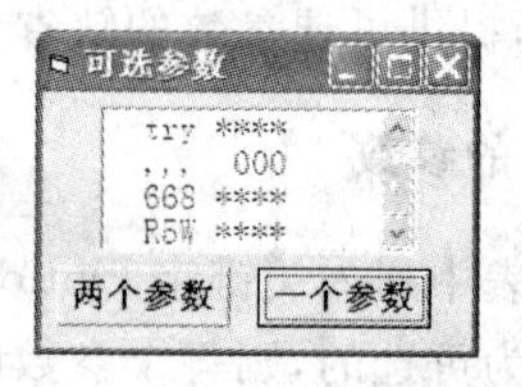

图 6-13 可选参数缺省值

3. 使用不定数量的参数

在过程形参表中使用关键字 Param Array，则过程可以接受任意个数的参数。

例 6-7 改写例 6-5 Sub 过程的 ListT，使之可以接受任意个数的参数。

程序代码如下：

```
Private Sub ListT(Param Array strx())
  For Each x In strx
    t=t & Format(x,"|@@@@@@")
  Next
  List1.AddItemt
End Sub
'传递三个参数的命令按钮 Command1 的单击事件代码
Private Sub Command1_Click()
  Dim a As String, b As String, c As String
  a=Left(InputBox("","第一个参数"),6)
  b=Left(InputBox("","第二个参数"),6)
  c=Left(InputBox("","第三个参数"),6)
  CallListT (a, b, c)
End Sub
'传递两个参数的命令按钮 Command2 的单击事件代码
Private Sub Command2_Click()
  Dim a As String, b As String
  a=Left(InputBox("","第一个参数"),6)
  b=Left(InputBox("","第二个参数"),6)
  CallListT(a, b)
End Sub
```

执行结果如图 6-14 所示。

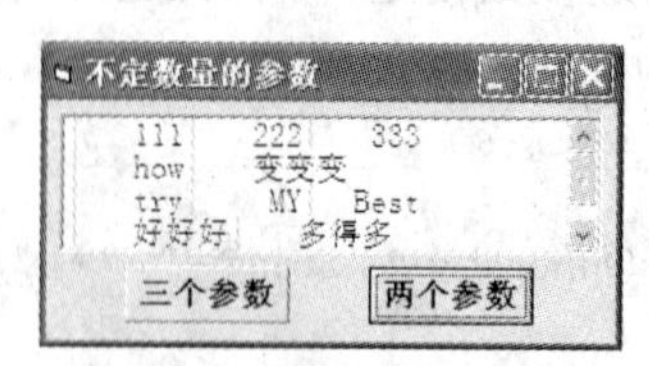

图 6-14 不定数量的参数

6.5 过程的嵌套及递归调用

Visual Basic 6.0 程序设计中不允许过程(Sub 子过程或 Function 函数过程)的嵌套定义,但是允许过程的嵌套调用。一个过程(Sub 过程或 Function 过程)直接或间接地调用自己本身,即自己调用自己,称为过程的递归调用。

6.5.1 过程的嵌套

在一个过程(Sub 过程或 Function 过程)中调用另一个过程,称为过程的嵌套调用,如图 6-15 所示。

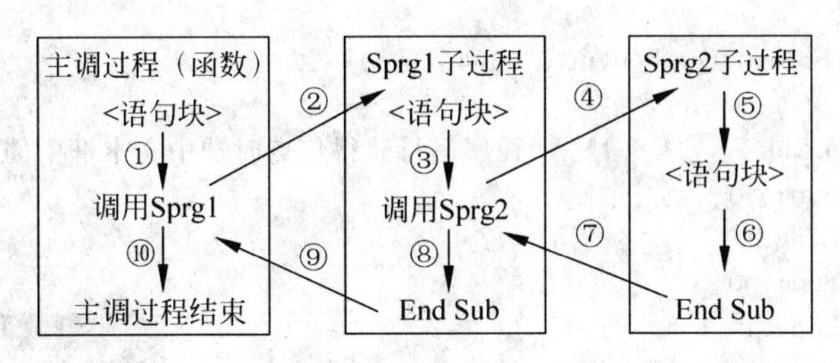

图 6-15 过程的嵌套调用

这是一个两层嵌套调用的示意图,程序的执行流程参见图中的箭头指向及数字标号,具体执行过程如下:

① 从主调过程开始从上往下执行各条语句;

② 当遇到调用子过程 Sprg1 语句时,程序的执行流程转向执行 Sprg1 子过程;

③ 从上往下开始执行 Sprg1 子过程的各条语句;

④ 当遇到调用子过程 Sprg2 语句时,程序的执行流程转向执行 Sprg2 子过程;

⑤ 从上往下开始执行 Sprg2 子过程的全部语句;

⑥ 执行 Sprg2 子过程的语句,直到遇到 End Sub 语句;

⑦ Sprg2 子过程执行结束,转回到 Sprg1 子过程的调用处;

⑧ 继续执行 Sprg1 子过程尚未完成的其他语句;

⑨ Sprg1 子过程执行结束,碰到 End Sub 语句,转回到主调过程的调用处;

⑩ 继续执行主调过程尚未完成的其他语句直至结束。

例 6-8 输入参数 n,m,计算以下组合数的值 $C_n^m=$

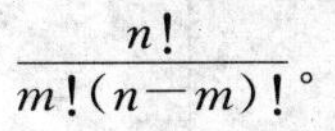

$\dfrac{n!}{m!(n-m)!}$。

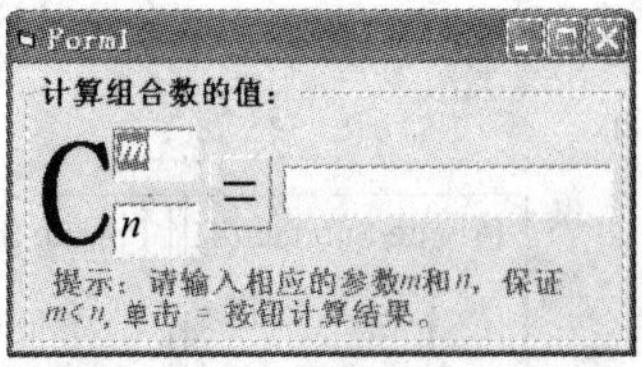

图 6-16 计算组合数的运行界面

程序运行界面如图 6-16 所示。

程序代码参考:

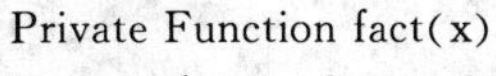

```
Private Function fact(x)                    '计算参数 x 的阶乘函数过程
    p=1
```

```
        For i=1 To x
            p=p * i
        Next
        Fact=p
    End Function

    Private Function Comb(n,m)              '计算组合表达式的函数过程
        Comb=fact(n)/(fact(m) * fact(n-m))
    End Function

    Private Sub Command1_Click()
        m=Val (Text1(0).Text): n=Val (Text1(1).Text)
        If m>n Then
            MsgBox "请保证参数的正确输入!(m 小于 n)":Exit Sub
        EndIf
        Text2.Text=Format(comb(n,m),"@@@@")
    End Sub
    Private Sub Form_Load()                 '程序运行获得焦点时选中文本框中的 m 和 n
        Text1(0).SelStart=0
        Text1(0).SelLength=1
        Text1(1).SelStart=0
        Text1(1).SelLength=1
    End Sub
```

运行程序后,例如:直接在 m 处输入 6,按 Tab 键跳转到下一个文本框 n 处输入 23,然后单击=按钮,则第三个文本框里输出结果。程序的执行结果如图 6-17 所示。

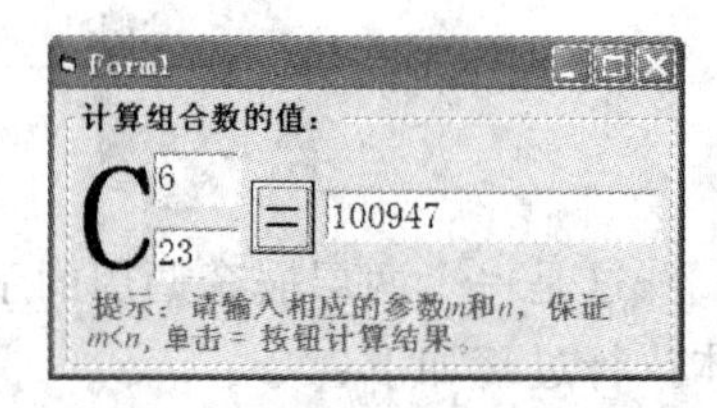

图 6-17 计算组合数的运行结果

6.5.2 过程的递归调用

递归是推理和问题求解的一种强有力方法,原因在于许多对象,特别是数学研究对象具有递归的结构。简单地说,如果通过一个对象自身的结构来描述或部分描述该对象就称为递归。最简单而易于理解的一个例子是阶乘的递归定义。

自然数 n 的阶乘可以递归定义为 $n!=\begin{cases}1 & n=0\\ n(n-1)! & n>0\end{cases}$

即 $n!=n(n-1)!$,$(n-1)!=(n-1)(n-2)!$,以此类推。如 $n=4$ 时的递归过程如图 6-18 所示。

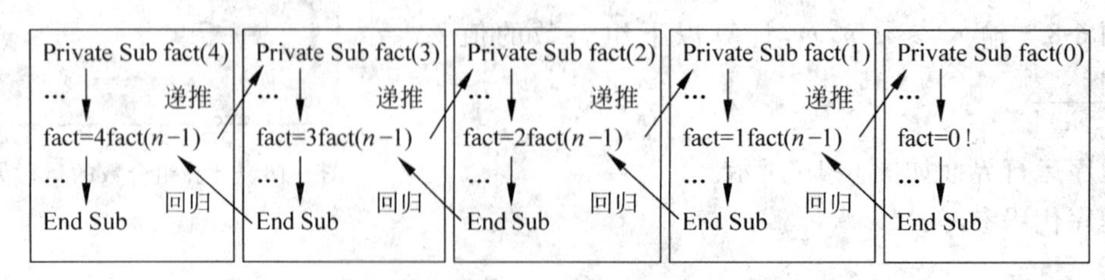

图 6-18 递推与回归

递归定义可以使用有限的语句描述一个无穷的集合。VB程序设计语言允许一个过程体有调用自身的语句,称为递归调用。也允许调用另一过程,而该过程又反过来调用本过程,称为间接递归调用。这种功能为求解具有递归结构的问题提供了强有力的手段,使程序语言的描述与问题的自然描述完全一致(就像中小学阶段引入方程一样),因而使程序易于理解,便于保证和维护。

例 6-9 利用递归计算 $n!$。

程序代码如下:

```
Private Function fact(n) As Double
    If n>0 Then
        fact=n * fact(n-1)              '递归调用函数
    Else
        fact=1
    End If
End Function

Private Sub Text1_KeyPress(KeyAscii As Integer)
    Dim n As Integer, m As Double
    If KeyAscii=13 Then                 '是否为 Enter 键
        n=Val(Text1.Text)
        If n<0 Or n>20 Then MsgBox("非法数据!"):Exit Sub
        m=fact(n)
        Text2.Text=Format (m,"!@@@@@@@@@@@")
        Text1.SetFocus
    End If
End Sub
```

执行结果如图6-19所示。

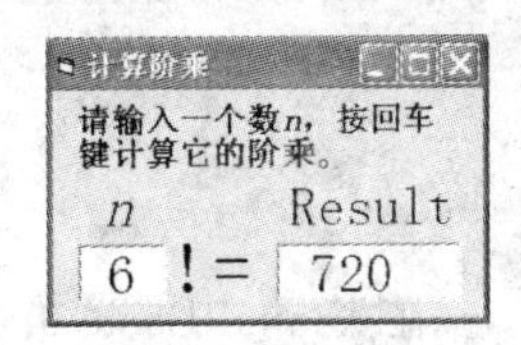

图6-19 程序运行界面

说明:

(1) 递归处理一般用栈来实现,分递推和回归两个过程,如图6-18所示。

(2) 递推过程。每调用一次自身,就把当前参数(形参、局部变量、返回地址等)压栈,直到递归结束条件成立。

(3) 回归过程。然后从栈中弹出当前参数(出栈),直到栈空。

假设某问题采用了递归调用处理程序,递归次数为4次,递归函数中有一个整型的局部变量(在内存中占2个字节,长整型在内存中占4个字节),则递归的压栈与出栈示意图如图6-20所示。其中的序号①、②、③、④表示递归时局部变量压栈(保护现场,等待返回值)的顺序,则该堆栈需分配8个字节的内存空间对现场进行保护。图中向下的实心箭头表示压栈,遵循先进后出的原则,图中向上的箭头表示出栈,遵循后进先出的原则。

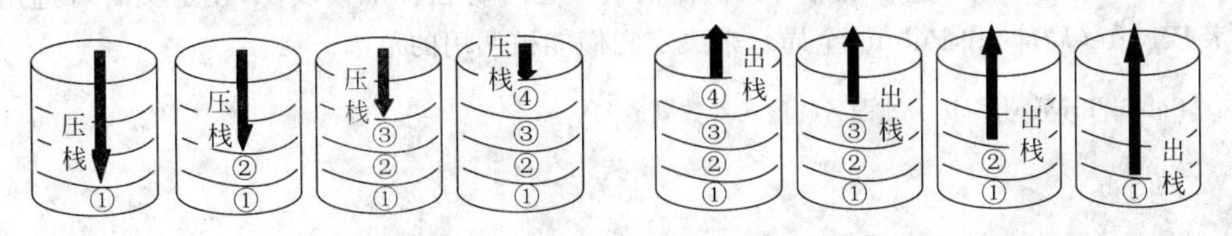

图6-20 递归局部变量的压栈和出栈

递归虽然有许多诸如解决复杂问题(有些问题必须用递归才能解决)、缩短程序代码、提高编程效率(不同于程序的执行效率)等优点,但是它也有致命的弱点。

可以想象,递归调用的过程就像一个无底洞,可能永远不能返回。递归过程中,函数在调用另一个函数时,需要把原来函数的局部变量、返回地址等压入堆栈(即所谓的保留现场),以达到正常返回和继续往下执行的目的。在一个函数进行递归调用时,每一次调用它本身,就像调用一个新的函数一样,它所有的局部变量都要在内存中保留一份(即压栈),如果递归调用的次数过多甚至无休止地进行递归调用,将耗尽系统资源(栈满),出现"堆栈溢出错误"。尽管当前的个人计算机内存配置都比较大,但是无意识地使用递归并非明智的选择。

了解了递归的特点之后,要避免这些问题并不是很困难,关键要注意以下两点。

(1) 为防止递归的无休止调用,在递归函数中要及时返回,这就是结束条件的作用。应当看到,在所有的递归函数中都有一个终止递归的条件判断。

(2) 递归函数可以简化程序,但一般不能提高程序的执行效率。直接递归函数要不断地调用自身,而间接递归会调用两个或更多的函数,这样对内存的占用是相当巨大的,因此在递归函数中应尽量少用局部变量。

图 6-21　汉诺塔示意图

比较著名的递归问题就是在一个棋盘上放置 n 位皇后的问题以及"汉诺塔"问题。汉诺塔问题是:有1,2,3这3个柱子,1号柱子上有 n 个盘子(盘子由小到大地串在上面,且小盘子永远不能在大盘子下面),以2号柱子为临时存放地,最终将 n 个盘子移到3号柱子上,如图6-21所示。还可以解决一个字符串数组的全排列问题、猴子吃桃等问题。一般而言,递归函数过程对于计算阶乘、级数、指数运算有特殊效果。

6.6　过程与变量的作用域

在 Visual Basic 6.0 程序中的过程与变量都有自己的作用范围,也即影响范围,简称作用域。本节分别介绍过程的作用域和变量的作用域的相关知识。

6.6.1　过程的作用域

应用程序中的过程有作用域。所谓作用域,就是过程可在哪些地方被使用,即使用的范围。作用域的大小与过程所处的位置及定义方式有关。

按过程的作用范围分为:窗体/模块级过程和全局级过程。

通用子过程和函数过程既可写在窗体模块中也可写在标准模块中,在定义时可选用关键字 Private(局部)和 Public(全局),来决定它们能被调用的范围。

```
[Public|Private] Sub 子过程名([形式参数列表])
...
End Sub
```

(1) 窗体/模块级过程:加 Private 关键字的过程,只能被定义的窗体或模块中的过程调用。

(2) 全局级过程:加 Public 关键字(或缺省)的过程,可供该应用程序的所有窗体和所有标准模块中的过程调用。

总结归纳过程的定义及作用域,如表 6-2 所示。

表 6-2 过程的作用域

<table>
<tr><th rowspan="2">作用范围</th><th colspan="2">模块级</th><th colspan="2">全局级</th></tr>
<tr><th>窗体</th><th>标准模块</th><th>窗体</th><th>标准模块</th></tr>
<tr><td>定义方式</td><td colspan="2">过程名前加 Private,例如
PrivateSubMysub1(形参表)</td><td colspan="2">过程名前加 Public 或缺省,例如
[Public]SubMysub2(形参表)</td></tr>
<tr><td>能否被本模块其他过程调用</td><td>能</td><td>能</td><td>能</td><td>能</td></tr>
<tr><td>能否被应用程序其他模块调用</td><td>不能</td><td>不能</td><td>能,但必须在过程名前加窗体名。例如 Call 窗体名.My2(实参表)</td><td>能,但过程名必须唯一,否则要加标准模块名。例如 Call 标准模块名.My2(实参表)</td></tr>
</table>

(3) 调用其他模块中的过程。

在工程的任何地方都能调用其他模块中的全局过程。调用其他模块中的过程的技巧,取决于该过程是在窗体模块中,类模块中还是标准模块中。

调用窗体中的过程。所有窗体模块的外部调用必须指向包含此过程的窗体模块。如果在窗体模块 Frm1 中包含 Sub1 过程,则使用下面的语句调用 Frm1 中的过程。

```
Call Frm1.Sub1([实参表])
```

(4) 调用标准模块中的过程。

如果在应用程序中,过程名是唯一的,则调用时不必加模块名。如果有同名的,则在同一模块内调用时可以不加模块名,而在其他模块中调用时必须加模块名。

例如,对于 Mod1 和 Mod2 中同为 SubName 的过程,从 Mod2 中调用 SubName 则运行 Mod2 中的 SubName 过程,而不是 Mod1 中的 SubName 过程。如果从其他模块调用全局过程名时必须指定那个模块名。例如,若在 Mod1 中调用 Mod2 的 SubName 过程,则用下面的语句实现。

```
Mod2.SubName([实参表])
```

(5) 类模块中的过程。

调用类模块的公有过程时,要求用指向该类某一实例的变量修饰过程,即首先要声明类的实例为对象变量,并以此变量作为过程名前缀修饰词,不可直接用类名作为前缀修饰词。

如在类模块 Class1 中含有过程 clssub,变量 Democlass 是类 Class1 的一个实例,则调用 clssub 的方法是:

```
Dim Democlass As NewClass1
Call Democlass.clssub
```

例 6-10 全局级过程的调用。

要求运用不同的模块完成计算矩形的面积和周长。

在应用程序中包括两个窗体 Form1、Form2 和一个标准模块 Module1。在 Form1 窗体中定义了一个计算矩形面积的全局级 Function 过程，在标准模块 Module1 中定义了一个计算矩形周长的全局级 Function 过程。

在 Form1. frm 窗体中定义如下代码：

```
Private Sub Command1_Click(Index As Integer)
    Dim a As Single, b As Single
    a = Val(Text1(0).Text)
    b = Val(Text1(1).Text)
    n = Index
    If n = 0 Then
        Label2(0).Caption =area(a, b)                    '调用全局级面积函数
    Else
        Label2(1).Caption =circumference(a, b)           '调用全局级周长函数
    End If
End Sub
Private Sub Form_Load()
    Form2.Show
End Sub
'定义全局级计算面积函数
Public Functionarea(x As Single, y As Single) As Single
area = x * y
End Function
```

在 Form2. frm 窗体中定义如下代码：

```
Private Sub Command1_Click(Index As Integer)
    Dim a As Single, b As Single
    a = Val(Text1(0).Text)
    b = Val(Text1(1).Text)
    n = Index
    If n = 0 Then
        Label2(0).Caption = Form1.area(a, b)             '调用 Form1 中定义的全局级面积函数
    Else
        Label2(1).Caption =circumference(a, b)           '调用全局级周长函数
    End If
End Sub
```

在 Module1. bas 窗体中定义如下代码：

```
'定义全局级计算周长的函数
Public Function circumference(x As Single, y As Single) As Single
    circumference = 2 * (x + y)
End Function
```

程序的运行结果如图 6-22 所示。

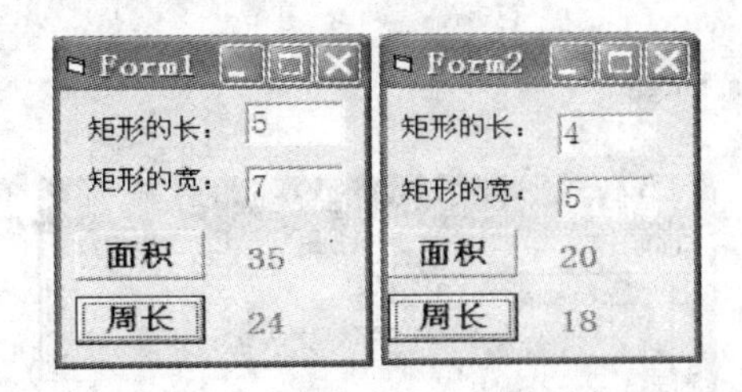

图 6-22 不同窗体对过程的调用

6.6.2 变量的作用域

当一个应用程序出现多个过程或函数时，在它们各自的子程序中都可以定义自己的常量、变量，但这些常量或变量并不可以在程序中到处使用。

变量的有效作用范围称为变量的作用域，即变量在程序的哪些地方可以被引用。变量的作用域决定了哪些子过程和函数过程可访问该变量。变量的作用域分为局部变量（过程级变量）、窗体/模块级变量（私有的模块级变量，能被本模块的所有过程和函数使用）和全局变量（公有的模块级变量）。

1. 局部变量

在过程内部声明的变量，在一个过程内部使用 Dim 或者 Static 关键字来声明的变量称为局部变量。只能在本过程中使用，其他过程不可访问。所以可以在不同的过程中声明相同名字的局部变量而互不影响。

例 6-11 在一个窗体中可以定义相同名字的局部变量。

```
Private Sub Command1_Click()
  Dim Count As Integer
  Dim Sum As Integer
  ...
End Sub

Private Sub Command2_Click()
  Dim Sum As Integer
  ...
End Sub
```

以上两个事件过程 Command1_Click()和 Command2_Click()均声明了 Sum 整型变量，但是它们之间互不冲突。

2. 窗体/模块级变量

在“通用声明”段中用 Dim 语句或用 Private 语句声明的变量，可被本窗体/模块的任何过程访问。但其他窗体或模块却不能引用该变量。以 Public 声明的变量，允许在其他窗体和模块中引用。例如，在“通用声明”段声明变量，如图 6-23 所示。

```
Dim temp As String
Private a As Integer, b As Single
```

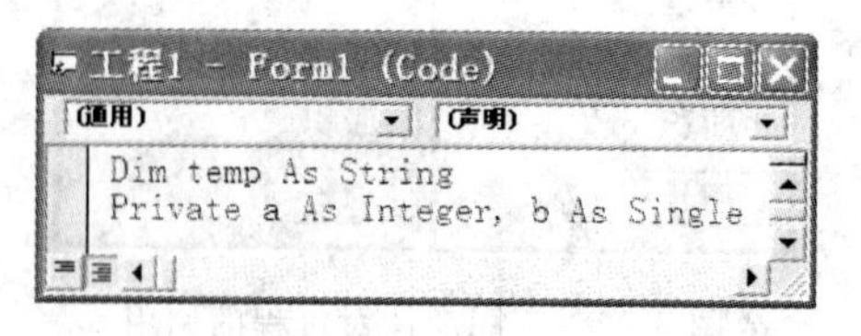

图 6-23　窗体/模块级变量的声明

3. 全局变量

全局变量也称公有的模块级变量，在窗体模块或标准模块顶部的“通用”声明段用 Public 关键字声明，它的作用范围是整个应用程序，即可被本应用程序的任何过程或函数访问。例如 Public a As Integer, b As single。

三种变量的作用域及使用规则如 3.2.3 小节表 3-4 所示。

例 6-12　不同作用域变量的使用。

在 Form1 窗体代码窗口输入如下程序：

```
Private a%                                    '窗体/模块级变量
Private Sub Form_Click()
  Dim c%, s%                                  '局部变量
  c=20
  s=a+Form2.b+c                               '引用各级变量
  Print"s=";s
End Sub
Private Sub Form_Load()
  a=10                                        '给窗体/模块级变量赋值
  Form2.Show
End Sub
```

添加 Form2 窗体，在它的代码窗口输入如下代码。

```
Public b%                                     '定义全局变量
Private Sub Form_Load()
  b=30                                        '给全局变量赋值
End Sub
```

运行程序，单击 Form1 窗体，结果为 $s=60$。

在本例中，在 Form1 窗体的 Click 事件过程中引用了 Form2 窗体中定义的全局级变量 b，由此可以看出在代码窗口“通用声明”段中用 Public 定义的变量确实是在整个应用程序中起作用的。

如果将 Form1 代码窗口中的 Form_Click 事件过程做如下变动：

```
Private Sub Form_Click()
  Dim c%, s%, b%                              '局部变量
  c=20
  b=40
```

```
  s=a+b+c
  Print "s=";s
End Sub
```

运行程序,单击 Form1 窗体,结果为 $s=70$。

结果发生了变化。原因是在 VB 中,当同一应用程序中定义了不同级别的同名变量时,系统优先访问作用域小的变量(局部变量屏蔽了全局变量)。上例改动后,系统优先访问了局部变量 b,因此结果当然也相应地改变了。如果想优先访问全局变量,则应在全局变量前加上窗体/模块名。

4. 关于多个变量同名

1) 公用变量与局部变量同名

在不同过程中定义同名变量,它们互不影响,但若在一过程中定义使用了与全局变量同名的变量,则应注意。

在过程中,如果定义了与模块级变量(在通用部分使用 Private 或 Dim 声明的变量),则在该过程内不能引用同名的模块级变量。

例如:下面的例子中,如果将定义全局变量的语句 Public Temp As Integer 改为 Private Temp As Integer,则在 Command1 的单击事件中就无须使用模块级的 Temp 变量了。

```
Public Temp As Integer                     '定义全局变量
Private Sub Form_Load()
  Temp=1                                   '将全局变量 Temp 的值设置成 1
End Sub
Private Sub Command1_Click()
Dim Temp As Integer                        '定义局部变量
  Temp=2                                   '将局部变量 Temp 的值设置成 2
  Print "temp="; Temp
  Print "temp="; Form1.Temp
End Sub
Private Sub Command2_Click()
  Print "temp="; Temp
End Sub
```

2) 全局变量同名

如果不同模块中的全局变量使用同一名字,则通过同时引用模块名和变量名就可以在代码中区分它们。例如:如果有一个在 Form1 和 Module1 中都声明了公用的 Integer 变量 intX,则把它们作为 Module1.intX 和 Form1.intX 来引用便得到正确值。也就是说如果不同模块中的全局变量使用同一名字,引用时就需要使用"模块名.变量名"的形式来区分它们。

6.6.3 变量的生存期

从变量的作用空间来说,变量有作用范围;从变量的作用时间来说,变量有生存期,也就是变量能够保持其值的时间。根据变量的生存期,可以将变量分为动态变量和静态变量。

1. 动态变量

动态变量是指程序运行进入变量所在的过程时,才分配给该变量内存单元。当退出该过程时,该变量占用的内存单元自动释放,其值消失。当再次进入该过程时,所有的动态变量将重新初始化。

使用 Dim 关键字在过程中声明的局部变量属于动态变量。在过程执行结束后,变量的值不被保留;每次重新执行过程时,变量重新声明,重新初始化过程中的局部变量。

2. 静态变量

局部变量除了用 Dim 语句声明外,还可用 Static 语句将变量声明为静态变量。静态变量是指程序运行时,进入该变量所在的过程,且经过处理退出该过程时,其值仍被保留,即变量占用的内存单元不被释放。它在程序运行过程中可保留变量的值。当以后再次进入该过程时,原来的变量值可以继续使用。也就是说,每次调用过程后,用 Static 说明的变量会保留运行后的结果。动态变量与静态变量的区别简单总结如下。

Dim 动态变量声明。随着过程的调用而分配存储单元,变量进行初始化;过程体结束,变量的内容自动消失,存储单元释放。

Static 静态变量声明。在第一次调用过程时,分配存储单元,变量进行初始化,以后每次调用过程,变量保持上次调用结束时的值,即静态变量的初始化只发生一次,存储单元直到程序运行结束才释放。

局部变量的存活期由其定义的关键词来决定。使用 Static 关键字声明静态局部变量的声明形式如下。

```
Static 变量名[As 类型]
StaticSub 子过程名[(参数列表)]
StaticFunction 函数过程名([参数列表])[As 类型]
```

注意:*若在函数名、过程名前加 Static,则表示该函数、过程内的局部变量都是静态变量。*

例 6-13 使用 Static Sub 语句的示例。

```
Static Sub Subtest()
  Dim t As Integer                          't 为静态变量
  t=2 * t+1
  Printt
End Sub
Private Sub Command1_Click()
  Call Subtest                              '调用子过程 Subtest
End Sub
```

程序运行分析如下。单击窗体次数,比较使用模块变量和静态变量的差别。运行后,多次单击命令按钮 Command1,执行结果如下。

1

```
3
7
…
```

将 Static Sub 改为 Private Sub 后，运行过程中多次单击命令按钮 Command1，执行结果如下。

```
1
1
1
…
```

6.7 多模块程序设计及多重窗体的概念

在 Visual Basic 6.0 的应用程序设计中，只有单一窗体的应用程序往往不能满足需要，特别是较复杂的应用程序，都必须通过多重窗体(Multi-Form)或多个模块来实现。在多重窗体程序中，每个窗体可以有自己的界面和程序代码，分别完成不同的功能。利用多重窗体，可以设计较复杂的多功能对话窗口，从而取代如 InputBox 或 MsgBox 这样的标准对话框。

6.7.1 设置启动对象

一个稍微复杂的应用程序，不仅有多个窗体，还可能有标准模块和类模块，如图 6-24 所示。在多模块程序中，有启动对象的设置、窗体的加载与卸载、窗体的加载与卸载时的事件、多模块之间数据的传递等问题。

启动对象是指在程序运行时，首先被加载并执行的对象，称为程序的启动对象。一个程序的启动对象可以是一个窗体，也可以是标准模块中名为 Main 的自定义 Sub 过程。一个工程必须有一个启动对象，默认启动对象是第一个被创建的窗体。

(1) 设置方法。从"工程"菜单中的最后一项"** 属性(E)…"命令启动对话框进行设置，如图 6-25 所示。

图 6-24 多重窗体和多模块程序设计

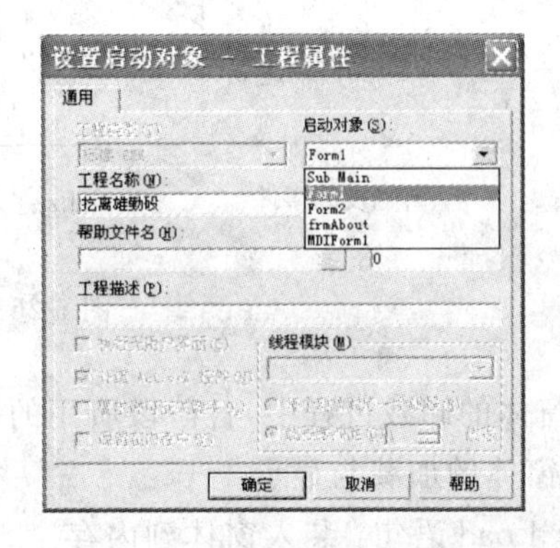

图 6-25 设置启动对象

(2) 如果设置从 Sub Main 过程启动,则必须在标准模块中编写 Sub Main()过程代码。

Sub Main 过程如下。在一个含有多窗体的应用程序中,有时需要在显示多个窗体之前对一些条件进行初始化,需要在启动程序时执行一个特定的过程。在 Visual Basic 6.0 中,这样的过程称为启动过程,并命名为 Sub Main。Sub Main()过程位于标准模块中,一个工程只能有一个 Sub Main 过程。

虽然 VB 自动为每个标准 EXE 工程提供了一个窗体,但工程可以没有任何窗体。在没有窗体的工程中,至少要有一个标准模块,标准模块中要有 Sub Main 过程,并已设为启动对象。这时的 Sub Main 过程是程序的入口,它可以再调用其他过程来完成更复杂的任务。当由 Sub Main 调用的所有过程执行完毕后,程序就结束了。

在一个既有窗体又有 Sub Main 过程的工程中,如没有将 Sub Main 设为启动对象,它就是一个普通过程。

6.7.2 多重窗体程序设计

在多重窗体程序中,要建立的界面由多个窗体组成,每个窗体的界面设计与以前讲的完全一样,只是在设计之前应先建立窗体,这可以通过"工程"菜单中的"添加窗体"命令实现,每执行一次该命令建立一个窗体。

程序代码是针对每个窗体编写的,因此也与单一窗体程序设计中的代码编写类似,但应注意各个窗体之间的相互关系。

多重窗体实际上是单一窗体的集合,而单一窗体是多窗体程序设计的基础。掌握了单一窗体程序设计,多重窗体的程序设计是很容易的。

1. 窗体的加载与卸载过程

当一个窗体要显示在屏幕之前,必须先建立,接着被装入内存(Load 语句),最后显示(Show 方法)在屏幕上。同样,当窗体要结束之前,会先从屏幕上隐藏(Hide 方法),接着从内存中删除(UnLoad 方法)。窗体的加载过程中各阶段所用的语句或方法以及所触发的事件说明如图 6-26 所示。

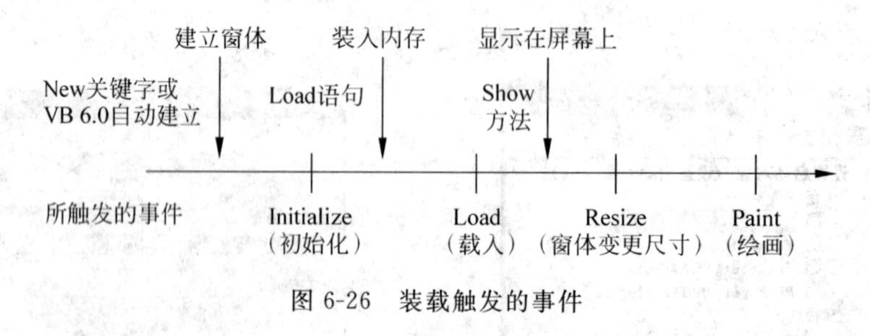

图 6-26 装载触发的事件

在窗体的卸载过程中,各阶段所用的语句或方法以及所触发的事件如图 6-27 所示。

1) 窗体的加载与显示

(1) Load 语句:装入窗体到内存。

```
Load <窗体名称>
```

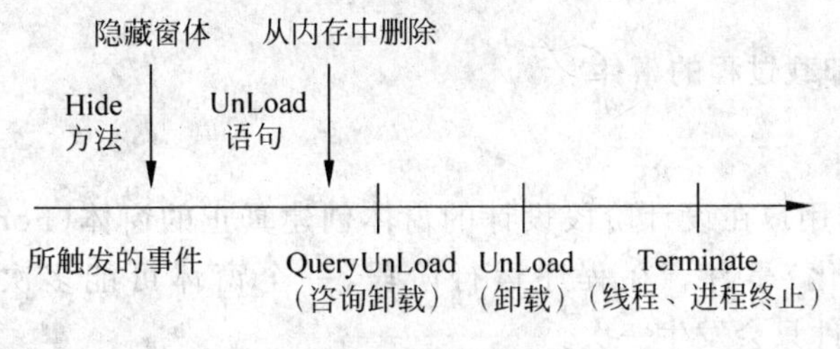

图 6-27 卸载触发的事件

说明：

① 执行 Load 语句后，窗体并不显示出来，但可引用该窗体中的控件及各种属性。

② 这里的窗体名称是窗体的 Name 属性，而不是窗体的文件名，以下相同。

③ 除非在加载窗体时不需要显示窗体，对于一般窗体不需要使用 Load 语句。在窗体还未被加载时，对窗体的任何引用会自动加载该窗体。例如，Show 方法在显示窗体前会先加载它。

④ 当 Visual Basic 加载 Form 对象时，先把窗体属性设置为初始值，再执行 Load 事件过程。当应用程序开始运行时，Visual Basic 自动加载并显示应用程序的启动窗体。

(2) Show 方法：显示一个窗体。

[窗体名称].Show[模式]

0 表示 Modeless(非模式)：可以对其他窗体进行操作。

1 表示 Model，关闭才能对其他窗体进行操作。

说明：

Show 方法用于在屏幕上显示一个窗体，使指定的窗体在屏幕上可见，调用 Show 方法与设置窗体 Visible 属性为 True 具有相同的效果。如果要显示的窗体事先未装入，该方法会自动装入该窗体(相当于先执行 Load 语句)再显示。

注意：除非使用 Show 方法或将窗体的 Visible 属性设置为 True，否则，一个用 Load 语句加载的窗体是不可见的。

2）窗体的卸载与隐藏

(1) UnLoad 语句：从内存中删除窗体(卸载)。

UnLoad <窗体名称>

说明：当窗体卸载之后，所有在运行时放到该窗体上的控件都不再是可访问的。在设计时放到该窗体上的控件将保持不变。

在卸载窗体时，只有显示的部件被卸载。与该窗体模块相关联的代码还保持在内存中。

(2) Hide 方法：隐藏，没有从内存中删除窗体。

[窗体名称].Hide

说明：在多窗体的应用程序各窗体之间的切换，可使用窗体的 Show 方法或 Hide 方法。用 Hide 方法使指定的窗体不显示，这与将窗体的 Visible 属性设置为 False 时的效果相同。

2. 窗体加载与卸载过程的事件

1）Initialize 事件

当应用程序根据用户在设计阶段设计的窗体创建真正的窗体(Form 类的实例)时，会发生 Initialize(初始化)事件。在程序运行阶段，一个窗体可能多次被加载或卸载，但 Initialize(初始化)事件只会发生一次。

2）Load 事件

该事件是在一个窗体被装载时发生。当使用 Load 语句启动应用程序，或引用未装载的窗体属性或控件时，此事件发生。通常，Load 事件过程用来对窗体进行初始化操作。

3）Paint 事件

当一个窗体被移动或放大之后，或当一个覆盖在窗体上的其他窗体被移开之后，此事件发生。可通过将窗体的 AutoRedraw 属性被设置为 True，使得重新绘图自动进行，系统将触发 Paint 事件。

4）QueryUnLoad 事件

在一个窗体关闭之前，该窗体的 QueryUnLoad 事件先于该窗体的 UnLoad 事件发生，语法格式如下：

```
Private Sub Form_QueryUnLoad (cancel As Integer, unloadmode As Integer)
Private Sub MDIForm_QueryUnload (cancel As Integer, unloadmode As Integer)
```

此事件的典型应用是在关闭一个应用程序之前，用来确保包含在该应用程序的窗体中没有未完成的任务。例如，如果还未保存某一窗体中的新数据，则应用程序会提示保存该数据。将该事件过程的 Cancel 参数设置为 True 可防止该窗体或应用程序的关闭。

5）UnLoad 事件

从内存中卸载窗体时会触发该窗体的 UnLoad 事件，语法格式如下：

```
Private Sub object_UnLoad (cancel As Integer)
```

将该事件过程的 cancel 参数设置为 True 可防止窗体被卸载。但不能阻止其他事件，诸如从 Microsoft Windows 操作环境中退出等。可用 QueryUnLoad 事件阻止从 Windows 中的退出。在窗体被卸载时，可用一个 Unload 事件过程来确认窗体是否应被卸载或用来指定想要发生的操作。也可在其中包括任何在关闭该窗体时把需要的验证代码或将其中的数据储存到一个文件中。

使用 UnLoad 语句或在一个窗体的“控件”菜单上选择“关闭”命令，用“任务窗口”列表上的“结束任务”按钮退出应用程序，在当前窗体为其一个子窗体的情况下关闭该 MDI 窗体，或当应用程序正在运行的时候退出 Microsoft Windows 操作环境等情况都可引发 UnLoad 事件。

UnLoad 事件在 Terminate 事件之前发生。

6）Activate 事件与 Deactivate 事件

当一个窗体成为活动窗口时触发该窗体的 Activate 事件，当一个窗体不再是活动窗口时触发该窗体的 Deactivate 事件。Activate 事件在 GotFocus 事件之前发生，LostFocus 事件在 Deactivate 事件之前发生。

7）Terminate 事件

Terminate 事件是窗体对象从内存删除之前最后一个触发的事件，即该事件在 UnLoad 事件之后发生。

如果窗体从内存删除，是因为应用程序非正常结束。例如，使用 Ctrl＋Break 键或出错而被中断，则不会触发 Terminate 事件，也不触发 QueryUnLoad 事件和 UnLoad 事件。另外，应用程序在从内存中删除窗体之前，调用 End 语句结束程序，虽然窗体对象也将从内存删除，但不会触发 Terminate 事件、QueryUnLoad 事件和 UnLoad 事件。

在多重窗体程序设计中，注意 QueryUnLoad 事件和 UnLoad 事件的区别。UnLoad 事件会先卸载子窗体，后卸载父窗体，而 QueryUnLoad 恰与之相反。

当一个应用程序关闭时，可使用 QueryUnLoad 或 UnLoad 事件过程将 Cancel 属性设置为 True 来阻止关闭过程。但是，QueryUnLoad 事件是在任一个卸载之前在所有窗体中发生的，而 UnLoad 是在每个窗体卸载时发生的。

6.7.3 多模块程序设计

VB 应用程序（通常称为工程）的组织结构，它由窗体模块、标准模块和类模块组成。VB 程序代码就保存在窗体模块文件（＊.frm）、标准模块文件（＊.bas）或类模块文件（＊.cls）中。它们形成了工程的一种模块层次结构，如图 6-28 所示。

1. 窗体模块（文件扩展名为.frm）

窗体模块是一个相对独立的程序单位，每个窗体对应一个窗体模块。

窗体模块可以包含处理事件的过程、通用过程以及变量、常数、类型和外部过程的窗体级声明。如果要在文本编辑器中观察窗体模块，则还会看到窗体及其控件的描述，包括它们的属性设置值。写入窗体模块的代码是该窗体所属的具体应用程序专用的；它也可以引用该应用程序内的其他窗体或对象。

默认时应用程序只有一个窗体，如应用程序有多个窗体，会有多个以.frm 为扩展名的窗体模块文件。

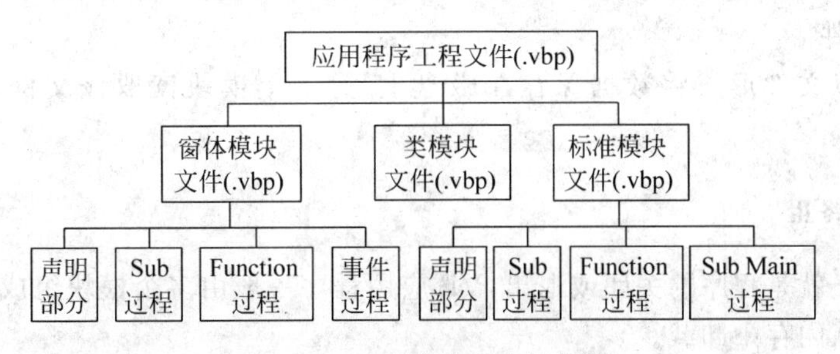

图 6-28 工程模块层次结构图

2. 标准模块（文件扩展名为.bas）

标准模块没有界面对象，只有代码。标准模块可以包含变量、常数、类型、外部过程和全局过程的全局(在整个应用程序范围内有效的)声明或模块级声明。标准模块的代码保存在扩展名为.bas的文件中。写入标准模块的代码不必绑在特定的应用程序上,即在许多不同的应用程序中可以重用标准模块。

3. 类模块(文件扩展名为.cls)

在Visual Basic 6.0中类模块是面向对象编程的基础。可在类模块中编写代码建立新对象。这些新对象可以包含自定义的属性和方法。类模块既包含代码又包含数据,它可以被应用程序内的过程调用。实际上,窗体正是这样一种类模块,在其上可安装控件,可显示窗体窗口。

4. 多模块之间的数据共享

VB的工程通常由多个模块组成,各个模块之间既相互独立又相互联系,模块之间可以共享代码和数据。

共享代码。通过调用定义在其他模块中的全局通用过程来实现(见本章6.6节)。

共享数据。通过以下4种方法实现。

使用全局变量、全局常量和全局数组。

在程序内部进行数据交换。一个模块的代码可以存取另一个模块中定义的全局变量、全局数组或全局变量。

使用对象属性。

VB允许一个模块的程序代码访问另一个模块中对象的属性和方法。

例如:

```
Private   Form_Click()                                '窗体 Form1 的事件过程
  Form2.Text1.Text ="你好!"                           '访问窗体 Form2 中的文本框的属性
End Sub
```

1) 使用过程参数

一个模块的代码调用另一个模块中定义的全局过程时,可以通过参数将数据从一个模块传递到另一个模块。

2) 使用文件

一个模块以文件形式将数据保存在磁盘上,另一个模块读取该文件,可以实现数据共享。

5. 程序的终止

程序的终止就是程序的关闭或退出,VB应用程序一般由多个模块组成,程序的终止体现为模块全部从内存中卸载。

UnLoad语句。使用UnLoad语句可以卸载窗体,终止程序。

End语句。End语句可以强行终止程序的执行。同时关闭文件、清除变量、且不向窗体发送任何事件。

Stop语句。Stop语句会使程序进入中断状态(即暂停状态),这时按F5键程序会继续执行。Stop语句可用于程序的调试。

注意：在编译程序之前要清除 Stop 语句，否则编译后的 Stop 语句会终止程序的执行。

6.8 程序设计应用举例

本节介绍 Visual Basic 6.0 中的一些常用算法和实例，对本章介绍的内容和知识点进行巩固，加强实践，提高大家的编程能力和实际应用能力。希望本节的实例应用能抛砖引玉，引导大家运用所学知识，达到举一反三的学习效果。

6.8.1 查找算法

查找(Search)是一种查询数据或信息的技术，其目标是能以比较少的步骤或较短的时间找到所需的对象。查询的方法很多，对不同的数据结构有不同的查找方法。例如，对已经排序好的固定规模的数据序列进行查找时，其方法有对分查找等；对某些复杂结构的查找，可以采用树型查找方法等。查字典、查资料是经常进行的查找工作。这里探讨的查找算法是以在程序的某个数组变量中存储的一批数据内，寻找出特定的一个数据及其位置，或者确定在该数组内是否有这样的数据。如已知一个数组 ***a***(m To n)中各元素的值是从小到大排列的，其中有一个元素的值为 b。编程求出这个元素的下标。

对于这个问题，最容易想到的方法就是“顺序查找法”。下面的函数 Search1 就是使用顺序查找法，从数组 ***a*** 中查找值为 b 的元素，并返回其下标的。

```
Option Base 1
Private Function Search1 (a() As Single, b As Single) As Integer
    Dim n%,i%
    n = UBound(a)                              '数组元素个数
    Fori = 1 To n                              '循环每个元素
        Ifb = a(p) Then Exit For               '如果找到相同 则退出循环,此时的 P 值即
                                               '是结果
    Nexti
                                               '如果没找到 P 值将会使 n+1
    Ifi > n Then i = 0
    find =i
End Function
```

顺序查找法是从数组的第一个元素开始逐个地比较，虽然编程简单，但是执行效率却很低。在一个有 k 个元素的数组中查找一个值，平均需要进行 $k/2$ 次比较。如果数组中有 15 个元素，则平均比较 7.5 次。

相比之下，折半查找法是比较高效的查找方法。

折半查找的思路是：先用被查找数与数组中间的元素进行比较，如果被查找数大于元素值，则说明被查找数位于数组中的后面一半元素中。如果被查找数小于数组中的中间元素值，则说明被查找数位于数组中的前面一半元素中。接下来，只考虑数组中包括被查找数的那一半元素。用剩下这些元素的中间元素与被查找数进行比较，然后根据所在位置的大小，再去掉那些不可能包含被查找值的一半元素。这样，不断地减少查找方位，直到最后只剩下一个数组元素，那么这个元素就是被查找的元素。当然，也不排除某次比较时，中间的

元素正好是被查找元素。

折半查找中应该注意的是，如果数组中（或中间过程中）的元素个数是偶数，就没有一个元素正好位于中间，这时取中间偏前或中间偏后的元素来与被查找值进行比较不会影响查找结果的正确性。

例 6-14 折半查找。

下面的函数 Search2 使用折半查找的方法从数组 $\boldsymbol{a}$ 中查找 b 值所在的元素，并返回它的下标。

```
Function Search2(a() As Integer, b As Integer) As Integer
Dim m, n, int1 As Integer
  m = LBound(a)                                    '数组下标的下界
  n = UBound(a)                                    '数组下标的上界
  Do
    int1 = (m + n) \2                              '找到中间元素的下标
    If b < a(int1) Then                            '被查找值位于前半部分
        n = int1 - 1
    ElseIf b >a(int1) Then                         '被查找值位于后半部分
      m = int1 + 1
    Else                                           '被查找值恰好是中间元素
      Search2 = int1
      Exit Function
    End If
    If m = n Then                                  '只剩一个元素
      Search2 = m
      Exit Function
    End If
  Loop
End Function
```

分析程序，当被查找值正好是数组的第一个或最后一个元素时，函数 Search2 能否正确执行？

虽然使用折半查找方法的编程稍微复杂一些，但是它的查找效率比顺序查找高得多。在 k 个元素中查找一个值，进行比较的次数不会超过$(\log_2 k)+1$。如果 k 为 15，则折半次数不会超过 4 次。当 k 的值很大时，折半查找的优势就更能体现出来了。

折半查找的局限在于，数组中的元素必须是排序了的（递增或递减）。否则，折半查找就无能为力了，只能尝试其他的查找方法，比如，顺序查找法。

6.8.2 数值积分

数值积分是用近似计算方法，解决定积分计算问题的。常用的方法有矩形法、梯形法、抛物线法等。按照积分划分的区间，又有定长和不定长的实现方法。下面用定长的矩形法计算 $\int_a^b f(x)\mathrm{d}x$ 的积分。

积分思路。将积分区间 n 等分，小区间的长度为 $h=(b-a)/n$，第 i 块小矩形面积近似为 $A_i=f(x)\cdot h$，积分的结果为所有小面积的和，公式为

$$s=\int_a^b f(x)\mathrm{d}x \approx \sum_{i=1}^{n} f(x_i)\cdot h$$

n 越大，求出的面积值越接近于积分的值。

例 6-15 编写一程序，用矩形法求定积分 $\int_a^b f(x)\mathrm{d}x$。主调程序调用函数过程，求定积分

$$\int_1^3 \frac{\mathrm{e}^x+1}{\log(x)+1}\mathrm{d}x$$

程序代码清单如下：

```
Public Function trapez(ByVal a!, ByVal b!, ByVal n%) As Single   '求积分
  Dim sum!, h!, x!
  h = (b- a) / n                                  '将区间 [a, b] 分成 n 等份
  sum = 0
    For i = 1 To n                                '求出
     x = a + i * h
     sum = sum + f(x)
    Next i
trapez = sum * h                                  '求出 ∑f(x_i)·h 赋给函数 trapez
End Function

Private Sub Command1_Click()
   Print trapez(1, 3, 30)                         '打印 trapez 积分值
End Sub

Public Function f(ByVal x!)
   f = (Exp(x) + 1) / (Log(x) + 1)                '对不同的被积函数在此做对应的改动
End Function

Private Sub Picture1_Click()
  Picture1.Scale (0, 40)-(4, 0)
  '画出积分面积图
  For x = 1 To 3 Step 0.01
    y = x * x * x + 2 * x + 5
    Picture1.Line (x, y)-(x, 0)
  Next x
End Sub
```

程序运行结果如图 6-29 所示。

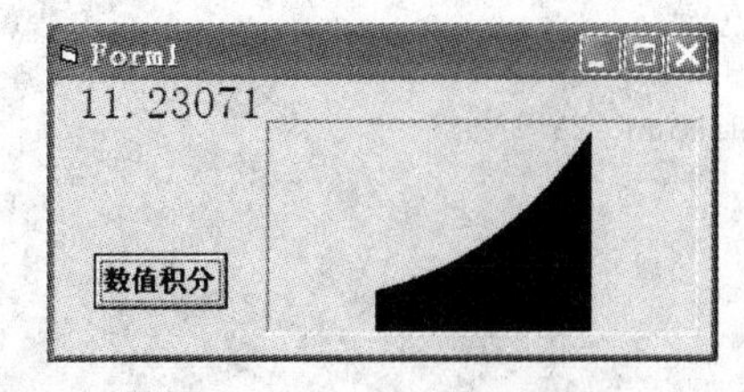

图 6-29 程序运行结果界面

6.8.3 数制转换

例 6-16 编一程序，实现一个 r 进制整数转换成十进制整数的值。

分析如下。这是一个数制转换问题，一个 r 进制整数转换成十进制整数的思路是，对该数的每一位上的数码乘以对应位的权值，最后进行十进制相加求总，这样便转换成十进制数。

解题思路如下：

```
Option Explicit
Function RTranD(ByVal StrNum$, ByVal r%) As Integer
  Dim sum As Long
  Dim i, n As Integer
  Dim num, num1 As Integer
  n = Len(StrNum)
  For i = n To 1 Step -1                          '对 StrNum 从右向左取出每一位数码值
    num = Mid(StrNum, 1, 1)
    If Asc(num) > 57 Then
    '如果数码中含有除 0~9 以外的数码值 A~Z,要对应地转化成数值 10~15
    Select CaseUCase (num)
        Case "A"
            num1 = 10
        Case "B"
            num1 = 11
        Case "C"
            num1 = 12
        Case "D"
            num1 = 13
        Case "E"
            num1 = 14
        Case "F"
            num1 = 15
    End Select
    '处理十六进制 A~F 之间的数的权值
    sum = sum + num1 * r ^(i - 1)
    Else
    '每一位数码与该位置上的权值进行相乘以后再进行十进制相加
        sum = sum + num * r ^(i - 1)
    End If
    If i <> 1 Then
        StrNum = Mid(StrNum, 2)
    End If
  Next i
  RTranD = sum
End Function

Private Sub Command1_Click()
    Dim m$, r%, i%
    Dim flag As Integer
```

```
    Dim ch$
    If Val (Text1) < 0 Then
        flag = 1
        m = Trim(Mid(Text1, 2))
    Else
        m = Trim(Text1)
    End If
    r = Trim(Val(Text2.Text))
    If r < 2 Or r > 16 Then
        i = MsgBox("输入的r进制数超出范围", vbRetryCancel)
        If i = vbRetry Then
            Text2.Text = ""
            Text2.SetFocus
        Else
            End
        End If
    End If
    '将r进制转换成汉字表达
    Select Case r
        Case "2"
            ch = "二"
        Case "8"
            ch = "八"
        Case "16"
            ch = "十六"
    End Select
    Label3.Caption = ch & "进制数" & "转换成十进制数:"
    If flag = 1 Then
        Text3.Text = -RTranD (m, r)
    Else
        Text3.Text = RTranD (m, r)
    End If
End Sub
```

程序运行结果如图6-30所示。

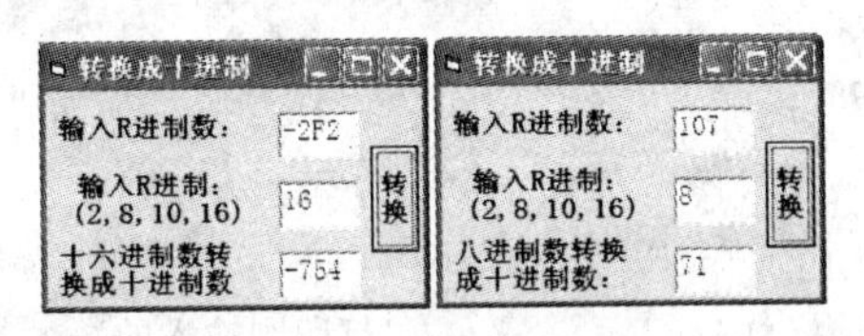

图6-30 程序运行界面

【思考1】 编写一个程序将二进制字符串转换成十进制,要考虑到二进制中有小数和负数。

思路提示。首先对二进制字符串进行查找小数点的位置,如果为零,则表明该二进制是一个整数,转化起来很简单,如果非零则是一个带有小数的二进制。只要将该二进制数以小数点为分界点,对该数用Mid函数进行字符串截取,左边的字符串以二进制整数进行转化,右边的字符串以小数方式进行转化。最后两个数进行十进制相加,就得到转化后的十进制数。

【思考 2】 编写程序实现将一个十进制的整数转换成二至十六进制的任意字符串。

思路提示：一个十进制的整数 Num 转换成 r 进制的方法是，将 Num 不断除以 r 取余数，直到商为零为止，要注意最后得到的余数在最高位。

6.8.4 插入排序

在前述章节及本章内容中曾介绍过选择法排序、冒泡法排序的思想，它们的共同特点是在欲排序的数组元素全部输入后，再进行排序。而插入排序是每输入一个数，立即插入到数组中，数组在输入过程中总是有序的。在插入排序中，涉及查找、数组内数的移动和元素插入等算法。

例 6-17 插入排序。

插入排序关键是编一个插入排序过程，主调程序每输入一个数，调用插入排序子过程，将该数插入到有序数组中，插入排序法的思路如下。

数组中已有 n 个有序数，当输入某数 x 时，

(1) 找 x 所在数组中的位置 j；

(2) 从位置 j 开始将 $n-j+1$ 个数依次往后移，使得下标位置为 j 的数让出；

(3) 将数 x 放入数组中应占的位置 j，一个数插入完成。

```
Dim n As Integer
Private Sub Command1_Click()
    End
End Sub

Private Sub Text1_KeyPress (KeyAscii As Integer)
  Static bb! (1 To 20)
  Dim i%
  If n = 20 Then
    MsgBox "数据太多!", 1, "警告"
    End
  End If
  If KeyAscii = 13 Then
    n = n + 1
    insert bb(), Val(Text1)
    Picture2.FontSize = 15
    Picture2.Print Text1.Text                    '打印刚输入的数
    Picture1.FontSize = 15
    For i = 1 To n
      Picture1.Print bb(i);                      '打印插入后的有序数
    Next i
    Picture1.Print
    Text1.Text = ""
End If
End Sub

Sub insert (a() As Single, ByVal x!)
```

```
    Dim i&, j%
    j = 1
    Do While j < n And x > a(j)              '查找 x 应插入的位置 j
      j = j + 1
      Loop
    For i = n - 1 To j Step -1               'n-j 个元素往后移
      a(i + 1) = a(i)
    Next i
    a(j) = x                                 'x 插入数组中的第 j 个位置
End Sub
```

程序运行结果如图 6-31 所示。

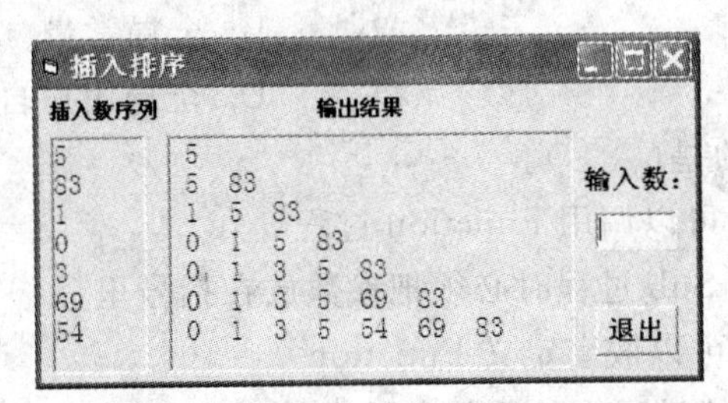

图 6-31 插入排序运行界面

【思考】 请将前述的选择法和冒泡法排序程序用本章的子程序来完成排序功能,运用数组作为传递参数。

习题 6

一、选择题

1. 假定一个 Visual Basic 应用程序由一个窗体模块和一个标准模块构成。为了保存该应用程序,以下正确的操作是(　　)。

A. 只保存窗体模块文件

B. 分别保存窗体模块、标准模块和工程文件

C. 只保存窗体模块和标准模块文件

D. 只保存工程文件

2. 以下叙述中错误的是(　　)。

A. 打开一个工程文件时,系统自动装入与该工程有关的窗体、标准模块等文件

B. 当程序运行时,双击一个窗体,则触发该窗体的 DblClick 事件

C. Visual Basic 应用程序只能以解释方式执行

D. 事件可以由用户引发,也可以由系统引发

3. 以下关于函数过程的叙述中,正确的是(　　)。

A. 如果不指明函数过程参数的类型,则该参数没有数据类型

B. 函数过程的返回值可以有多个

C. 当数组作为函数过程的参数时,既能以传值方式传递,也能以引用方式传递

D. 函数过程形参的类型与函数返回值的类型没有关系

4. 如果一个工程含有多个窗体及标准模块，则以下叙述中错误的是(　　)。

A. 任何时刻最多只有一个窗体是活动窗体

B. 不能把标准模块设置为启动模块

C. 用 Hide 方法只是隐藏一个窗体，不能从内存中清除该窗体

D. 如果工程中含有 Sub Main 过程，则程序一定首先执行该过程

5. 在 Visual Basic 中传递参数的方法有(　　)方式。

A. 一种　　B. 两种　　C. 三种　　D. 四种

6. 可以在窗体模块的通用声明段中声明(　　)。

A. 全局变量　　B. 全局常量

C. 全局数组　　D. 全局用户自定义类型

7. 以下叙述不正确的是(　　)。

A. 在 Sub 过程中可以调用 Function 过程

B. 在用 Call 调用 Sub 过程时必须把参数放在括号里

C. 在 Sub 过程中可以嵌套定义 Function

D. 用 Static 声明的过程中的局部变量都是 Static 类型

8. 不能脱离控件(包括客体) 而独立存在的过程是(　　)。

A. 事件过程　　B. 通用过程　　C. Sub 过程　　D. 函数过程

9. 以下叙述错误的是(　　)。

A. 用 Shell 函数可以执行扩展名为. exe 的应用程序

B. 若用 Static 定义通用过程，则该过程中的局部变量都被默认为 Static 类型

C. Static 类型的变量可以在标准模块的声明部分定义

D. 全局变量必须在标准模块中用 Public 或者 Global 声明

10. 在 Visual Basic 的集成开发环境中不能执行程序的方法是(　　)。

A. 按 F8 键　　B. 按 F5 键　　C. 按 F9 键　　D. 按 Shift+F8 键

11. 函数过程 F1 的功能是：如果参数 b 为奇数，则返回值为 1，否则返回值为 0。以下能正确实现上述功能的代码是(　　)。

A.
```
FuFunction F1(b As Integer)
  If b mod 2 = 0 Then
    Return 0
  Else
    Return 1
  End If
End Function
```

B.
```
Function F1(b As Integer)
  If b mod 2 = 0 Then
    F1 = 0
  Else
    F1 = 1
  End If
End Function
```

C.
```
Function F1(b As Integer)
    If b mod 2 = 0 Then
        F1 = 1
    Else
        F1 = 0
    End If
End Function
```

D.
```
Function F1(b As Integer)
    If b mod 2 <> 0 Then
        Return 0
    Else
        Return 1
    End If
End Function
```

12. 在窗体上画一个名称为 Command1 的命令按钮和一个名称为 Text1 的文本框，然后编写如下程序。

```
Private Sub Command1_Click()
  Dim x, y, z As Integer
  x = 5
  y = 7
  z = 0
  Text1.Text = ""
  Call Pl(x, y, z)
  Text1.Text = Str(z)
End Sub
Sub Pl(ByVal a As Integer, ByVal b As Integer, c As Integer)
  c = a + b
End Sub
```

程序运行后，如果单击命令按钮，则在文本框中显示的内容是(　　)。

A. 0　　B. 12　　C. Str(z)　　D. 没有显示

13. 假定有如下的 Sub 过程。

```
Sub S(x As Single, y As Single)
  t = x
  x = t / y
  y = t mod y
End Sub
```

在窗体上画一个命令按钮，然后编写如下事件过程。

```
Private Sub Command1_Click()
  Dim a As Single
  Dim b As Single
  a = 5
  b = 4
  S a, b
  Print a, b
End Sub
```

程序运行后，单击命令按钮，输出结果为(　　)。

A. 5　4　　　B. 1　1　　　C. 1.25　4　　　D. 1.25　1

14. 阅读程序。

```
Function F(a As Integer)
b = 0
Static c
b = b+1
c = c+1
f = a+b+c
End Function
Private Sub Command1_Click()
Dim a As Integer
a =2
For i =1 To 3
Print F(A)
Next i
End Sub
```

运行上面的程序，单击命令按钮，输出结果为(　　)。

A. 4　5　6　　　B. 3　4　5　　　C. 5　6　7　　　D. 6　7　8

15. 在 Visual Basic 应用程序中，以下正确的描述是(　　)。

A. 过程的定义可以嵌套，但过程的调用不能嵌套

B. 过程的定义不可以嵌套，但过程的调用可以嵌套

C. 过程的定义和过程的调用均可以嵌套

D. 过程的定义和过程的调用均不能嵌套

16. 下列程序的执行结果为(　　)。

```
Private Sub Command1_Click()
  Dim FirStr As String
  FirSt="abcdef"
  Print Pat(FirStr)
End Sub
Private Function Pat(xStr As String) As String
  Dim tempStr As String, strLen As Integer
  tempStr=""
  strLen=Len(xStr)
  i=1
  Do While i<=Len(xStr)-3
    tempStr=tempStr+Mid(xStr, i, 1) +Mid(xStr, strLen -i+1, 1)
    i=i+1
  Loop
  Pat=tempStr
End Function
```

A. abcdef　　　B. Afbecd　　　C. fedcba　　　D. defabc

17. 在窗体上画一个命令按钮，其名称为 Command1，然后编写如下程序。

```
Function Func(ByVal x As Integer, y As Integer)
```

```
    y=x * y
    If y>0 Then
        Func=x
    Else
        Func=y
    End If
End Function
Private Sub Command1_Click()
    Dim a As Integer, b As Integer
    a=3
    b=4
    c=Func (a, b)
    Print"a="; a
    Print"b="; b
    Print"c="; c
End Sub
```

程序运行后，单击命令按钮，其输出结果为(　　)。

A. $a=3$ $b=12$ $c=3$　　B. $a=3$ $b=4$ $c=3$

C. $a=3$ $b=4$ $c=12$　　D. $a=13$ $b=12$ $c=12$

18. 单击命令按钮时，下列程序的执行结果是(　　)。

```
Private Sub Command1_Click()
  Dim a As Integer, b As Integer, c As Integer
  a=3
  b=4
  c=5
  Print SecProc(c, b, a)
End Sub
Function FirProc(x As Integer, y As Integer, z As Integer)
  FirProc=2 * x+y+3 * z
End Function
Function SecProc(x As Integer, y As Integer, z As Integer)
  SecProc=FirProc (z, x, y) +x
End Function
```

A. 20　　B. 2　　C. 28　　D. 30

19. 在窗体上画一个名称为 Command1 的命令按钮，编写如下程序。

```
Private Sub Command1_Click()
    Printpl (3, 7)
End Sub
Public Function pl(x As Single, n As Integer) As Single
    If n=0 Then
        pl=1
    Else
        If n mod 2=1 Then
            pl=x * x+n
        Else
            P1=x * x-n
```

```
        End If
    End If
End Function
```

程序运行后,单击该命令按钮,屏幕上显示的结果是(　　)。

A. 2　　B. 1　　C. 0　　D. 16

20. 单击命令按钮时,下列程序的执行结果为(　　)。

```
Private Sub Command1_Click()
    Dim x As Integer, y As Integer
    x=12:y=32
    Call Proc(x, y)
    Print x; y
End Sub
Public Sub Proc(n As Integer, ByVal m As Integer)
    n=n mod 10
    m=m mod 10
End Sub
```

A. 1232　　B. 232　　C. 23　　D. 123

21. 单击命令按钮时,下列程序代码的执行结果为(　　)。

```
Public Sub Procl(n As Integer,ByVal m As Integer)
    n=n mod 10
    m=m/10
End Sub
Private Sub Command1_Click()
Dim x As Integer,y As Integer
    x=12: y=34
    Call Procl(x,y)
    Print x; y
End Sub
```

A. 12　34　　B. 2　34　　C. 2　3　　D. 12　3

二、填空题

1. 随机产生1～100之间的整数,fun函数一个数的奇偶性。如果是奇数函数返回1,若是偶数便返回0,根据程序功能填写下列空行。

```
Private Function fun(  (1)  )
    If m mod 2 = 0 Then
          (2)
    Else
          (3)
    End If
End Function
Private Sub Command1_Click()
    Dim i As Integer, s As Integer
    Dim x As Integer
    s1 = 0: s2 = 0
```

```
    Randomize
    For i = 1 To 8
      (4)
      If fun(x) = 0 Then
        s1 = s1 + 1
      Else
        s2 = s2 + 1
      End If
    Next
    Print "偶数个数："; s1, "奇数个数："; s2
End Sub
```

2. 在窗体上画一个名称为Command1的命令按钮和两个名称分别为Text1,Text2的文本框,如图6-32所示,然后编写下列程序。

```
Function fun(a As Integer, ByVal y As Integer) As Integer
  x = x + y
  If x < 0 Then
    fun = x
  Else
    fun = y
  End If
End Function
Private Sub Command1_Click()
  Dim a As Integer, b As Integer
  a = -10: b = 5
  Text1.Text = fun(a, b)
  Text2.Text = fun(a, b)
End Sub
```

程序运行后,单击命令按钮,Text1和Text2文本框显示的内容分别是___(1)___和___(2)___。

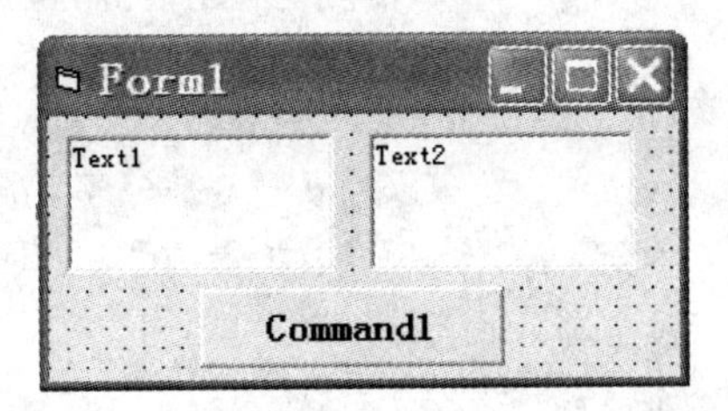

图6-32　Command1命令按钮和两个文本框Text1、Text2

3. 设有如下程序。

```
Private Sub Form_Click()
    Dim a As Integer, b As Integer
    a = 20: b = 50
    p1 a, b
Print "a="; a, "b="; b
End Sub
Sub p1(x As Integer, ByVal y As Integer)
```

```
    x = x + 10
    y = y + 20
End Sub
```

该程序运行后,单击窗体,则在窗体上显示的内容是: a = (1) 和 b = (2) 。

4. 两质数的差为 2,称此对质数为质数对,下列程序是找出 100 以内的质数对,并成对显示结果。其中,函数 ISP 判断参数 m 是否为质数。

```
Public Function IsP(m) As Boolean
  Dim i As Integer
  ___(1)___
  For i = 2 To Int (Sqr(m))
    If ___(2)___ Then IsP = False
  Next i
End Function
Private Sub Command1_Click()
  Dim i As Integer
  p1 = IsP(3)
  For i = 1 To 100 Step 2
    p2 = IsP(i)
    If ___(3)___ Then Print i - 2, i
    p1 = ___(4)___
  Next i
End Sub
```

5. 以下过程将一个有序数组中重复出现的数进行删除,删后只剩一个。程序清单如下。

```
Private Sub Command1_Click()
  Dim b(), i As Integer
  b = Array (23, 23, 23, 34, 43, 43, 65)
  Call p(b())
  For i = 0 To UBound(B)
    Print b(i);
  Next i
End Sub
Sub p(a())
  Dim n, m, k As Integer
  n = UBound(A)
  m = n
  Do While ___(1)___
    If a(m) = a(m - 1) Then
      For k = ___(2)___
        a(k - 1) = a(k)
      Next k
      ___(3)___
    End If
    ___(4)___
  Loop
  ReDim Preserve a(n)
End Sub
```

6. 下面是一个按钮的事件过程，过程中调用了自定义函数。单击按钮在窗体上输出的结果第一行是__(1)__，第五行是__(2)__。

```
Private Sub Command1_Click()
  Dim x As Integer, y As Integer
  Dim n As Integer, z As Integer
  x = 1: y = 1
  For n = 1 To 6
    z = func1(x, y)
    Print n, z
  Next n
End Sub
Private Function func1(x As Integer, y As Integer) As Integer
  Dim n As Integer
  Do While n <= 4
    x = x + y
    n = n + 1
  Loop
  func1 = x
End Function
```

7. 运行下面程序，当单击窗体时，窗体上显示的内容是__(1)__；如果把A语句替换为 $x=64$，B语句替换为 $r=8$，则输出结果为__(2)__。分析一下这个程序的功能是__(3)__。

```
Dim n As Integer, k As Integer, x As Integer, r As Integer   '模块级变量
Dim a(8) As Integer                                          '模块级数组
Private Sub conv(d As Integer, r, i)
  i = 0
  Do While d <> 0
    i = i + 1
    a(i) = d mod r
    d = d \ r
  Loop
End Sub
Private Sub Command1_Click()
  x = 12                                                     'A 语句
  r = 2                                                      'B 语句
  Print CStr(x); "("; CStr(r); ")=";
  If x = 0 Then
    Print 0
  Else
    Call conv(x, r, n)
    For k = n To 1 Step -1
      Print a(k);
    Next k
    Print
  End If
End Sub
```

8. 阅读下列程序，当单击窗体时，窗体上显示的内容是__(1)__。

```
Private Sub Command1_Click()
Dim a(3, 3) As Integer: Dim i As Integer
a(1, 1) = 1: a(1, 2) = 2: a(1, 3) = 3: a(2, 1) = 4
a(2, 2) = 5: a(2, 3) = 6: a(3, 1) = 7: a(3, 2) = 8: a(3, 3) = 9
For i = 1 To 3
  For k = 1 To i
    Call chang (a, i)
  Next k
Next i
For i = 1 To 3
  For k = i To 3
    Print a(i, k) & "'";
  Next
Next
End Sub
Sub chang(a() As Integer, i As Integer)
  c = a(i, UBound(a, 2))
  For k = UBound(a, 2) - 1 To 1 Step -1
    a(i, k + 1) = a(i, k)
  Next
  a(i, 1) = c
End Sub
```

9. 窗体上有一个按钮 Command1 和两个文本框 Text1、Text2。下面是这个窗体模块的全部代码。运行程序，第一次单击按钮时，两个文本框中的内容分别是__(1)__和__(2)__；第二次单击按钮，两个文本框的内容又分别是__(3)__和__(4)__。

```
Dim y As Integer
Private Sub Command1_Click()
  Dim x As Integer
  x = 2
  Text1.Text = func2(func1(x), y)
  Text2.Text = func1(x)
End Sub
Private Function func1(x As Integer) As Integer
  x = x + y: y = x + y
  func1 = x + y
End Function
Private Function func2(x As Integer, y As Integer)
  func2 = 2 * x + y
End Function
```

三、编程题(带 ** 的题号为选做)

1. 输入一个整数，判断其奇偶性。请编写一个判断奇偶性的函数过程。
2. 求两个数 m 和 n 的最大公约数和最小公倍数，要求用一个函数过程来实现。
3. 编写函数过程，要求返回一个 1～100 之间的随机整数。

4. 编写子过程或函数过程将两个按升序排列的数列 $\boldsymbol{a}(1),\boldsymbol{a}(2),\cdots,\boldsymbol{a}(n)$ 和 $\boldsymbol{b}(1),\boldsymbol{b}(2),\cdots,\boldsymbol{b}(m)$，合并成一个仍为升序排列的新数列。

5. 分别编一个计算某级数部分和的子过程和函数过程，并分别调用。级数为 $1+z+\frac{z^2}{2!}+\cdots+\frac{z^n}{n!}+\cdots$。精度为 $\left|\frac{z^n}{n!}\right|<\text{eps}$。

6. 有5个人坐在一起，问第五人多少岁？他说比第四个人大2岁。问第4个人的岁数，他说比第三个人大2岁。问第三个人，又说比第二个人大2岁。问第2个人，又说比第一个人大2岁。最后问第一个人，他说他10岁。请问第五个人有多大岁数？

7. 已知斐波那契数列的第一项和第二项都是1，其后每一项都是其前面两项的和，形如1,1,2,3,5,8,…，编写一个递归函数过程，求出该数列第 n 项的值。

8. 编写一个函数，以 n 为参数，计算 $1+22+32+\cdots+n^2$。

9. 编写一个函数过程，求 π 的近似值，公式为 $\frac{\pi}{4}=1-\frac{1}{3}+\frac{1}{5}-\frac{1}{7}+\cdots+\frac{(-1)^{n-1}}{2n-1}$，要求 $\left|\frac{(-1)^{n-1}}{2n-1}<\text{eps}\right|$，eps 为给定的精度。

10. 编写一个程序打印如下所示的杨辉三角形。

```
1
1  1
1  2  1
1  3  3  1
1  4  6  4  1
…
```

** 11. 编写一个过程，用来判断一个数是否是完数。完数判断标准是：一个数的所有因数相加之和等于该数，则该数便是完数。例如：28＝1＋2＋4＋7＋14，28就是完数。

** 12. 汉诺塔问题。传说印度教的主神梵天创造世界时，在印度北部佛教圣地贝拿勒斯圣庙里，安放了一块黄铜板，板上插着三根针，在其中一根针上自下而上放着由大到小的64个圣盘。这就是所谓的汉诺塔(Hanoi)。梵天要僧侣们坚定不移地按下面规律把64个盘子移到另一根针上。

(1) 一次只能移一个盘子。

(2) 盘子只许在三根针上存放。

(3) 永远不许大盘压小盘。

梵天称，当把他创造世界时所安放的64个盘子全部移到另一根针上时，就是世界毁灭之日。请编制程序解决该问题。

第 7 章　Visual Basic 主要控件设计及键盘与鼠标事件

在 Visual Basic 中，控件是构成用户界面的基本构件，按其来源可分三大类：

(1) 内部控件：存在于 Visual Basic 软件文件中，通过工具箱的操作方式进行。

(2) ActiveX 控件：扩展名为.ocx 的独立文件，仅在专业版和企业版中提供的控件以及第三方开发商所提供的 ActiveX 控件。

(3) 可插入的对象：诸如 Microsoft Excel 工作表等可以添加到工具箱中的对象。

在第 2 章介绍的窗体、命令按钮、文本框、标签控件学习的基础上，本章将进行更多的常用控件的设计及操作方式，包括在 Windows 应用环境中大量使用鼠标、键盘的操作等，如何通过 Visual Basic 系统对象中的鼠标、键盘事件的操作方式实现。

7.1　Visual Basic 控件及操作方式

7.1.1　Visual Basic 控件的添加

在 Visual Basic 软件设计中，其控件主要放在 Visual Basic 工具箱中。在设计时，通过将这些控件添加到窗体中，即可轻松创建出标准的 Windows 应用程序的用户界面。但是，在 Windows 程序设计中，操作界面的多样性，其工具箱中的控件是不够的，所以就要向工具箱添加 ActiveX 控件，ActiveX 控件是 Microsoft 公司以及一些第三方厂商开发的拥有许多扩展的高级控件，ActiveX 控件的使用方法与标准控件一样，但首先应把需要使用的 ActiveX 控件添加到工具箱中，ActiveX 控件文件的类型名为 *.ocx，一般情况下 ActiveX 控件被安装和注册在\Windows\system 或 system32 目录下。执行“工程”菜单中的“部件”命令，打开“部件”对话框，如图 7-1 所示，该对话框中可列出当前系统中所有注册过的 ActiveX 控件、可插入对象和 ActiveX 设计器。

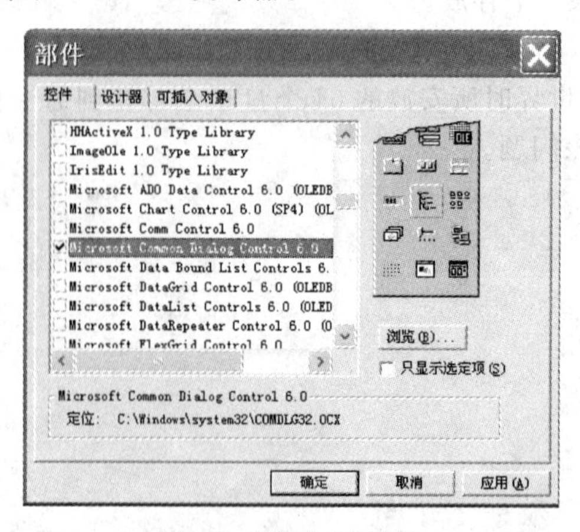

图 7-1　“部件”对话框

在"控件"选项卡的列表中,选取要添加的控件后,单击"确定"按钮,即可将其添加到工具箱中。

例如,选择 Microsoft Common Dialog Control 6.0 控件(通用对话框),单击"确定"按钮,则所选的控件就被添加到工具箱中,此时的工具箱如图 7-2 所示。

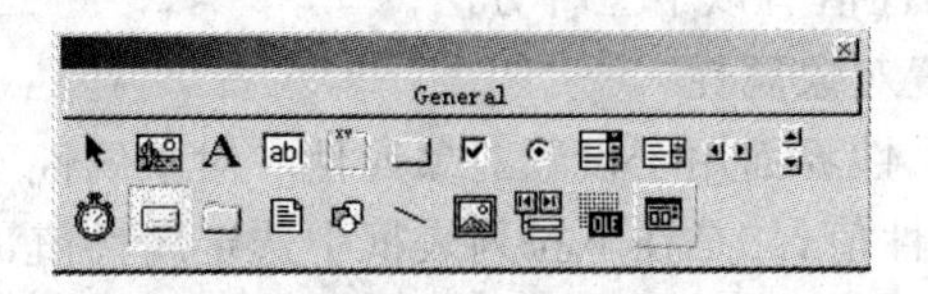

图 7-2 扩充后的工具箱

添加到工具箱中的控件还可以被移除出去。打开"部件"对话框,取消选中的控件,单击"确定"按钮即可将控件从工具箱中移除。使用中的控件或引用是不能删除的。

7.1.2 Visual Basic 控件的操作

Visual Basic 提供了大量的控件,控件的操作主要包括控件对象的建立、控件的属性设置和控件事件过程代码的编制。

1. 控件对象的建立

Visual Basic 工具箱中的控件对象用于窗体界面设计。用以下方式可以在窗体中创建控件对象。

(1) 用鼠标双击工具箱中的控件图标,系统自动在当前窗体中央建立一个缺省大小的控件对象。

(2) 先用鼠标单击工具箱中的图标,使其呈凹状,即选定了相应的控件类,然后以"画"控件的方式,创建一个控件对象。

(3) 按下 Ctrl 键,单击工具箱中的控件图标,以"画"控件的方式,可以创建多个控件对象。其间,控件图标一直保持凹状,单击工具箱中的指针图标,则呈凹状的其他控件图标将弹起。

2. 选定控件对象

(1) 选定单个对象。用鼠标单击它即可,这时选中对象出现 8 个方向的控制柄。

(2) 选定多个对象。有两种方法,一种是按住鼠标左键拖动鼠标指针,将欲选择对象包括在一个虚框里即可;一种是按住键盘上的 Ctrl 键不放,用鼠标单击要选中的控件对象。

3. 控件对象的删除和复制

(1) 删除对象。选中要删除的对象,然后按一下 Delete 键。

(2) 复制对象。选中要复制的对象,然后单击工具栏上的"复制"按钮,再单击"粘贴"按钮。在复制对象时,系统会提示是否创建控件数组的提示,用户可以根据需要做出相应的选择。

4. 控件对象的布局

窗体中的控件对象应该遵循大小适当,布局合理的一般审美观点。可以用鼠标或执行

“格式”菜单下的“对齐”和“统一尺寸”菜单命令来调节控件的大小和位置。当执行“格式”→“锁定控件”命令，窗体处于锁定控件状态时，不能调整控件的大小和位置。

5. 控件的属性设置

设置或修改对象的属性值有以下三种方法。

1）通过属性窗口设置对象属性

在 Visual Basic 中，属性界面用于设置对象属性。对象属性不同，设置方式也不同。常用三种方式：一是输入属性值，二是在下拉列表框中选定属性值，三是通过对话框来设置属性值。比如，文本框的 Text 属性，可采用输入属性值，Enabled 属性，采用选定属性值，窗体的 Picture 属性值，则是通过对话框来设置的。

2）用鼠标拖动设置对象属性

通过鼠标拖动，可以设置对象的位置和大小相关的属性值。比如，用鼠标拖动对象的尺寸句柄，可以调整对象大小。

3）程序代码中通过赋值来设置属性值

通过程序代码来设置属性值。

语法为：

```
[对象名.]属性=属性值
```

若对象名省略，则表示为当前对象的属性。

例如：

```
Form1.Caption="VB应用程序"
```

则 Form1 窗体的标题属性(Caption)设置为“VB 应用程序”。

4）控件的默认属性

Visual Basic 把每个控件最重要或最常用的属性，设定为控件的默认属性，默认属性的值为该控件值。在程序代码中，若要对控件的默认属性设置一个属性值，可以省略默认属性。

6. 事件过程代码

Visual Basic 应用程序中的对象可以响应多个事件，每个事件都是由系统预先规定的，一个事件对应一段程序，该程序称为事件过程。Visual Basic 程序设计的主要工作就是编写事件过程的程序代码。事件过程的形式如下：

```
Sub 对象名_事件([参数名列表])
    ...                    '事件处理程序代码
End Sub
```

7.2 输入类——文本框、列表框、组合框、滚动条

程序的基本操作就是数据的输入，数据的处理和数据的输出。Visual Basic 中可用于输入的控件主要有：文本框(TextBox)、复选框(CheckBox)、选项按钮(OptionButton)、列表

框(ListBox)、组合框(ComboBox)、滚动条(ScrollBar)、通用对话框控件。还有一个函数为InputBox函数,也可用于数据的输入。

在Visual Basic软件工具箱中,对于常用的控件,各个控件有一定的应用特点,在程序设计中,需要掌握控件属性、方法以及应用的方式,对于文本框、列表框、组合框、滚动条这几个控件,常常作为信息的输入方式来应用。

7.2.1 文本框

文本框(TextBox)主要用于在窗体中显示和接收文本信息。在程序运行期间,用户可用鼠标、键盘在文本框中进行文字编辑。

1. 属性

文本框的默认控件名为Text1、Text2、…。文本框的常用属性Height、Left、Text、Name、Top、Visible、Width、Alignment、Enabled、FontBold、FontItalic、FontName、FontSize、FontStrikethru、FontUnderline、ForeColor、MaxLength、MultiLine、PasswordChar、ScrollBars等。文本框的常用属性如表7-1所示。

表7-1 文本框的常用属性

属性	功能	说明
Text	文本框中显示的文本内容	其值为字符型,是默认属性
PasswordChar	设置文本框内容的显示形式(仅对单行文本有效)	为空,表示正常显示形式(默认值);为一个字符,表示显示的内容均为该字符
MultiLine	决定是否能接收和显示多行文本	为True,表示可接收和显示多行文本
MaxLength	文本框中可接收和显示字符的最大长度	为0,表示字符数无限制
ScrollBars	确定文本框是否具有滚动条,只有当MultiLine为True时,该属性才有效	为0,表示无滚动条;为1,表示有水平滚动条;为2,表示有垂直滚动条;为3,表示有水平和垂直两种滚动条
Locked	设置是否锁定文本框中的内容	为True,表示不能改变其中的内容
Alignment	设置文本的对齐特性	为0,表示为左对齐,为1,表示右对齐,为2,表示居中
SelStart	设置在文本框中插入点的位置	默认值为0,表示插入点在最左边

在Text中输入多行文本时,应注意以下内容。

在设计阶段,通过属性界面选择Text属性,并在其中直接输入,当需要换行时按Ctrl+Enter键;也可通过编写程序实现,换行符为VbCrLf。

2. 事件

文本框常用事件有:Change、Click、DblClick、GotFocus、KeyDown、KeyPress、KeyUp、MouseDown、MouseMove、MouseUp等,文本框除了主要响应事件Click、DblClick外,其他主要事件如表7-2所示。

表 7-2　文本框的常用事件

属　　性	触发事件的时间
Change	当 Text 属性发生变化时，触发该事件
GotFocus	当对象获得焦点时，触发该事件
LostFocus	当对象失去焦点时，触发该事件
KeyPress	在拥有焦点时，按下键盘键并释放则触发该事件

一个窗体上可以添加多个控件，但最多只允许一个控件能够接收键盘输入。这个能处理键盘事件的控件称为“拥有焦点”。

原先不拥有焦点的对象，现在能够接收键盘输入了，称为“获得焦点”，同时触发 GotFocus 事件；反之，则称为“失去焦点”，同时触发 LostFocus 事件。在用户界面上，若某个文本框中有表示插入点的竖线在闪动，则表示该文本框拥有焦点。

许多控件是可以拥有焦点的，但 Label、Frame、Timer、Image 等控件不能拥有焦点。

要将焦点移到指定的对象上，可使用 SetFocus 方法。SetFocus 方法适用于大部分可见控件，其代码格式如下：

```
<Object.> SetFocus
```

例如：

```
Text1.SetFocus                '将焦点移到文本框 Text1 上
```

7.2.2　列表框和组合框控件

列表框（ListBox）和组合框（ComboBox）都是列表类控件，向用户提供可选择项目的列表。它们有许多相似的功能、属性、方法和事件。列表框控件提供一个项目列表，用户可以从中选择一个或多个项目。在应用程序中，可以显示多列列表项目，也可以显示单列列表项目。如果列表中的项目超过列表框可显示的数目时，控件上将自动出现滚动条，供用户浏览项目，以便选择。组合框将文本框和列表框的功能结合在一起，用户既可以在组合框中像文本框一样直接输入文本来选定项目，也可以直接从列表中选定项目。组合框控件不支持多列显示。如图 7-3 所示为列表框控件，如图 7-4 所示为组合框控件。

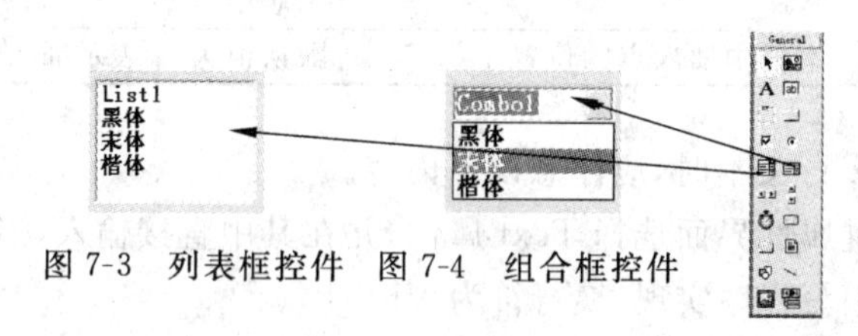

图 7-3　列表框控件　图 7-4　组合框控件

1. 常用属性

列表框及组合框控件常用属性主要包括：Height、Index、Left、List、ListCount、ListIndex、Name、Style（组合框）、Text、Top、Width、Enabled、Fontbold、FontItalic、FontName、FontSize、Sorted、ForeColor、MultiSelect（列表框）、NewIndex、Selected（列表框）、Visible 等。

1) Columns 属性

Columns 属性用于指定列表框中列的数目(栏数)。列表框中的项目可以单列垂直显示,也可以水平单列或水平多列列表显示,其取值如表 7-3 所示。

表 7-3 Columns 属性值及其含义

值	描 述
0	垂直单列列表
1	水平单列列表
大于 1	水平多列列表

说明:Columns 属性不适用于组合框,因为组合框不支持项目的多列显示。

2) Text 属性

Text 属性用于直接返回当前选中的项目文本。该属性是一个只读属性,不能在设计时通过属性界面设置,也不允许在程序运行时通过代码设置,它只用于获取当前选定的项目值。

3) List 属性

List 属性用来访问列表中的所有列表项,它是以字符串数组的方式存在的。在列表中,每一项都是 List 属性的一个元素。通过该属性,可以实现对列表框中每一列表项进行单独操作。列表框中第一个列表项的数组下标索引值为 0,最后一个列表项的数组下标索引值为 ListCount−1。

4) ListIndex 属性

ListIndex 属性用于设置或返回列表框或组合框中当前选定项目的下标索引。对于列表框,其索引的缺省值为当前选中的项,对组合框而言,其索引缺省值为−1。当 ListIndex 属性值为−1 时,表示当前没有列表项被选中,或者用户在组合框中输入了新的文本。

ListIndex 属性可以与 List 属性结合起来使用,共同确定选定项目的文本。如当前列表框控件名称为 List1,则 List1. List(ListIndex)的值为列表框 List1 当前选定的项目文本,它与 List1. Text 的值是完全相同的。

5) ListCount 属性

ListCount 属性用于返回列表框或组合框中当前列表项的数目。ListCount 属性的值总是等于列表中最后一个列表项的 ListIndex 的属性值加 1。该属性是一个只读属性,不能在属性界面中设置,只能在程序运行时访问它。

6) NewIndex 属性

NewIndex 属性返回最新加到列表框或组合框中列表项的下标索引值。该属性设计时不可用,运行时为只读属性。该属性主要用于已排序的列表框和组合框。当向已排序的列表框或组合框插入一项时,NewIndex 属性将会告诉你,该项插在列表中的什么位置。如果在列表中没有任何列表项,则 NewIndex 属性的返回值为−1。

7) Sorted 属性

Sorted 属性指定列表框或组合框中的项是否按字母顺序进行排列。Sorted 属性为运行时只读属性,它有两个值:True 或 False。值为 True 时,表示按字母顺序对列表中的项进行排序,排序时区分列表项中字母的大小写,同时,更改列表项的下标索引值;值为 False

时表示不对列表项进行排序。

8）MultiSelect 属性

MultiSelect 属性只适用于列表框控件。该属性可以实现在列表中同时选择多个项目。MultiSelect 属性的取值如表 7-4 所示。

表 7-4 MultiSelect 属性值及其含义

属 性 值	描 述
0(None)	缺省值，每次只能选择一个项目
1(Simple)	简单多项选择
2(Extended)	扩充多项选择

多项选择的方法既可以同时按下 Shift 键和方向键选择彼此相邻的项目，也可以按下 Ctrl 键，用鼠标逐个选择彼此不相邻的项目。

9）Selected 属性

Selected 属性只适用于列表框控件，当 MultiSelect 属性为 True 时，它用于确定列表框中某一项的选定状态。当某一项被选中时，对应数组元素的值为 True，否则，对应的值为 False。

10）Style 属性

Style 属性列表框和组合框都具有 Style 属性，该属性只能在设计时设定。

列表框的 Style 属性用于确定列表框中列表项的表现形式，其取值有两种：为 0 (Standard)表示标准列表框，为 1(Checkbox)表示在列表项的前面加上一个复选框，如图 7-5 所示。

组合框的 Style 属性用于确定组合框的样式，其取值有三种。

(1) Style 值为 0 时，组合框为标准下拉式样式，如图 7-6 所示。

图 7-5 下拉列表样式组合框

图 7-6 标准下拉式组

在这种情况下，用户可以直接输入文本，也可以单击组合框右侧的箭头，打开组合框所有选项列表，当用户选定了某一列表项后，该选项就插入到组合框顶部的文本框，同时关闭下拉列表。

(2) Style 值为 1 时，组合框为简单组合框样式。在这种情况下，用户可以直接输入文本，也可以从列表中选择项目。简单组合框的右侧没有下拉箭头，在任何时候，其列表都是显示的。当列表选项数目超过可显示的限度时，将自动添加一个垂直滚动条。

(3) 当 Style 的值为 2 时，组合框为下拉列表样式，用户只能从列表中选择。

2. 常用事件

常用事件包括 Click、Change(组合框)、DblClick、KeyDown、KeyPress、KeyUP 等。

1) Click 事件

当单击某一列表项目时，将触发列表框与组合框控件的 Click 事件。该事件发生时系统会自动改变列表框与组合框控件的 ListIndex、Selected、Text 等属性，无须另行编写代码。

2）DblClick 事件

当双击某一列表项目时，将触发列表框与简单组合框控件的 DblClick 事件。所有类型的组合框都能响应 Click 事件，但只有简单组合框（Style 属性为 1）才能接受 DblClick 事件。

3）Change 事件

对于下拉式组合框或简单组合框控件，当用户通过键盘输入改变了文本框部分的内容时，或者通过代码改变了 Text 属性的设置时，将触发 Change 事件。虽然通过单击列表选项可以改变组合框的 Text 属性值，但这并不会触发组合框的 Change 事件。

通常情况下，列表框和组合框的主要作用是通过它们的 Text 属性为应用程序的其他部分提供被选择的信息，程序员一般不需要为列表框和组合框编写事件过程代码。

3. 常用方法

主要方法有：AddItem、Clear、RemoveItem 等。

1）AddItem 方法

AddItem 方法向列表框或组合框添加新的列表项。

调用格式为：

```
控件名.AddItem  Item,[Index]
```

其中，控件名为列表框或组合框控件的名称。Item 为添加到列表中的字符串表达式。Index 用于指定在列表中插入新项目的位置。

例如 Index 为 0，表示将新项目添加到控件的第一个位置，如果缺省该参数，对于 Sorted 属性为 True 的控件，新项目按字母顺序添加到合适的位置上；对于 Sorted 属性为 False 的控件，新项目插入到列表的末尾。

对列表项目的添加是比较灵活的，在程序运行的任何时候都可以使用该方法动态地添加项目，通常在窗体的 Load 事件中添加列表项目。

2）RemoveItem 方法

RemoveItem 方法从列表框或组合框中删除指定位置的列表项。

调用格式为：

```
控件名.RemoveItem  Index
```

其中，Index 参数是要删除项目在列表中所处的位置。

3）Clear 方法

Clear 方法用于删除列表框或组合框中的所有项目。Clear 方法经常在列表刷新时使用。

4. 实例

例 7-1 使用列表框的属性、方法和事件的应用，要求从一个列表框向另外的列表框中添加选项，其界面组成如图 7-7 所示，主要操作方式如下。

1）界面设计

在屏幕上添加一个空白的窗体，向窗体上添加两个列表框（ListBox）控件和一个命令

(CommandButton)控件，其中控件的属性设置如表 7-5 所示。

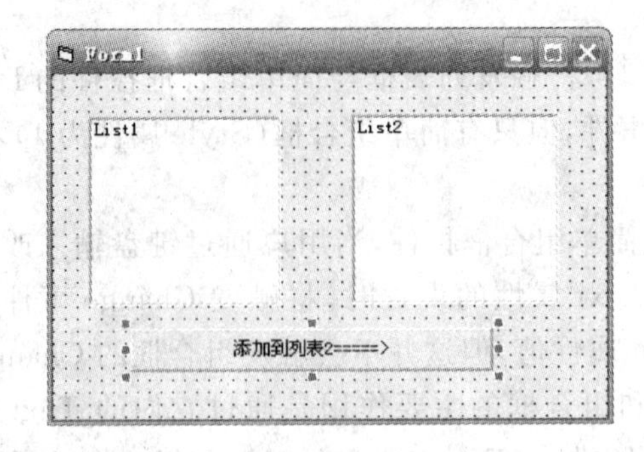

图 7-7　添加控件后的窗体

表 7-5　控件的属性设置

命令控件 CommandButton	(Name)	Command1
	Caption	添加到列表 2=====>
列表框控件 ListBox	(Name)	List1
	MultiSelect	2-Extended
列表框控件 ListBox	(Name)	List1
	TabIndex	1

2) 初始化代码设计

在程序代码窗口中确定窗体的 Form_Load()事件，并且在其中添加程序的初始化代码如下：

```
Private Sub Form_Load()
    List1.AddItem"北京"
    List1.AddItem"上海"
    List1.AddItem"重庆"
    List1.AddItem"哈尔滨"
    List1.AddItem"深圳"
    List1.AddItem"广东"
    List1.AddItem"珠海"
    List1.AddItem"汕头"
    List1.AddItem"海南"          '以上信息是增加在第一个列表框的控件(List1)
    List2.Clear                  '对第二个列表框控件(List2)清空
End Sub
```

在以上程序初始化代码中，首先向 List1 中添加 10 个选项信息，然后通过一条语句 List2.Clear 把控件 List2 清空。

3) 事件响应动作

命令按钮事件的操作，在 Command1_Click()事件中编写下列代码：

```
Private Sub Command1_Click()
   For i = 0 To List1.ListCount－1
    If List1.Selected(i) Then
      List2.AddItem(List1.List(i))
```

```
        End If
    Next i
End Sub
```

4）程序运行结果

程序运行的画面如图 7-8 所示。在程序运行的操作中，由于执行了 List2. Clear 语句，所以开始控件 List2 被清空，在列表框 List1 中可用 Shift 键、Ctrl 键和鼠标键选择选项，单击“添加到列表 2＝＝＝＝＝＞”按钮进行复制。

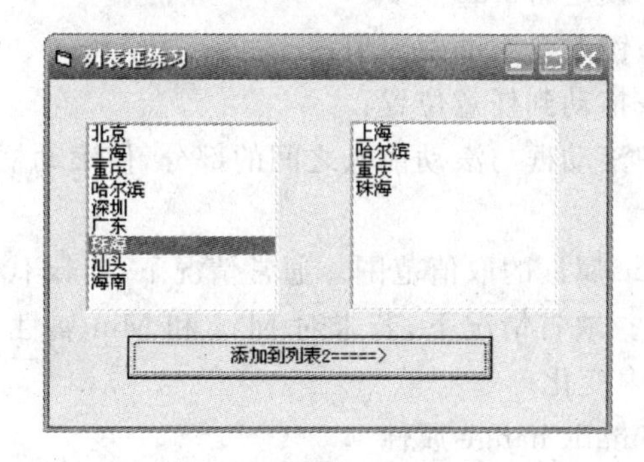

图 7-8 程序运行的画面

7.2.3 滚动条

滚动条(ScrollBar)在 Windows 的工作环境中，经常可以见到。当一个页面上的内容不能在当前窗口中完全显示时，可以单击滚动条两端的滚动箭头，或者拖动滚动条上的滚动块，移动窗口，浏览页面内容的不同部分。

在应用程序中，有时还可以把滚动条作为一种特殊的数据输入工具，用来对程序的运行进行某些控制。Visual Basic 在工具箱中提供了水平滚动条(HScrollBar)和垂直滚动条(VScrollBar)，二者只是表现形式不同，其功能是完全一样的，用户可以根据界面设计的需要选择适当样式的滚动条。在 Visual Basic 中，滚动条控件的使用常常与需要浏览信息，但又不支持滚动功能的控件(如图片框控件)配合使用，为它们提供滚动浏览信息的功能；也可以作为用户信息输入的控件，如在多媒体应用程序中，使用滚动条来作为控制音量的设备。具体来说，当项目列表很长或者信息量很大时，可以通过滚动条实现简单的定位功能。此外，滚动条还可以按比例指示当前位置，以控制程序输入，作为速度、数量的指示器来使用。滚动条在工具箱中的图标为 。

滚动条是一个独立的控件，它有自己的事件、属性和方法集。其中文本框、列表框和组合框内部在特定情况下都会出现滚动条，但它们属于这些控件的一部分，不是一个独立的控件。

1. 常用属性

常用属性有 Height、Left、Name、Max、Min、Top、Value、Width、Enabled、FontBold、FontItalic、FontName、FontSize、FontStrikethru、FontUnderline、ForeColor、LargeChange、SmallChange、Visible 等。

1）Value 属性

对应于滚动框在滚动条中的相对位置，其值是一个整数。

（1）对于水平滚动条。当滚动框处于最左边时，该属性取最小值。

（2）对于垂直滚动条。当滚动框处于最顶端时，该属性也取最小值。

当滚动框处于中间的各个位置时，Value 值介于最大值和最小值之间，并严格按照比例设定滚动框在滚动条中的位置。改变滚动条 Value 属性的方法有 4 种。

① 直接在属性窗口中设定 Value 值；

② 鼠标单击两端箭头键改变滚动条数值；

③ 将滚动框沿滚动条拖动到任意位置；

④ 鼠标单击滚动条中滚动框与滚动箭头之间的部分，使滚动框以翻页的速度移动。

2）Max 和 Min 属性

用于设定滚动条 Value 属性的取值范围。通常情况下，Max 代表 Value 的最大值，Min 代表 Value 属性的最小值。缺省情况下，若未对 Max 和 Min 属性进行设置，Value 属性的取值在 0～32 767 的范围内变化。

3）LargeChange 和 SmallChange 属性

LargeChange 属性确定当在滚动框和滚动箭头之间单击鼠标时，Value 属性值的变化量；SmallChange 属性确定当用鼠标单击滚动条两端箭头时，Value 属性值的变化量。这两个属性的缺省值都为 1，变化量应该在 Min 和 Max 属性之间进行选择。

2. 常用事件

1）Change 事件

在移动滚动框或通过代码改变其 Value 属性值时发生。可通过编写 Change 事件过程来协调各控件间显示的数据或使它们同步。

2）Scroll 事件

当滚动框被重新定位或按水平方向或垂直方向滚动时，Scroll 事件发生。在拖动滚动框时触发。

Scroll 事件与 Change 事件的区别在于：当滚动条控件滚动时，Scroll 事件一直发生，而 Change 事件只是在滚动结束之后才发生一次。

3. 实例

例 7-2 创建一个应用程序，使用滚动条来设置字体大小的程序，界面如图 7-9 所示。要求为：

（1）在文本框中输入 1～100 范围内的数值后，滚动条的滚动框会滚动到相应位置，同时标签的字号也会相应改变。

（2）当滚动条的滚动框的位置改变后，文本框中也会显示出相应的数值，标签的字号也会相应改变。

字号设置

学生

100

图 7-9 用滚动条设置字号界面

各个控件及属性按表 7-6 所示设置。

表 7-6 各对象的主要属性设置

对象	属性(属性值)	属性(属性值)	说明
窗体	Name(Form1)	Caption("字号设置")	
标签	Name(ztDisp)	Caption("学生")	用来显示字体
水平滚动条	Name(hsbFontSize)		用来调整字体的大小
文本框	Name(txtFontSize)		用来显示字体大小的数字

程序代码如下：

```
Private Sub Form_Load()
  ztDisp.FontSize = 10                          '初始化字体大小为 10
  hsbFontSiZe.Min = 1
  hsbFontSiZe.Max = 100
  hsbFontSiZe.SmallChang = 1
  hsbFontSize.LargeChang = 5
  hsbFontSiZe.Value = 10
  txtFontSiZe.Text = "10"
End Sub
Private Sub hsbFontSize_Change()                '滚动条的 Change 事件
  ztDisp.FontSize = hsbFontSize.Value
  txtFontSiZe.Text = Str(hsbFontSize.Value)
End Sub
Private Sub txtFontSize_Change()                '文本框的 Change 事件
'下面代码判断数据的有效性
  If IsNumeric(txtFontSize.Text) And Val(txtFontSize.Text) >= _
      hsbFontSize.Min And Val(txtFontSize.text) <= hsbFontSize.Max Then
        hsbFontSize.Value = Val(txtFontSize.Text)
  Else
        txtFontSize.Text = "无效数据"
  End If
End Sub
```

7.3 输出类——窗体、标签、图片框

在 Visual Basic 软件控件操作中，常常用作信息的输出有：窗体、标签、图片框控件，其中窗体、标签的操作方式见第 2 章内容。窗体及图片框一方面可以作为信息的输出，另外，也可以作为容器使用。标签控件是用来显示文本的控件，但没有文本输入的功能，它主要用来标注和显示提示信息。

7.3.1 标签

对于标签，常用属性包括 Caption、Height、Left、Name、Top、Visible、Width、Alignment、BackColor、Enabled、FontBold、FontItalic、FontName、FontSize、FontStrikethru、FontUnderline、ForeColor 等。一般只需要掌握以下几个属性。

1. Caption 属性

Caption 属性用来改变 Label 控件中显示的文本。Caption 属性允许文本的长度最多为 1024 字节。缺省情况下，当文本超过控件宽度时，文本会自动换行，而当文本超过控件高度时，超出部分将被裁剪掉。

2. BackStyle 属性

BackStyle 属性用于确定标签的背景是否透明。它有两种情况可选：值为 0 时，表示背景透明，标签后的背景和图形可见；值为 1 时，表示不透明，标签后的背景和图形不可见。

3. AutoSize 和 WordWrap 属性

AutoSize 属性确定标签是否会随标题内容的多少自动变化。如果值为 True，则随 Caption 内容的大小自动调整控件本身的大小，且不换行；如果值为 False，表示标签的尺寸不能调整，超出尺寸范围的内容不予显示。

WordWrap 属性用来设置当标签在水平方向上不能容纳标签中的文本时是否换行显示文本。当其值为 True 时，表示文本换行显示，标签在垂直方向上放大或缩小以适合文本的大小，标签水平方向的宽度保持不变；其值为 False 时，表示文本不换行。

7.3.2 图片框

在 Visual Basic 有一个既可以显示图片，又可以输出数据的控件，就是图片框(PictureBox)控件。能作为图形容器的图片框，它们既可以作为各种图形控件的载体，也可以作为各种绘图方法的操作对象。以及显示 Print 方法输出的文本。图片框在工具箱中的图标为 ，本节主要运用它的信息输出功能，图形操作见第 10 章的内容。

例 7-3 在窗体及图片框中显示数据，如图 7-10 所示。

程序代码如下：

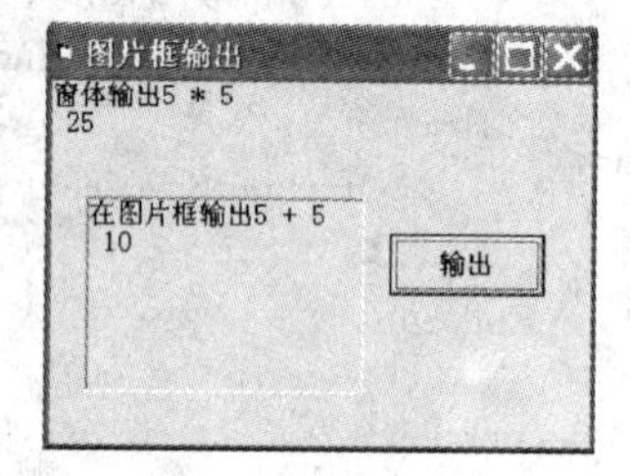

图 7-10 窗体及图片框中显示数据界面

```
Private Sub Command1_Click()
  Print "窗体输出 5 * 5"
  Print 5 * 5
  '用图片框输出信息
  Picture1.Print "在图片框输出 5 + 5"
  Picture1.Print 5 + 5
End Sub
```

7.4 选择按钮和复选框

选择按钮(OptionButton)和复选框(CheckBox)是应用程序的用户界面中常用的两类控件。这两类控件单个使用通常是没有意义的，实际应用中总是成组出现的。

选择按钮和复选框都是选择类型的控件，它们有许多相同的地方，也有着明显的区别。选择按钮，也就是单选按钮，常以数组形式出现，有且只有一个选项被选中，多个单选钮同处在一个容器中，只能选择其中的一个；复选框，也就是检查框，多个检查框可以同时选中多个。

7.4.1 选择按钮

OptionButton1 在任何时刻用户只能从中选择一个选项，实现一种"单项选择"的功能，被选中项目左侧圆圈中会出现一黑点。单选钮在工具箱中的图标为 。另外，同一"容器"中的单选钮提供的选项是相互排斥的，即只要选中某个选项，其余选项就自动取消选中状态，如图 7-11 所示。

图 7-11 选择按钮

选择按钮属性、方法及事件如下。

1）属性

Caption 属性：设置标题内容。

Value 属性：是单选钮控件最重要的属性，为逻辑型值，当为 True 时，表示已选择了该按钮，为 False(默认值)则表示没有选择该按钮，如表 7-7 所示。用户可在设计阶段通过属性界面或在运行阶段通过程序代码设置该属性值，也可在运行阶段通过鼠标单击某单选钮控件将其 Value 属性设置为 True。

表 7-7 Value 属性值

设置值	值	状 态
False	0	未选定
True	1	选定

2）方法

SetFocus 方法是单选钮控件最常用的方法，可以在代码中通过该方法将焦点定位于某单选钮控件，从而使其 Value 属性设置为 True。与命令按钮控件相同，使用该方法之前，必须要保证单选钮控件当前处于可见和可用状态，必须把 Visible 与 Enabled 属性值均设置为 True。

3）事件

单选钮控件最基本的事件是 Click 事件，用户无需为单选钮控件编写 Click 事件过程，因为当用户单击单选钮控件时，它会自动改变 Value 属性值。

例 7-4 设计一个字体设置程序，界面如图 7-12 所示，要求为：

程序运行后，单击"宋体"或"黑体"单选钮，可将所选字体应用于标签，单击"结束"按钮则结束程序。在属性界面中按表 7-8 所示设置各对象的属性。

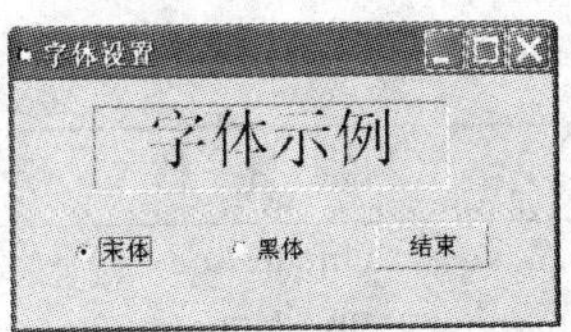

图 7-12 字体设置

表 7-8　各对象的主要属性设置

对象	属性(属性值)	属性(属性值)	属性(属性值)	属性(属性值)
窗体	Name(Form1)	Caption("字体设置")		
标签	Name(lblDisp)	Caption("字体示例")	Alignmem(2)	BorderStyle(1)
单选钮 1	Name(optSong)	Caption("宋体")		
单选钮 2	Name(optHei)	Caption("黑体")		
命令按钮	Name(cmdEnd)	Caption("结束")		

程序代码如下：

```
Private  Sub optSong_Click()                    '设置宋体
    lblDisp.FontName = "宋体"
End Sub
Private  Sub optHei_Click()                     '设置黑体
    lblDisp.FontNaIne = "黑体"
End Sub
Private  Sub cmdEnd_Click()                     '结束
   End
End Sub
```

说明：程序在运行后，"宋体"单选钮自动处于选中状态。

7.4.2　复选框

复选框(CheckBox)也称作检查框、选择框。一组复选框控件可以提供多个选项，它们彼此独立工作，用户可以选择其中的一个或多个，也可以一个不选。所以用户可以同时选择任意多个选项，实现一种"不定项选择"的功能。选择某一选项后，该控件将显示"√"，而清除此选项后，"√"消失。复选框在工具箱中的图标为 ☑。

复选框有三种选择它们的方法：①鼠标；②键盘；③程序代码。

选择按钮属性、方法及事件如下。

1. 属性

Caption 属性：设置标题内容。

Value 属性：是复选框控件最重要的属性，但与单选钮不同，该控件的 Value 属性为数值型数据，可取三种值：0 为未选中(默认值)，1 为选中，2 为变灰，如表 7-9 所示。同样，用户可在设计阶段通过属性界面或通过程序代码设置该属性值，也可在运行阶段通过鼠标单击来改变该属性值。

表 7-9　Value 属性值

设置值	值	状态
Unchecked	0	未选定
Checked	1	选定
Grayed	2	禁止使用

说明：

(1) 复选框的 Value 属性值为 2 并不意味着用户无法选择该控件,用户依然可以通过鼠标单击或设置焦点的方法,即用 SetFocus 方法将焦点定位在复选框上。

(2) 若要禁止用户选择,必须将其 Enabled 属性设置为 False。

2. 事件

复选框控件最基本的事件也是 Click 事件。同样,用户无需为复选框编写 Click 事件过程,但其对 Value 属性值的改变遵循以下规则：

单击未选中的复选框时,复选框变为选中状态,Value 属性值变为 1;

单击已选中的复选框时,复选框变为未选中状态,Value 属性值变为 0;

单击变灰的复选框时,复选框变为未选中状态,Value 属性值变为 0。

运行时反复单击同一复选框,其只在选中与未选中状态之间进行切换,即 Value 属性值只能在 0 和 1 之间交替变换。

3. 常用事件

Click：二者均支持本事件。

Dbclick：选项按钮支持本事件。可双击 OptionButton3 试试。

例 7-5 创建一个应用程序,通过对文本控制的选择,改变标签中文本"VB 程序设计教程"的表现形式,界面如图 7-13 所示。要求：程序运行后,单击各复选框,可将所选字形应用于标签,单击"结束"按钮则结束程序。在属性窗口中按表 7-10 所示设置各对象的属性。

图 7-13 字体设置

表 7-10 各对象的主要属性设置

对　　象	属性(属性值)	属性(属性值)	属性(属性值)	属性(属性值)
窗体	Name(Form1)	Caption("字形设置")		
标签	Name(lblDisp)	Caption("字体示例")	Alignment(2)	BorderStyle(1)
检查框 1	Name(chkBold)	Caption("加粗")		
检查框 2	Name(chkItalic)	Caption("倾斜")		
检查框 3	Name(chkUline)	Caption("下划线")		
检查框 4	Name(chkSth)	Caption("删除线")		
命令按钮	Name(cmdEnd)	Caption("结束")		

分析如下。字体样式选择是在 4 种可选字体类型中任选一种,符合选项使用条件按钮控件的文本的表现效果有两种选项,可从选项中任意选择一个、两个或不选,符合复选框控件的使用条件即可。

程序代码如下：

```
Private Sub chkBold_Click()                    '设置加粗
    If chkBold.Value = 1 Then
        lblDisp.FontBold = True
    Else
```

```
        lblDisp.FontBold = False
    End If
End Sub
Private Sub chkItalic_Click()                  '设置倾斜
    If chkItalic.Value = 1 Then
        lblDisp.FontItalic = True
    Else
        lblDisp.FontItalic = False
    End If
End Sub
Private Sub chkUline_Click()                   '设置下划线
    If chkUline.Value = 1 Then
        lblDisp.FontUnderline = True
    Else
        lblDisp.FontUnderline = False
    End If
End Sub
Private Sub chkSth_Click()                     '设置删除线
    If chkSth.Value = 1 Then
        lblDisp.FontStrikethru = True
    Else
        lblDisp.FontStrikethru = False
    End If
End Sub
```

7.5 框架控件

同窗体一样，框架(Frame)控件也是一种“容器”，主要用于为其他控件分组，并将它们分成可标识的控件组。框架中的对象将随着框架移动，而其中对象的位置也是相对于框架而言的。框架在工具箱中的图标为 。

Frame 控件的常用属性有：

```
Name
Caption
Enabled         '指定 Frame 控件是否可用
```

框架除 Caption 属性外，一般情况下框架控件很少使用其他属性。

在框架上创建控件的步骤如下。

(1) 先建框架，后建其中的控件；

(2) 在框架控件上创建其他控件。

首先单击工具箱中的工具图标，光标在框架上变成小十字，然后在框架上拉出一个矩形，即可在框架上创建一个控件。

利用现有的控件将它们分组：选中要分组的控件，将它们剪切到剪贴板上选定框架控件，将剪贴板上的控件粘贴到 Frame 控件上。

例 7-6 框架、复选框和单选按钮应用示例。程序运行后，分别单击字体、字型，就会使标签中的文字按规定的效果显示，如图 7-14 所示。

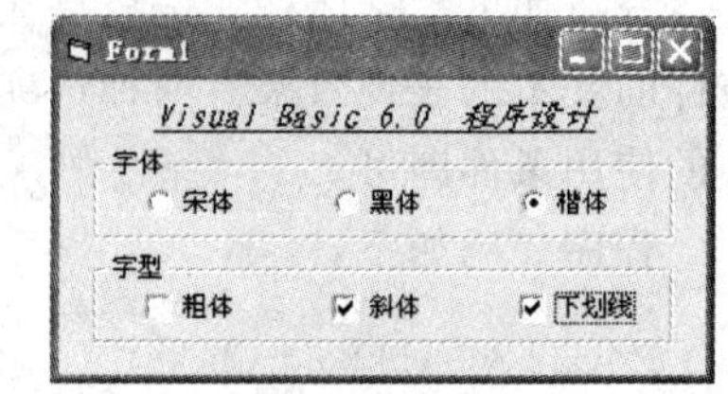

图 7-14 框架、复选框和单选按钮应用示例

1. 界面组成

一个窗体,先创建“字体”和“字型”两个框架,框架建好后,在“字体”框架上放单选按钮,在“字型”框架上放复选框控件。

2. 程序代码的组成

```
Private Sub Option1_Click()
  Label1.FontName = "宋体"
End Sub
Private Sub Option2_Click()
  Label1.FontName = "黑体"
End Sub
Private Sub Option3_Click()
  Label1.FontName = "楷体_GB2312"
End Sub
Private Sub Check1_Click()
  If Check1.Value = 1 Then
    Label1.FontBold = True
  Else
    Label1.FontBold = False
  End If
End Sub
Private Sub Check2_Click()
  If Check2.Value = 1 Then
    Label1.FontItalic = True
   Else
    Label1.FontItalic = False
  End If
End Sub
Private Sub Check3_Click()
  If Check3.Value = 1 Then
    Label1.FontUnderline = True
   Else
    Label1.FontUnderline = False
  End If
End Sub
```

注意:

① 在窗体上创建框架及其内部部件时,应先添加框架,然后再添加其他控件。

② 在代码中设置粗体的格式如下:

```
[Object.]FontFold=True/False           '为 True,设置为粗体;为 False,取消粗体设置
[Object.]FontItalic=True/False         '为 True,设置为斜体;为 False,取消斜体设置
[Object.]FontUnderline=True/False      '为 True,设置为下划线;为 False,取消下划线设置
```

③ 在代码中设置字体的格式如下:

```
[Object.]FontName= "字体名"
```

7.6 时钟控件

时钟控件(Timer)又称计时器、定时器控件,用于有规律地定时执行指定的工作,适合编写不需要与用户进行交互就可直接执行的代码,如倒计时、动画等。时钟控件在工具箱中的图标为⏱,在程序运行阶段,时钟控件不可见。

定时器控件是一种按一定时间间隔触发事件的控件,其作用是使应用程序按照一定的时间间隔执行某些操作。

1. 常用属性

Interval 属性：时间间隔属性。

Enabled 属性：有效性属性。

1) Interval 属性

取值范围在 0～64 767 之间(包括这两个数值),单位为 ms(0.001s),表示计时间隔。若将 Interval 属性设置为 0 或负数,则时钟控件停止工作。

说明：时钟控件的时间间隔并不精确,当 Interval 属性值设置过小时,可能影响系统的性能。

2) Enabled 属性

无论何时,只要时钟控件的 Enabled 属性被设置为 True 而且 Interval 属性值大于 0,则时钟控件开始工作,以 Interval 属性值为间隔,触发 Timer 事件。

通过把 Enabled 属性设置为 False 可使时钟控件无效,即时钟控件停止工作。

2. 方法

Visual Basic 没有为时钟控件提供有关的方法。

3. 事件

定时器只有一个 Timer 事件,用来完成应用程序需要定时完成的任务。时钟控件只能响应 Timer 事件,当 Enabled 属性值为 True 且 Interval 属性值大于 0 时,该事件以 Interval 属性指定的时间间隔发生,需要定时执行的操作即放在该事件过程中完成。

例 7-7 设计一个倒计时程序,界面如图 7-15 所示。程序运行结果如图 7-16 所示。

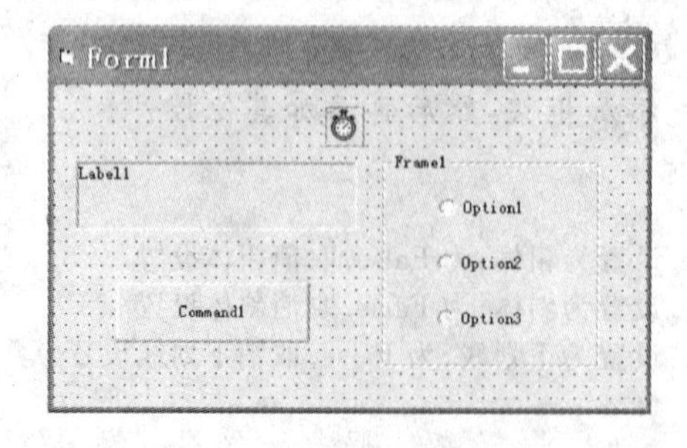

图 7-15 倒计时应用界面

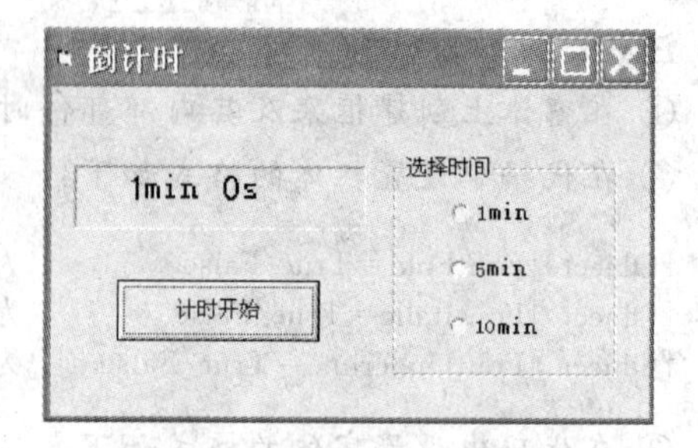

图 7-16 程序运行结果

程序要求如下：

(1) 程序运行后，通过单选钮选择计时时间(默认为 1min)，单击“计时开始”按钮进行倒计时。

(2) 在标签中显示计时情况，计时结束后在标签中显示“时间到”。

(3) 单选钮和“计时开始”按钮在计时开始后被禁用，直到计时结束后才可以使用。

在属性界面中按表 7-11 所示设置各对象的属性。

表 7-11 各对象的主要属性设置

对象	属性(属性值)	属性(属性值)	属性(属性值)	属性(属性值)
窗体	Name(Form1)	Caption(“倒计时”)	BorderStyle(1)	
框架	Name(Frame1)	Caption(“选择时间”)		
单选钮 1	Name(optOne)	Caption(“1min”)	Value(True)	
单选钮 2	Name(optFive)	Caption(“5min”)		
单选钮 3	Name(optTen)	Caption(“10min”)		
标签	Name(lblTime)	Caption(“1min0s”)	BorderStyle(1)	Alignment(2)
命令按钮	Name(cmdStart)	Caption(“计时开始”)		
时钟	Name(Timer1)	Interval(1000)	Enabled(Fatse)	

程序代码如下：

```
'声明窗体级变量 pretime,mm,ss 用于存放余下时间的总秒数,分钟数及除去整分钟后的秒数
Dim pretime As Integer, mm As Integer, ss As Integer
Private Sub cmdStart_Click()          '开始倒计时
    cmdStart.Enabled = False
    Frame1.Enabled = False            '禁用框架中的所有单选钮
    mm = pretime \ 60
    ss = pretime mod  60
    lbltime.Caption = Str(mm) & "min"& Str(ss) &"s"
    Timer1.Enabled = True
End Sub
Private Sub optOne_Click()
    Pretime = 60
End Sub
Private Sub optFive_Click()
    Pretime = 300
End Sub
Private Sub optTen_Click()
    Pretime = 600
End Sub
Private Sub Timer1_Timer()
    Pretime = Pretime -1              '减少 1s
    mm = pretime \ 60                 '计算剩余的分钟
    ss = pretime mod  60              '除去整分后的秒数
     lbltime.Caption = Str(mm) & "min"& Str(ss) &"s"
    If mm = 0 And ss = 0 Then
        lblTime.Caption = “时间到!”
          Timer1.Enabled = False
          Frame1.Enabled = True
```

```
        cmdStart.Enabled = True
    End If
End Sub
```

7.7 控件数组

7.7.1 控件数组的组成方式

控件数组是一组控件，它们是具有共同名称(Name 属性)的同类型控件，每个控件的事件过程具有共享同样的事件过程。

在建立控件数组时，每个控件元素被自动赋予一个唯一的索引号(Index 属性)。例如一个文本控件数组的表述为 Text(1)、Text(2)、Text(3)、Text(4)等。元素数目可在系统资源和内存允许的范围内增加。在控件数组中可用到的最大索引值为 32 767。同一控件数组中的元素可以有自己的属性设置值。

7.7.2 控件数组的建立

1. 在设计阶段建立控件数组

操作方式为：在窗体上放置一个控件，并进行相关属性设置，此时设置 Name 属性，该 Name 属性即可作为控件数组名。然后选中该控件，进行该控件的复制操作，同时进行若干次粘贴操作，这样就可建立所需个数的控件数组元素。

2. 在运行阶段添加控件数组元素

操作方式为：在窗体上放置一个控件，并将该控件的 Index 属性设为 0，表示该控件为控件数组的第一个元素。除设置 Name 属性外，还可以对一些取值相同的属性进行设置。同时，在程序代码中，通过 Load 方法添加其余的若干个元素，也可以通过 UnLoad 方法删除某个添加的元素。

Load 方法和 UnLoad 方法的使用格式为：

```
Load 控件数组名(<表达式>)
UnLoad 控件数组名(<表达式>)
```

其中，<表达式>为整型数据，表示控件数组的某个元素。

另外，每个控件数组的位置，可通过 Left 和 Top 属性确定每个新添加的控件数组元素在窗体上的位置，并将 Visible 属性设置为 True。

7.7.3 应用举例

例 7-8 设计一个类似 Windows 计算器的程序，程序运行界面如图 7-17 所示。

程序的界面设计如下。

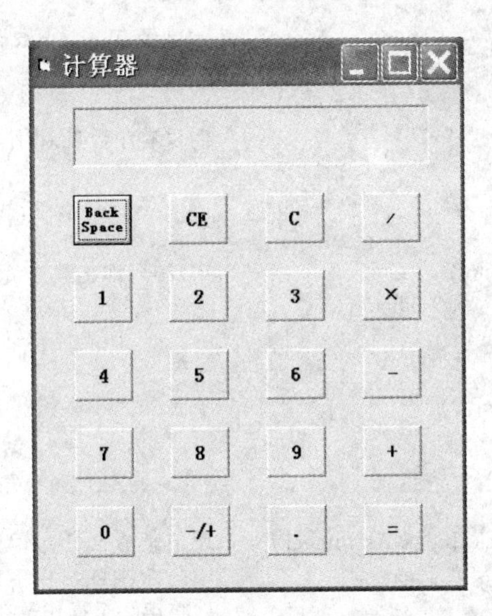

图 7-17 计算器程序运行效果

一个标签控件,用来显示数值及运算结果;

两个 Command 数组控件;

10 个数字按钮,表示"+、-、×、/"运算符按钮,在属性界面中按表 7-12 所示设置各对象的属性。

表 7-12 各对象的主要属性设置

对 象	属性(属性值)	属性(属性值)	属性(属性值)
窗体	Name(Form1)	Caption("计算器")	
标签	Name(Disp)	Caption(" ")	BorderStyle(1)
命令按钮数组 1	Name(CmdNum(0)~CmdNum(9))	Caption("0"~"9")	Index(0~9)
命令按钮数组 2	Name(CmdOp(0)~CmdOp(3))	Caption("+、-、×、/")	Index(0~3)
命令按钮 1	Name(CmdBack)	Caption("BackSpace")	
命令按钮 2	Name(CmdCE)	Caption("CE")	
命令按钮 3	Name(CmdClear)	Caption("C")	
命令按钮 4	Name(CmdZF)	Caption("-,+")	
命令按钮 5	Name(CmdPoint)	Caption(".")	
命令按钮 6	Name(CmdEq)	Caption("=")	

程序代码如下:

```
Dim num As String, num1 As String                    '存放两个操作数
Dim op As String                                     '存放运算符
Private Sub CmdNum_Click(Index As Integer)           '数值键按钮
'将每次单击的数值按钮的 Caption 属性,即数值连接形成操作数 num,并在标签上显示
    num = num+CmdNum(Index).Caption
    Disp.Caption = num
End Sub
Private Sub CmdPoint_Click()                         '输入小数点
'用函数 Instr 查找 num 中有没有小数点
```

```
    If InStr(num, ".") <> 0 Then                '已经有一个小数点,退出该事件过程
        Exit Sub
    Else
        Num = num + "."                         '没有小数点,将小数点加入字符串中
    End If
    Disp.Caption = num
End Sub
Private Sub CmdZF_Click()                       '反号,即正数变负数,负数变正数
    If Left(num, 1) <> "-" Then
        num = "-"& num
    Else
        num = Mid(num, 2)
    End If
    Disp.Caption = num
End Sub
Private Sub CmdOp_Click(Index As Integer)       '记录第一个操作数和运算符
    If Disp.Caption <> " " Then                 '当标签 Disp 中不是空,即表示已输入一个数据
        num1 = num                              '将第一个操作数存入变量 num1
'清空 Disp、字符串 num,准备输入第二个操作数 num
        Disp.Caption = " "
        num =?" "
    End If
'将你选择的运算符"+、-、×、/",保存在模块级变量 op 中
    op = Cmdop(Index).Caption
End Sub
Private Sub CmdEq_Click()                       '根据运算标志进行计算
    Select Case op
        Case "+"
            num = CStr(Val(num1) + Val(num))
        Case "-"
            num = CStr(Val(num1) - Val(num))
        Case "*"
            num = CStr(Val(numl) * Val(num))
        Case "/"
            If Val(num) = 0 Then
                MsgBox("除数不能为 0,请重新输入")
            Else
                num = CStr(Val(num1)/Val(num))
            End If
        End Select
    Disp.Caption = num
End Sub
Private Sub CmdCE_Click()                       '删除运算数
    num = " "
    Disp.Caption = num
End Sub
Private Sub CmdBack_Click()                     '退格,删除运算数最右边一个字符
    If num <> " "  Then  num = Left(num, Len(num)-1)
    Disp.Caption = num
Private Sub CmdClear_Click()                    '删除所有操作数,恢复初始状态
    num = " "
```

```
        num1 = " "
        Disp.Caption = num
        Opindex = 0
    End Sub
```

7.8 键盘、鼠标事件

在Windows应用软件中,大量用到鼠标、键盘事件,其中,Visual Basic软件编程中鼠标的Click事件、DblClick事件和键盘的KeyPress事件就是最常用的事件。Visual Basic应用程序中大多数控件都能够响应多种鼠标事件和键盘事件。

7.8.1 事件概述

事件是指由系统事先设定的、能被对象识别和响应的动作。例如,在应用程序中单击一个按钮,程序就会执行相应的操作。在Visual Basic中,就称按钮响应了鼠标的单击事件。

传统的高级语言程序由一个主程序和若干个过程和函数组成,程序运行时总是从主程序开始,由主程序调用各过程和函数。程序设计者在编写程序时必须将整个程序的执行顺序十分精确地设计好。程序运行后,将按指定的过程执行,用户不能改变程序的执行顺序。因此,这种语言称为面向过程的语言。

Visual Basic程序没有传统意义上的主程序,在Visual Basic中,子程序称为过程。Visual Basic中有两类过程:事件过程和通用过程。程序的运行并不要求从主程序开始,每个事件过程也不是由所谓的"主程序"来调用的,而是由相应的"事件"触发执行的,通用过程则是由各事件过程来调用的。例如,单击鼠标按钮,系统将跟踪指针所指的对象,如果对象是一个按钮控件,则用户的单击动作就触发了按钮的Click事件,该事件过程中的代码就会被执行。执行结束后,又把控制权交给系统,等待下一个事件发生。

各事件的发生顺序完全由用户的操作决定,这样就使编程序的工作变得比较简单了,使用人员不再需要考虑程序的执行顺序,只需针对对象的事件编写出相应的事件过程即可。在Windows应用软件中称这些应用程序为事件驱动应用程序。在事件驱动应用程序中,由对象来识别事件。事件可以由一个用户动作产生,如单击鼠标或按下一个键;也可以由程序代码或系统产生,如计时器。目前,在应用程序中,每个对象,如窗体、控件、菜单等均可以编写事件代码。触发对象事件最常见的方式是通过鼠标或键盘操作。一般将通过鼠标触发的事件称为鼠标事件,将通过键盘触发的事件称为键盘事件。

7.8.2 鼠标事件

目前,在Windows应用软件中,多数应用程序是通过鼠标来操作的,如用鼠标单击按钮、选择菜单等。鼠标的操作主要有单击、双击、移动等几种,它们分别能触发一个事件,主要事件内容如下。

(1) MouseMove事件:每当鼠标指针移动到屏幕新位置时发生。

(2) MouseDown 事件：按下任意鼠标键按钮时发生。

(3) MouseUp 事件：释放任意鼠标键按钮时发生。

通过这些鼠标事件，应用程序能对鼠标位置及状态的变化做出响应操作。MouseMove、MouseDown、MouseUp 三个事件处理过程的语法格式如下。

(1) Sub Object MouseMove(Button As Integer, Shift As Integer, X As Single, Y As Single)

(2) Sub Object_MouseDown(Button As Integer, Shift As Integer, X As Single, Y As Single)

(3) Sub Object_MouseUp(Button As Integer, Shift As Integer, X As Single, Y As Single)

说明：

- Object：是可选的一个对象表达式，可以是窗体对象和大多数可视控件。
- Button：表示鼠标按下或松开哪个按钮，鼠标的不同按钮，得到的值是不同的。

Button 参数是一个低三位的二进制数 $b_2\ b_1\ b_0$，分别表示中间按钮、右按钮、左按钮的状态(即 M、R、L)，相应二进制位为：

$b_2=0$ 或 1，当为 1 时，表示鼠标中间键按下或释放。

$b_1=0$ 或 1，当为 1 时，表示鼠标右键按下或释放。

$b_0=0$ 或 1，当为 1 时，表示鼠标左键按下或释放。

其中，0 时表示未按下对应的按钮，为 1 时表示按下了对应按钮或释放按钮。

- Shift：表示在 Button 参数指定的按钮被按下或者被松开的情况下，键盘的 Shift、Ctrl 和 Alt 键的状态，通过该参数可以处理鼠标与键盘的组合操作。

其中，Shift 参数是一个低三位二进制数 $b_2\ b_1\ b_0$，相应二进制位为：

$b_2=1$，当为 1 时，表示键盘按下 Alt 键。

$b_1=1$，当为 1 时，表示键盘按下 Ctrl 键。

$b_0=1$，当为 1 时，表示键盘按下 Shift 键。

表 7-13 列出了各种可能的按键组合中 Shift 参数的值。

表 7-13　Shift 参数的值

二进制值	十进制值	系统常数	意　义
000	0		未按下任何键
011	3	vbShiftMask＋vbCtrlMask	同时按下 Shift 和 Ctrl 键
101	5	vbShiftMask＋vbAltMask	同时按下 Shift 和 Alt 键
110	6	vbCtrlMask＋vbAltMask	同时按下 Ctrl 和 Alt 键
111	7	vbCtrlMask＋vbAltMask＋vbShiftMask	同时按下 Ctrl、Alt 和 Shift 键

- X 和 Y：为鼠标指针的位置，通过 X 和 Y 参数返回一个指定鼠标指针当前位置的数，鼠标指针的位置使用该对象的坐标系统表示。

7.8.3 键盘事件

在 Windows 应用程序，最常用是鼠标操作，但有时也需要使用键盘操作，尤其是对于接收文本输入的控件，如文本框 TextBox，若需要控制文本框中输入的内容，处理 ASCII 字符,这就需要对键盘事件编程。

键盘的按键操作实际上也会触发三个事件,分别是 KeyPress、KeyDown、KeyUp 三种键盘事件,当按下某键后,触发 KeyDown 事件,键被弹起后,触发 KeyUp 事件,同时又触发了 KeyPress 事件。

1. KeyPress 事件

在按下与 ASCII 字符对应的键时将触发 KeyPress 事件。ASCII 字符集不仅代表标准键盘的字母、数字和标点符号,而且也代表大多数控制键。但是 KeyPress 事件只能识别 Enter(回车键)、Tab(制表位键)、Back Space(退格键)三个功能键,不能够检测其他功能键。

KeyPress 事件过程的语法格式是:

```
SubObject_KeyPress(KeyAscii As Integer)
```

Object:是指窗体或控件对象名。

KeyAscii:参数返回对应于 ASCII 字符代码的整型数值。

如果在应用程序中,通过编程来处理标准 ASCII 字符,应使用 KeyPress 事件。例如,可通过下面的代码将文本框中输入的所有字符都强制转换为大写字符。

```
Private Sub Textl_KeyPress(KeyAscii As Integer)
  KeyAscii = Asc(Ucase(Chr(KeyAscii)))
End Sub
```

其中,Chr 函数将 ASCII 字符代码转换成对应的字符,然后用 Ucase 函数将字符转换为大写,并用 Asc 函数将结果转换回字符代码。

另外,也可通过判断 ASCII 字符代码来检测是否按下某个键,例如,下面的代码用于检测用户是否正在按 Back Space 键。

```
Private Sub Textl_KeyPress(KeyAscii As Integer)
If KeyAscii = 8 Then MsgBox "You pressed the Back Space key."
End Sub
```

其中,Visual Basic 软件 Back Space 键的 ASCII 值为 8,其常数值为 vbKeyBack。

例 7-9 通过编程序,在一个文本框(Text1)中限定只能输入数字、小数点,只能响应 Back Space 键及 Enter 键。

```
Private Sub Text1_KeyPress(KeyAscii As Integer)
    Select Case KeyAscii
        Case 48 to 57,46,8,13
    Case E1se
        KeyAscii = 0
    End Select
End Sub
```

说明:

(1) 0~9 的数字字符的 ASCII 码值是 48~57,小数点的 ASCII 码值是 46;

(2) Back Space 键的 ASCII 码值是 8,Enter 键的 ASCII 码值是 13;

(3) 按其他键,当 KeyAscii = 0 时,不接受其他键的操作。

2. KeyDown 和 KeyUp 事件

当一个对象具有焦点时按下一个键则触发 KeyDown 事件,松开一个键则触发 KeyUp 事件。与 KeyPress 事件相比,KeyDown 和 KeyUp 事件能够报告键盘本身准确的物理状态:按下键(KeyDown)及松开键(KeyUp),而 KeyPress 事件只能提供键所代表的字符 ASCII 码而不识别键的按下或松开状态。此外,KeyDown 和 KeyUp 事件能够检测各种功能键、编辑键和定位键,而 KeyPress 事件只能识别 Enter、Tab 和 Back Space 键。

KeyUp 和 KeyDown 事件过程的语法格式如下:

```
Sub Object_KeyDown(KeyCode As Integer, Shift As Integer)
Sub Object_KeyUp(KeyCode As Integer, Shift As Integer)
```

其中,

(1) KeyCode 参数。

KeyCode 表示按下的物理键,通过 ASCII 值或键代码常数来识别键。其中,大小字母使用同一键,它们的 KeyCode 相同,为大写字母的 ASCII 码,如 A 和 a 的 KeyCode 都是 Asc("A")返回的数值,其数值为 65。上档键字符和下档键字符也使用同一键,它们的 KeyCode 值也是相同的,为下档字符的 ASCII 码,如:与;使用同一键,它们的 KeyCode 相同。此外,键盘上的 1 和数字小键盘的 1 被作为不同的键返回,尽管它们生成相同的字符,但它们的 KeyCode 值是不相同的。

表 7-14 列出了部分字符的 KeyDown 或 KeyUp 事件的 KeyCode 和 KeyPress 事件的 KeyAscii 值,注意它们值有所不同,注意它们的异同。

表 7-14 KeyCode 和 KeyAscii 值

键(字符)	KeyCode 值(十六进制/十进制)	KeyAscii 值(十六进制/十进制)
"A"	&H41(65)	&H41(65)
"a"	&H41(65)	&H61(97)
"#"	&H33(51)	&23(35)
"2"	&H33(51)	&33(51)
"1"(大键盘)	&H31(49)	&H31(49)
"1"(数字小键盘)	&H61(97)	&H31(49)
Home 键	&H24(36)	&H24(36)
F10 键	&H79(121)	无

用 KeyDown 事件判断是否按下了 A 键,语句的表述如下:

```
Private Sub Text1_KeyDown(KeyCode As Integer, Shift As Integer)
    If KeyCode = vbKey A Then
        MsgBox "You pressed the A key."
    End If
End Sub
```

KeyDown 和 KeyUp 事件可识别标准键盘上的大多数控制键,其中包括功能键(F1～

F16)、编辑键(Home、Page Up、Delete等)、定位键和数字小键盘上的键。

可以通过键代码常数或相应的ASCII值检测这些键,例如:

```
Private Sub Text1_KeyDown(KeyCode As Integer, Shift As Integer)
    If KeyCode = vbKey Home Then
        MsgBox "You pressed the Home key"
    End If
End Sub
```

对于字符代码的表示,可通过MSDN的"Visual Basic文档"中进行查找,得到它们的完整列表。也可通过"对象浏览器"搜索KeyCode Constants获得此列表。

(2) Shift参数。

Shift参数主要用来表示Shift、Ctrl和Alt键的状态,其含义与MouseMove、MouseDown、MouseUp事件中的Shift参数完全相同。

由于英文有大小写,为区分大小写,KeyDown和KeyUp事件常需要使用Shift参数,而KeyPress事件将字母的大小写作为两个不同的ASCII字符来处理,需要特别注意。

利用Shift参数来判断是否按下字母的大小写情况,如为A字符,语句的表示如下。

```
Private Sub Text1_KeyDown(KeyCode As Integer, Shift As Integer)
    If KeyCode = vbKey A And Shift =1 Then
        MsgBox "You pressed the uppercase A key. "
    End If
End Sub
```

数字与标点符号键的键代码与键上数字的ASCII代码相同,因此3和#的KeyCode为由Asc("3")返回的数值,其值为51。同样,为检测#,如需使用Shift参数,语句表示为:

```
Private Sub Text1_KeyDown(KeyCode As Integer, Shift As Integer)
  If KeyCode = vbKey 3 And Shift = 1 Then
      MsgBox "You pressed the # key. "
  End If
End Sub
```

习题7

一、判断题

1. 如果要时钟控件每分钟发生一个Timer事件,则Interval属性应设置为1;Interval属性值为0时,表示屏蔽计时器。
2. 计时器控件在Visual Basic应用程序启动后自动计时,无法暂停或关闭。
3. 要在同一窗体中建立几组相互独立的单选钮,就要用框架将每一组单选钮框起来。
4. 如果将框架控件的Enabled属性设为False,则框架内的控件都不可用。
5. 清除List1列表框对象的内容的语句是List1. Cls,清除Combo1组合框的内容的语句是Combo1. Clear。
6. 若在列表框中第五项之后插入一项目ABCD,则所用语句为List1. AddItem

"ABCD",6。

7. 组合框的 Change 事件在用户改变组合框的选中项时被触发。

8. 不同控件具有不完全相同的属性集合。一些属性是所有控件共有的,一些属性则是部分控件所特有的。

9. 一些属性既可以在属性界面中设置,又可以在代码中进行修改。另一些属性则是只读的,只能在设计阶段进行设置。

10. 除了标准控件以外,Visual Basic 可以使用其他控件、用户自定义控件和第三方厂商研制的控件。

11. 移动框架时框架内的控件也跟随移动,并且框架内各控件的 Top 和 Left 属性值也将分别随之改变。

12. 在用户拖动滚动滑块时,滚动条的 Change 事件连续发生。

13. 触发 KeyPress 事件必定触发 KeyDown 事件。

14. 当按下键盘并放开,将依次触发获得焦点对象的 KeyDown、KeyUp、KeyPress 事件。

15. 如果在 KeyDown 事件中将 KeyCode 设置为 0,KeyPress 的 KeyAscii 参数不会受影响。

16. 当单击鼠标,将依次触发所指向对象的 MouseDown、MouseUp 和 Click 事件。

二、填空题

1. 将文本框的 ScrollBars 属性设置为 2(有垂直滚动条),但没有出现垂直滚动条,这是因为没有将________属性设置为 True。

2. 检查框的________属性设置为 2-grayed 时,将变成灰色。

3. 列表框中的________和________属性是数组。列表框中项目的序号是从________开始的。列表框 List1 中最后一项的序号用________表示。

4. 组合框是组合了文本框和列表框的特性而形成的一种控件。________风格的组合框不允许用户输入列表中没有的项。

5. 当用户单击滚动条的空白处时,滑块移动的增量值由________属性决定。滚动条产生 Change 事件是因为________值改变了。

6. 在鼠标事件中(如 MouseMove 事件),Shift 参数为 1 表示在操作鼠标的同时也按下了键盘上的 Shift 键,为 2 表示同时也按下了键盘上的 Ctrl 键,那么 Shift 参数为 3 时,表示同时按下键盘上的________。

7. 要使一个文本框不接收任何键盘输入字符,在 KeyPress 事件使用________可实现。如果要使一个文本框只接收数字字符输入,在 KeyPress 事件使用________可实现。

三、程序填空

1. 完成一个字体设置程序的设计,要求分别单击三个组合列表框的列表项时,都能实现对标签控件 Label1“VB 程序设计:”字体的设置。程序启动后,组合列表框 Combo3 的文本框显示为 12,对 Combo3 的相关属性做合理设置。

```
Private Sub Form Load()                    '给组全框 Combo3 中添加字号
```

```
    Dim i As Integer
    For i=4 To 72 Step 4
        Combo3.AddItem Str(i)
    Next i
End Sub
Private Sub Combo1_Click()                         '选择并设置字体
    ____1____
End Sub
Private Sub Combo2_Click()                         '选择并设置字形
    Select Case ____2____
      Case"常规"
            Label1.FontBold=False
            Label1.FontItalic= False
      Case"斜体"
            Label1.FontBold= False
            Label1.FontItalic= True
      Case"粗体"
            Label1.FontBold= True
            Label1.FontItalic= False
      Case"粗体斜体"
            ____3____
            ____4____
    End Select
End Sub
Private Sub Combo3_Click()                         '选择并设置字号
    ____1____
End Sub
```

2. 下列程序段的功能是交换如图 7-18 所示的两个列表框中的项目。当双击某个项目时，该项目从本列表框中消失，并出现在另一个列表框中。列表 1 的名称为 List1，列表 2 的名称为 List2。

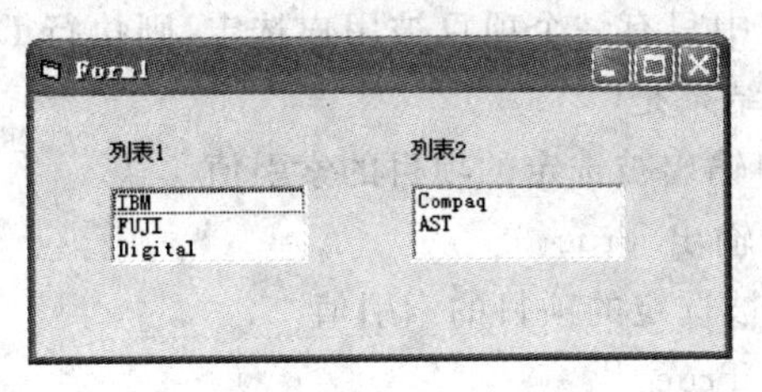

图 7-18　程序界面

```
Private Sub Form_Load()
    List1.AddItem "IBM"
    List1.AddItem "Compaq"
    List1.AddItem "AST"
    …
End Sub
Private Sub List1_DblClick()
      List2.AddItem ____1____
      ____2____
```

```
End Sub
Private Sub List2_DblClick()
    ______3______
    ______4______ List2.ListIndex
End Sub
```

四、选择题

1. 将数据项 CHINA 添加到列表框 List1 中成为第一项，使用(　　)语句。

A. List1.AddItem,"CHINA",0　　B. List1.AddItem,"CHINA",1

C. List1.AddItem,0,"CHINA"　　D. List1.AddItem,1,"CHINA"

2. 执行了下面的程序后，列表框中的数据项为(　　)。

```
Private Sub Form_Click()
    Dim I As Integer
    For I = 1 To 6
    List1.AddItem I
    Next I
    For I = 1 To 3
    List1.RemoveItem I
    Next I
End Sub
```

A. 1,5,6　　B. 2,4,6　　C. 4,5,6　　D. 1,3,5

3. 如果列表框 List1 中没有被选定的项目，则执行 List1.RemoveItem List1.ListIndex 语句的结果是(　　)。

A. 移去第一项　　B. 移去最后一项

C. 移去最后加入列表的一项　　D. 以上都不对

4. 如果列表框 List1 中只有一个项目被用户选定，则执行 Debug.Print List1.Selected (List1.ListIndex)语句的结果是(　　)。

A. 在 Debug 窗口输出被选定的项目的索引值

B. 在 Debug 窗口输出 True

C. 在窗体上输出被选定的项目的索引值

D. 在窗体上输出 True

5. 假定时钟控件 Timer1 的 Interval 属性 1000，Enabled 属性为 True，并且有下面的事件过程计算机将发出(　　)Beep 声。

```
Private Sub Timer1_Timer()
    Dim I As Integer
    For I=1 to 10
    Beep
    Next I
End Sub
```

A. 1000 次　　B. 10 000 次　　C. 10 次　　D. 以上都不对

6. 在下列说法中，正确的是(　　)。

A. 通过适当的设置，可以在程序运行期间，可以让时钟控件显示在窗体上

B. 在列表框中不能进行多项选择

C. 在列表框中能够将项目按字母顺序从大到小排列

D. 框架也有 Click 和 DblClick 事件

7. 当程序运行时，在窗体上单击鼠标，以下(　　)事件是窗体不会接收到的。

A. MouseDown　　B. MouseUp　　C. Load　　D. Click

8. 有下事件过程，程序运行后，为了在窗体上输出 Hello，应在窗体上执行(　　)。

A. 同时按下 Shift 键和鼠标左按钮　　B. 同时按下 Shift 键和鼠标右按钮

C. 同时按下 Ctrl、Alt 键和鼠标左按钮　　D. 同时按下 Ctrl、Alt 键和鼠标右按钮

```
Private Sub Form_MouseDown(Button As Integer, Shift As Integer, X As Single, Y As Single)
  If Shift = 6 And Button = 2 Then
      Print "Hello"
  End If
End Sub
```

五、编程题

1. 设计如图 7-19 所示的添加和删除程序，根据要求编写相应的事件代码。

(1) 在组合框中输入内容后，单击“添加”按钮，如果组合框中设有该内容，则将输入内容加入到列表中，否则将不添加，另外要求组合框中内容能自动按字母排序。

(2) 在列表中选择某一选项后，单击“删除”按钮，则删除该项。在组合框中输入内容后，单击“删除”按钮，若列表中有与之相同的选项，则删除该项。

(3) 单击“清除”按钮，将清除列表中的所有内容。

2. 设计如图 7-20 所示的“偶数迁移”程序。根据要求编写相应的事件代码。

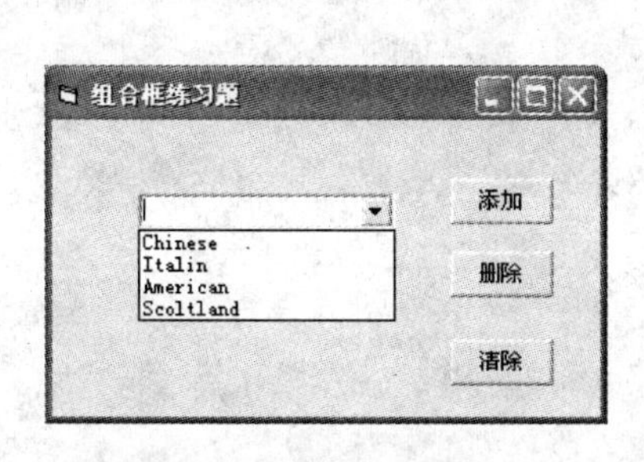

图 7-19　添加和删除程序

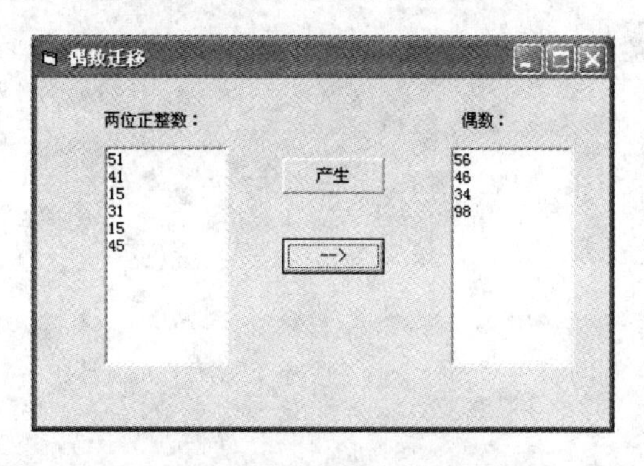

图 7-20　“偶数迁移”程序运行效果

(1) 窗体的左边有一个标签 Label1，标题为“两位正整数：”，标签的下面是一个列表框 List1。

(2) 窗体的右边有一个标签 Label2，标题为“偶数：”，标签的下面是一个列表框 List2。

(3) 单击“产生”按钮(Command1)，计算机产生 10 个两位正整数放入列表框 List1 中，同时清空列表框 List2 中的内容。

(4) 单击"→"按钮(Command2),将列表框 List1 中的所有偶数迁移到列表框 List2 中。

3. 设计一个如图 7-21 所示的点歌程序。窗体包含两个列表框,当双击歌谱列表框中的某首歌时,此歌便添加到已点歌曲列表框中,在已点的歌列表框双击某歌时,此歌便被删除。

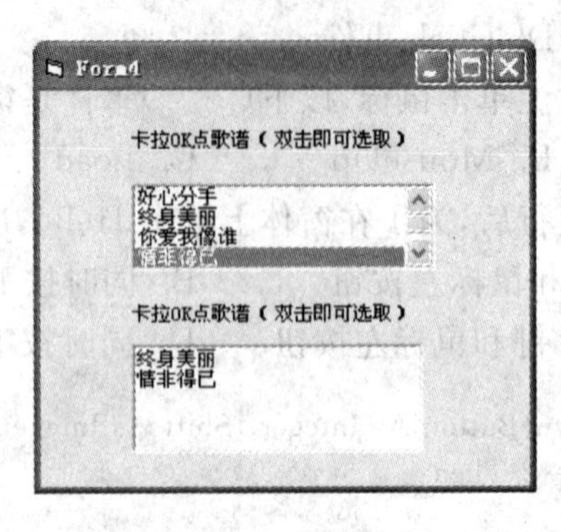

图 7-21　点歌程序

第 8 章　Visual Basic 文件系统

Visual Basic 的输入输出既可以在标准输入输出设备上运行，也可以在其他外部设备，诸如磁盘、磁带等后备存储器上运行。由于后备存储器上的数据是由文件构成的，因此非标准的输入输出通常称为文件处理。在目前微机系统中，除终端外，使用最广泛的输入输出设备就是磁盘。本章将介绍 Visual Basic 6.0 的文件处理功能以及与文件系统有关的控件。

8.1　文件概述

在计算机科学技术中，常用“文件”这一术语来表示输入输出操作的对象。所谓“文件”，是记录在外部介质上的数据的集合。例如用 Word 或 Excel 编辑制作的文档或表格就是一个文件，把它存放到磁盘上就是一个磁盘文件，输出到打印机上就是一个打印机文件。广义地说，任何输入输出设备都是文件。计算机以这些设备为对象进行输入输出，对这些设备统一按“文件”进行处理。

在程序设计中，文件是十分有用而且是不可缺少的，这是因为以下几点。

(1) 文件是使一个程序可以对不同的输入数据进行加工处理、产生相应输出结果的常用手段。

(2) 使用文件可以方便用户，提高上机效率。

(3) 使用文件可以不受内存大小的限制。因此，文件是十分重要的。在某些情况下，不使用文件将很难解决所遇到的实际问题。

1. 文件结构

为了有效地存取数据，数据必须以某种特定的方式存放，这种特定的方式称为文件结构。Visual Basic 文件由记录组成，记录由字段组成，字段由字符组成。

(1) 字符(Character)：是构成文件的最基本单位。字符可以是数字、字母、特殊符号或单一字节。这里所说的“字符”一般为西文字符，一个西文字符用一个字节存放。如果为汉字字符，包括汉字和“全角”字符，则通常用两个字节存放。也就是说，一个汉字字符相当于两个西文字符。一般把用一个字节存放的西文字符称为“半角”字符，而把汉字和用两个字节存放的字符称为“全角”字符。注意，Visual Basic 6.0 支持双字节字符，当计算字符串长度时，一个西文字符和一个汉字都作为一个字符计算，但它们所占的内存空间是不一样的。例如，字符串“VB 程序设计”的长度为 6，而所占的字节数为 10。

(2) 字段(Field)：也称域。字段由若干个字符组成，用来表示一项数据。例如邮政编码 100084 就是一个字段，它由 6 个字符组成。而姓名“王大力”也是一个字段，它由三个汉字组成。

(3) 记录(Record)：由一组相关的字段组成。例如在通讯录中，每个人的姓名、单位、地址、电话号码、邮政编码等构成一个记录，见表8-1。在 Visual Basic 中，以记录为单位处理数据。

表8-1　记录

姓名	单位	地址	电话号码	邮政编码
王屌丝	信息学院	珠穆朗玛峰23号	67651636	100078

(4) 文件(File)：文件由记录构成，一个文件含有一个以上的记录。例如在通讯录文件中有100个人的信息，每个人的信息是一个记录，100个记录构成一个文件。

2. 文件种类

根据不同的分类标准，文件可分为不同的类型。

(1) 根据数据性质，文件可分为程序文件和数据文件。

① 程序文件(Program File)：这种文件存放的是可以由计算机执行的程序，包括源文件和可执行文件。在 Visual Basic 6.0 中，扩展名为.exe、.frm、.vbp、.vbg、.bas、.cls 等的文件都是程序文件。

② 数据文件(Data File)：数据文件用来存放普通的数据。例如学生考试成绩、职工工资、商品库存等。这类数据必须通过程序来存取和管理。

(2) 根据数据的存取方式和结构，文件可分为顺序文件和随机文件。

① 顺序文件(Sequential File)：顺序文件的结构比较简单，文件中的记录一个接一个地存放。在这种文件中，只知道第一个记录的存放位置，其他记录的位置无从知道。当要查找某个数据时，只能从文件头开始，一个记录一个记录地顺序读取，直至找到要查找的记录为止。顺序文件的组织比较简单，只要把数据记录一个接一个地写到文件中即可。但维护困难，为了修改文件中的某个记录，必须把整个文件读入内存，修改完后再重新写入磁盘。顺序文件不能灵活地存取和增减数据，因而适用于有一定规律且不经常修改的数据，其主要优点是占空间少，容易使用。

② 随机存取文件(Random Access File)：又称直接存取文件，随机文件很像一个数据库，它由大小相同的记录组成，每个记录又由字段组成，字段中存放着数据，其存储结构如图8-1所示。

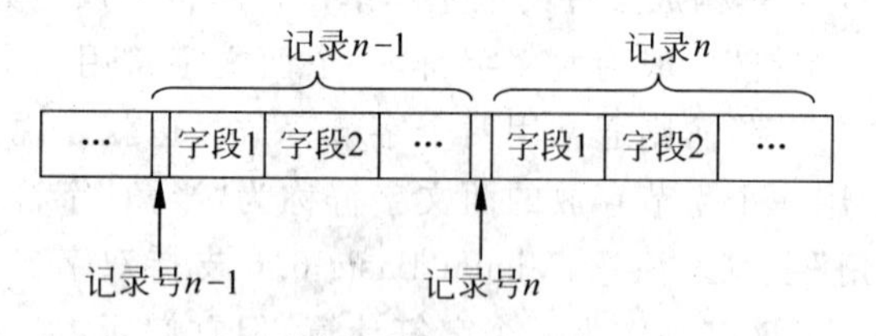

图8-1　随机文件存储格式

顺序文件中对记录的访问必须从第一个记录开始，一个一个地比较，直到找到目标记录为止，它的访问受到位置的约束。而对于随机文件来说，所要访问的记录不受其位置的约束，可以根据需要直接访问文件中的每个记录。

在随机文件中，每个记录的长度是固定的，记录中的每个字段的长度也是固定的。此外，随机文件的每个记录都有一个记录号。在写入数据时，只要指定记录号，就可以把数据直接存入指定位置。而在读取数据时，只要给出记录号，就能直接读取该记录。在随机文件中，可以同时进行读、写操作，因而能快速地查找和修改每个记录，不必为修改某个记录而对整个文件进行读、写操作。

随机文件的优点是数据的存取较为灵活、方便，速度较快，容易修改。主要缺点是占空间较大，数据组织较复杂。

(3) 根据数据的编码方式，文件可以分为 ASCII 文件和二进制文件。

① ASCII 文件：又称文本文件，它以 ASCII 方式保存文件。这种文件可以用字处理软件建立和修改（必须按纯文本文件保存）。

② 二进制文件(Binary File)：以二进制方式保存的文件。二进制文件不能用普通的字处理软件编辑，占空间较小。

3. Visual Basic 6.0 生成的文件

VBP 文件：即 Visual Basic Project，就是一个 VB 工程概括文件。在保存工程后，会生成很多的文件，但只需双击 VBP 文件就能打开整个工程。

FRM 文件：即 Visual Basic Form，每一个 FRM 文件就是一个窗体，一个 FRM 文件中包含了一个窗体的所有信息，包括控件设置，窗体本身的设置，这个窗体的代码等。

BAS 文件：即 Visual Basic Module，模块文件、一些公用的子程序、API 函数、常数、类型、声明都可以放在模块中，以达到这些数据在工程中共享。

FRX 文件：即 Visual Foxpro 报表文件，这个文件默认不是由 VB 打开的，但是却也是由 VB 生成的。它的功能是存储某一个窗体上的图像，窗体的 Icon(图标)属性和 Picture(图片)属性(包括这个窗体上所有能显示图像的控件的 Picture 属性)的图像并不是由文件加载的，而是从这个文件里加载的。

VBW 文件：即 Visual Basic Project Workspace，这是 VB 工程的工作区文件。用过 VC++的都知道，VC++的工程不是从工程文件打开的，而是从工作区文件中打开的。但是 VB 的工作区文件默认是打不开的，而且这个文件即使被删除也不会影响工程。文件的具体用途不详。

SCC 文件：即 Microsoft Sourcesafe Status，VB 临时文件，记录工程的临时数据。和 VBW 一样，即使被删除也不会影响工程。

VBG 文件：即 Visual Basicgroup Project，工程组文件，如果两个或多个工程相互联系，互相协同工作的话，就需要工程组，而保存工程组信息的文件就是 VBG 文件，如果是要打开整个工程组，那么只需要双击 VBG 文件即可。

CTL 文件：即 Visual Basic User Control，用户控件文件，储存了一个用户自定义的控件的信息。

CTX 文件：即 Visual Basic User Control Binary File，VB 用户控件二进制文件。和 FRX 文件一样，它储存的是一个用户自定义控件的图像数据（包括 Picture 属性和 ToolBoxBitmap 即工具箱图片属性）。

CLS 文件：即 Visual Basic Class Module，类模块，它和模块没什么关系，之所以叫做类模块，不是因为它类似于模块，而是能生成一个类对象的模块。类模块里可以声明属性，函数、方法、事件，跟一个控件一样，只是它没有可视化的界面。

以上的这些文件共同组成一个工程，并不是每一个文件都是必需的，但 VBP 文件肯定会有，无论什么工程都有这个文件。这些文件组合起来统称为源代码，所以源代码指的并不仅仅是文本的那些语句，还包含了工程设置信息，界面布置等所有内容。

8.2 文件系统控件

前面介绍了 Visual Basic 6.0 中数据文件的存取操作。计算机的文件系统包括用户建立的数据文件和系统软件及应用软件中的文件。为了管理计算机中的文件，Visual Basic 6.0 提供了文件系统控件。这一节将介绍这些控件的功能和用法，并介绍如何用它们开发应用程序。

在 Windows 应用程序中，当打开文件或将数据存入磁盘时，通常要打开一个对话框。利用这个对话框，可以指定文件、目录及驱动器名，方便地查看系统的磁盘、目录及文件等信息。为了建立这样的对话框，Visual Basic 6.0 提供了三个控件，即驱动器列表框(DriveListBox)、目录列表框(DirectoryListBox)和文件列表框(FileListBox)。利用这三个控件，可以编写文件管理程序。在工具箱中，以上三个列表框控件的图标如图 8-2 所示。

图 8-2 工具箱中的文件系统控件

8.2.1 驱动器列表框

驱动器列表框及后面介绍的目录列表框、文件列表框有许多标准属性，包括 Enabled、FontBold、FontItalic、FontName、FontSize、Height、Left、Name、Top、Visible、Width。此外，驱动器列表框还有一个 Drive 属性，用来设置或返回所选择的驱动器名。Drive 属性只能用程序代码设置，不能通过属性界面设置，其格式为

驱动器列表框名称.Drive[=驱动器名]

这里的“驱动器名”是指定的驱动器，如果省略，则 Drive 属性是当前驱动器。如果所选择的驱动器在当前系统中不存在，则产生错误。

在程序执行期间，单击驱动器列表框下拉箭头将显示系统所有的驱动器名称。在一般情况下，只显示当前的磁盘驱动器名称。如果单击列表框右端向下的箭头，就会把计算机所有的驱动器名称全部显示出来，如图 8-3 所示。单击某个驱动器名，即可把它变为当前驱动器。

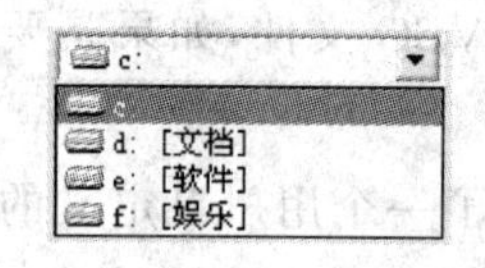

图 8-3 运行状态的驱动器下拉列表

每次重新设置驱动器列表框的 Drive 属性时，都将引发 Change 事件。驱动器列表框的默认名称为 Drive1，其 Change 事件过程的开头为 Drive1_Change()。

8.2.2 目录列表框

目录列表框用来显示当前驱动器上的目录结构。刚建立时显示当前驱动器的顶层目录和当前目录。顶层目录用一个打开的文件夹表示，当前目录用一个加了阴影的文件夹来表示，当前目录下的子目录用合着的文件夹来表示，如图 8-4 所示。程序运行后，双击顶层目录(这里是 e:\)，就可以显示根目录下的子目录名，双击某个子目录，就可以把它变为当前目录。

图 8-4 设计状态下的目录驱动器

8.2.3 文件列表框

用驱动器列表框和目录列表框可以指定当前驱动器和当前目录，而文件列表框可以用来显示当前目录下的文件(可以通过 Path 属性改变)。文件列表框的默认控件名称是 File1。在工具箱中，文件列表框的图标如图 8-2 所示。

1. 文件列表框属性

与文件列表框有关的属性较多，介绍如下。

(1) Pattern 属性。

Pattern 属性用来设置在执行时要显示的某一种类型的文件，它可以在设计阶段在属性界面中设置，也可以通过程序代码设置。在默认情况下，Pattern 的属性值为 *.*，即所有文件。在设计阶段，建立了文件列表框后，查看属性界面中的 Pattern 属性，可以发现其默认值为 *.*。如果把它改为 *.exe，则在执行时文件列表框中显示的是 *.exe 文件。

在程序代码中设置 Pattern 的格式如下。

```
[窗体.]文件列表框名.Pattern[=属性值]
```

如果省略“窗体”，则指的是当前窗体上的文件列表框。如果省略“=属性值”，则显示当前文件列表框的 Pattern 属性值，例如：

```
Print File1.Pattern
```

将显示文件列表框 File1 的 Pattern 属性值。

在窗体上画一个文件列表框，在属性界面中把它的 Pattern 属性设置为 *.exe，则文件列表框中只显示扩展名为.exe 的文件，如图 8-5 所示。如果执行 file1.Pattern=" *.mdb" 的文件，则文件列表框 File1 中将只显示扩展名为“.mdb”的文件。

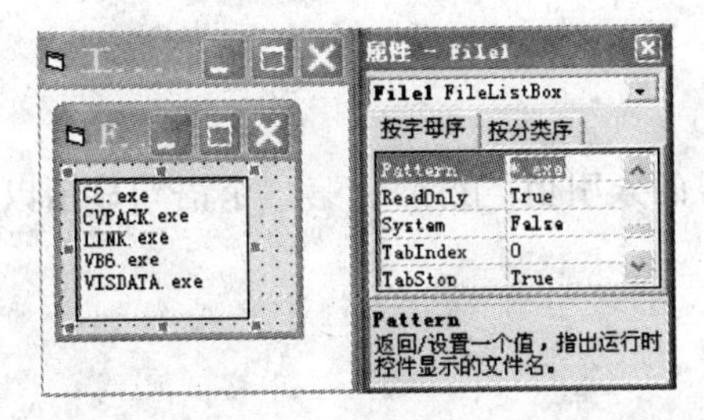

图 8-5 设置文件列表框的 Pattern 属性

当 Pattern 属性改变时，将产生 Pattern_Change 事件。

(2) FileName 属性。

格式为：

```
[窗体.][文件列表框名.]FileName[文件名]
```

FileName 属性用来在文件列表框中设置或返回某一选定的文件名称。这里的“文件名”可以带有路径；可以有通配符，因此可用它设置 Drive、Path 或 Pattern 属性。

(3) ListCount 属性可用于组合框，也可用于驱动器列表框、目录列表框及文件列表框，其格式为：

```
[窗体.]控件.ListCount
```

这里的“控件”可以是组合框、目录列表框、驱动器列表框或文件列表框。ListCount 属性返回控件内所列项目的总数。该属性不能在属性界面中设置，只能在程序代码中使用。

(4) ListIndex 属性。

格式为：

```
[窗体.]控件.ListIndex[=索引值]
```

这里的“控件”可以是组合框、列表框、驱动器列表框、目录列表框或文件列表框，用来设置或返回当前控件上所选择的项目的“索引值”(即下标)。该属性只能在程序代码中使用，不能通过属性界面设置。在文件列表框中，第一项的索引值为0，第二项为1，以此类推。如果没有选中任何项，则 ListIndex 属性的值将被设置为−1。

(5) List 属性。

格式为：

```
[窗体.]控件.List(索引)[二字符串表达式]
```

这里的“控件”可以是组合框、列表框、驱动器列表框、目录列表框或文件列表框。在 List 属性中存有文件列表框中所有项目的数组，可用来设置或返回各种列表框中的某一项目。格式中的“索引”是某种列表框中项目的下标(从0开始)，例如：

```
For i=0 To Dir1.ListCount
PrintDir1.List(i)
Next i
```

该例用 List 属性来输出目录列表框中的所有项目。循环终值 Dir1.ListCount 指的是目录列表框中的项目总数，而 Dir1.Liat(*i*)指的是每一个项目，再如：

```
For i=0 To File1.ListCount
Print File1.List(i)
Next i
```

该例用 For 循环输出文件列表框 File1 中的所有项目。File1.ListCount 表示列表框中所有文件的总数，File1.List(*i*)指的是每个文件名，再如：

```
Print File1.ListIndex
Print File1.List(File1.ListIndex)
```

第一个语句用来输出文件列表框中某一被选项目的索引值(下标)。第二个语句显示以该索引值为下标的项目名称。

2. 执行文件

文件列表框接收 DblClick 事件。利用这一点，可以执行文件列表框中的某一个可执行文件。也就是说，只要双击文件列表框中的某一个可执行文件，就能执行该文件。这可以通过 Shell 函数来实现，例如：

```
Private Sub File1_DblClick()
x=Shell (File1, FileName, 1)
End Sub
```

过程中的 FileName 是文件列表框中被选择的可执行文件的名字，双击该文件名就能执行。

8.2.4 文件系统控件的联动

在实际应用中，驱动器列表框、目录列表框和文件列表框往往需要同步操作，这可以通过 Path 属性的改变引发 Change 事件来实现，例如：

```
Private Sub Dir1_Change()
File1.Path=Dir1.Path
End Sub
```

该事件过程使窗体上的目录列表框 Dir1 和文件列表框 File1 产生同步。因为目录列表框 Path 属性的改变将产生 Change 事件，所以在 Dir1_Change 事件过程中，把 Dir1. Path 赋给 File1. Path，就可以产生同步效果。

类似地，增加下面的事件过程，就可以使三种列表框同步操作。

```
Private Sub Drive1_Change()
Dir1.Path=Drive1.Drive
End Sub
```

该过程使驱动器列表框和目录列表框同步，前面的过程使目录列表框和文件列表框同步，从而使三种列表框同步。

下面一个例子说明了驱动器列表框、目录列表框以及文件列表框配合进行文件系统操作的过程，并且用户可以使用复选框来决定是否显示系统文件、只读文件和隐藏文件。

首先，在窗体中加入控件，并设置控件的 Caption 属性，然后加入如下代码。

```
Private Sub Drive1_Change()               '显示当前驱动器下的文件目录
    Dir1.Path = Drive1.Drive
End Sub
Private Sub Dir1_Change()                 '显示当前目录下的文件
    File1.Path = Dir1.Path
End Sub
Private Sub ChkHidden_Click()             '检查用户是否选择了"隐藏文件"复选框
    If ChkHidden.Value = 0 Then
        File1.Hidden = False
    ElseIf ChkHidden.Value = 1 Then
        File1.Hidden = True
    End If
End Sub
Private Sub ChkReadOnly_Click()           '检查用户是否选择了"只读文件"复选框
```

```
    If ChkReadOnly.Value = 0 Then
        File1.ReadOnly = False
    ElseIf ChkReadOnly.Value = 1 Then
        File1.ReadOnly = True
    End If
End Sub
Private Sub ChkSystem_Click()            '检查用户是否选择了"系统文件"复选框
    If ChkSystem.Value = 0 Then
        File1.System = False
    ElseIf ChkSystem.Value = 1 Then
        File1.System = True
    End If
End Sub
Private Sub File1_Click()
    If Len (Dir1.Path) > 3 Then
    Label2.Caption = "文件:" + Dir1.Path + "\" + File1.FileName
    Else
    Label2.Caption = "文件:" + Dir1.Path + File1.FileName
    End If
End Sub
```

程序运行结果如图 8-6 所示。

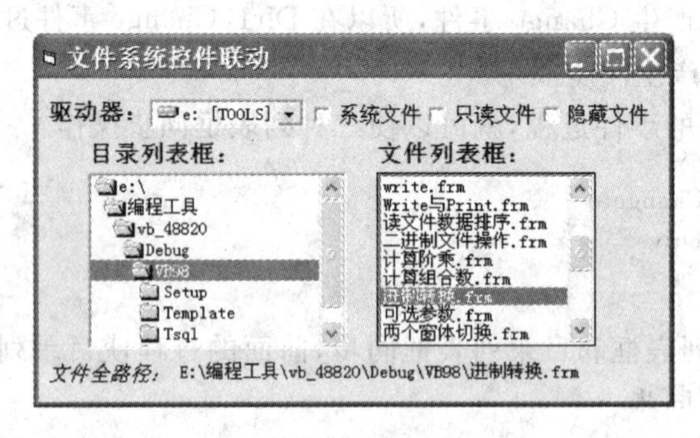

图 8-6　文件系统控件联动运行示意图

程序运行前,将指定目录下的"进制转换.frm"文件的属性在 Windows 系统下设置为隐藏,则程序运行后,选中"进制转换.frm"文件,并选中复选框"隐藏文件",则上图中的"进制转换.frm"文件在文件列表框中不可见。

8.3　文件 I/O 语句对文件的访问

8.3.1　文件的打开与关闭

在 Visual Basic 6.0 中,数据文件的操作按下述步骤进行。

(1) 打开(或建立)一个文件必须先打开或建立后才能使用。如果一个文件已经存在,则打开该文件;如果不存在,则建立该文件。

(2) 进行读、写操作在打开(或建立)的文件上执行所要求的输入输出操作。在文件处理中,把内存中的数据传输到关联的外部设备(例如磁盘)并作为文件存放的操作叫做写数据,而把数据文件中的数据传输到内存程序中的操作叫做读数据。一般来说,在主存与外设的数据传输中,由主存到外设叫做输出或写,而由外设到主存叫做输入或读。

(3) 关闭文件处理一般需要以上三步。在Visual Basic 6.0中,数据文件的操作通过有关的语句和函数来实现。

1. 文件的打开(建立)

如前所述,在对文件进行操作之前,必须先打开或建立文件。Visual Basic用Open语句打开或建立一个文件,其格式如下。

Open 文件说明[For 方式][Access 存取类型][锁定]As[#]文件号[Len=记录长度]

Open语句的功能是:为文件的输入输出分配缓冲区,并确定缓冲区所使用的存取方式,说明如下。

(1) 格式中的Open、For、Access、As以及Len为关键字,“文件说明”的含义如前所述,其他参量的含义如下。

① 方式。指定文件的输入输出方式,可以是下述操作之一。

OutPut:指定顺序输出方式。

InPut:指定顺序输入方式。

Append:指定顺序输出方式。与OutPut不同的是,当用Append方式打开文件时,文件指针被定位在文件末尾。如果对文件执行写操作,则写入的数据附加到原来文件的后面。

Random:指定随机存取方式,也是默认方式。在Random方式中,如果没有Access子句,则在执行Open语句时,Visual Basic 6.0试图按下列顺序打开文件:

(a)读/写;(b)只读;(c)只写。

Binary:指定二进制方式文件。在这种方式下,可以用Get和Put语句对文件中任意字节位置的信息进行读写。在Binary方式中,如果没有Access子句,则打开文件的类型与Random方式相同。

“方式”是可选的,如果省略,则为随机存取方式,即Random。

② 存取类型。放在关键字Access之后,用来指定访问文件的类型,可以是下列类型之一:

Read:打开只读文件。

Write:打开只写文件。

ReadWrite:打开读写文件。

这种类型只对随机文件、二进制文件以及用Append方式打开的文件有效。

“存取类型”指出了在打开的文件中所进行的操作。如果要打开的文件已由其他过程打开,则不允许指定存取类型,否则Open失败,并产生出错信息。

③ 锁定:该子句只在多用户或多进程环境中使用,用来限制其他用户或其他进程对打开的文件进行读写操作。锁定类型包括以下几种。

默认:如不指定锁定类型,则本进程可以多次打开文件进行读写。在文件打开期间,其他进程不能对该文件执行读写操作。

LockShared:任何机器上的任何进程都可以对该文件进行读写操作。

LockRead：不允许其他进程读该文件。只在没有其他 Read 存取类型的进程访问该文件时，才允许这种锁定。

LockWrite：不允许其他进程写这个文件。只在没有其他 Write 存取类型的进程访问该文件时，才能使用这种锁定。

LockReadWrite：不允许其他进程读写这个文件。

如果不使用 Lock 子句，则默认为 LockReadWrite。

④ 文件号：是一个整型表达式，其值在 1～511 的范围内。执行 Open 语句时，打开文件的文件号与一个具体的文件相关联，其他输入输出语句或函数通过文件号与文件发生关系。

⑤ 记录长度：是一个整型表达式。当选择该参量时，为随机存取文件设置记录长度。对于用随机访问方式打开的文件，该值是记录长度；对于顺序文件，该值是缓冲字符数。"记录长度"的值不能超过 32 767 个字节。对于二进制文件，将忽略 Len 子句。

在顺序文件中，"记录长度"不需要与各个记录的大小相对应，因为顺序文件各个记录的长度可以不相同。当打开顺序文件时，在把记录写入磁盘或从磁盘读出记录之前，"记录长度"指出要装入缓冲区的字符数，即确定缓冲区的大小。缓冲区越大，占用空间越多，文件的输入输出操作越快。反之，缓冲区越小，剩余的内存空间越大，文件的输入输出操作越慢。默认时缓冲区的容量为 512 字节。

(2) 为了满足不同的存取方式的需要，对同一个文件可以用几个不同的文件号打开，每个文件号都有自己的一个缓冲区。对于不同的访问方式，可以使用不同的缓冲区。但是，当使用 Output 或 Append 方式时，必须先将文件关闭，才能重新打开文件。而当使用 Input、Random 或 Binary 方式时，不必关闭文件就可以用不同的文件号打开文件。

(3) Open 语句兼有打开文件和建立文件两种功能。在对一个数据文件进行读、写、修改或增加数据之前，必须先用 Open 语句打开或建立该文件。如果为输入(Input)打开的文件不存在，则产生"文件未找到"错误；如果为输出(Output)、附加(Append)或随机(Random)访问方式打开的文件不存在，则建立相应的文件；此外，在 Open 语句中，任何一个参量的值如果超出给定的范围，则产生"非法功能调用"错误，而且文件不能被打开。

下面是一些打开文件的例子。

```
Open "Price.dat" For Output As #1      '建立并打开一个新的数据文件,使记录可以写到该文件中
Open "Price.dat" For Output As #1      '如果文件 Price.dat 已存在,则该语句打开已存在的数据文
                                       '件,新写入的数据将覆盖原来的数据
Open "Price.dat" For Append As #1      '打开已经存在的数据文件,新写入的记录附加到文件的后
                                       '面,原来的数据仍在文件中。如果给定的文件名不存在,
                                       '则 Append 方式可以建立一个新文件
Open "Price.dat" For Input As #1       '打开已经存在的数据文件,以便从文件中读出记录
```

以上例子中打开的文件都是按顺序方式输入输出的。

```
Open"Prioe.dat"For Random As #1        '按随机方式打开或建立一个文件,然后读出或写入定长记录
Open"Recotds"For Random Access ReadLockWrite As #1    '为读取 Records 文件以随机存取方式打
                                                      '开该又件。该语句设置了写锁定,但在
                                                      'Open 语句有效时,允许其他进程读
Open"c:\abc\abcfile.dat" For Random As#1 Len=256      '用随机方式打开 c 盘上 abc 目录下的文
                                                      '件,记录长度为 256 字节
Filename$ ="A:\Dtat.art"
```

```
Open Filename$ For Append As #3
```

该例中首先把文件名赋给一个变量，然后打开该文件。

2. 文件的关闭

文件的读写操作结束后，应将文件关闭，这可以通过 Close 语句来实现，其格式如下。

```
Close[[#]文件号][,[#]文件号]…
```

Close 语句用来结束文件的输入输出操作。例如，假定用下面的语句打开文件：

```
Open"price.dat" For Output As #1
```

则可以用下面的语句关闭该文件。

```
Close#1
```

说明：

(1) Close 语句用来关闭文件，它是在打开文件之后进行的操作。格式中的“文件号”是 Open 语句中使用的文件号。关闭一个数据文件具有两方面的作用，第一，把文件缓冲区中的所有数据写到文件中；第二，释放与该文件相联系的文件号，以供其他 Open 语句使用。

(2) Close 语句中的“文件号”是可选的。如果指定了文件号，则把指定的文件关闭；如果不指定文件号，则把所有打开的文件全部关闭。

(3) 除了用 Close 语句关闭文件外，在程序结束时将自动关闭所有打开的数据文件。

(4) Close 语句使 Visual Basic 结束对文件的使用，它的操作十分简单，但绝不是可有可无的。这是因为，磁盘文件同内存之间的信息交换是通过缓冲区进行的。如果关闭的是为顺序输出而打开的文件，则缓冲区中最后的内容将被写入文件中。当打开的文件或设备正在输出时，执行 Close 语句后，不会使输出信息的操作中断。如果不使用 Close 语句关闭文件，则可能使某些需要写入的数据不能从内存(缓冲区)送入文件中。

8.3.2 文件操作命令及函数

文件的基本操作指的是文件的删除、拷贝、移动、改名等。在 Visual Basic 6.0 中，可以通过相应的语句执行这些基本操作。

1. 删除文件(Kill 语句)

格式为：

```
Kill 文件名
```

用该语句可以删除指定的文件。这里的“文件名”可以含有路径，例如 Kill"c:\wd*.bak"将删除 c 盘 wd 目录下的备份文件。

Kill 语句具有一定的“危险性”，因为在执行该语句时没有任何提示信息。为了安全起见，当在应用程序中使用该语句时，一定要在删除文件前给出适当的提示信息。

2. 拷贝文件(FileCopy 语句)

格式为：

FileCopy 源文件名,目标文件名

用 FileCopy 语句可以把源文件拷贝到目标文件,拷贝后两个文件的内容完全一样。例如 FileCopy"source. doc","target. doc",将把当前目录下的一个文件拷贝到同一目录下的另一个文件。如果将一个目录下的一个文件拷贝到另一个目录下,则必须包括路径信息,例如：

```
FileCopy"c:\firdir\source.doc","d:\secdir\target.doc"
```

从上面的例子可以看出,FileCopy 语句中的“源文件名”和“目标文件名”可以含有驱动器和路径信息,但不能含有通配符(* 或?)。此外,用该语句不能拷贝已由 Visual Basic 6.0 打开的文件。

Visual Basic 6.0 没有提供移动文件的语句。实际上,把 Kill 语句和 FileCopy 结合使用,即可实现文件移动。其操作是,先用 FileCopy 语句拷贝文件,然后用 Kill 语句将源文件名删除。此外,用 Name 语句也可以移动文件。

3. 文件(目录)重命名(Name 语句)

格式为：

Name 原文件名 As 新文件名

用 Name 语句可以对文件或目录重命名,也可用来移动文件,例如：

```
Name"myfile.old"As"myfile.new"
```

将把当前目录下名为 myfile. old 的文件改名为 myfile. new。

Name 语句中的“原文件名”是一个字符串表达式,用来指定已存在的文件名(包括路径);“新文件名”也是一个字符串表达式,用来指定改名后的文件名(包括路径),它不能是已经存在的文件名。

在一般情况下,“原文件名”和“新文件名”必须在同一驱动器上。如果“新文件名”指定的路径存在并且与“原文件名”指定的路径不同,则 Name 语句将把文件移到新的目录下,并更改文件名。如果“新文件名”与“原文件名”指定的路径不同但文件名相同,则 Name 语句将把文件移到新的目录下,且保持文件名不变。例如：

```
Name"c:\dos\unzip.exe"As"c:\Windows\unzip.exe"
```

将把 unzip. exe 文件从 dos 目录下移到 Windows 目录下,在 dos 目录下的 unzip. exe 文件被删除。再如 Name"c:\dos\unzip. exe"As"c:\Windows\dounzip. exe",将原文件从 dos 目录下移到 Windows 目录下并重新命名。

用 Name 语句可以移动文件,不能移动目录,但可以对目录重命名,例如：

```
Name"c:\temp"As"c:\tempold"
```

在使用 Name 语句时,应注意以下几点。

(1) 当“原文件名”不存在,或者“新文件名”已存在时,都会发生错误。

(2) Name 语句不能跨越驱动器移动文件。

(3) 如果一个文件已经打开,当用 Name 语句对该文件重命名时将会产生错误。因此,在对一个打开的文件重命名之前,必须先关闭该文件。

文件的主要操作是读和写,这些内容将在后面各节中介绍,而这里介绍的是通用的语句和函数,这些语句和函数用于文件的读、写操作中。

4. 文件指针

文件被打开后,将自动生成一个文件指针(隐含的),文件的读或写就从这个指针所指的位置开始。用 Append 方式打开一个文件后,文件指针指向文件的末尾,而如果用其他几种方式打开文件,则文件指针都指向文件的开头。完成一次读写操作后,文件指针自动移到下一个读写操作的起始位置,移动量的大小由 Open 语句和读写语句中的参数共同决定。对于随机文件来说,其文件指针的最小移动单位是一个记录的长度;而顺序文件中文件指针移动的长度与它所读写的字符串长度相同。在 Visual Basic 6.0 中,与文件指针有关的语句和函数是 Seek。

文件指针的定位通过 Seek 语句来实现,其格式为 Seek # 文件号,位置 Seek 语句用来设置文件中下一个读或写的位置。“文件号”的含义同前。“位置”是一个数值表达式,用来指定下一个要读写的位置,其值在 $1\sim(2^{31}-1)$ 范围内。

说明:

(1) 对于用 Input、Output 或 Append 方式打开的文件,“位置”是从文件开头到“位置”为止的字节数,即执行下一个操作的地址,文件第一个字节的位置是 1。对于用 Random 方式打开的文件,“位置”是一个记录号。

(2) 在 Get 或 Put 语句中的记录号优先于由 Seek 语句确定的位置。此外,当“位置”为 0 或负数时,将产生出错信息“错误的记录号”。当 Seek 语句中的“位置”在文件末尾之后时,对文件的写操作将扩展该文件。

与 Seek 语句配合使用的是 Seek 函数,其格式为

Seek(文件号)

该函数返回文件指针的当前位置。由 Seek 函数返回的值在 $1\sim(2^{31}-1)$ 范围内。对于用 Input、Output 或 Append 方式打开的文件,Seek 函数返回文件中的字节位置(产生下一个操作的位置)。对于用 Random 方式打开的文件,Seek 函数返回下一个要读或写的记录号。

对于顺序文件,Seek 语句把文件指针移到指定的字节位置上,Seek 函数返回有关下次将要读写的位置信息;对于随机文件,Seek 语句只能把文件指针移到一个记录的开头,而 Seek 函数返回的是下一个记录号。

5. 其他语句和函数

1) FreeFile 函数

用 FreeFile 函数可以得到一个在程序中没有使用的文件号。当程序中打开的文件较多

时，这个函数很有用。特别是当在通用过程中使用文件时，用这个函数可以避免使用其他Sub或Function过程中正在使用的文件号。利用这个函数，可以把未使用的文件号赋给一个变量，用这个变量作为文件号，不必知道具体的文件号是多少，如下例8-1所示。

例 8-1 用 FreeFile 函数获取一个文件号。

```
Private Sub Form_Click()
   filename$ = InputBox$("请输入要打开的文件名:")
   Filenum = FreeFile
   Open filename$  For Output As Filenum
   Print filename$;"opened As file#"; Filenum
   Close# Filenum
End Sub
```

该过程把要打开的文件的文件名赋给变量 filename$（从键盘上输入），而把可以使用的文件号赋给变量 Filenum，它们都出现在 Open 语句中。程序运行后，在输入对话框中输入 Datafile. dat，单击"确定"按钮，程序输出 Datafile. datopenedAsfile#1，如图 8-7 所示。

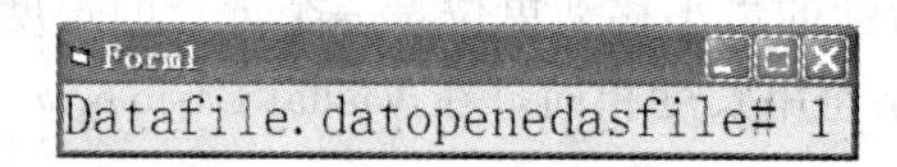

图 8-7　FreeFile 函数输出结果

2) Loc 函数

格式为：

Loc(文件号)

Loc 函数返回由"文件号"指定的文件的当前读写位置。格式中的"文件号"是在 Open 语句中使用的文件号。

对于随机文件，Loc 函数返回一个记录号，它是对随机文件读或写的最后一个记录的记录号，即当前读写位置的上一个记录；对于顺序文件，Loc 函数返回的是从该文件被打开以来读或写的记录个数，一个记录是一个数据块。

在顺序文件和随机文件中，Loc 函数返回的都是数值，但它们的意义是不一样的。对于随机文件，只有知道了记录号，才能确定文件中的读写位置；而对于顺序文件，只要知道已读或写的记录个数，就能确定该文件当前的读写位置。

3) LOF 函数

格式为：

LOF(文件号)

LOF 函数返回给文件分配的字节数（即文件的长度），与 DOS 下用 Dir 命令所显示的数值相同。"文件号"的含义同前。在 Visual Basic 6.0 中，文件的基本单位是记录，每个记录的默认长度是 128 个字节。因此，对于由 Visual Basic 建立的数据文件，LOF 函数返回的将是 128 的倍数，不一定是实际的字节数。例如，假定某个文件的实际长度是 257(128×2+1)个字节，则用 LOF 函数返回的是 384(128×3)个字节。对于用其他编辑软件或字处理软件建立的文件，LOF 函数返回的将是实际分配的字节数，即文件的实际长度。

用下面的程序段可以确定一个随机文件中记录的个数。

```
RecordLength=60
Open "c:\prog\Myrelatives" For Random As #1
x=LOF (1)
NumberOfRecords=x\RecordLength
```

4) EOF 函数

格式为:

```
EOF(文件号)
```

EOF 函数用来测试文件的结束状态。"文件号"的含义同前。利用 EOF 函数,可以避免在文件输入时出现"输入超出文件尾"的错误。因此,它是一个很有用的函数。在文件输入期间,可以用 EOF 测试是否到达文件末尾。对于顺序文件来说,如果已到文件末尾,则 EOF 函数返回 True,否则返回 False。

当 EOF 函数用于随机文件时,如果最后执行的 Get 语句未能读到一个完整的记录,则返回 True,这通常发生在试图读文件结尾以后的部分时。

EOF 函数常用来在循环中测试是否已到文件尾,一般结构如下。

```
Do While Not EOF (1)
    ...                                          '文件读写语句
Loop
```

8.3.3 顺序文件的访问

在顺序文件中,记录的逻辑顺序与存储顺序相一致,对文件的读写操作只能一个记录一个记录地顺序进行。

顺序文件的读写操作与标准输入输出十分类似。其中读操作是把文件中的数据读到内存,标准输入是从键盘上输入数据,而键盘设备也可以看作是一个文件。写操作是把内存中的数据输出到屏幕上,而屏幕设备也可以看作是一个文件。

1. 顺序文件的写操作

前面讲过,数据文件的写操作分为三步,即打开文件、写入文件和关闭文件。其中打开文件和关闭文件分别由 Open 和 Close 语句来实现,写入文件由 Print # 或 Write # 语句来完成。

1) Print # 语句

格式为:

```
Print # 文件号,[[Spc(n)|Tab(n)][表达式表][;|,]]
```

Print # 语句的功能是,把数据写入文件中。以前曾多次用到 Print 方法,Print # 语句与 Print 方法的功能是类似的。Print 方法所"写"的对象是窗体、打印机或控件,而 Print # 语句所"写"的对象是文件。

在上面的格式中,"文件号"的含义同前,数据被写入该文件号所代表的文件中。其他参量,包括 Spc 函数、Tab 函数、"表达式表"及尾部的分号、逗号等,其含义与 Print 方法中的相同。例如 Print #1,*A*,*B*,*C*,把变量 *A*、*B*、*C* 的值写到文件号为 1 的文件中,而 Print *A*,*B*,*C* 则把变量 *A*、*B*、*C* 的值"写"到窗体上。

说明:格式中的"表达式表"可以省略。在这种情况下,将向文件中写入一个空行,例如 Print #1。

和 Print 方法一样,Print # 语句中的各数据项之间可以用分号隔开,也可以用逗号隔开,分别对应紧凑格式和标准格式。数值数据由于前有符号位,后有空格,因此使用分号不会给以后读取文件造成麻烦。但是,对于字符串数据,特别是变长字符串数据来说,用分号分隔就有可能引起麻烦,因为输出的字符串数据之间没有空格。例如,设 *A*$ = "Beijing",*B*$ = "Shanghai",*C*$ = "Tianjin",则执行 Print #1,*A*$;*B*$;*C*$ 后,写到磁盘上的信息为 BeijingShanghaiTianjin。为了使输出的各字符串明显地分开,可以人为地插入逗号,即改为 Print #1,*A*$,",";*B*$;",";*C*$,这样写入文件中的信息为

```
Beijing, Shanghai, Tianjin
```

但是,如果字符串本身含有逗号、分号和有意义的前后空格及回车或换行,则须用双引号(ASCII 码 34)作为分隔符,把字符串放在双引号中写入磁盘。例如,执行

```
a$ = "Camera, Automatic"
b$ = "6784.1278"
Print #1, Chr$(34); a$; Chr$(34); Chr$(34); b$; Chr$(34)
```

后,写入文件的数据为"Camera,Automatic""6784.1278"。

实际上,Print # 语句的任务只是将数据送到缓冲区,数据由缓冲区写到磁盘文件的操作是由文件系统来完成的。对于用户来说,可以理解为由 Print # 语句直接将数据写入磁盘文件。但是,执行 Print # 语句后,并不是立即把缓冲区中的内容写入磁盘,只有在满足下列条件之一时才能写盘:

- 关闭文件(Close);
- 缓冲区已满;
- 缓冲区未满,但执行下一个 Print # 语句。

例 8-2 编写程序,用 Print # 语句向文件中写入数据。

```
Private Sub Form_Click()
  Open "c:\temp\tel.dat" For Output As #1
  TPname$ = InputBox$("请输入姓名:","数据输入")
  TPtel$ = InputBox$("请输入电话号码:","数据输入")
  TPassr$ = InputBox$("请输入地址:","数据输入")
  Print #1, TPname$, TPtel$, TPaddr$
  Close #1
End Sub
```

过程首先在 c 盘的 temp 目录下打开一个名为 tel.dat 的输出(Output)文件,文件号为 1,然后在三个输入对话框中分别输入姓名、电话号码、地址,程序用 Print # 语句把输入的数据写入文件 tel.dat 中。最后用 Close 语句关闭文件。

2) Write#语句

格式为：

Write#文件号,表达式表

与 Print#语句一样,用 Write#语句可以把数据写入顺序文件中。例如 Write#1,A,B,C 语句,变量 A、B、C 的值写入文件号为1的文件中。

说明：

"文件号"和"表达式表"的含义同前。当使用 Write#语句时,文件必须以 Output、Append 方式打开。"表达式表"中的各项以逗号分开。

Write#语句与 Print#语句的功能基本相同,其主要区别有以下两点。

① 当用 Write#语句向文件写数据时,数据在磁盘上以紧凑格式存放,能自动地在数据间插入逗号,并给字符串加上双引号。一旦最后一项被写入,就插入新的一行。

② 用 Write#语句写入的正数前面没有空格。

例 8-3 在磁盘上建立一个电话号码文件,存放单位名称和该单位的电话号码,程序如下：

```
Private Sub Form_Click()
  Open "a:\tel.dat" For Output As #1
  unit$ =InPutBox$("Enterunit:")
  While UCase(unit$)<>"DONE"
    tel$ =InputBox$("Telephonenumber:")
    Write#1, unit$, tel$
    unit$ =InputBox$("Enterunit:")
  Wend
  Close#1
  End
End Sub
```

上述程序反复地从键盘上输入单位名称和电话号码,并写到磁盘文件 tel.dat 中,直到输入 DONE 为止。读者可以把用该程序建立的文件与前一个例子建立的文件进行比较,看它们有什么区别(用"记事本"查看)。

如果需要向电话号码文件中追加新的电话号码,则需把操作方式由 Output 改为 Append,即把 Open 语句改为

```
Open "a:\tel.dat" For Append As #1
```

实际上,由于 Append 方式兼有建立文件的功能,因此最好在开始建立文件时就使用 Append 方式。

如果试图用 Write#语句把数据写到一个用 Lock 语句限定的顺序文件中去,则会发生错误。由 Open 语句建立的顺序文件是 ASCII 文件,可以用字处理程序来查看或修改。顺序文件由记录组成,每个记录是一个单一的文本行,它以回车换行序列结束。每个记录又被分成若干个字段,这些字段是记录中按同一顺序反复出观的数据块。左顺序文件中,每个记录可以具有不同的长度,不同记录中的字段长度也可以不一样。当把一个字段存入变量时,存储字段的变量类型决定了该字段的开头和结尾。当把字段存入字符串变量时,下列符号

标识该字符串的结尾。双引号(")，当字符串以双引号开头时；逗号(,)，当字符串不以双引号开头时，回车换行，当字段位于记录的结束处时。

如果把字段写入一个数值变量，则下列符号标识出该字段的结尾。逗号；一个或多个空格；回车一换行。

例 8-4 从键盘上输入 4 个学生的数据，然后把它们存放到磁盘文件中。学生的数据包括姓名、学号、年龄、住址，用一个记录类型来定义。

按下述步骤编写程序。

(1) 执行“工程”菜单中的“添加模块”命令，建立标准模块，定义如下记录类型。

```
Type stu
  stname As String * 10
  Num As Integer
  SexAs String * 2
  Age As Integer
  Addr As String * 20
End Type
```

将该模块以文件名 exam8_4. bas 存盘。

(2) 在窗体层输入如下代码。

```
Option Base 1
```

(3) 编写如下的窗体事件过程。

```
Private Sub Form_Click()
  Static stud() As stu
  Open"c:\temp\stu_list.dat" For Output As #1
  n=InputBox ("enter number of student :")
  Redim stud(n) As stu
  For i=1To n
    stud(i).stname=InputBox$ ("Enter Name:")
    stud(i).num=InputBox("Enter number:")
    stud(i).sex= InputBox("Enter sex:")
    stud(i).age=InputBox("Enter age:")
    stud (i).addr=InputBox$ ("Enter address:")
    Write #1,stud(i).stname;stud(i).num; stud(i).sex;stud(i).age;stud(i)
  Next i
  Close #1
End
End Sub
```

将上述事件过程(在窗体中)以文件名 exam8_4. frm 存盘。整个程序以文件名 exam8_4. vbp 存盘。该过程首先定义一个记录数组(大小未定)，打开一个输出文件 stu_list(在 c 盘 temp 目录下)。接着询问要输入的学生人数，输入后重新定义数组。然后用 For 循环从键盘上输入每个学生的姓名、学号、年龄和住址，并用 Write# 语句写入磁盘文件中。最后关闭文件，退出程序。

程序运行后，在输入对话框中输入学生人数，键入 4 并单击“确定”按钮后，即开始输入每个学生的数据。4 个学生的数据输入完后，结束程序。此时屏幕上并没有信息输出，只是把从键盘上输入的数据写到磁盘文件中。可以在记事本中查看该文件的内容，如图 8-8 所示。

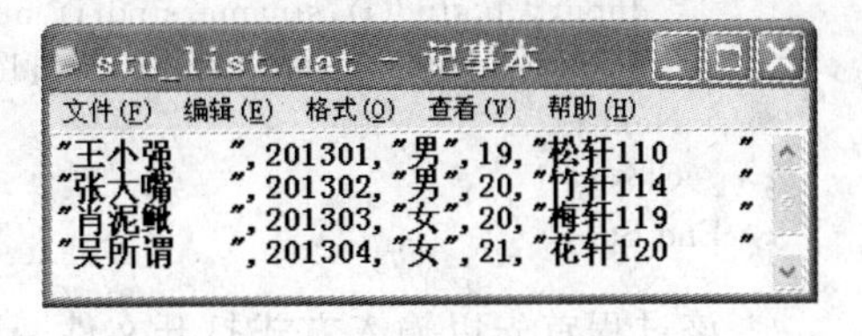

图 8-8 Write语句输入文件内容

可以看出，由于是用 Write＃语句执行写操作的，文件中各数据项之间用逗号隔开，字符串数据放在双引号中。

2. 顺序文件的读操作

顺序文件的读操作分三步进行，即打开文件、读数据文件和关闭文件。其中打开文件和关闭文件的操作如前所述，读数据的操作由 Input＃语句和 LineInput＃语句来实现。

1) Input＃语句

格式为：

Input＃文件号，变量表

Input＃语句从一个顺序文件中读出数据项，并把这些数据项赋给程序变量，例如：

Input ＃1, A, B, C

从文件中读出三个数据项，分别把它们赋给 A、B、C 三个变量。

说明：

(1)“文件号”的含义同前。“变量表”由一个或多个变量组成，这些变量既可以是数值变量，也可以是字符串变量或数组元素，从数据文件中读出的数据赋给这些变量。文件中数据项的类型应与 Input＃语句中变量的类型匹配。

(2) 在用 Input＃语句把读出的数据赋给数值变量时，将忽略前导空格、回车或换行符，把遇到的第一个非空格、非回车和换行符作为数值的开始，遇到空格、回车或换行符则认为数值结束。对于字符串数据，同样忽略开头的空格、回车或换行符。如果需要把开头带有空格的字符串赋给变量，则必须把字符串放在双引号中。

(3) Input＃与 InputBox 函数类似，但 InputBox 要求从键盘输入数据，而 Input＃语句要求从文件中输入数据，而且执行 Input＃语句时不显示对话框。

(4) Input＃语句也可用于随机文件。

例 8-5 把前面建立的学生数据文件(c:\temp\stu_list.dat)读到内存，并在屏幕(窗体)上显示出来。

该程序的标准模块仍使用前面程序中的 exam8_4.bas，窗体层代码也与前一个程序相同，窗体事件过程如下：

```
Private Sub Form_Click()
  Static sstud() As stu
  Open "c:\temp\stu_list" For Input As ＃1
  n=InputBox("enter number of student :")
  ReDim stud(n) As stu
  Fontsize=12
  print"姓名";Tab(20);"学号";Tab(30);"年龄";Tab(40);"住址"
  Print
  For i=1To n
```

```
        Input #1, stud(i).stname, stud(i), num, stud(i), age, stud(i), addr
        Print stud(i).stname; Tab(20); stud(i).num; Tab(30); stud(i).age; Tab(40); stud(i).addr
    Next i
    Close #1
End Sub
```

该过程首先以输入方式打开文件 stu_list,它是前面一个程序建立的学生数据文件。数组定义方式与前面的程序相同。在 For 循环中,用 Input # 语句读入 4 个学生的数据,并在窗体上显示出来。程序运行后,单击窗体,在输入对话框中输入 4,然后单击“确定”按钮,执行结果如图 8-9 所示。

Input语句

姓名	学号	性别	年龄	住址
王小强	201301	男	19	松轩110
张大嘴	201302	男	20	竹轩114
白泥鳅	201303	女	20	梅轩119
吴所谓	201304	女	21	花轩120

图 8-9 数据文件的读操作

在 Visual Basic 6.0 中,取消了早期 BASIC 版本中的 Read…Data 语句,这给大量的数据输入造成诸多不便。当需要输入几十个、上百个甚至更多的数据时,如果用 InputBox 函数一个一个地输入,效率太低。这个问题可以通过 Input # 语句从文件中读取数据来解决。看下面的例子。

例 8-6 编写程序,对数值数据排序。

排序有很多种方法,如前面介绍的冒泡法排序和选择法排序。下面用冒泡法对数值数据排序。需要排序的数据放在一个数据文件中,名为 sortdata.dat,内容如下:

```
40
3 24 35 23 24 34 57 68 95 67 41 29
14 32 31 54 38 90 321 98 72 88 56
83 28 19 230 52 63 85 82 143 25 49
8 235 46 213 435 95 67 856 30 7 84
```

文件中共有 41 个数值数据,第一个数据 40 表示数据个数,实际参加排序的有 40 个数据。各数据之间用空格或回车符分开。可以用任何字处理软件或编辑软件建立 sortdata.dat 文件(一般用“记事本”建立,如果用 Word 建立,则应保存为“纯文本”文件)。

在窗体层编写如下代码:

```
Option Base 1
```

编写如下事件过程:

```
Private Sub Form_Click()
    Static number() As Integer
    Dim n As Integer
    Open "c:\temp\sortdata.dat" For Input As #1
    Input #1, n
    ReDim number(n) As Integer
    FontSize = 12
    For i = 1 To n
```

```
        Input #1, number(i)
    Next i
    For i = n To 2 Step -1
        For j = 1 To i - 1
            If number (j) > number (j + 1) Then
                temp = number(j + 1)
                number(j + 1) = number(j)
                number(j) = temp
            End If
        Next j
    Next i
    Close #1
    For i = 1 To n
        Print Format(number(i), "@@@@@");
        If i mod 10 = 0 Then Print
    Next i
End Sub
```

上述过程先定义一个空数组，接着打开数据文件 sortdata.dat（该文件存放在 c 盘的 temp 目录下），读取第一个数据(40)，并用它重定义数组大小。此时文件指针位于第二个数据，For 循环从第二个数据开始，把 40 个数据读到数组 number 中，然后对这 40 个数值数据排序，并输出排序结果。执行情况如图 8-10 所示。

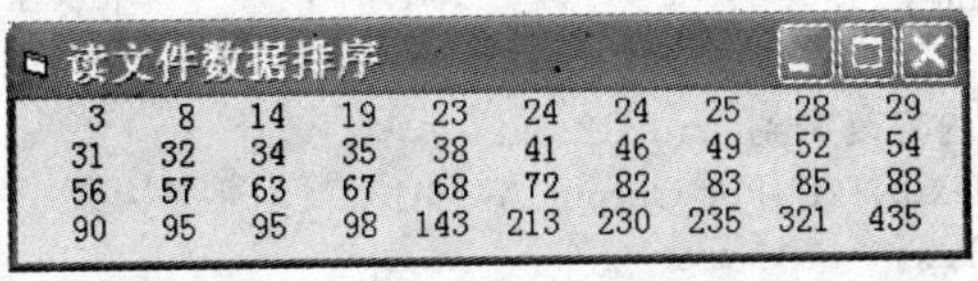

读文件数据排序									
3	8	14	19	23	24	24	25	28	29
31	32	34	35	38	41	46	49	52	54
56	57	63	67	68	72	82	83	85	88
90	95	95	98	143	213	230	235	321	435

图 8-10　数值数据排序

2）LineInput#语句

格式为：

LineInput#文件号,字符串变量

LineInput#语句从顺序文件中读取一个完整的行，并把它赋给一个字符串变量。"文件号"的含义同前。"字符串变量"是一个字符串简单变量名，也可以是一个字符串数组元素名，用来接收从顺序文件中读出的字符行。

在文件操作中，LineInput#是十分有用的语句，它可以读取顺序文件中一行的全部字符，直至遇到回车符为止。此外，对于以 ASCII 码存放在磁盘上的各种语言源程序，都可以用 LineInput#语句一行一行地读取。

LineInput#与 Input#语句功能类似。Input#语句读取的是文件中的数据项，而 LineInput#语句读取的是文件中的一行。LineInput#语句也可用于随机文件。LineInput#语句常用来复制文本文件。下面举一个例子。

把一个磁盘文件的内容读到内存并在文本框中显示出来，然后把该文本框中的内容存入另一个磁盘文件。

首先用字处理程序（例如"记事本"）建立一个名为 smtext1.txt 的文件（该文件存放在 k

盘的 test 目录下)，内容如下：

忆秦娥·娄山关

毛泽东

西风烈，长空雁叫　霜 晨 月。

霜晨月，马蹄声碎，喇叭声咽。

雄关漫道真如铁，而今迈步从头越。

从 头 越，苍山 如海，残阳 如血。

该文件有 6 行，输入时每行均以回车符结束。

在窗体上建立一个文本框，在属性界面中把该文本框的 MultiLine 属性设置为 True，然后编写如下的事件过程。

```
Private Sub Form_Click()
    Open "k:\test\smtext1.txt" For Input As #1
    Text1.FontSize = 14
    Text1.FontName = "幼圆"
    '将 smtext1.txt 的内容读出来
    Do While Not EOF(1)
        LineInput #1, Aspect$                              '读出一行
        whole$ = whole$ + Aspect$ + Chr$(13) + Chr$(10)    '行末添加回车换行符
    Loop
    Text1.Text = whole
    Close #1
    '将 smtext1.txt 的内容复制到 smtext2.txt
    Open "k:\test\smtext2.txt" For Output As #1
    Print #1, Text1.Text
    Close #1
End Sub
```

上述过程首先打开一个磁盘文件 smtext1. txt，用 LineInput # 语句把该文件的内容一行一行地读到变量 Aspect$ 中，每读一行，就把该行连到变量 whole$，加上回车换行符。然后把变量 whole$ 的内容放到文本框中，并关闭该文件。此时文本框中分行显示文件 smtext1. txt 的内容，如图 8-11 所示。之后，程序建立一个名为 smtext2. txt 的文件，并把文本框的内容写入该文件。程序运行结束后，文本框及两个磁盘文件中具有相同的内容。

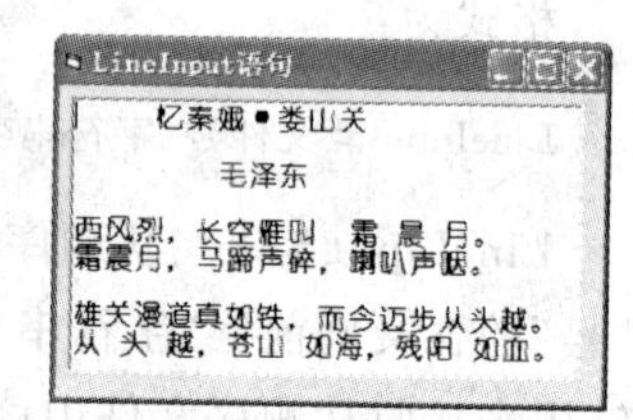

图 8-11　在文本框中显示文件内容

3) Input$ 函数

格式为：

```
Input$(n, #文件号)
```

Input$ 函数返回从指定文件中读出的 n 个字符的字符串。也就是说，它可以从数据文件中读取指定数目的字符，例如：

```
x$ = Input$(100, #1)
```

从文件号为 1 的文件中读取 100 个字符，并把它赋给变量 $x$$。

Input＄函数执行所谓的“二进制输入”。它把一个文件作为非格式的字符流来读取。例如，它不把回车换行序列看作是一次输入操作的结束标志。因此，当需要用程序从文件中读取单个字符时，或者是用程序读取一个二进制的或非 ASCII 码文件时，使用 Input＄函数较为适宜。

例 8-7 编写程序，在文件中查找指定的字符串。

为了查找文件中指定的字符串，可以先打开文件，用 Input＄(1,1)搜索要查找的字符串的首字符，再试着进行完整的匹配。更直观的做法是：把整个文件读入内存，放到一个变量中，然后从这个变量中查找所需要的字符串，这种方法不仅容易实现，而且效率更高。在 Visual Basic 6.0 中，一个字符串变量最多可存放约 21 亿个字符。

可以编写一个查找任何文件中指定字符串的通用程序。为了简单起见，这里编写查找 DoS 下批处理文件 autoexec. bat 中指定字符串的程序。不过，对它稍加修改，就可以变成通用程序。

程序如下：

```
Private Sub Form_Click()
  Q＄=InPutBox＄("请输入要查找的字符串：")
  Open"c:\autoexec.bat"For Input As＃1
  x＄=Input＄(LOF(1),1)            '把整个文件内容读入变量 x＄中
  Close
  y=Instr (1, XS, Q＄)
  If y<>0 Then
    Print"找到字符串";Q＄
  Else
    Print"未找到字符串";Q＄
  End If
End Sub
```

该过程首先打开文件 autoexec. bat，用 Input＄函数把整个文件读入内存变量 x＄，然后用 Instr 函数在 x＄中查找所需要的字符串(Q＄)。如果找到了，则 y 的值不为0；如果没有找到，则 y 值为 0。根据 y 的值输出相应的信息。程序运行后，单击窗体，显示一个输入对话框，在对话框中输入要查找的字符串，单击“确定”按钮后即开始查找。

8.3.4 随机文件的访问

随机文件有以下特点。

(1) 随机文件的记录是定长记录，只有给出记录号 n，才能通过“$(n-1)\times$记录长度”计算出该记录与文件首记录的相对地址。因此，在用 Open 语句打开文件时必须指定记录的长度。

(2) 每个记录划分为若干个字段，每个字段的长度等于相应变量的长度。

(3) 各变量(数据项)要按一定格式置入相应的字段。

(4) 打开随机文件后，既可读也可写。

随机文件以记录为单位进行操作。在这一节中，“记录”兼有两个方面的含义，一个是记录类型，即用 Type…End Type 语句定义的类型；另一个是要处理的文件的记录。两者有

联系,也有区别,要注意区分。

随机文件与顺序文件的读写操作类似,但通常把需要读写的记录中的各字段放在一个记录类型中,同时应指定记录号!

1. 随机文件的写操作

随机文件的写操作分为以下 4 步。

(1) 定义数据类型。

随机文件由固定长度的记录组成,每个记录含有若干个字段。记录中的各个字段可以放在一个记录类型中,记录类型用 Type…End Type 语句定义。Type…End Type 语句通常在标准模块中使用,如果放在窗体模块中,则应加上关键字 Private。

(2) 打开随机文件与顺序文件不同,打开一个随机文件后,既可用于写操作,也可用于读操作。打开随机文件的一般格式为:

```
Open"文件名称"For Random As#文件号[Len=记录长度]
```

"记录长度"等于各字段长度之和,以字符(字节)为单位。如果省略"Len=记录长度",则记录的默认长度为 128 个字节。

(3) 将内存中的数据写入磁盘。

随机文件的写操作通过 Put 语句来实现,其格式为:

```
Put#文件号,[记录号],变量
```

这里的"变量"是指除了对象变量和数组变量外的任何变量(包括含有单个数组元素的下标变量)。Put 语句把"变量"的内容写入由"文件号"所指定的磁盘文件中。

说明:

① "文件号"的含义同前。"记录号"的取值范围为 $1\sim(2^{31}-1)$,即 1~2 147 483 647。对于用 Random 方式打开的文件,"记录号"是需要写入的编号。如果省略"记录号",则写到下一个记录位置,即最近执行 Get 或 Put 语句后或由最近的 Seek 语句所指定的位置。省略"记录号"后,逗号不能省略。例如 Put #2 , , Filebuff。

② 如果所写的数据的长度小于在 Open 语句的 Len 子句中所指定的长度,Put 语句仍然在记录的边界后写入后面的记录,当前记录的结尾和下一个记录开头之间的空间用文件缓冲区现有的内容填充。由于填充数据的长度无法确定,因此最好使记录长度与要写的数据的长度相匹配。

③ 如果要写入的变量是一个变长字符串,则除写入变量外,Put 语句还写入两个字节的一个描述符,因此,由 Len 子句所指定的记录长度至少应比字符串的实际长度多两个字节。

④ 如果要写入的变量是一个可变数值类型变体(VarType 值为 0~7),则除写入变量外,Put 语句还要写入两个字节用来标记变体变量的 VarType。例如,当写入 VarType 为 3 的变体时,Put 语句要写入 6 个字节:其中两个字节用来把变体标记为 3(Long 型),另外 4 个字节存放 Long 型数据。因此,在 Len 子句中指出的记录长度至少应比存放变量所需要的实际长度多两个字节。

⑤ 如果要写入的是字符串变体(VarType8),则 Put 语句要写入两个字节标记

VarType;两个字节标记字符串的长度。在这种情况下,由Len子句指定的记录长度至少应比字符串的实际长度多4个字节。

⑥ 如果要写入的是其他类型的变量(即非变长字符串或变体类型),则Put语句只写入变量的内容,由Len子句所指定的记录长度应大于或等于所要写的数据的长度。

(4) 关闭文件的操作与顺序文件相同。

2. 随机文件的读操作

从随机文件中读取数据的操作与写文件操作步骤类似,只是把第三步中的Put语句用Get语句来代替,其格式如下。

```
Get#文件号,[记录号1,变量]
```

Get语句把由"文件号"所指定的磁盘文件中的数据读到"变量"中。"记录号"的取值范围同前,它是要读的记录的编号。如果省略"记录号",则读取下一个记录,即最近执行Get或Put语句后的记录,或由最近的Seek函数指定的记录。省略"记录号"后,逗号不能省略。例如:

```
Get #1 , , FileBuff
```

Get语句的其他说明,包括"文件号"、"变量"的含义以及在读变长字符串、变体等变量时的一些规则,均与Put语句类似,不再重复。

下面通过一个例子说明随机文件的读写操作。

例8-8 建立一个随机存取的工资文件,然后读取文件中的记录。

为了便于说明问题,使用如表8-2所示的简单的文件结构。

表8-2 简单的文件结构

姓名	单位	年龄	工资
…	…	…	…

按以下步骤操作。

(1) 定义数据类型。

工资文件的每个记录含有4个字段,其长度(字节数)及数据类型见表8-3。

表8-3 字段的长度及数据类型

项　目	长度	类　型
姓名(EmName)	10	字符串
单位(Unit)	15	字符串
年龄(Age)	2	整型
工资(Salary)	4	单精度数

根据上面规定的字段长度和数据类型,定义记录类型。执行"工程"菜单中的"添加模块"命令,建立标准模块,在该模块中定义如下的记录类型。

```
Type RecordType
```

```
    EmName As String * 10
    Unit As String * 15
    Age As Integer
    Salary As Single
End Type
```

定义了上述记录类型后，可以在窗体层定义该类型的变量 Dim RecordVar As RecordType。

(2) 打开文件，并指定记录长度。

由于随机文件的长度是固定的，因此应在打开文件时用 Len 子句指定记录长度，如果不指定，则记录长度默认为 128 个字节。从前面可以知道，要建立的随机文件的每个记录的长度为 10＋15＋2＋4＝31 个字节，因此可以用下面的语句打开文件。

```
Open "Employee.dat" For Random As #1 Len=31
```

用上面的语句打开文件时，记录的长度通过手工计算得到。当记录含有的字段较多时，手工计算很不方便，也容易出错。实际上，记录类型变量的长度就是记录的长度，可以通过 Len 函数求出来，即

```
记录长度=Len(记录类型变量),=Len(RecordVar)
```

因此，打开文件的语句可以改为

```
Open "Employee.dat" For Random As #1 Len=Len(RecordVar)
```

注意：上面语句中有两个 Len，其中等号左边的 Len 是 Open 语句中的子句，而等号右边的 Len 是一个函数。

(3) 从键盘上输入记录中的各个字段，对文件进行读写操作打开文件后，就可以输入数据，并把数据记录写入磁盘文件，这可以通过下面的程序来实现。

```
RecordVvar.EmName=InputBox$("职工姓名:")
RecordVav.Unit=InputBox$("所在单位:")
RecordVar.Age=InputBox("职工年龄:")
RecordVar.Salay=InputBox("职工工资:")
RecordNumber =RecordNumber+1
Put#I,,RecordVar
```

用上面的程序段可以把一个记录写入磁盘文件 Employee.dat。

8.3.5 二进制文件的访问

二进制文件中的数据均以二进制方式存储，存储单位是字节(随机文件是按记录存取的，顺序文件是按行存取的)。在二进制文件中，能够存取任意所需要的字节，可以把文件指针移到文件的任何地方。如果将二进制文件中的每个字节看作是一条记录的话，二进制存取模式就成了随机存取模式。

二进制存取文件的优点是存储密集、空间利用效率高，存取方式最为灵活，缺点是操作起来比较困难，工作量也较大。

二进制文件中的记录是可变长度的记录,类型声明语句中可以省略字符串长度参数。这样就可以尽可能地减少磁盘空间的占用了。

1. 打开二进制文件

以二进制方式打开文件,其语法格式如下:

Open 文件名 For Binary As #文件号

二进制文件访问中的 Open 语句与随机存取的 Open 语句不同,它没有指定 Len 部分。如果在二进制文件访问的 Open 语句中给出记录长度,则被忽略。

2. 写数据

向二进制文件写数据的语法格式如下:

Put #文件号,[位置],变量

其中"位置"是按字节计数的读写位置,若采用默认位置,则文件指针按从头到尾的顺序移动。Put 语句向文件写的字节数应该与变量长度相等。

3. 读数据

从二进制文件读取数据的语法格式如下:

Get #文件号,[位置],变量

该语句从文件读出的字节数等于变量长度。

在二进制文件读写的过程中,常常用到 Seek 函数和 Seek 语句:

Seek()函数用来返回当前文件指针的位置,其语法格式如下:

Seek(文件号)

Seek()函数用来将文件指针定位到 recnumber 字节处,其使用语法如下:

Seek(文件号,recnumber)

例 8-9 编程序实现将 d 盘根目录中的文件 Abc.dat 复制到 a 盘,且文件名改为 Myfile.dat。

```
Dim char As Byte                          '打开源文件
Open "d:\Abc.dat" For Binary As #1        '打开目标文件
Open "a:\Myfile.dat" For Binary As #2
Do While Not EOF (1)
  Get #1, ,char                           '从源文件读出一个字节
  Put #2, ,char                           '将一个字节写入目标文件
Loop
Close#1, #2
```

4. 在长度可变的字段中保存数据

为了更好地了解二进制文件的访问,下面以一个职工记录文件加以说明。文件结构

Person1 采用长度固定的记录和字段来存储每个职工的信息。

程序代码如下：

```
Type Person1
    ID As Integer
    Salary As Currency
    LastReviewData As Long
    FirstName As String * 15
    LastName As String * 15
    Title As String * 15
    ReviewComments As String * 150
End Type
```

在这个文件中，不管字段的实际内容如何，每条记录都占用 209 个字节。

通过使用二进制访问可使磁盘空间的使用量降到最小。因为这不需要固定长度的字段，即可在长度可变的字段中保存信息，只需类型声明语句省略字符串长度参数即可。例如：

```
Type Person2
    ID As Integer
    Salary As Currency
    LastReviewData As Long
    FirstName As String
    LastName As String
    Title As String
    ReviewComments As String
End Type
```

在文件结构 Person2 中，因为各个字段长度是可变的，所以每个职工记录只存储在精确所需的字节中。用长度可变字段来进行二进制输入输出时有一个缺点，就是不能随机地访问记录，必须顺序地访问记录以了解每一个记录的长度。尽管可以直接查看文件中指定字节的位置，但是，如果记录的长度可变，则无法直接知道哪条记录在哪个字节处。

8.4 文件应用举例

8.4.1 文件 I/O 语句示例

例 8-10 设计一个窗体说明 FileCopy 语句和 Kill 语句的基本应用。

该例题利用 FileCopy 语句将默认目录下的 test1. dat 文件复制到 d 盘下，并重新命名为 test2. txt，然后使用 Kill 语句将默认目录下的 test1. dat 文件删除。

程序代码如下：

```
Private Sub Command1_Click()
    Open "test1.dat" For Output As #1
    Close
    FileCopy "test1.dat", "d:\test2.txt"
    Kill "test1.dat"
```

```
End Sub

Private Sub Command2_Click()
    Kill "test1.dat"
End Sub
```

该程序被执行后，默认目录下的 test1.dat 文件将被删除，而在 d 盘中会出现 test2.txt 文件。

8.4.2 顺序文件的存储及显示

例 8-11 设计一个窗体，说明顺序文件的存储及显示的实现过程。

操作过程如下：

首先在指定文件夹下建立一个 file.dat 文件（记事本可以打开），然后进行如下步骤。

(1) 建立一个工程，添加一个窗体 Form1，在该窗体中放置一个文本框（其中 MultiLine 属性设置为 True，两个命令按钮分别命名为文件存储和显示文件。

(2) 在该窗体上设计如下事件过程。

```
Private Sub Command1_Click()                    '实现保存文件功能
    fileno = FreeFile
    Open "k:\test\file.dat" For Output As fileno
    Print #fileno, text1.Text
    Close #fileno
End Sub

Private Sub Command2_Click()                    '实现显示文件功能
    text1.Text = " "
    fileno = FreeFile
    Open "k:\test\file.dat" For Input As #fileno
    Do Until EOF(fileno)
        Line Input #fileno, newline
        text1.Text = text1.Text & newline & Chr(13) + Chr(10)
    Loop
    Close #fileno
End Sub
```

(3) 启动本工程，出现 Form1 窗体，在文本框中输入一段文字，然后单击"存储文件"命令按钮，将文字保存到 file.dat 文件中。重新启动本工程，当文本框为空白时，单击"显示文件"命令按钮，则重新显示保存到 file.dat 文件中的内容，如图 8-12 所示。

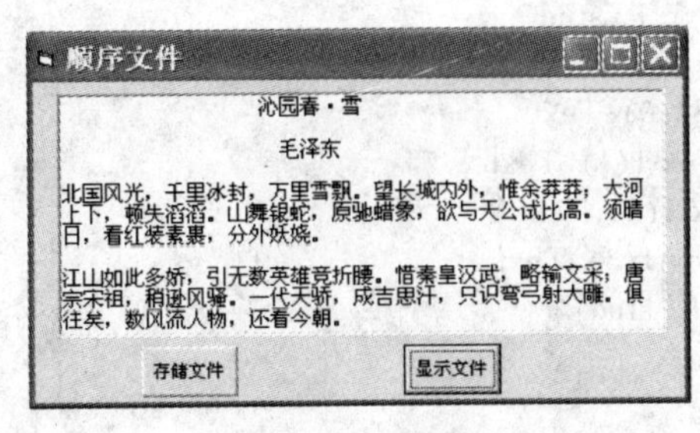

图 8-12 运行界面

8.4.3 随机文件的操作示例

例 8-12 随机文件操作示例。

例题中,要用到控件数组的建立,请详见其他章节。

在应用程序编写过程中,可能用到一些类型相同且功能相近的控件,这时可以将这些控件定义为控件数组。

下面以学生记录为例,说明随机文件的各种操作方法。

(1) 新建一个工程,在窗体 Form1 中添加 4 个标签、4 个文本框(采用 Text1 控件数组)和 4 个命令按钮("插入记录"、"删除记录"、"显示记录"三个命令按钮采用 Command1 控件数组,"退出"命令按钮采用 Command2),设计界面如图 8-13 所示。

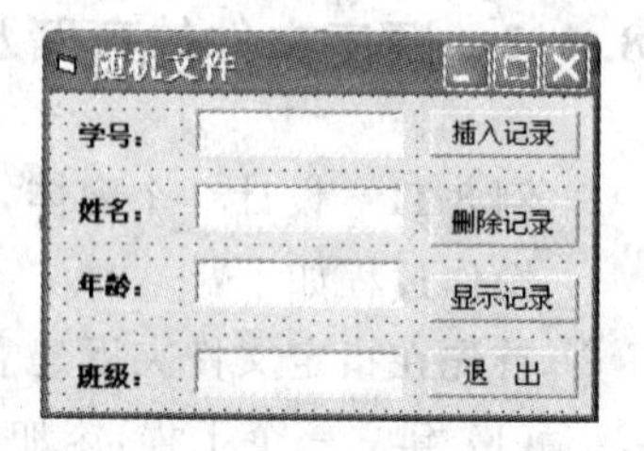

图 8-13 设计界面

(2) 在该窗体中设计如下事件过程:

```
Private Type studtype                                   '定义随机文件结构
    no As String * 6
    name As String * 10
    age As Integer
    class As String * 5
End Type
Dim stud As studtype                                    '申明变量
Dim recnum As Integer
Private Sub Form_Load()                                 '初始化界面
    For i = 0 To 3
        Text1(i) = ""
    Next
End Sub
Private Sub Command1_Click(Index As Integer)  '插入、删除、显示功能的实现
    On Error Resume Next
    recnum = InputBox("输入记录号", "数据输入")
    If recnum = 0 Then Exit Sub
    Open "k:\test\stud.dat" For Random As #1 Len = Len(stud)
    If Index = 0 Then
        totalrec = LOF(1) / Len(stud)
        For i = totalrec To recnum Step -1
            Get #1, i, stud
            Put #1, i + 1, stud
        Next
        stud.no = Text1(0).Text
        stud.name = Text1(1).Text
        stud.age = Text1(2).Text
        stud.class = Text1(3).Text
        Put #1, recnum, stud
    End If
    If Index = 1 Then
        totalrec = LOF(1) / Len(stud)
```

```
        For i = recnum To totalrec - 1
            Get #1, i + 1, stud
            Put #1, i, stud
        Next
        stud.no = ""
        stud.name = ""
        stud.age = ""
        stud.class = ""
        Put #1, i, stud
    End If
    If Index = 2 Then
        Get #1, recnum, stud
        Text1(0).Text = stud.no
        Text1(1).Text = stud.name
        Text1(2).Text = stud.age
        Text1(3).Text = stud.class
    End If
End Sub
Private Sub Command2_Click()                    '退出界面
    End
End Sub
```

(3) 启动工程后，在运行界面空白的文本框中输入相应的信息，如图 8-14 所示。

(4) 再单击"插入记录"命令按钮，出现"数据输入"对话框，要求输入记录号，如图 8-15 所示。

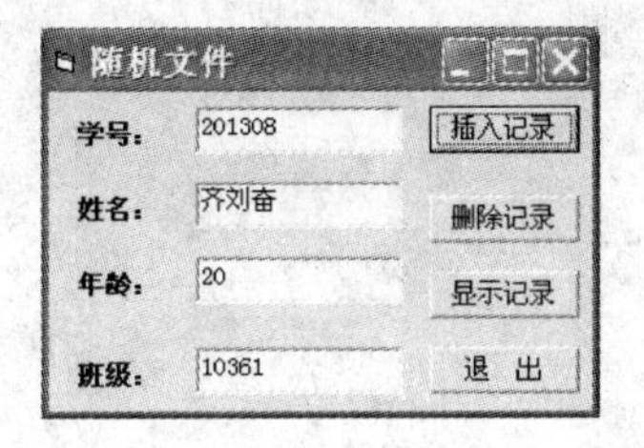

图 8-14　运行界面

图 8-15　"数据输入"对话框

(5) 输入该学生的记录号，单击"确定"，该学生的记录就被保存。

(6) "删除记录"、"显示记录"命令的操作过程和"插入记录"命令的操作过程相类似，请读者自行操作。

习题 8

一、简答题

1. 什么是文件？什么是记录？
2. 根据文件的结构和访问方式，文件分为哪几种类型？
3. 随机文件和顺序文件读写过程的区别是什么？
4. Print 语句和 Write 语句的区别是什么？

5. 设计一个窗体，将某个学生的学号、姓名、性别、数学、语文、英语以及平均分等学生成绩输入到一个顺序文件中(xs.dat)，其界面如图8-16所示。要求为：标签用控件数组，文本框用控件数组，单选按钮(表示性别)用框架表示。

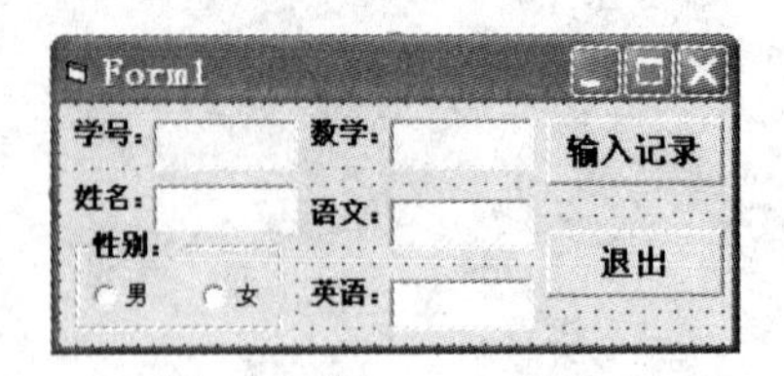

图8-16　设计界面

6. 以随机文件方式实现习题5的功能，随机文件命名为xs1.dat。

第 9 章　对话框与菜单程序设计

在 Windows 操作界面中，对话框与菜单是最常用的操作方式，Visual Basic 语言能够十分方便快捷地设计出标准的 Windows 界面，这是 Visual Basic 的一大特色。Windows 环境下开发应用程序的一个主要任务就是设计出友好的人机交互界面。本章主要介绍通用对话框控件的使用以及菜单编辑器的使用、菜单的编程方法。

9.1　对话框设计概念

对话框是一个特殊的界面，通常它不具有最大化或最小化按钮，也没有控制菜单，但它提供了应用程序与用户交互的功能。在 Windows 界面设计中，用 Visual Basic 软件所进行的“对话框”，也是一种特殊的窗体，它的大小一般是固定的，也没有“最小化”和“最大化”按钮，它只有一个“关闭”按钮（有时还包含一个“帮助”按钮）。如何设计出这种特殊的窗体，Visual Basic 提供了三种解决方案：

(1) 系统预定义的对话框，InputBox 和 MsgBox；

(2) Visual Basic 提供通用对话框控件；

(3) 用户自定义对话框。

其中，通用对话框控件，所包含的功能较多，根据用户的需要进行设置。创建用户自定义对话框，可采用两种方法：

(1) 用户根据应用程序的需要，在一个窗体上，使用常用的标签、文本框、单选按钮、检查框和命令按钮等控件组成，通过编写相关的程序代码来实现人机交互功能。

(2) 使用 Visual Basic 系统自己提供的“对话框”模板，通过用户自己简单的修改来创建一个适合自己程序需要的自定义对话框。

9.2　通用对话框设计

用户在开发对话框时，可以根据自己的需要使用工具箱中的标准控件来定制对话框，但这样做开发效率不高。为提高程序开发效率，减轻用户开发负担，可使用 Visual Basic 提供的一些工具箱以外的控件，实际上就是一种 ActiveX 控件。

在 Visual Basic 中有一种使用最多的通用对话框控件（CommonDialog）。该控件在常用工具箱中不存在，Visual Basic 的通用对话框（CommonDialog）控件提供了一组标准对话框界面，包括打开文件、保存文件、选择颜色、选择字体、设置打印机和帮助 6 个对话框。这些对话框只能返回用户输入、选择或确认的信息，要实现诸如文件打开、保存文件、设置颜色等操作，还必须编写相应的代码。

1. 添加通用对话框控件

通用对话框(CommonDialog)属于 ActiveX 控件。一般情况下,该控件不在工具箱中,要使用它,必须先将其添加到工具箱中。添加操作可以通过“工程”菜单下的“部件”命令或右击工具箱选择出现在快捷菜单中的“部件”命令来实现。打开“部件”对话框,选中 Microsoft Common Dialog Control 6.0,单击“确定”按钮,就能将通用对话框按钮添加到工具箱中,如图 9-1 所示。

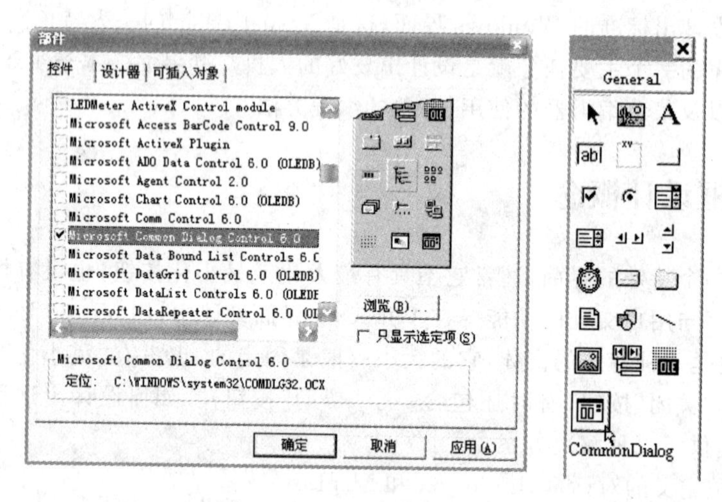

图 9-1 添加通用对话框控件

2. 使用通用对话框控件

在设计状态下,通用对话框控件显示为一个图标,该图标在运行时不可见。在程序运行状态下,可以通过设置其 Action 属性或使用其 Show 方法来打开需要的某种对话框。

通用对话框控件的 Action 属性值及相应的 Show 方法如表 9-1 所示。

表 9-1 通用对话框的 Action 属性和 Show 方法

Action 属性	Show 方法	说　明
0	—	无对话框
1	ShowOpen	显示文件打开对话框
2	ShowSave	显示另存为对话框
3	ShowColor	显示颜色对话框
4	ShowFont	显示字体对话框
5	ShowPrinter	显示打印对话框
6	ShowHelp	显示帮助对话框

除了 Action 属性外,通用对话框具有以下主要的共同属性。

1) CancelError 属性

该属性针对通用对话框中的“取消”按钮,用于向应用程序表示用户想取消当前操作。当 CancelError 属性设置为 True 时,只要单击“取消”按钮,通用对话框就会自动地将错误对象 Err. Number 设置为 32 755（cdlCancel），以便程序判断。若设置为 False，则单击“取消”按钮时不产生错误信息。

2）DialogTitle 属性

该属性设置对话框标题栏中显示的字符串。

该属性的设置只对“打开”和“另存为”对话框有效。

3）Flags 属性

该属性可以修改每个具体对话框的默认操作，不同类型的对话框具有不同的 Flags 属性值，使用时可通过 Visual Basic 中的“帮助”功能进行搜索。

通用对话框的属性设置可以通过属性界面设置，也可在其“属性页”对话框中设置。右击该控件，调出快捷菜单，选择“属性”，则可打开其“属性页”对话框，如图 9-2 所示。

若要在程序运行时打开 CommonDialog 控件提供的“打开”、“另存为”、“颜色”、“字体”、“打印”、“帮助”对话框中的任何一个，可使用如下命令。

```
CommonDialog1.Action = n                          '属性值(1～6)
```

或

```
CommonDialog1.Action = Show 方法                   '相应的 Show 方法
```

其中，

通用对话框仅提供了一个用户和应用程序的信息交互界面，具体功能的实现还需编写相应的程序。

除了 Action 属性外，CommonDialog 控件还具有一个公共属性——DialogTitle 属性，该属性用于设置对话框标题。

当显示“颜色”、“字体”或“打印”对话框时，CommonDialog 控件忽略 DialogTitle 属性的设置。“打开”与“另存为”对话框的默认标题为“打开”与“另存为”。

除了具有相同的公共属性外，不同对话框还有自己特有的属性。

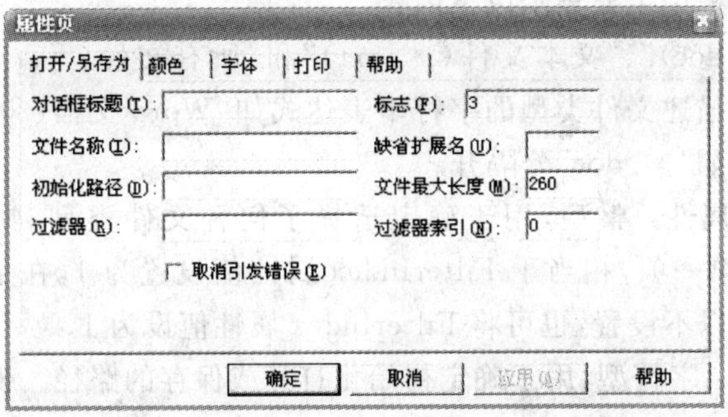

图 9-2 “属性页”对话框

9.2.1 “打开”与“另存为”对话框

“打开”对话框与“另存为”对话框为用户提供了一个标准的文件打开与保存界面，“打开”对话框用于选定将要打开的文件；“另存为”对话框用于指定文件将要保存的位置及保存时使用的文件名。这两个对话框均用于返回文件的各种信息。

“打开”与“另存为”对话框的常用属性除了前面提到的三个共有属性外，还有如表 9-2 所示的属性。

表 9-2 “打开”与“另存为”对话框的常用属性

属性	说明
FileName	用于设置对话框中“文件名称”的默认值，并返回用户选中的文件名
FileTitle	用于设置对话框标题，默认值为“打开”或“另存为”
Filter	用于设置在对话框的“文件类型”列表框中的文件过滤器
FilterIndex	设置默认的文件过滤器，属性值为整数，表示 Filter 属性中各个值的序号
InitDir	设置初始的文件目录。若缺省，默认为当前目录
DefaultExt	设置文件默认的扩展名。在保存没有扩展名的文件时，自动为文件添加由 DefaultExt 属性设置的扩展名

主要属性说明如下：

(1) FileName 属性：字符型，用于返回或设置用户要打开或保存的文件名(含路径)。

(2) FileTitle 属性：字符型，用于返回或设置用户要打开或保存的文件名(不含路径)。FileTitle 属性为在运行阶段，用户选定的文件名或在“文件名”文本框中输入的文件名，而 FileName 属性则由文件名及其路径共同组成。

(3) Filter 属性：确定文件类型或保存类型列表框中显示的文件类型。Filter 属性设置的格式如下。

```
文件说明字符|类型描述|文件说明字符|类型描述
```

例如：

```
CommonDialog1.Filter="Word 文档(*.doc)|*.doc|文本文件(*.txt)|*.txt|所有文件(*.*)|
*.*"
```

该文件类型列表框中主要显示以下内容。

“Word 文档(*.doc)”、“文本文件(*.txt)”和“所有文件(*.*)”三种类型。其中，“|”为管道符号，它将描述文件类型的字符串表达式如“Word 文档(*.doc)”与指定文件扩展名的字符串表达式如“*.doc”分隔开。

(4) FilterIndex 属性：整型，用于确定选择了何种文件类型，默认设置为 0，系统取 Filter 属性设置中的第一项，相当于 FilterIndex 属性值设置为 1，在上例中，如选择“Word 文档(*.doc)”，则可以不设置，也可将 FilterIndex 属性值设为 1。

(5) InitDir 属性：字符型，用于确定初始化打开或保存的路径。例如：

```
CommonDialog1.InitDir="e:\JSJFile"
```

如果不设置初始化路径或指定的路径不存在，系统则默认为 c:\My Documents\。

(6) DefaultExt 属性：字符型，用于确定保存文件的默认扩展名。

(7) CancelError 属性：逻辑型值，表示用户在与对话框进行信息交换时，按下“取消”按钮时是否产生出错信息。

当该属性设置为 True 时，无论何时选取“取消”按钮，都将出现错误警告，同时系统将

Err 对象的 Number 属性值置为 32 755(cdlCancel)。

当该属性设置为 False(默认)时,选择"取消"按钮,没有错误警告。

说明:上述属性在程序中设置时,必须要放在使用 Action 属性或 ShowOpen 和 ShowSave 方法调用"打开"或"另存为"对话框语句之前,否则该属性起不到其功能的作用。

例 9-1 "打开"和"另存为"对话框应用示例。通过"打开"和"另存为"对话框并结合文件操作相关语句,实现文件的打开与保存。

① 界面设计。

新建一个工程,在窗体中加入两个文本框、一个通过对话框、一个标签和两个命令按钮,并设置相关属性。程序界面如图 9-3 所示。

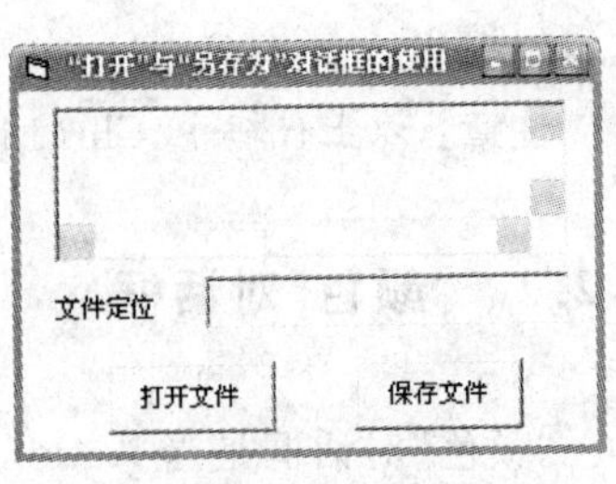

图 9-3 "打开"与"另存为"对话框示例

② 程序代码。

```
Private Sub Command1_Click()                                  '打开文件按钮
    CommonDialog1.Filter = "文本文件|*.txt|所有文件|*.*"        '过滤文件
    CommonDialog1.ShowOpen                                     '显示"打开"对话框
    FileName$ = CommonDialog1.FileName                         '获取文件定位信息
    Text2 = FileName$                                          '显示文件定位信息
    If FileName$ = "" Then
        MsgBox "未指定文件名!", 16, "提示"
        Exit Sub
    End If
    Open FileName$ For Input As 1                              '打开文件
    Do While (Not EOF(1))                                      '循环读文件
    Line Input #1, Text$                                       '读文件的一行文本
    If Text1 = "" Then
        Text1.Text = Text$                                     '第一行
    Else
        Text1.Text = Text1.Text + Chr(13) + Chr(10) + Text$   '行之间的回车换行
    End If
    Loop
    Close #1                                                   '关闭文件
End Sub
Private Sub Command2_Click()                                  '另存文件按钮
    CommonDialog1.Filter = "文本文件|*.txt|所有文件|*.*"
    CommonDialog1.ShowSave
    FileName$ = CommonDialog1.FileName
    Text2 = FileName$
    If FileName$ = "" Then
        MsgBox "未指定文件名!",16,"提示"
    End If
    Open FileName$ For Output As 1
    Print #1, Text1.Text                                       '写文件
    Close #1
End Sub
```

③ 运行程序。

在文本编辑框中输入一些文本，单击“保存文件”按钮，调出“另存为”对话框，指定文件位置和文件名后，本例中程序代码通过写文件将文本保存到相应的文件中。单击“打开文件”按钮，可调出“打开”对话框，给定文件标识后，本例程序代码可将文本文件的内容调入文本编辑框中。

注意：以上代码中，Chr(13)+Chr(10)为回车换行符，也可表示为 vbCrLf(VB 系统常量)。

9.2.2 “颜色”对话框

“颜色”对话框是当 Action 值为 3 时的通用对话框，它为用户提供了一个标准的调色板界面，CommonDialog 控件的“颜色”对话框的主要作用是返回用户选择的颜色。用户可以在“颜色”对话框中选择颜色或创建自定义颜色。CommonDialog 控件的 ShowColor 方法，可以打开如图 9-4 所示“颜色”对话框。

Color 属性是“颜色”对话框最重要的属性，它返回一个长整型的颜色值。用该颜色值可以设置 Visual Basic 对象的前景和背景颜色。

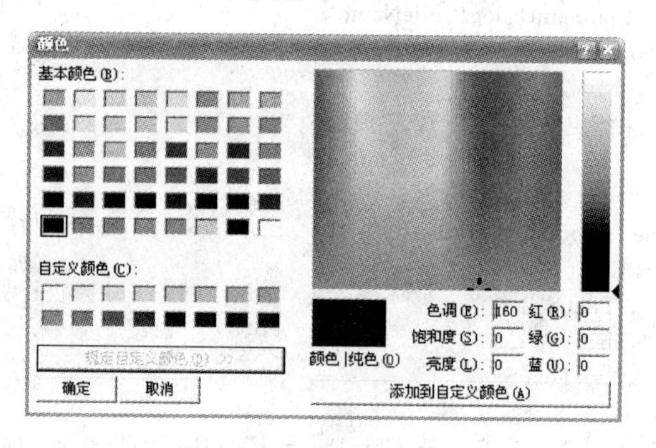

图 9-4 “颜色”对话框

例如通过“颜色”对话框来设置文本框的前景色，即文本框中文字的颜色，其“颜色”按钮的单击事件过程如下：

```
Private Sub cmdColor Click()
  CommonDialog1.ShowColor
  CommonDialog1.Action=3
  Text1.ForeColor=CommonDialog1.Color      '设置文本框的前景色
End Sub
```

9.2.3 “字体”对话框

“字体”对话框为用户提供了一个标准的进行字体设置的界面，如图 9-5 所示。通过该对话框用户可以选择字体、字体样式、字体大小、字体效果以及字体颜色。

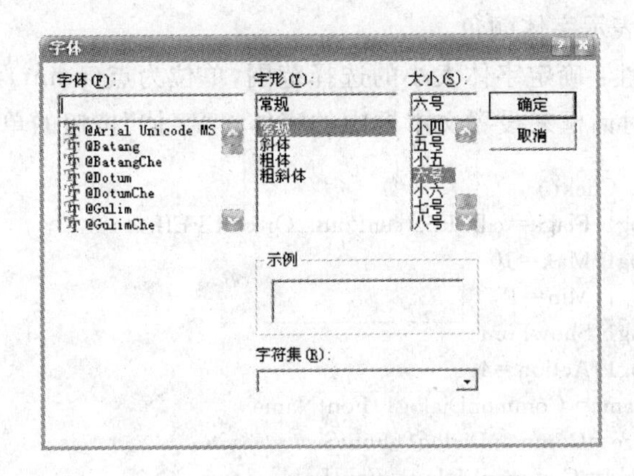

图 9-5 “字体”对话框

CommonDialog 控件的“字体”对话框用来设置并返回所用字体的名字、字形、字号、颜色。

“字体”对话框的常用属性如表 9-3 所示。

表 9-3 字体的常用属性

属 性	说 明	取 值	示 例
FontName	选定的字体名称	字体描述字符串	“黑体”
FontSize	选定的字体大小	数值	小四号
FontBold	选定粗体	True/False	Bold
FontItalic	选定斜体	True/False	*Italic*
FontUnderline	选定下划线	True/False	Underline
FontStrikethru	选定删除线	True/False	Strikethru

这些属性的使用方法是用赋值语句直接引用的。例如，要根据“字体”对话框返回的值设置文本框的字体，则直接采用语句

```
Text1.Font=CommonDialog.FontnName
```

主要属性说明如下。

(1) Flags 属性：确定对话框中显示字体的类型，在显示字体对话框前必须设置该属性，否则会发生不存在字体的错误，常用的设置如表 9-4 所示。使用 Or 运算符可以为一个对话框设置多个标志，如 cdlCFScreenFonts Or cdlCFEffects。

表 9-4 “字体”对话框的 Flags 属性

系 统 常 数	值	说 明
cdlCFScreenFonts	&H1	使对话框只列出系统支持的屏幕字体
cdlCFPrinterFonts	&H2	使对话框只列出打印机支持的字体
cdlCFBoth	&H3	使对话框列出可用的打印机和屏幕字体
cdlCFEffects	&H100	指定对话框允许删除线、下划线以及颜色效果

(2) FontName、FontSize、FontBold、FontItalic、FontStrikethru、FontUnderline 属性的用法与标准控件的字体属性相同。

(3) Color 属性：表示字体颜色。

(4) Min、Max 属性：确定字体大小的选择范围，单位为点(point)。

例如通过"字体"对话框来设置文本框中的字体。"字体"按钮的单击事件过程如下：

```
Private Sub cmdFont_Click()
    CommonDialog1.Flags=cdlCFScreenFonts Or cdlCFEffects
    CommonDialog1.Max=10 0
    CommonDialog1.Min=1
    CommonDialog1.ShowFont
    CommonDialog1.Action=4
    Text1.FontName=CommonDialog1.FontName
    Text1.FontSize=CommonDialog1.FontSize
    Text1.FontBold=CommonDialog1.FontBold
    Textl.FontItalic=CommonDialog1.FontItalic
    Text1.FontStrikethru=CommonDialog1.FontStrikethru
    Text1.FontUnderline=CommonDialog1.FontUnderline
End Sub
```

注意：在显示"字体"对话框前，必须先将 Flags 属性设置为 cdlCFScreenFonts，cdlCFPrinterFonts 或 cdlCFBoth。否则，会发生字体不存在的错误。

例 9-2 "颜色"与"字体"对话框示例。利用"颜色"与"字体"对话框所示选择对话框将文本框中的文字改变颜色。

① 界面设计。在窗体中加入一个标签、一个文本框、一个通用对话框、两个命令按钮，设置成控件数组，并设置相关属性。程序界面如图 9-6 所示。

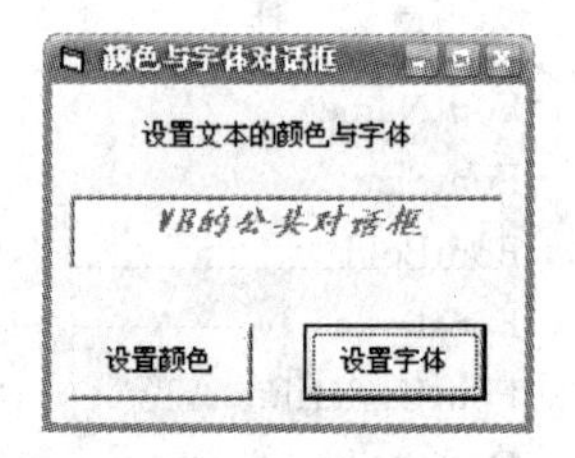

图 9-6 "颜色"与"字体"对话框应用

② 程序代码。

```
Private Sub Command1_Click(Index As Integer)
  If Index = 0 Then
     CommonDialog1.Action = 3                '显示颜色对话框
     CommonDialog1.Flags = 2
     Text1.ForeColor = CommonDialog1.Color
  ElseIf Index = 1 Then
     CommonDialog1.Action = 4                '显示字体对话框
     CommonDialog1.Flags = 2                 '打印机支持的字体
     With CommonDialog1
         Text1.FontName = .FontName
         Text1.FontSize = .FontSize
         Text1.FontBold = .FontBold
         Text1.FontItalic = .FontItalic
         Text1.FontUnderline = .FontUnderline
         Text1.FontStrikethru = .FontStrikethru
     End With
  End If
End Sub
```

③ 执行程序。

在文本框中输入一串文字，单击"设置颜色"或"设置字体"，则打开相应的"颜色"或"字体”对话框，用它们来设置文本框中文字的颜色与字体。

9.2.4 “打印”对话框

“打印”对话框是一个标准的打印界面，如图 9-7 所示。同样该对话框不能直接处理打印工作，它仅仅为用户提供了一个选择打印参数的界面，这些参数被存放在相关的属性中，可通过这些属性来编程完成打印操作。“打印”对话框的常用属性如下。

(1) Copies 属性：整型，用于确定打印的份数。

(2) FromPage 和 ToPage 属性：整型，用于确定打印的起始页号和终止页号。

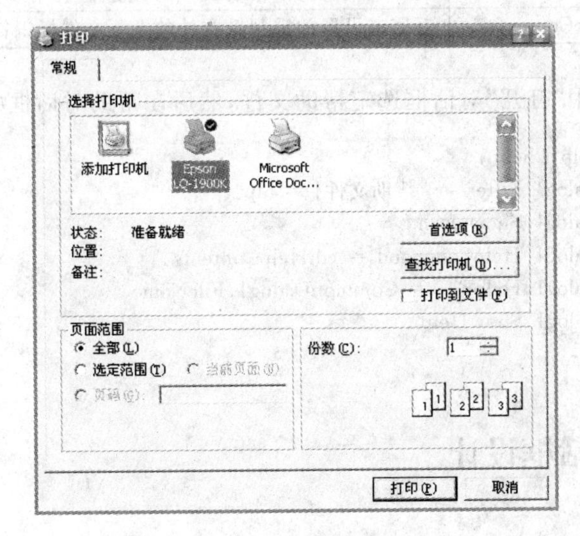

图 9-7 “打印”对话框

例如通过“打印”对话框来设置打印参数，然后打印文本框中的内容。其中有关打印机对象 Printer 的用法可参阅 Visual Basic 的帮助系统。

“打印”按钮的单击事件过程如下：

```
Private Sub cmdPrinter Click()
Dim i As Integer
CommonDialog1.ShowPrinter
CommonDialog1.Action = 5
For i = 1 To CommonDialog1.Copies
    Printer.Print Text1.text
Next i
Printer.EndDoc         '结束打印
End Sub
```

9.2.5 “帮助”对话框

“帮助”对话框是一个标准的帮助界面，可以用于制作应用程序在线帮助。同时，“帮助”对话框本身不能制作应用程序的帮助文件，它只是将已经制作好的帮助文件打开并与界面相连,从而达到显示并检索帮助信息的目的。

当 CommonDialog 控件的 Action 属性值为 6 时(或使用 ShowHelp 方法),可以打开"帮助"对话框。"帮助"对话框将帮助文件与帮助界面连接起来,以显示帮助信息。

"帮助"对话框的其他常用属性,如表 9-5 所示。

表 9-5 "帮助"对话框的其他常用属性

作 用 于	属 性	说 明
"帮助"对话框	HelpCommand	返回或设置所需帮助文件类型,设置值为帮助文件类型的标志值
	HelpFile	返回或设置与工程相关的帮助文件名
	HelpKey	返回或设置所需帮助文件的关键字
	HelpContext	返回或设置的需帮助文件的上下文件标识符

例如,下面程序用"打开"对话框选定帮助文件,然后在帮助对话框中显示帮助文件。

```
Private Sub cmoHelp_Click()
    CommonDialog1.Filter = "帮助文件| *.hlp"
    CommonDialog1.ShowOpen
    CommonDialog1.HelpCommand = cdlHelpContents
    CommonDialog1.HelpFile = CommonDialog1.FileName
    CommonDialog1.ShowHelp
End Sub
```

9.3 自定义对话框设计

9.3.1 用普通窗体创建自定义对话框

在 Visual Basic 中,用户可以通过创建包含控件的窗体来设计一个自定义对话框。在实际操作中,创建一个自定义对话框就是创建一个窗体,所以,可以在窗体上,定义各种控件,以设计各种自定义对话框。但是,作为一种特殊的窗体,自定义对话框的设计方法又有其独特性的一面,这中间主要涉及一些窗体对象的相关属性设置。

对话框窗体与一般窗体在外观上是有区别的,需要通过设置以下属性值来自定义窗体外观。

1. BorderStyle 属性

BorderStyle 属性决定了窗体的边框样式,在运行时是只读的。该属性决定了窗体的主要特征,这些特征从外观上就能确定窗体是通用窗口还是对话框。

作为对话框的窗体,必须将窗体的 BorderStyle 属性值设置为 3(vbFixedDoubleialog)。此时窗体包含控制菜单框和标题栏,不包含最大化和最小化按钮,不能改变窗体尺寸。

2. ControlBox 属性

该属性值为 True 时窗体显示控制菜单框,为 False 时不显示。

3. MaxButton、MinButton 属性

该属性值为 True 时表示窗体具有最大化按钮或最小化按钮，为 False 时表示窗体不具有最大化按钮或最小化按钮。

9.3.2 使用对话框模板创建对话框

在用户自定义对话框创建中，可使用 Visual Basic 提供的对话框模板来创建。Visual Basic 提供了多种不同类的“对话框”模板窗体，方便用户进行对话框设计。要使用 Visual Basic 提供的模板进行对话框设计，可执行“工程”菜单下的“添加窗体”命令或单击工具栏的“添加窗体”图标，打开“添加窗体”对话框，选取需要的模板，如图 9-8 所示，再进行对话框设计。

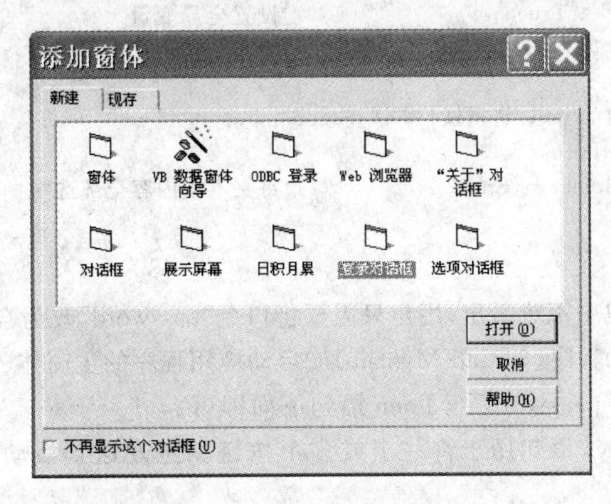

图 9-8 “添加窗体”对话框

常用的对话框模板有以下几种。

1. “关于”对话框模板

该模板常用于显示应用系统相关信息，如版权、版权所有者、使用者和系统信息等信息。

2. 对话框模板

该模板是一般对话框界面，用户可以根据需要，自选设计的对话框。

3. 登录对话框模板

登录对话框模板常用于进入应用程序的登录界面。

4. 选项对话框

选项对话框常用于选项较多，按标签分页设置的对话框。

例如，当用户选择“登录”对话框时，即可创建一个如图 9-9 所示的“登录”对话框。

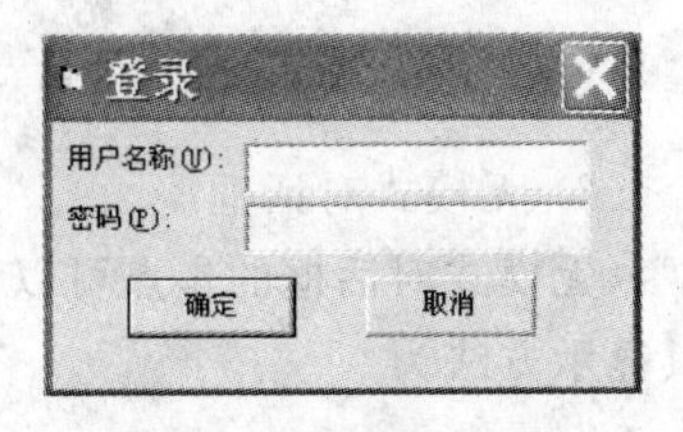

图 9-9 “登录”对话框

在该登录窗体的模块中，系统已有一段程序代码，下面便是选择建立的“登录”对话框的程序代码。

```
Public LoginSucceeded As Boolean
Private Sub cmdCancel_Click()
  '设置全局变量为 False
  '不提示失败的登录
  LoginSucceeded = False
  Me.Hide
End Sub
Private Sub cmdOK_Click()
  '检查正确的密码
  If  txtPassword = "password"  Then
    '将代码放在这里传递
    '成功到 calling 函数
    LoginSucceeded = True                    '设置全局变量
    Me.Hide
  Else
    MsgBox  "无效的密码,请重试!", ,"登录"
    txtPassword.SetFocus
    SendKeys  "{Home}+{End}"                 '将文本框内容全部选中
  End If
End Sub
```

从上面的程序代码中不难看出,用户只需要将口令“password”改为自己想用的口令,将输入口令正确时要调用的程序(如 Call Mymain)或启动应用程序的主窗体(如 Mainfrm.Show)写在 If txtPassword = "password" Then 语句下面即可。

程序中的 SendKeys 语句用于将一个或多个按键消息发送到活动窗口,就如同在键盘上进行输入一样。

9.3.3 显示与关闭自定义对话框

1. 显示自定义对话框

可使用窗体对象的 Show 方法显示自定义对话框,通过设置不同的参数可以显示两种不同类型的对话框。

1) 模式对话框

模式对话框在焦点可以切换到其他窗体或对话框之前要求用户必须做出响应以关闭对话框,如单击“确定”按钮、“取消”按钮或者直接单击“关闭”按钮。一般来说,显示重要信息的对话框不允许用户无视其存在,因此需要被设置成模式对话框,其显示方法为

窗体名.Show vbModal(其中 vbModal 是系统常数,值为 1)

2) 无模式对话框

无模式对话框的焦点可以自由切换到其他窗体或对话框,而无需用户关闭当前对话框,其显示方法为

窗体名.Show

2. 关闭自定义对话框

可使用 Hide 方法或 UnLoad 语句来关闭自定义对话框，其格式为

```
Me.Hide 或 窗体名.Hide
UnLoad<窗体名>
```

这里的 Me 是一个关键字，Me 代表正在执行的地方提供引用具体实例，一般指当前窗体。显示或关闭的操作会涉及多重窗体编程。

9.3.4 实例

例 9-3 应用自定义对话框设计一个对字体显示的示例。

界面设计如下。

(1) 新建一个窗体(Form1)，添加一个文本框(Text1)，Multiline 属性设为 True，和一个命令按钮(Command1)，其界面设计如图 9-10 所示。

(2) 在“工程”菜单下的“添加窗体”命令中选择对话框模板，如图 9-11 所示，其对话框的名称为 Dialog。

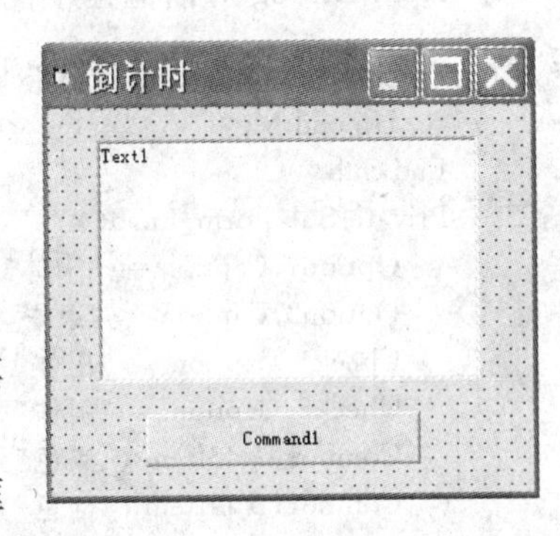

图 9-10 字体显示界面图

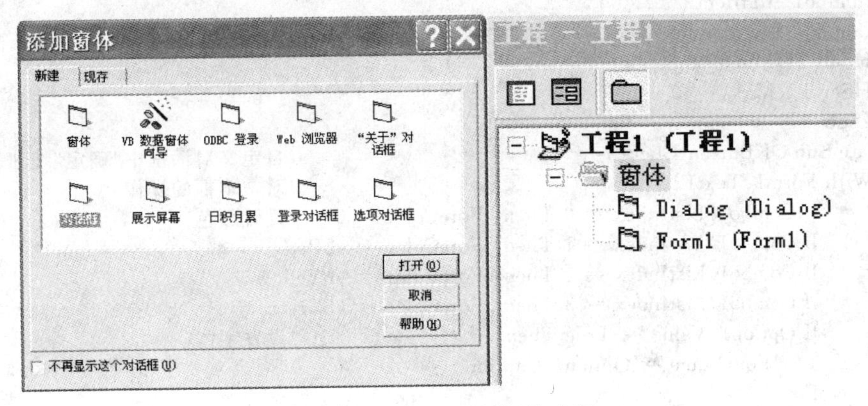

图 9-11 自定义对话框的选择

(3) 在自定义对话框中，添加相应的控件，如图 9-12 所示。其中“确定”命令按钮的名称为 OKButton，“取消”命令按钮的名称为 CancelButton。

程序运行界面如图 9-13 所示。

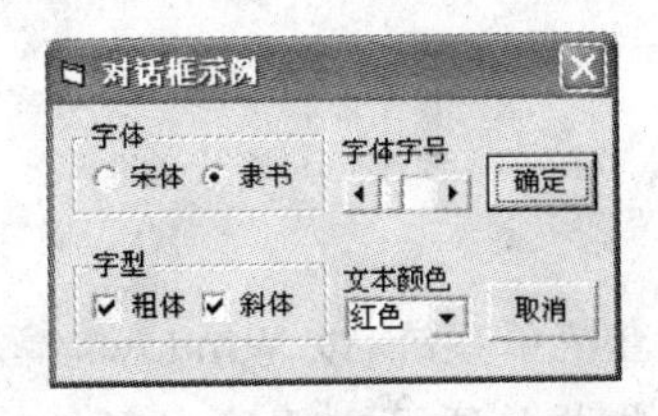

图 9-12 自定义对话框的设计

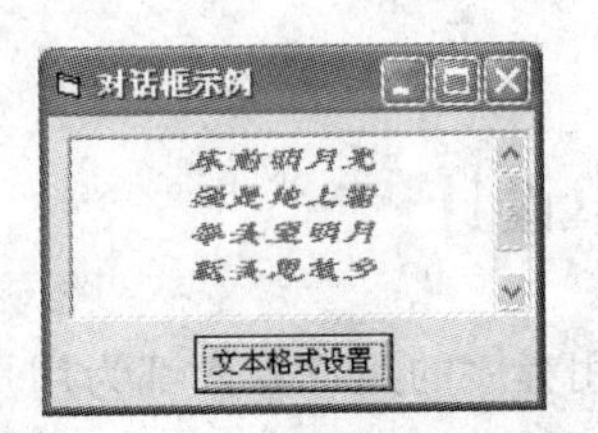

图 9-13 程序运行结果

(4) 设计代码,分别对窗体 Form1 与 Dialog 编制程序代码如下:

Rem Form1 窗体程序代码如下。

```
Private Sub Command1_Click()
    Dialog.Show                                              '将 Dialog 窗体设置为可见
End Sub
Private Sub Form_Load()                                      '在文本框中添加文字
    Text1.Text = "床前明月光" & vbCrLf & "疑是地上霜" & vbCrLf _
  & "举头望明月" & vbCrLf & "低头思故乡" & vbCrLf
End Sub
```

Rem Dialog 对话框程序代码如下。

```
Private Sub CancelButton_Click()                             '自定义对话框中的"取消"按钮事件
    Unload Me
End Sub
Private Sub Form_Load()
    Option1.Caption = "宋体"
    Option2.Caption = "隶书"
    Check1.Caption = "粗体"
    Check2.Caption = "斜体"
    Combo1.AddItem ("黑色")
    Combo1.AddItem ("红色")
    Combo1.AddItem ("黄色")
    Combo1.AddItem ("绿色")
    Combo1.ListIndex = 0
    HScroll1.Min = 8
    HScroll1.Max = 40
End Sub
Private Sub OKButton_Click()                                 '自定义对话框中"确定"按钮事件
    With Form1.Text1                                         '对文本框的操作
        If Combo1.ListIndex = 0 Then .ForeColor = 0          '设置颜色
        If Combo1.ListIndex = 1 Then .ForeColor = vbRed
        If Combo1.ListIndex = 2 Then .ForeColor = vbYellow
        If Combo1.ListIndex = 3 Then .ForeColor = vbGreen
        If Option1.Value = True Then                         '设置字体
            .FontName = Option1.Caption
        Else
            .FontName = Option2.Caption
        End If
        .FontSize = HScroll1.Value                           '设置字号、字型
        .FontBold = Check1.Value
        .FontItalic = Check2.Value
    End With
End Sub
```

9.4 菜单设计

大型应用程序的用户界面都为用户提供了一套菜单系统,以 Windows 操作环境下所使用的软件,几乎都提供菜单的选择及操作,通过这些菜单便可方便地实现各种操作及功能。

主要以下拉菜单或快捷菜单的方式展示该应用程序所具有的功能。下拉菜单由菜单栏提供，通过不同的菜单将命令进行分组，以便用户能够更直观、更容易地访问这些命令。

Visual Basic 中的菜单也属于控件，同样具有定义外观和行为的各种属性。但菜单控件只能响应 Click 事件。

9.4.1 菜单的基本类型

Windows 应用程序的菜单主要包括两种类型，即下拉式菜单和弹出式菜单。

1. 下拉式菜单

应用程序窗口菜单栏中显示的菜单属于下拉式菜单，只要单击菜单标题，就可打开菜单。在下拉式菜单系统中，一般有一个或多个主菜单，其中包括一个或多个选项。当单击一个菜单标题时，一个包含若干菜单项的菜单被打开，这些菜单项被称为子菜单或菜单命令。在 Windows 应用程序中，最多可出现 6 级子菜单，凡是包含子菜单的菜单项后面都带有一个小的三角符号，只要将鼠标指针指向该菜单上，就会出现下级子菜单；有的菜单项后带“…”，表示选择该菜单项会打开一个对话框；有的菜单项前带“√”，表示该菜单命令是一个选项菜单，并正在起作用。当某个菜单项为浅灰色时，表示该菜单命令在目前情况下不起作用。

2. 弹出式菜单

弹出式菜单又称为快捷菜单或右键菜单，只要在某个对象上单击鼠标右键，就会弹出快捷菜单。针对不同的对象或区域单击右键，弹出菜单的内容可能不同。例如在 Visual Basic 的菜单栏中弹出的菜单与窗体设计器中弹出的菜单是不同的。

9.4.2 菜单编辑器

与 Visual Basic 其他的控件不同，菜单控件不在工具箱中，创建菜单的工作需要在菜单编辑器中进行。

Visual Basic 提供了 4 种进入菜单编辑器的方法。

① 单击“工具”菜单中的“菜单编辑器”；

② 右键单击 Visual Basic 窗体的空白处，在快捷菜单中选择“菜单编辑器”；

③ 单击 Visual Basic 工具栏中“菜单编辑器”按钮（ ）；

④ 按组合键 Ctrl ＋ E。

在进入“菜单编辑器”对话框后，其界面中的各项功能及属性，如表 9-6 所示。

表 9-6 菜单编辑器中常用的项目功能

属性名	说 明
标题	菜单项的标题，类似控件的 Caption 属性，必须输入
名称	菜单项的名称，类似控件的 Name 属性，必须输入
索引	设置菜单控件数组的下标，类似控件数组的 Index 属性
快捷键	设置驱动该菜单命令的快捷方式，如 Ctrl＋F

续表

属性名	说　明
复选	选中,为 True,相应菜单项前面带"√",表示该菜单是选项菜单
有效	若不选,为 False,菜单项为浅灰色,表示目前状态下暂时不能使用
可见	若不选,为 False,相应的菜单项为不可见
←、→	调整菜单项的级别,←为上一级,→为下一级
↑、↓	调整菜单项的位置,↑为调到前一位置,↓为调到后一位置
下一个	进入下一个菜单项的设计
插入	在光标所在处插入一个菜单项
删除	删除光标所在处的菜单项

如图 9-14 所示为通过"菜单编辑器"对话框进行菜单项的编辑,单击对话框中的"确定"按钮,将会在窗体中出现如图 9-15 所示的下拉菜单。

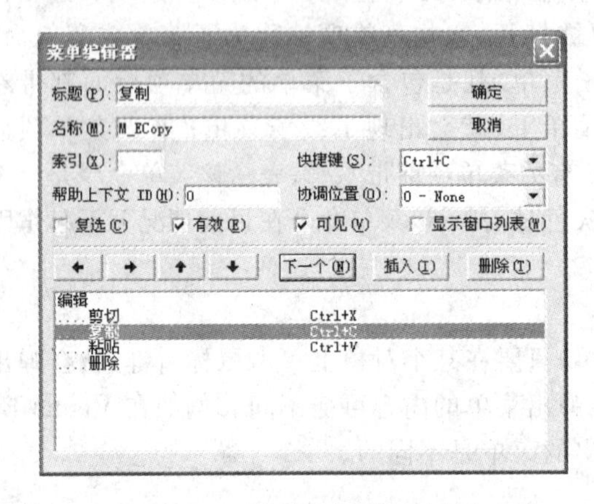

图 9-14 "菜单编辑器"对话框

图 9-15 窗体中创建菜单栏界面

9.4.3 创建下拉式菜单

打开"菜单编辑器"对话框后,在"标题"框中输入菜单项的标题,在名称框中输入菜单项的名称,即完成了一个菜单项的创建。

(1) 建立下拉菜单的方法如下:

① 在"标题"框内输入主菜单标题"编辑",菜单项显示区将显示刚输入的标题内容。

② 在"名称"框内输入文件菜单项的名称 Medit。

③ 单击"下一个"按钮,光标自动跳回到"标题"框位置,准备输入下一个菜单项。

④ 在"标题"框与"名称"框内分别输入第一个菜单项"剪切"和 M_Ecut。

⑤ 单击"快捷键"框的 ▼ ,设置"剪切"的快捷键为 Ctrl ＋X。

⑥ 调整按钮" ➔ ",将"剪切"菜单项调整为比"编辑"菜单低一级。

⑦ 单击"下一个"按钮,则下一个菜单项默认与"剪切"菜单同级。

⑧ 在"标题"框与"名称"框内输入第三个菜单项"复制"和 M_Ecopy,并设置其快捷键。

⑨ 依次进行,直到输入所有的菜单项,并调整它们的位置与级别符合要求为止。

⑩ 单击“确定”按钮。单击窗体上的“编辑”菜单，可看到下拉菜单如图 9-14 所示。

说明：

① 在输入菜单项时，字母前有称号“&”，在显示菜单时该字母被加上了下划线，表示可以通过 Alt 键 + 带下划线字母来执行相应的命令。

② 制作分隔线只需在“标题”框中输入一个“-”号，在“名称”框中输入该分隔线的名称，运行时打开的下拉菜单中就会在相应位置上出现一条分隔线。

③ 除了分隔线，所有菜单都响应 Click 事件。

④ 在菜单编辑器中，以内缩进符号表示菜单项所在的层次，每 4 个点表示一层，最多允许有 5 个内缩进符号。若某个菜单项前面没有内缩符号，则称该菜单项为顶级菜单项。在编辑菜单时，可通过左、右箭头(←、→)按钮来调整菜单项的级别，可以通过上、下箭头(↑、↓)按键来调整菜单项的位置。

(2) 菜单的各种简单属性。

在菜单编辑器里有许多确认框和一些文本框及一个下拉式的列表框，这些决定了菜单的各种属性，其主要属性如下。

① Checked 复选属性。

这个属性值设置为真，将在菜单命令左边产生一个打勾的确认标志。

② Enabled 有效属性。

各种各样的用户会产生千奇百怪的操作，在许多 Edit 菜单里都会有不同形式的让菜单命令模糊的情况。Enabled 属性为真，则菜单命令是清晰的，Enabled 属性为假，则菜单命令是模糊的(灰色)，这时用户就不能选中这个菜单项了。

③ Visible 可见属性。

对暂时不用的菜单，如果把 Visible 属性设为假，则菜单根本不会出现在屏幕上。这样做比把 Enabled 属性设为假显得更加干脆。

④ Index 属性。

可以生成菜单命令数组，用索引号区分开。例如向 File 菜单中添加一系列最近打开的文件名。添加菜单可用 Load 方法。以上属性可以在运行时设置，形成动态的菜单的情况。

9.4.4 编写菜单事件过程代码

对菜单控件的编码就是实现菜单控件的既定功能。用菜单编辑器设计的各项菜单，除了能显示各项菜单的标题外，还不具备任何实际功能，这就需要编写菜单的事件过程代码。菜单的事件过程代码仍然在代码窗体中进行。

例 9-4 下拉菜单示例。用菜单编辑器建立如图 9-15 所示的菜单系统。编辑下列 4 项菜单命令：剪切(M_Ecut)、复制(M_Ecopy)、粘贴(M_Epaste)和删除(M_Edel)。

菜单控件的程序代码如下：

```
Private Sub Form_Load()
    Clipboard.Clear                              '清空剪贴板
End Sub
Private Sub M_Ecopy_Click()
```

```
    Clipboard.SetText Form1.Text1.SelText, 1        '当前选中文本复制到剪贴板
End Sub
Private Sub M_Ecut_Click()
    Clipboard.SetText Form1.Text1.SelText, 1        '当前选中文本复制到剪贴板
      Form1.Text1.SelText = " "                     '删除选中内容
End Sub
Private Sub M_Edel_Click()
      Form1.Text1.SelText = " "                     '删除选中内容
End Sub
Private Sub M_Epaste_Click()
   Text1.SelText = Clipboard.GetText                '把剪贴板中数据粘贴到光标处
End Sub
```

9.4.5 弹出式菜单设计

在各种具有 Windows 风格的软件中,当单击鼠标右键时,会出现一个称为上下文菜单或快捷菜单的弹出式菜单。弹出式菜单,也叫浮动菜单,几乎每个 Windows 应用程序都提供弹出式菜单,弹出式菜单也属于普通菜单,只是不固定在窗体上,而是可以在任何地方显示。弹出式菜单用 PopupMenu 方法调用。

PopupMenu 方法其语法格式为

[对象]. PopupMenu ＜菜单项＞ [,Flag[,X[,Y]]]

PopupMenu 方法中 Flag 参数及 X、Y 的值能够详细定义弹出式菜单的位置。当 Flag 等于 0 时,为系统的默认状态,此时,Flag 后面的 X 的位置是弹出菜单的左边界;当 Flag 等于 4 时,X 的位置是弹出菜单的中心位置;当 Flag 等于 8 时,X 的位置是弹出菜单的右边界。命令被选中或这个菜单被取消。另外,用列表框也可以设计弹出式菜单。将列表框的 Visible 属性设置为 False,程序运行时,当右击某对象时,将其 Visible 属性设置为 True,显示列表框,当选取列表框中的某一"菜单项"时,列表框再自行隐藏。

说明:Flags 参数为常数,用来定义显示位置与行为,其取值见表 9-7。

表 9-7 Flags 参数的取值及含义

系统常量	值	说明
vbPopupMenuLettAlign	0	缺省值,指定的 X 位置作为弹出式菜单的左上角
vbPopupMenuCenterAlign	4	指定的 X 位置作为弹出式菜单的中心点
vbPopupMenuRightAlign	8	指定的 X 位置作为弹出式菜单的右上角
vbPopupMenuLeftButton	0	菜单命令只接受鼠标左键单击
vbPopupMenuRightButton	2	菜单命令可接受鼠标右键单击

其中,表 9-7 中前面三个为快捷菜单位置常数,后两个是行为常数。这两组常数可以相加或用 Or 连接,如

vbPopupMenuCenterAlign Or vbPopupMenuRightButton 或表示成 6,即 2+4=6。

设计弹出式菜单的方法如下：

(1) 在“菜单编辑器”中建立一个顶层菜单项(没有缩进符号)，名称可以任意设定，因为顶层菜单项的名称在菜单弹出的时候不显示。

(2) 将顶层菜单的“可见”(Visible)属性设置为 False。当程序运行时，该菜单将不显示出来。

(3) 单击“下一个”命令按钮，再单击“→”按钮，依次输入各菜单项。

(4) 编写程序代码，以响应鼠标右键并弹出快捷菜单。

例如：若建立了一个弹出菜单(MenuEdit)，下面程序运行时，右击窗体空白处，则弹出 MenuEdit 菜单。

```
Private Sub Form_MouseUp(Button As Integer, Shift As Integer, X As Single, Y As Single)
If Button = 2 Then                              '对是否按下鼠标右键进行判断
        PopupMenu MenuEdit                      '弹出 MenuEdit 菜单
End If
End Sub
```

例 9-5 设计一个可以改变窗体背景颜色的弹出式菜单。菜单设置如表 9-8 所示。

表 9-8 快捷菜单设置表

菜单列表	名称属性值	快捷键	说明
颜色设置	MenuColor		顶级菜单，Visible 为 False
…红色	MenuRed	Ctrl+R	设置红色，内缩一次
…蓝色	MenuBlue	Ctrl+B	设置蓝色，内缩一次
…绿色	MenuGreen	Ctrl+G	设置绿色，内缩一次
…黄色	MenuYellow	Ctrl+Y	设置黄色，内缩一次

在菜单编辑器中建立如表 9-8 所示的菜单，窗体与各菜单项的程序代码如下：

```
Private Sub Form_MouseUp(Button As Integer, Shift As Integer, X As Single, Y As Single)
    If Button = 2 Then PopupMenu FormColor
End Sub
Private Sub MenuBlue_Click()
    Form1.BackColor = &HFF0000
End Sub
Private Sub MenuGreen_Click()
    Form1.BackColor = &HC000&
End Sub
Private Sub MenuRed_Click()
    Form1.BackColor = &HFF&
End Sub
Private Sub MenuYellow_Click()
    Form1.BackColor = &H80FFFF
End Sub
```

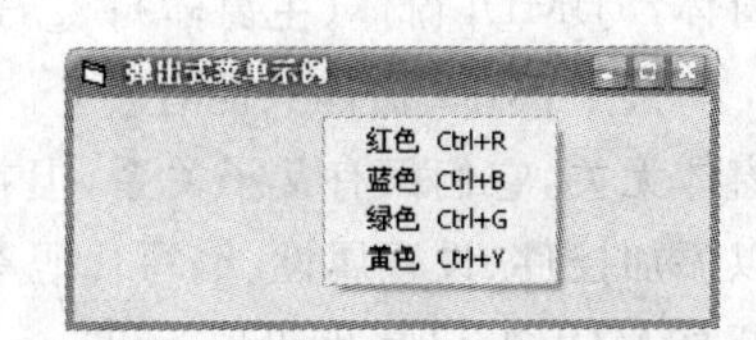

图 9-16 改变窗体背景颜色的弹出式菜单

在程序运行时右击窗体的任何部位，可弹出如图 9-16 所示的快捷菜单。

9.5 多文档窗体的设计

9.5.1 多文档界面概念

在 Visual Basic 界面设计中，对用户界面样式的设计主要有两种。

(1) 单文档界面(Single Document Interface，SDI)；

(2) 多文档界面(Multiple Document Interface，MDI)。

单文档界面在 Windows 窗口中，只能打开一个文档，如果想要打开另一个文档，必须先关上已打开的文档。前面书中的大多数实例都是一个单文档界面操作方式。多文档界面由父窗体和子窗体组成。父窗体也称 MDI 窗体，作为子窗体的容器。子窗体亦称文档窗体，用来显示各子文档。子窗体无法加载父窗体，但是父窗体可以加载子窗体。多文档界面允许用户同时打开多个文档，并可在不同文档间快速切换。所有子窗体具有相同的功能，且所有子窗体都包含在 MDI 窗体中。这在基于 Windows 的办公自动化软件中得到了充分使用。多文档界面的主要特性如下：

(1) 所有子窗体均显示在 MDI 窗体的工作区中。用户可改变、移动窗体的大小，但被限在 MDI 窗体中。

(2) 当最小化子窗体时。它的图标将显示于 MDI 窗体上而不是在任务栏中。当最小化 MDI 窗体时。所有的子窗体也被最小化。只有 MDI 窗体的图标出现在任务栏中。

(3) 当最大化一个子窗体时。它的标题与 MDI 窗体的标题一起显示在 MDI 窗体的标题栏上。

(4) MDI 窗体和子窗体都可以有各自的菜单栏，子窗体加载时覆盖 MDI 窗体的菜单。

目前，大多数基于 Windows 的大型应用程序都是多文档界面操作方式的，多文档界面允许同时打开多个文档，每一个文档都显示在自己的被称为子窗体的窗体中。多文档界面由父窗体和子窗体组成，一个父窗体可包含多个子窗体，子窗体最小化后将以图标形式出现在父窗体中，而不会出现在 Windows 的任务栏中。当最小化父窗体时，所有的子窗体也被最小化，只有父窗体的图标出现在任务栏中。

9.5.2 多文档界面设计

多文档界面设计，是以单文档界面设计为基础的，所以在多文档界面设计至少需要两个窗体：①MDI 窗体(主窗体)；②子窗体。

其中，MDI 窗体只能有一个，子窗体可以有多个。对于在 MDI 中的子窗体设计与 MDI 窗体无关，它们只有父子关系，但在运行时总是包含在 MDIForm 中。在设计子窗体时，可以添加控件、设置属性、编写代码等功能，就像在其他 Visual Basic 窗体设计一样。子窗体就是 MDIChild 属性设置为 True 的普通窗体。

通过查看 MDIChild 属性或者检查工程资源管理器，可以确定窗体是否是一个 MDI 子窗体。如果该窗体的 MDIChild 属性设置为 True，则它是一个子窗体。可以从图标中区分

MDI 窗体及子窗体。

1. 设置 MDI 窗体的相关属性、方法与事件

① ActiverForm 属性：返回活动的 MDI 子窗体对象。多个 MDI 子窗体在同一时刻只能有一个处于活动状态，具有焦点的能力。

② ActiveControl 属性：返回活动的 MDI 子窗体上拥有焦点的控件。

③ AutoShowChild 属性：返回或设置一个逻辑值，决定在加载 MDI 子窗体时是否自动显示该子窗体，默认为 True(自动显示)。

④ Arrange 方法：用于重新排列 MDI 窗体中的子窗体或子窗体的图标，语法格式为

```
MDI窗体名.Arrange 排列方式
```

⑤ QueryUnLoad 事件：当关闭一个 MDI 窗体时，QueryUnLoad 事件首先在 MDI 窗体发生，然后在所有 MDI 子窗体发生。如果没有窗体取消 QueryUnLoad 事件，则先卸载所有子窗体，最后再卸载 MDI 窗体。QueryUnLoad 事件过程声明形式如下：

```
Private Sub MDIForm_QueryUnload(Cancel As Integer, UnloadMode As Integer)
```

此事件的典型应用是在关闭一个应用程序之前，确认包含在该应用程序的窗体中是否有未完成的任务。如果还有未完成的任务，可将 QueryUnLoad 事件过程中的 Cancel 参数设置为 True 来阻止关闭过程。

2. 多文档界面建立的方法

1) 创建多文档父窗体

(1) 从“工程”菜单中选择“添加 MDI 窗体”菜单命令，系统打开“添加 MDI 窗体”对话框，选择“新建 MDI 窗体”图标，单击“打开”按钮，即完成创建 MDI 窗体。

(2) 设置 MDI 窗体的 Caption 属性。

(3) 从“工程”菜单中选择“工程属性”菜单命令，打开“工程属性”对话框，在“启动对象”框中将 MDI 窗体设置为启动窗体。

(4) 创建 MDI 窗体的菜单栏、工具栏、状态栏。其创建方法与普通窗体相同。

2) 创建子窗体

“MDI 窗体”建好后，在其上建立子窗体的过程如下：

(1) 创建一个新的普通窗体(或打开一个已存在的普通窗体)，将其 Caption 属性设置为“文档 1”，并将其 MDIChild 属性设置为 True，则该窗体变为子窗体。

(2) 子窗体界面设计。

(3) 重复(1)、(2)步骤，可创建多个子窗体。

9.5.3 MDI 窗体及其子窗体的显示

在 MDI 窗体及其子窗体设计好后，如果需要显示窗体，可以使用 Show 方法，在程序代码过程中，用户单击命令按钮 Show_FrmDoc 时用 Show 方法显示子窗体 FrmDoc。

```
Sub Show_FrmDoc_Click()
  FrmDoC.Show
End sub
```

说明：加载子窗体时，其父窗体（MDI 窗体）会自动加载并显示；而加载 MDI 父窗体时，其子窗体并不会自动加载。

MDI 窗体有 AutoShowChildren 属性，它决定是否自动显示子窗体。如果它被设置为 True，则当改变子窗体的属性，如 Caption 后，会自动显示该子窗体，不再需要 Show 方法；如果 AutoShowChndren 属性为 False，则改变子窗体的属性值后，不会自动显示该子窗体，子窗体处于隐藏状态，直到用 Show 方法把它们显示出来。MDI 子窗体没有 AutoShowChildren 属性。

例如，修改 Show_FrmDoc_Click 事件过程，使其当把子窗体 FrmDoc1 的 Top 属性设置为 100 时，可自动显示子窗体 FrmDoc1，程序如下：

```
Sub Show_FrmDoc_Click
  FrmMDI.AutoShowChildren = True
  FrmDoc1.Top = 100
End Sub
```

9.5.4 维护子窗体的状态信息

在用户决定退出 MDI 应用程序时，总是希望程序提供保存信息的提示，为此，应用程序必须随时都能确定自上次保存以来子窗体中的数据是否有改变。

通过在每个子窗体中声明一个公用变量作为标识来实现此功能。例如，可以在子窗体的声明部分声明一个逻辑变量 Boolsave 作为子窗体信息是否已保存的标记。

假定子窗体 FrmDoc1 中有一个文本框 Text1，Text1 中的文本每一次改变时，文本框的 Change 事件就会将 Boolsave 设置为 False，可添加一行代码以指示自上次保存以来 Text1 的内容已经改变而未保存。

```
Sub Text1_Change()
  Boolsave = False
End Sub
```

反之，用户每次保存子窗体的内容时，都将 Boolsave 设置为 True，以指示 Text1 的内容不再需要保存。在下列代码中，假设有一个叫做“保存”（nmuSave）的菜单命令和一个用来保存文本框内容的名为 Filesave 的过程。

```
Sub mnuSave_Click()
    Filesave                                   '调用 Filesave 过程保存 Text1 的内容
    Boolsave = True                            '设置状态变量
End Sub
```

当用户关闭应用程序，MDI 窗体被卸载时，MDI 窗体将触发 QueryUnLoad 事件，然后每个打开的子窗体也都触发该事件，可用编写 MDI 窗体的 QueryUnLoad 事件驱动子程序来保存信息。

```
Private Sub MDIForm_QueryUnload(Cancel As Integer, UnloadMode As Integer)
    If  Boolsave = False Then
        FileSave
    End If
End Sub
```

9.5.5 MDI 应用程序中的菜单

在 MDI 应用程序中,MDI 窗体和子窗体上都可以建立菜单。每一个子窗体的菜单都显示在 MDI 窗体上,而不是在子窗体本身。当子窗体有焦点时,该子窗体的菜单(如果有的话)就代替菜单栏上的 MDI 窗体的菜单。如果没有可见的子窗体,或者如果带有焦点的子窗体没有菜单,则显示 MDI 窗体的菜单。

由于 MDI 为多文档应用程序可以使用几套菜单,在不同的环境显示不同的菜单(MDI 窗体的菜单)。

1. 创建 MDI 应用程序的菜单

通过给 MDI 窗体和子窗体添加菜单控件,可以为 Visual Basic 应用程序创建菜单。管理 MDI 应用程序中菜单的一个方法是把希望在任何时候都显示的菜单控件放在 MDI 窗体上,即使没有子窗体可见的时候。当运行该应用程序时,如果没有可见的子窗体,就会自动显示 MDI 窗体菜单,把应用于子窗体的菜单控件放置到子窗体中。在运行时,只要有一个子窗体可见,这些菜单标题就会显示在 MDI 窗体的菜单栏中。

2. 多文档界面中的"窗口"菜单

大多数 MDI 应用程序,如在 Microsoft Word、Microsoft Excel 等应用程序都结合了"窗口"菜单,根据不同的需要显示不同的菜单。在 Visual Basic 中,如果要在某个菜单上显示所有打开的子窗体标题,只需利用菜单编辑器将该菜单的 WindowsList 属性设置为 True,即选中显示窗口列表检查框,就可以实现。

对子窗体或子窗体图标的层叠、平铺和排列图标命令通常也放在"窗口"菜单上,是用 Arrange 方法来实现的。下面是这三个菜单命令事件过程的举例。

假定 MDI 窗体名称为 frmMDI,层叠、平铺和排列图标菜单项的名称分别为 mnuWindowCascade、nmuWindowsTile 和 mnuWindowArrange。vbCascade、vbTileHorizotal 和 vbArrangeIcons 是 Visual Basic 的三个内部常数。

```
Sub mnuWindowCascade_Click()
    frmMDI.Arrange vbCascade                    '层叠子窗口
End Sub
Sub mmuWindowTile_Click()
    frmMDI.Arrange vbTilcHorizotal              '平铺子窗口
End Sub
Sub mmuWindowArrange_Click()
    frmMDI.Arrange vbArrangeIcons               '对任何已经最小化的子窗体排列图标
End Sub
```

习题 9

一、判断题

1. 用通用对话框控件显示“字体”对话框前，必须先设置 Flags 属性，否则将发生“不存在字体”的错误。

2. 通用对话框的 Filename 属性返回的是一个输入或选取的文件名字符串。

3. 在设计 Windows 应用程序时，用户可以使用系统本身提供的某些对话框，这些对话框可以直接从系统调入而不必由用户用“自定义”的方式进行设计。

4. 在窗体上绘制 CommonDialog 控件时，控件的大小、位置可由用户自己加以设定。

5. 在消息框(MsgBox)中，Prompt(消息)是必选项，最大长度为 64 个字符。

6. Menu 控件显示应用程序的自定义菜单，每一个创建的菜单最多有三级子菜单。

7. 菜单编辑器中的快捷键是指无需打开菜单就可以直接由键盘输入选择菜单项的按键。

8. 当一个菜单项不可见时，其后的菜单项就会上移并填充留下来的空位。

9. CommonDialog 控件就像 Timer 控件一样，在运行时是看不见的。

10. 设计菜单中每一个菜单项分别是一个控件，每个控件都有自己的名字。

11. 一个应用程序只能有一个 MDI 窗体，但可以有多个 MDI 子窗体。

12. 当关闭 MDI 子窗体时，其 MDI 窗体也随之关闭。

13. MDI 子窗体是 MDIChild 属性为 True 的普通窗体。

14. 在 MDI 应用程序中，MDI 窗体和子窗体上都可以建立菜单。每一个子窗体的菜单都在子窗体上显示。

15. 当用户关闭应用程序，MDI 窗体被卸载时，MDI 窗体将触发 QueryUnLoad 事件，然后每个打开的子窗体也都触发该事件。

16. ImageList 控件在运行阶段不可见，不能独立使用，只是作为一个图像的储藏室，向其他控件提供图像资料。

二、选择题

1. 通常用(　　)方法来显示自定义对话框。

A. Load　　B. UnLoad　　C. Hide　　D. Show

2. 将 CommonDialog 通用对话框以“打开文件对话框”方式打开，选择(　　)方法。

A. ShowOpen　　B. ShowColor　　C. ShowFont　　D. ShowSave

3. 将通用对话框类型设置为“另存为”对话框，应修改(　　)属性。

A. Filter　　B. Font　　C. Action　　D. FileName

4. 用户可以通过设置菜单项的(　　)属性值为 False 来使该菜单项失效。

A. Hide　　B. Visible　　C. Enabled　　D. Checked

5. 用户可以通过设置菜单项的(　　)属性值为 False 来使该菜单项不可见。

A. Hide　　B. Visible　　C. Enabled　　D. Checked

6. 通用对话框可以通过对(　　)属性的设定来过滤文件类型。

A. Action　　B. FilterIndex　　C. Font　　D. Filter

7. 输入对话框(InputBox)的返回值的类型是(　　)。

A. 字符串　　B. 浮点数　　C. 整数　　D. 长整数

8. 菜单编辑器中,同层次的(　　)设置为相同,才可以设置索引值。

A. Caption　　B. Name　　C. Index　　D. ShortCut

9. 每创建一个菜单,它的下面最多可以有(　　)级子菜单。

A. 1　　B. 3　　C. 5　　D. 6

10. 在设计菜单时,为了创建分隔栏,要在(　　)中输入单连字符(-)。

A. 名称栏　　B. 标题栏　　C. 索引栏　　D. 显示区

11. 加载子窗体时,其父窗体(MDI 窗体)会自动加载并显示;而若要在加载 MDI 父窗体时,其子窗体也自动加载并显示,需设置 MDI 窗体的属性(　　)。

A. AutoShowChildren　　B. MDIChild

C. ActiveForm　　D. ActiveControl

12. 多个 MDI 子窗体在同一时刻只能有一个处于活动状态(具有焦点),可以通过(　　)属性得到活动的 MDI 子窗体对象。

A. AlltoShow(Children)　　B. MDIChild

C. ActiveForm　　D. ActiveControl

三、填空题

1. 菜单一般有________和________两种基本类型。

2. 将通用对话框的类型设置为字体对话框可以使用________。

3. 通用对话框控件可显示的常用对话框有________、________、________、________、________。

4. 如果工具箱中还没有 CommonDialog 控件,则应从________菜单中选定________,并将控件添加到工具箱中。

5. 将控件 CommonDialog1 设置为颜色对话框,可表示为________或________。

6. 在使用消息框时,要给 MsgBoX 函数提供三个参数,它们是________、________、________。

7. 菜单项可以响应的事件过程为________。

8. 在设计菜单时,可在 VB 主窗口的菜单栏中选择________,单击后从它的下拉菜单中选择"菜单编辑器"菜单项。

9. 设计时,在 VB 主窗口上只要选取一个没有子菜单的菜单项,就会打开________,并产生一个与这一菜单项相关的________事件过程。

10. 设置菜单时,同一层的 Name 设置为________,才可以设置索引值,且索引值应设置为________的连续整数,但不一定从 0 开始。

上机实验

1. 设计一个画图程序,程序运行情况如图 9-17 所示,各菜单项的属性设置如表 9-9 所示。要求所有图形用一个形状控件(Shape1)实现,填充颜色用"颜色"对话框(CommonDialog1)实现。

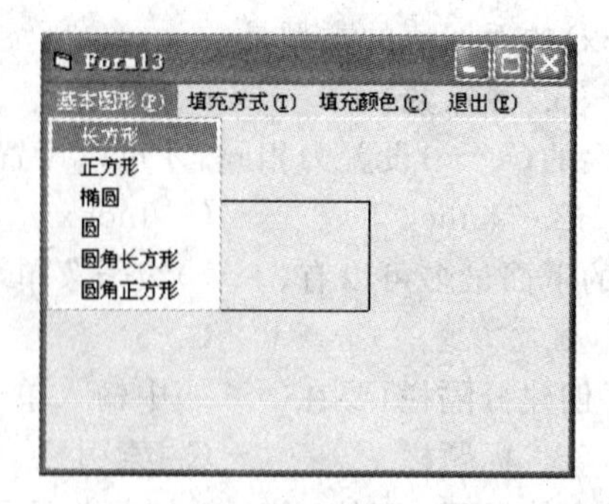

图 9-17　画图程序的界面设计

表 9-9　画图程序的各级菜单设置

菜单分类	菜单标题	菜单名称	菜单分类	菜单标题	菜单名称
主菜单 1	基本图形(&P)	Picture	主菜单 2	填充方式(&T)	FillStyle
一级子菜单	正方形	Sqr	一级子菜单	水平线	Shp
一级子菜单	长方形	Rec	一级子菜单	竖直线	ShZh
一级子菜单	椭圆	Oval	一级子菜单	斜线	XieX
一级子菜单	圆	Circle	一级子菜单	水平交叉	ShPJ
一级子菜单	圆角长方形	Rrec	一级子菜单	斜交叉	XJ
一级子菜单	圆角正方形	RSqr	主菜单 3	填充颜色(&C)	FillColor
			主菜单 4	退出(&E)	Exit

2. 设计一个画板程序，程序运行后可以根据选择的线型的粗细、颜色，用鼠标的左键模拟笔在绘图区随意绘图，用鼠标的右键可擦除所绘制的线条，提示如下。

(1) 绘图区使用图片框，并将其设置为固定边框，白色背景。

(2) 单击“颜色”按钮打开颜色对话框，实现对绘图笔颜色的设置，单击“清除”按钮则清除图片框中的图形。

(3) 粗细线型分别设置为 1 磅和 3 磅(设置图片框的 DrawWidth 属性)，程序运行界面如图 9-18 所示。

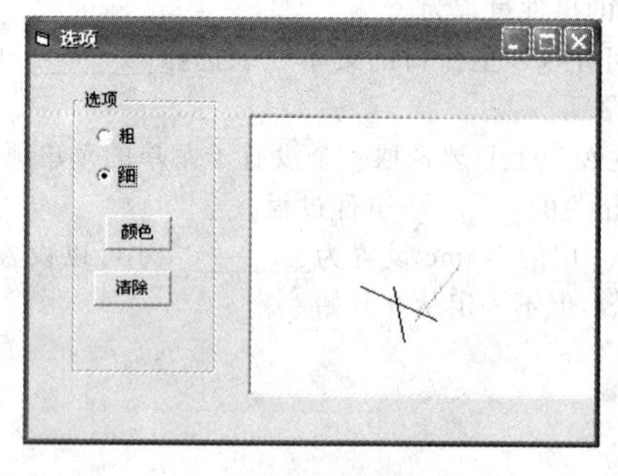

图 9-18　画板程序界面

第 10 章 Visual Basic 图形处理及工具栏设计

Visual Basic 具有强大的绘图处理功能，一方面可以把图片装入窗体、图片框或图像控件中，还可以直接在窗体、图片框等对象上使用绘图方法，进行图形的绘制。Visual Basic 包含的与图形有关的控件有图片框（PictureBox）控件、图像框（ImageBox）控件、形状（Shape）控件和直线（Line）控件。另外，对 Visual Basic 中用户界面设计中需要使用的工具栏、状态栏进行说明。

窗体、图形框和图像框可以显示来自图形文件的图形，主要有：

(1) 图像文件，以 *.jpg、*.gif、*.bmp 或 *.dib 为文件扩展名。

(2) 图标（icon）文件，一般在 Windows 中用来表示最小化的应用程序图标。图标是位图，最大为 32×32 像素，以 *.ico 为文件扩展名。

(3) 元文件（metafile），将图像作为线、圆或多边形这样的图形对象来存储，而不是存储其像素。元文件的类型有两种，分别是标准型 *.wmf 和增强型 *.emf。在图像的大小改变时，元文件保存图像会比像素更精确。

10.1 图形控件

Visual Basic 工具箱中提供了 4 种与图形有关的控件：图片框、图像框、形状控件和直线控件。Line 控件和 Shape 控件是画图工具，十分快捷、有效；而 PictureBox 控件和 ImageBox 控件是加载图形的控件。利用线与形状控件，用户可以迅速地显示简单的线与形状或打印输出，与其他大部分控件不同的是，这两种控件只用来显示或打印，不会响应任何事件。

使用控件绘图适合于窗体内需要较少的直线与圆等情况，其优点是占用的系统资源少，运行速度快；设计阶段可预览图形效果；代码较短。

10.1.1 图片框控件

图片框控件 用于将图片加载到图片框中，可以在属性界面设置，用来把图形装入这些对象中。在图片框中显示的图形以文件的方式存放在磁盘上，Visual Basic 支持下述格式的图片文件：位图（.bmp）、图标（.ico）、图元文件（.wmf）、增强型图元文件（.emf）、JPEG 文件（.jpg）或 GIF 文件（.gif）。在程序运行时，可用 Picture 属性或用 LoadPicture 函数来加载图片。另外，图片框控件也可作为容器来使用，可以在该控件中进行数据的输出，即用 Print 方法输出文本或进行绘图方法的输出，如输出点、线、圆等图形。

1. 向图片框加载图片

在图片框中显示的图片是由 Picture 属性决定的，有两种方法向图片框加载图形。

(1) 在设计时加载。

从控件的“属性”界面中选择 Picture 属性。单击右边的“…”按钮，就会出现“打开文件”对话框，找到需要显示的图像文件即可。

在设计时设置的 Picture 属性，当保存窗体时，系统将自动生成一个与窗体文件同名，后缀为.frx 的二进制文件，图片数据就保存在该文件中。如果将应用程序编译成一个可执行文件，图像将保存在 EXE 文件中，因此可以在没有原始图片文件的任何计算机上运行。

(2) 在运行时显示或替换图片可使用 LoadPicture 函数加载图片，实现设置 Picture 属性的功能，使用的语句格式为

```
[Object].Picture = LoadPicture([FileName])
```

其中，参数 FileName 为包含全路径名或有效路径名的图片文件名。若省略 FileName 参数，则该语句用来清除图片框中的图像。

① 在运行时向窗体 Form1 中加载一幅图片。

```
Private Sub form_load()
  Form1.Picture = LoadPicture("c:\Windows\flower.jpg")
End Sub
```

② 在运行时在窗体 Form1 中清除图片。

```
Form1.Picture = LoadPicture()
```

未指定文件名时，LoadPicture 函数将清除控件对象中的图片。

说明：在运行时加载图片，应用程序必须能够访问该图形文件才能显示图像。如果将应用程序编译成一个可执行文件，图像将不会保存在 EXE 文件中，要成功显示图像，运行时必须在宿主计算机存在有该图形文件且该图形文件可用。

2. 保存图片

SavePicture 方法主要用于从窗体对象或图片框控件的 Picture 属性或图像控件中将图形保存到图形文件中。无论在设计时还是运行时加载到窗体或图片框中的文件，只要它们是位图、图标、元文件或增强元文件，则保存图形时将使用与原始文件同样的格式。如果是 GIF 或 JPEG 文件，则将保存为位图文件。而图像框控件中的图形总是以位图的格式保存而不管其原始格式的。

使用 SavePicture 语句，可将对象或控件的 Picture 或 Image 属性保存为图形文件，其使用格式为

```
SavePicture[Object.]Picture I Image, FileName
```

Object 为对象表达式，可以是窗体、图片框、影像框及有 Picture 或 Image 属性的对象。

Picture 与 Image，是指对象的 Picture 或 Image 属性。

注意：

(1) 对于使用绘图方法和 Print 方法输出在窗体或图片框中的图形和文字，则只能使用 Image 属性保存，而在设计时或在运行时通过 LoadPicture 函数给 Picture 属性加载的图片，则既可使用 Image 属性，也可使用 Picture 属性来保存。若用 Image 属性保存，则既包括使用绘图方法和 Print 方法输出在窗体或图片框中的图形和文字，也包含在设计时或在运行时通过 LoadPicture 函数给 Picture 属性加载的图片。

(2) FileName 为必选参数，指定将图形保存的文件名，一般包含盘符、路径及文件名。

(3) 无论在设计时还是运行时从文件加载到对象 Picture 属性的位图、图标、元文件或增强元文件，图形都将以与原始文件同样的格式保存。

(4) Image 属性中的图形总是以位图的格式保存的，而不管其原始格式。

利用 SavePicture 方法保存图形。

```
Private Sub Command4_Click()
SavePicture Picture2.Image, "c:\Image\small.bmp"
SavePicture Picture3.Image, "c:\Image\smallhreserse.bmp"
SavePicture Picture4.Image, "c:\Image\smallvreserse.bmp"
End Sub
```

该事件过程是将处理过的图片框中的图形存储到文件中。

3. 图片框的两个特有属性

1) AutoSize 属性

如果想让图片框能自动扩展到可容纳新图片的大小，可将该图片框的 AutoSize 属性设置为 True。在运行时当向图片框加载或复制图片时，Visual Basic 会自动扩展该控件到恰好能够显示整个图片。由于窗体不会改变大小，如果加载的图像大于窗体的边距，图像从右边和底部被裁剪后才被显示出来。也可以使用 AutoSize 属性使图片框自动收缩，以便对新图片的尺寸做出反应。

说明：窗体没有 AutoSize 属性，并且也不能自动扩大以显示整个图片。

2) Align 属性

该属性值用来决定图片框出现在窗体的位置，即决定它的 Height、Width、Left 和 Top 属性的取值；Align 属性的取值及含义如表 10-1 所示。

表 10-1　Align 属性的取值及含义

内部常数	数值	含义
vbAlignNone	0	(非 MDI 窗体的默认值)，可以在设计时或在程序中确定大小和位置。如果对象在 MDI 窗体上，则忽略该设置值
vbAlignTop	1	(MDI 窗体的默认值)，显示在窗体的顶部，其宽度自动等于窗体的 scaleWidth 属性设置值
vbAlignBottom	2	显示在窗体的底部，其宽度自动等于窗体的 ScaleWidth 属性设置值
vbAlignLeft	3	显示在窗体的左面，其高度自动等于窗体的 ScaleHeight 属性设置值
vbAlignRight	4	显示在窗体的右面，其高度自动等于窗体的 ScaleHeight 属性设置值

说明：当 Align 属性的值为 1 或 2 时，设置图片框和窗体的顶部或底部对齐，该图片框的宽度等于窗体内部的宽度，会自动地改变大小以适合窗体的宽度。当 Align 属性的值为 3 或 4 时，设置图片框和窗体的左边对齐或右边对齐，该图片框的高度等于窗体内部的高度。

通常利用这个特点来建立一个图片框，用作位于窗体顶端的工具条和位于底部的状态栏，这就是手工创建工具栏或状态栏的方法。

10.1.2 图像框控件

图像框控件也是用来显示图片的，与 PictureBox 控件相似，但它只用于显示图片，而不能作为其他控件的容器，即不支持绘图方法和 Print 方法。所以，图像框的功能少一些，但是，该图像框在显示图片时比图片框占用更少的内存，同时对图片有拉伸的功能。

1. 向图像框加载图片

图像框控件加载图片的方法和 PictureBox 中的方法一样。

1）在设计时加载

从控件的“属性”界面中选择 Picture 属性。单击右边“…”按钮，就会出现“打开文件”对话框，找到需要显示的图像文件即可。

2）在运行时显示或替换图片

可使用 LoadPicture 函数设置 Picture 属性，使用的语句格式为

```
[Object].Picture = LoadPicture([FileName])
```

所以，设计时，将 Picture 属性设置为文件名，运行时，可利用 LoadPicture 函数为图像框加载图片文件，格式与图片框相同。

2. 图像框的 Stretch 属性

图像框控件调整大小的行为与 PictureBox 不同，它具有 Stretch(拉伸)属性，该值用来指定一个图形是否要调整大小，以适应 Image 控件的大小。

(1) 当 Stretch 属性设为 False(默认值)时，图像框控件可根据图片来调整自己的大小；

(2) 当 Stretch 属性设为 True 时，图像框控件的大小不变，图片根据图像框控件来调整图片的大小，这可能使图片变形。

说明：使用图像框控件可创建自己的控钮。因为图像框控件也可以识别 Click 事件，因此，可在需要用 CommandButton 的任何地方使用该控件。

例 10-1 在窗体上放置两个图像框控件 Image1 和 Image2，其中，Image1 图像框中的图片是自动拉伸的，即图片的大小自动调整到图像框的大小，Image2 图像框中的图片是按原尺寸的大小在图像框中显示的，在窗体的 Load 事件中编写如下代码。

```
Private Sub Form_Load()
```

```
  Image1.Stretch = True'Stretch 属性为 True,使 Image1 图像框中的图片具备自动拉伸
  '加载图片 Wallpaper_1.bmp,在 e 盘图例子目录下
  Image1.Picture = LoadPicture("e:\图例\ Wallpaper_1.bmp")
  Image2.Stretch = False'将 Stretch 属性为 False,Image2 图像框的图片按原尺寸显示
  Image2.Picture = LoadPicture("e:\图例\ Wallpaper_1.bmp ")
End Sub
```

程序运行结果如图 10-1 所示。

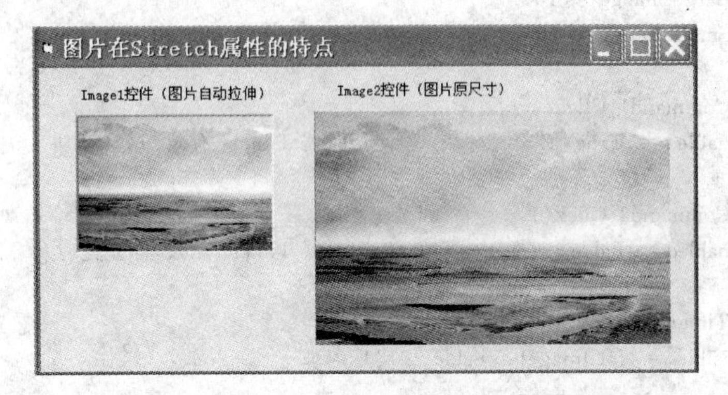

图 10-1　在 Stretch 属性值不同的图片显示结果

例 10-2　用图像框、滚动条、计时器组成一个对图形闪烁的示例。单击闪烁按钮，图片开始闪动，单击停止按钮图片停止闪烁，用滚动条控制闪烁的速度。

(1) 界面组成及实现方式。

界面组成如图 10-2 所示，在窗体上，放置一个图像框(Image1)、一个滚动条(HScroll1)、两个命令按钮(Command1、Command2)，一个计时器(Timer1)。

(2) 图像操作方式。

图像闪烁指的是使图像控件从可见到不可见，再从不可见到可见，反复进行。图片操作结果如图 10-3 所示，操作方式如下：

① 闪烁用以下语句来实现。

<Object.>Visible = Not <Object.>Visible

② 速度的控制用滚动条 HScroll1 的 Value 属性值给计时器 Timer1 的 Interval 属性赋值来实现。

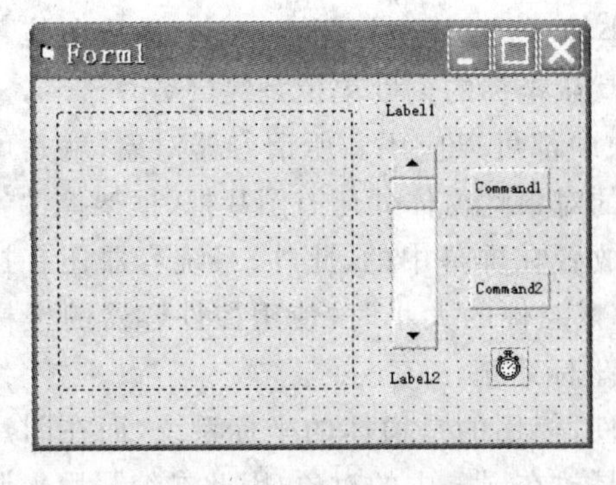

图 10-2　图形闪烁示例

图 10-3　图形闪烁结果

(3) 程序代码。

```
Private Sub Form_Load()
  Image1.Stretch = True
  Image1.Picture = LoadPicture("e:\图例\3-12.bmp")
  VScroll1.Max = 2000
  VScroll1.Min = 1
  VScroll1.LargeChange = 100
  VScroll1.SmallChange = 15
 End Sub
Private Sub Command1_Click()
  Timer1.Enabled = True                '使记时器 Timer1 有效,开始记时
End Sub
Private Sub Command2_Click()
  Timer1.Enabled = False               '使记时器 Timer1 无效,停止记时
End Sub
Private Sub Timer1_Timer()
  Image1.Visible = Not Image1.Visible  '实现闪烁
End Sub
Private Sub VScroll1_Change()
  Timer1.Interval = VScroll1.Value     '控制速度
End Sub
```

10.2 坐标系统及图形颜色

10.2.1 坐标系统

在 Visual Basic 中,每个容器对象(屏幕、窗体或图片框等)都有一个坐标系。对象的坐标系统是绘制各种图形的基础,坐标系统选择的恰当与否直接影响着绘图的质量。同样的绘图命令,可能仅仅由于用户定义或选择的坐标系统不同,而不能正确地在屏幕上显示或在打印机上打印出结果来,或者即使能显示或打印出来,也可能会比例不协调,达不到预期效果。因此,在绘制图形前,必须首先确定坐标系。构成一个坐标系需要三个要素:坐标原点、坐标量度单位、坐标轴的长度与方向。

Visual Basic 在窗体对象中,有一套默认的坐标系统,其坐标原点(0,0)总是在其左上角,X 轴的正向水平向右,Y 轴的正向垂直向下,默认坐标的刻度单位是缇(twip)。

Visual Basic 中的坐标系统,在各种容器对象中都可以应用。所谓容器对象,就是可以放置其他对象的对象。Visual Basic 中能作容器的对象除窗体外还有图片框、框架控件。系统对象,即屏幕(Screen)也是一个容器。窗体是放置在屏幕中的,此外,系统容器还有打印机(Printer)。在每个容器对象中,移动控件或调整控件的大小时,使用控件容器的坐标系统,所有的绘图方法和 Print 方法,也使用容器的坐标系统。

在使用坐标系统中,那些在窗体上绘制的控件,使用的是窗体的坐标系统,而在图片框里绘制控件,使用的是图片框的坐标系统。窗体是放在屏幕中的对象,因此在编写用来调整

窗体大小或移动窗体位置的代码时，要使用屏幕坐标系统，应先检查屏幕对象 Screen 的 Height 属性和 Width 属性，以确保窗体在屏幕上大小合适。

10.2.2 标准坐标系

显示器是以像素（分辨率）为量度单位的。常见显示器的分辨率为 640×480、800×600、1024×768 等，同样一幅图形，由于使用的显示器分辨率不同，所显示的效果也就不同。因此在传统的图形设计中，常根据显示器分辨率来确定绘制图形的大小。

默认状态下，标准坐标系统和常用的笛卡儿坐标系不同，容器对象左上角的点是原点，坐标是(0,0)，X 轴正向水平向右，Y 轴的正向垂直向下，如图 10-4 所示。

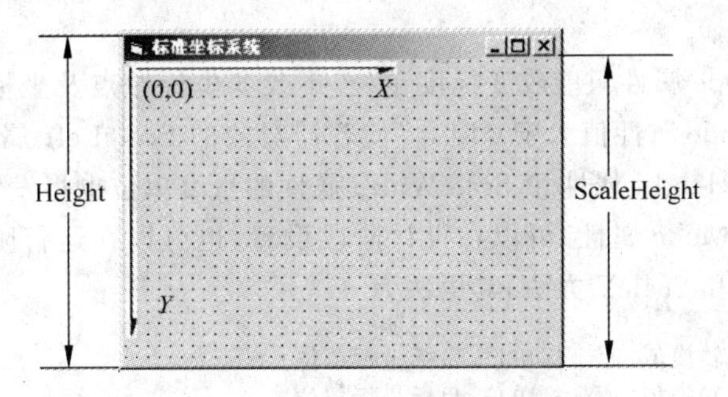

图 10-4 标准坐标系统

容器对象标准坐标系的默认标度是 twip(缇)，可由容器的 ScaleMode 属性指定标度。对象的 ScaleTop 属性和 ScaleLeft 属性设置容器内部左边和顶端的坐标，这两个属性的默认值都为 0。根据对象的 ScaleTop 和 ScaleLeft 属性可确定坐标原点。对象的 ScaleWidth 和 ScaleHeight 属性定义对象内部水平和垂直方向的单元数。

用户可通过改变坐标系标度或改变坐标系原点来自定义坐标系。只要采用了自定义坐标系，ScaleMode 属性就由 Visual Basic 设为 vbUser。要返回标准坐标系，可采用无参数的 Scale 方法即[容器对象]. scale。

10.2.3 自定义坐标系

开发图形程序时，标准坐标系可能使用起来并不一定方便。为达到最大的编程灵活性，坐标系是可以根据需求重新定义的。如数学中常用的笛卡儿坐标系，可以重新定义坐标系标度、原点和坐标轴的方向来改变坐标系。

1. 坐标系的标度

坐标系的标度是指坐标系的量度单位。Visual Basic 提供了 8 种标度，如表 10-2 所示。坐标系统可以使用以下三种不同的标度：缺省标度、标准标度之一或者自定义标度。用户可用 ScaleMode 属性设置坐标系统的标度单位。ScaleMode 属性的取值及含义如表 10-2 所示。

表 10-2 Visual Basic 坐标系标度

定标单位	常量	值	说明
用户定义	vbUser	0	由程序员定义坐标单位
twip(缇)	vbTwips	1	默认单位,每英寸 1440 缇,1 厘米 567 缇
point(点)	vbPoints	2	通常用于字体。每英寸 72 磅
pixel(像素)	vbPixels	3	通常用于图像。表示屏幕分辨率的最小单位
character(字符)	vbCharacters	4	水平 120 缇,垂直 240 缇
inch(英寸)	vbInches	5	英寸
millimeter(毫米)	vbMillimeters	6	毫米
centimemter(厘米)	vbCentimeters	7	厘米

说明:

(1) 用 ScaleMode 属性只能改变标度单位,不改变坐标原点及坐标轴的方向。当设置容器对象的 ScaleMode 属性值大于 0 时,将使容器对象的 ScaleLeft 属性和 ScaleTop 属性自动设置为 0,ScaleHeight 属性和 ScaleWidth 属性的量度单位也将发生改变。

(2) 标度(ScaleMode 属性)可以在设计阶段设置,也可以在运行阶段改变。标度单位转换可使用 Scale*X* 和 Scale*Y* 方法,其语法为

```
[对象名.]ScaleX(转换值,原坐标单位,目标坐标单位)
[对象名.]ScaleY(转换值,原坐标单位,目标坐标单位)
```

一般情况下,坐标系都是使用系统的缺省设置的,即坐标系统以 twip(缇)为单位。若要返回缺省标度,可使用[容器对象]. scaleMode。

2. 使用 Scale 属性建立自己的坐标系

容器对象的 Scale 属性共有 4 个,即 ScaleLeft、ScaleTop、ScaleWidth 和 ScaleHeight 属性,可使用这 4 个 Scale 属性来创建用户自定义坐标系统及刻度单位,其含义如表 10-3 所示。

表 10-3 Scale 属性

属性	含义
ScaleLeft	确定对象左边的水平坐标
ScaleTop	确定对象顶端的垂直坐标
ScaleWidth	确定对象内部水平的宽度,不包括边框
ScaleHeight	确定对象内部垂直的高度,它不包括边框标题(对窗体)和边框

其中,

(1) ScaleTop 属性和 ScaleLeft 属性的值用于控制对象左上角的坐标,所有对象的 ScaleTop 属性,ScaleLeft 属性的缺省值为 0,坐标原点在对象的左上角。ScaleTop=N,表示将 X 轴沿 Y 轴的负方向平移 N 个单位; ScaleTop=$-N$,表示 X 轴沿 Y 轴的正方向平移 N 个单位;同样,设置 ScaleLeft 属性的值可向左或向右平移坐标系的 Y 轴。

(2) ScaleWidth 属性和 ScaleHeight 属性的值可确定对象坐标系 X 轴与 Y 轴的正向及最大坐标值。如果 ScaleWidth 属性的值小于 0,则 X 轴的正向向左,如果 ScaleHeight 属性

的值小于0,则 Y 轴的正向向上。缺省时其值均大于0。

容器对象右下角的坐标值为(ScaleLeft+ScaleWidth,ScaleTop+ScaleHeight)。

3. 使用 Scale 方法设置坐标系

除直接设置相关属性外,也可采用更简单的 Scale 方法自定义坐标系统。

Scale 方法是建立用户坐标系最方便的方法,其使用格式如下:

```
[Object.]Scale [(x1,y1) - (x2,y2)]
```

其中,

(1) Object 是可选的一个对象表达式,如果省略 Object,则指带有焦点的 Form 对象。

(2) $x1$、$y1$ 是可选的,均为单精度数值,指示定义对象左上角的水平(x 轴)和垂直(y 轴)坐标。这些数值必须用括号括起。$x1$、$y1$ 就是 ScaleLeft、ScaleTop。

(3) $x2$、$y2$ 是可选的,均为单精度数值,指示定义对象右下角的水平和垂直坐标。这些数值必须用括号括起。$x2-x1$、$y2-y1$ 就是 ScaleWidth、ScaleHeight。

Scale 方法能够将坐标系统重置到所选择的任意刻度。Scale 对运行时的图形语句以及控件位置的坐标系统都有影响。如果使用不带参数的 Scale(两组坐标都省略),对象的坐标系统将重置为默认坐标系统。

比如语句 Scale (-500, 250)-(500, -250)将窗体左上角的坐标设为(-500,250),右下角的坐标设为(500,-250),将窗体的坐标系统的原点定义在其中心,X 轴的正向向右,Y 轴的正向向上,窗体高与宽分别为1000和500单位长度。改变后的坐标系如图10-5所示。

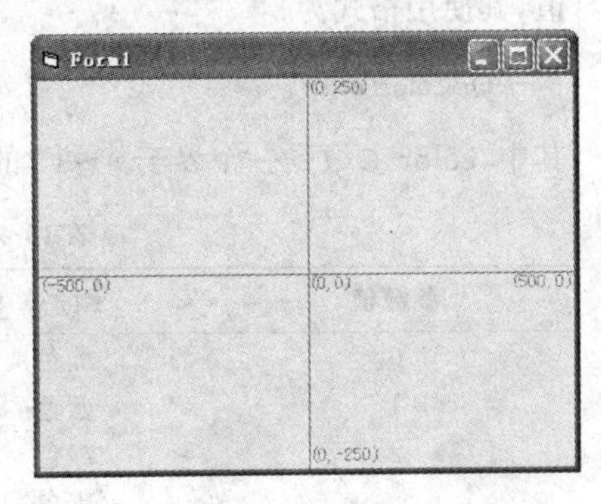

图 10-5 用 Scale 方法自定义坐标系统

10.2.4 图形颜色

在 Visual Basic 系统中,对于字体、背景、控件都有可能使用颜色的信息,所有的颜色属性在 Visual Basic 系统中都由一个 Long 整数表示。颜色的设置有4种表示方式,均可确定颜色值。

1. 使用 RGB 函数

- 使用 QBColor 函数,选择16种 Qbasic 颜色中的一种。
- 使用系统提供的颜色常数。
- 直接使用 Long 型颜色值。

RGB 函数是 Visual Basic 系统中的一个内部函数,也是目前大多数软件表示颜色的函数,它是用红(Red)、绿(Green)、蓝(Blue)三个颜色值来表示任何颜色的,每一个颜色值的表示范围为0~255之间,即红为0~255、绿为0~255、蓝为0~255,总共表示的颜色值为256×256×256=16 777 216,RGB 函数使用格式如下:

RGB(Red, Green, Blue)

说明：可以用 RGB 函数来指定任何颜色，因为每一种可视的颜色，都可由红、绿、蓝三种主要颜色组合产生。为了用 RGB 函数指定颜色，要对三种主要颜色中的每种颜色，赋给从 0～255 之间的一个亮度值(0 表示亮度最低，255 表示亮度最高)，将结果赋给颜色属性或颜色参数。

用 RGB 函数表示颜色的格式如下：

- 表示红色：RGB(255,0,0)。
- 表示绿色：RGB(0,255,0)。
- 表示蓝色：RGB(0,0,255)。
- 表示任意颜色：RGB(25,123,6)。

在窗体控件中设置背景色为红色的表示为 Form1. BackColor = RGB(255,0,0)

2. 使用 QBColor 函数

QBColor 函数是 Visual Basic 系统中，用来表示所对应颜色值的 RGB 颜色码，即固定值，其使用格式为

QBColor(color)

其中，color 参数是一个界于 0～15 的整型数，分别代表 16 种颜色，如表 10-4 所示。

表 10-4　QBColor 函数的 color 参数

参数值	颜　色	参数值	颜　色
0	黑色	8	灰色
1	蓝色	9	亮蓝色
2	绿色	10	亮绿色
3	青色	11	亮青色
4	红色	12	亮红色
5	洋红色	13	亮洋红色
6	黄色	14	亮黄色
7	白色	15	亮白色

在窗体控件中设置背景色为红色的表示为 Form1. BackColor = QBColor(12)。

3. 使用系统定义的颜色常数

在 Visual Basic 系统中，系统已经预先定义了常用颜色的颜色常数，如常数 vbRed 代表红色，vbGreen 代表绿色等。表 10-5 是系统预定义的最常用的颜色常数。

表 10-5　常用颜色常数

内部常数	值	颜　色
vbBlack	&H0	黑色
vbRed	&HFF	红色
vbGreen	&HFF00	绿色

续表

内部常数	值	颜色
vbYellow	&HFFFF	黄色
vbBlue	&HFF0000	蓝色
vbMagenta	&HFF00FF	洋红
vbCyan	&HFFFF00	青色
vbWhite	&HFFFFFF	白色

把窗体的背景色设为红色为 Form1.BackColor= vbRed。

4. 直接使用颜色设置值

Visual Basic 可以直接使用数值来指定颜色，给颜色参数和属性指定一个值，通常使用十六进制数。用十六进制数指定颜色的格式为 &BBGGRR。

其中，BB 指定蓝颜色的值，GG 指定绿颜色的值，RR 指定红颜色的值。每个数段都是两位十六进制数，即 BB 为 00～FF，GG 为 00～FF，RR 为 00～FF。

例如，将窗体背景指定为红色的语句为

```
Form1.BackColor = &H0000FF
```

它相当于

```
Form1.BackColor = RGB(255,0,0)
```

例 10-3 简单图片浏览器设计。本例使用驱动器列表框(DriveListBox)控件，目录列表框(DirListBox)控件和文件列表框(FileListBox) 控件来制作一个文件浏览器。当单击文件列表框中的图片文件时，在右边的图片框中显示出图片，界面如图 10-6 所示。

图 10-6 简单图片浏览器

```
'图片的放大与缩小
Private Sub Command1_Click(Index As Integer)
    If Index = 0 Then
        With Image1
         If .Top > 10 And .Left > 10 Then
          .Top = .Top - 10
          .Left = .Left - 10
```

```
            .Height = .Height + 20
            .Width = .Width + 20
          End If
        End With
    Else
      With Image1
          If .Width > 10 And .Height > 10 Then
            .Top = .Top + 10
            .Left = .Left + 10
            .Height = .Height - 20
            .Width = .Width - 20
          End If
        End With
    End If
End Sub
Private Sub Dir1_Change()
    File1.Path = Dir1.Path
    End Sub
    Private Sub Drive1_Change()
    Dir1.Path = Drive1.Drive
End Sub
Private Sub File1_Click()
    ChDrive Drive1.Drive
    ChDir Dir1.Path
    Image1.Picture = LoadPicture(File1.FileName)
End Sub
Private Sub Form_Load()
    File1.Pattern = "*.bmp; *.gif; *.jpg"
End Sub
```

10.3 直线、形状控件

10.3.1 直线控件

直线(Line)控件用于在窗体、框架或图片框中画简单的线段,通过属性的变化可以改变直线的粗细、颜色及线型。直线显示时的长度和位置由位置属性($x1,y1$)和($x2,y2$)确定。($x1,y1$)指定起点坐标,($x2,y2$)指定终点坐标。直线控件可用来在窗体上显示各种类型和宽度的线条,在工具箱中显示为 ╲ 。对于直线控件来说,程序运行时最重要的属性是线条的长短及线条的类型。

1. 线条的坐标位置

$x1$、$y1$、$x2$、$y2$ 属性用来决定直线显示的位置坐标,$x1$ 设置(或返回)直线最左端的水平位置坐标,$y1$ 设置(或返回)最左端的垂直坐标,$x2$、$y2$ 则表示右端的坐标。

2. 线宽与线型属性

1) DrawWidth 属性

DrawWidth 属性可设置线条输出的线宽。

使用格式如下：

```
Object.DrawWidth = Size
```

Object 为线条对象表达式；Size 为线条宽度，其范围为 1～32 767。该值以像素为单位表示线宽，默认值为 1，即一个像素宽。

2) DrawStyle 属性

DrawStyle 属性可决定线型的输出样式。

使用格式如下：

```
Object.DrawStyle = [Number]
```

Object 为线条表达式；Number 为整型表达式，值的范围是 0～6，用来指定线条输出的线型，具体含义如表 10-6 所示。

表 10-6 DrawStyle 属性设置及含义

内部常数	数值	描述
vbSolid	0	（默认值）实线
vbDash	1	虚线
vbDot	2	点线
vbDashDot	3	点划线
vbDashDotDot	4	双点划线
vbInvisible	5	透明线(不可见)
vbInsideSolid	6	内收实线

例 10-4 用不同的 DrawStyle 属性值，在窗体中画直线。

将程序代码写在窗体的单击事件中：

```
Private Sub Form_Click()
  Dim I As Integer
  DrawWidth = 1
  ScaleHeight = 8                              '将窗高设置为 8 个单位
  For I = 0 To  6
    DrawStyle = I                              '改变线型
    Line(0,I+1) - (ScaleWidth * 2/3,I+1)       '画新线
CurrentY = CurrentY - 0.25                     '在当前点 Y 坐标向上移 0.25 个刻度单位
Print  "DrawStyle = " ; DrawStyle
  Next I
End Sub
```

10.3.2 形状控件

形状(Shape)控件在工具箱中显示为 [icon]。该控件可在窗体、框架或图片框中创建矩形、正方形、椭圆形、圆形、圆角矩形或圆角正方形等图形。形状控件预定义形状是由 Shape 属性的取值决定的。在表 10-7 中列出了所有预定义形状、形状值和相应的 Visual Basic 常数。

表 10-7　Shape 控件的 Shape 属性设置

常　　数	Shape 属性值	显示效果
vbShapeRectangle	0	矩形(默认值)
vbShapeSquare	1	正方形
vbShapeOval	2	椭圆形
vbShapeCircle	3	圆形
vbShapeRoundedRectangle	4	圆角矩形
vbShapeRotmdedSquare	5	圆角正方形

其中,在使用形状控件时,用 BackStyle 属性来决定形状的背景是否为透明,默认值为1,显示一不透明形状。

说明:利用线与形状控件,用户可以迅速地显示简单的线与形状或将之打印输出,与其他大部分控件不同的是,这两种控件不会响应任何事件,它们只用来显示或打印。

10.3.3　图形的填充

在图形的填充中,封闭图形的填充方式由 FillStyle 决定,填充颜色和线条颜色由 FillColor 属性决定。

1. FillStyle 属性

FillStyle 属性用来设置填充形状控件以及由 Circle 和 Line 图形方法生成的圆和方框的图形,具体取值及含义如表 10-8 所示。

表 10-8　FillStyle 属性设置及含义

FillStyle 属性值	效　果	FillStyle 属性值	效　果
0	绘制实心图形	4	左上到右下斜线
1	透明(默认方式)	5	右上到左下斜线
2	水平线	6	网状格线
3	垂直线	7	网状斜线

说明:

(1) FillStylc 为 0 是实填充,1 为透明方式。填充图案的颜色由 FillColor 属性来决定。

(2) 对于窗体和图片框对象,FillStyle 属性设置后,并不能看到其填充效果,而只能在使用 Circle 和 Line 图形方法生成的圆和方框时,在圆和方框中显示其填充效果。

2. FillColor 属性

FillColor 属性用于设置填充形状的颜色,默认情况下,FillColor 设置为 0(黑色),其中,颜色的设置见前面 10.2.4 图形颜色这小节。

例 10-5　模拟时钟。在窗体中加入一个 Shape 控件,三条 Line 控件,一个时钟控件,两个标签。程序运行界面如图 10-7

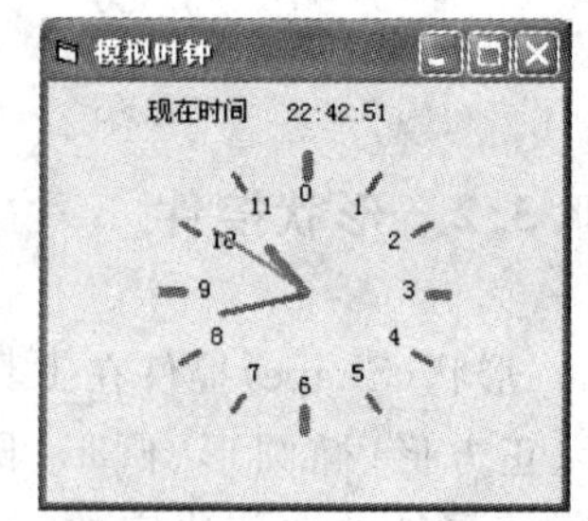

图 10-7　模拟时钟

所示。

```
Dim r As Single, x0 As Integer, y0 As Integer                '半径及圆心
Dim dx As Single                                              '每一度对应的弧度
Private Sub Form_Load()
  Form1.ScaleHeight = 2600
  Form1.ScaleWidth = 3000
  dx = 3.1416 / 180
  Timer1.Enabled = True
  Form1.AutoRedraw = True
End Sub
Private Sub Form_Resize()
  Dim i As Integer
  Form1.Cls
  Timer1.Interval = 1000
  Shape1.Height = Form1.ScaleHeight * 3 / 2
  x0 = Form1.ScaleWidth / 2
  y0 = Form1.ScaleHeight / 2
  Shape1.Move x0 - Shape1.Width / 2, y0 - Shape1.Height / 2   '移圆至窗体中心
  Line1.X1 = x0                                               '移指针一端至窗体中心
  Line2.X1 = x0
  Line3.X1 = x0
  Line1.Y1 = y0
  Line2.Y1 = y0
  Line3.Y1 = y0
  r = Shape1.Width / 2 - 40
  For i = 0 To 330 Step 30                                    '画电子钟的刻度线
     If i mod 90 = 0 Then
       Form1.DrawWidth = 5
       Form1.ForeColor = vbRed
     Else
       Form1.ForeColor = vbBlue
       Form1.DrawWidth = 3
     End If
     Form1.Line (x0 + r * Sin(i * dx), y0 - r * Cos(i * dx))-(x0 + r * 0.85 * Sin(i *
dx), y0 - r * 0.85 * Cos(i * dx))
  Next i
  Form1.ForeColor = vbBlack
  For i = 0 To 330 Step 30                                    '写电子钟的时间刻度值
     Form1.CurrentX = x0 + r * 0.7 * Sin(i * dx) - 100
     Form1.CurrentY = y0 - r * 0.7 * Cos(i * dx) - 100
     Form1.Print i \ 30
  Next i
End Sub
Private Sub Timer1_Timer()
   Dim h As Integer, m As Integer, s As Integer               '时、分、秒
   Dim hh As Single, mm As Single, ss As Single               '时、分、秒所对应的角度数
   Label2 = Time
   h = Hour(Time)
   m = Minute(Time)
   s = Second(Time)
```

```
    If s = 0 Then Beep
     ss = s * 6                                              '1s 转过 6°
     mm = (m + s / 60) * 6                                   '1min 转过 6°
     hh = (h + m / 60 + s / 3600) * 30                       '1h 转过 30°
     '确定指针的另一端位置
     Line1.X2 = x0 + r * 0.4 * Sin(hh * dx)
     Line1.Y2 = y0 - r * 0.4 * Cos(hh * dx)
     Line2.X2 = x0 + r * 0.6 * Sin(mm * dx)
     Line2.Y2 = y0 - r * 0.6 * Cos(mm * dx)
     Line3.X2 = x0 + r * 0.8 * Sin(ss * dx)
     Line3.Y2 = y0 - r * 0.8 * Cos(ss * dx)
End Sub
```

10.4 绘图方法

前面介绍的是使用直线、形状等控件直接绘图，由于控件绘图无法重叠，对较为复杂的图形输出，特别是动态图形输出，就需要使用绘图方法绘图。各直线或圆可重叠交叉使用，用控件绘图无法重叠。

Visual Basic 中提供的基本绘图方法主要包括 Cls 方法、Line 方法、Circle 方法、Point 方法和 PSet 方法。此外，Print 方法也可认为是一种绘制图形方法。

10.4.1 Cls 方法

Cls 方法将以背景色清除绘制的图形以及 Print 方法在运行时所产生的文本或图形。

语法格式为

[对象名.]Cls

设计时在 Form 中使用 Picture 属性设置的背景图和放置的控件不受 Cls 方法影响。使用 Cls 方法之后，当前坐标复位到原点。

10.4.2 Line 方法

Line 方法用于在窗体或图片框对象上画直线(斜线也是直线)和矩形。

语法格式为

[object.]Line[[Step](x1,y1)]-[step](x2,y2)[,color][,B[F]]

说明：

(1) Step 表示其后的坐标值使用的是相对偏移。$(x1,y1)$是直线的起点坐标，若前面有 Step，则表示$(x1,y1)$是相对于当前位置的偏移量；否则$(x1,y1)$是相对于原点(0,0)的偏移量。若省略$(x1,y1)$，则起点为当前坐标位置(Current*X*,Current*Y*)。

(2) B 表示画矩形；F 表示用画矩形的颜色来填充矩形，F 必须与关键字 B 一起使用。如果只用 B 不用 F，则填充由 FillColor 和 FillStyle 属性决定。color 指定要画直线的颜色。

可以使用颜色代码或颜色函数。省略时用对象的 ForeColor 属性指定的颜色绘制直线。

注意：用 Line 方法在窗体上绘制图形时，如将绘制过程放在 Form_Load 事件内，必须将窗体的 AutoRedraw 属性设置为 True，否则所绘制的图形无法在窗体上显示。各参数可根据实际要求进行取舍，但如果舍去的是中间参数，则不能舍去参数的位置分隔符。

例如：

① Line (250,300)－(400,500)

画一条从(250,300)到(400,500)点的直线。

② Line－(400,500)

从当前位置(CurrentX,CurrentY)画直线到(400,500)。

③ Line (150,250)－Step (150,50)

出发点是(150,250)，终点是向 X 轴正向走 150，向 Y 轴正向走 50 的点，与 Line (150,250) －(300,300)等效。

④ Line (20,40)－(150,200)，，B

画一个左上角在(20,40)，右下角在(150,200)的矩形。参数省略时，逗号并不省略。

⑤ Line (20,40)－Step (50,70)，RGB(255,0,0)，BF

用红色从(20,40)到(70,110)画一个实心矩形。

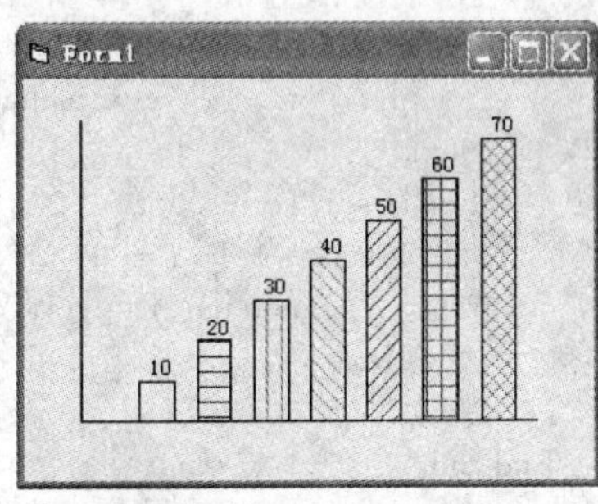

图 10-8 使用 Line 方法在窗体上画直线和矩形

例 10-6 使用 Line 方法在窗体上画直线和矩形。执行结果如图 10-8 所示。

```
Private Sub Form_Resize()
    Const x0 = 10
    Const y0 = 15
    Cls
    Scale(0, 100)-(100, 0)
    Line(x0, y0)-(x0, 90)
    Line(x0, y0)-(90, y0)
    For i = 10 To 70 Step 10
      Form1.FillStyle = i / 10
      Form1.FillColor = QBColor(i / 10 - 1)
      Line(x0 + i, y0 + i)-(x0 + i + 6, y0), , B
      CurrentX = x0 + i
      CurrentY = y0 + i + 6
      Print i
    Next
End Sub
```

例 10-7 画金刚石图案。

本例用多条直线来画金刚石图案。首先重新定义坐标系，利用圆上的角度来获得正多边形的角点并存储在数组 px 和 py 中，然后，用双重循环来实现任意两点之间的对角线互连。程序执行界面如图 10-9 所示。

```
Option Explicit
Const PI As Double = 3.1415926
```

```
Private Sub Form_Load()
Randomize
Form1.BackColor = vbWhite
Form1.ForeColor = RGB(Rnd * 255, Rnd * 255, Rnd * 255)    '采用随机颜色
Form1.Scale (-60, 60)-(60, -60)                            '重新定义坐标系
End Sub
Private Sub Form_Click()
    Cls
    Dim n, x0, y0, r As Integer
    n = 18                                                  '角点个数
    r = 50                                                  '取角点的圆的半径
    Dim px(), py() As Double
    ReDim px(n), py(n)
    Dim i, j As Integer
    For i = 1 To n
        px(i) = x0 + r * Cos(i * 2 * PI / n)
        py(i) = y0 + r * Sin(i * 2 * PI / n)
    Next                                                    '计算直线的端点坐标并存入数组
    For i = 1 To n
        For j = 1 To i - 1
            Line (px(i), py(i))-(px(j), py(j))
        Next
    Next                                                    '连接任意两个端点
End Sub
```

例 10-8 简单鼠标绘图程序。

本程序主要是实现用鼠标在窗体上绘图,如图 10-10 所示,在绘图过程中可选择颜色及线宽。用鼠标在窗体上绘图利用窗体对象的 MouseDown 和 MouseMove 事件实现鼠标在窗体上绘图;利用通用对话框控件 CommonDialog 的 ShowColor 方法可实现前景色和背景色的选取;利用单选框来选择线宽。

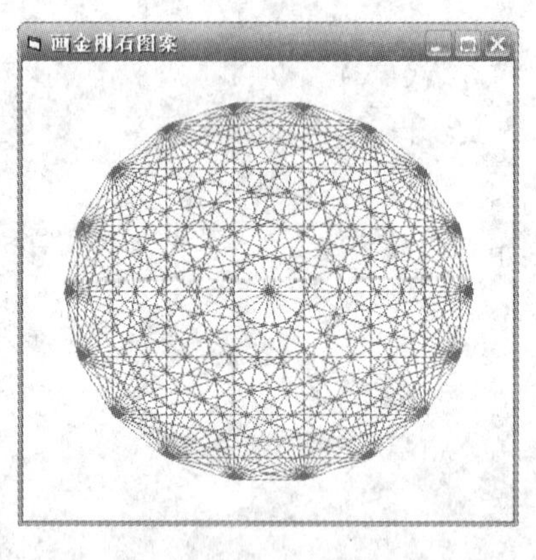

图 10-9 画金刚石图案

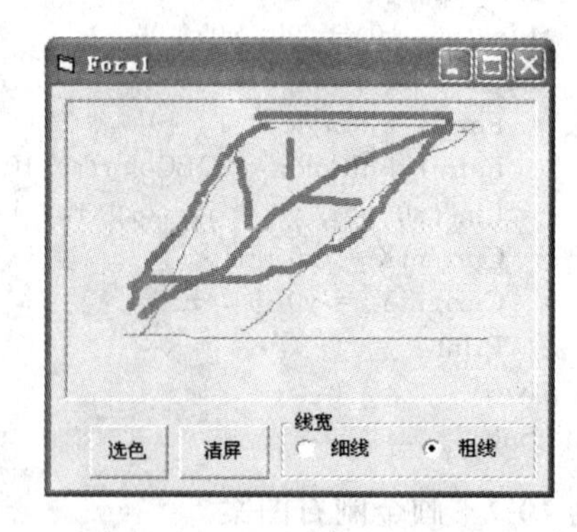

图 10-10 鼠标绘图示例

```
Private Sub Command1_Click()                                '选择绘笔颜色
  CommonDialog1.Action = 3
  Picture1.ForeColor = CommonDialog1.Color
  End Sub
```

```
  Private Sub Command2_Click()                          '清除
  Picture1.Cls
End Sub
'当鼠标按下键时记录下当前坐标
Private Sub Picture1_MouseDown(Button%, Shift%, X As Single, Y As Single)
    Picture1.CurrentX = X
    Picture1.CurrentY = Y
 End Sub
'当鼠标左键按下并移动时画线
 Private Sub Picture1_MouseMove(Button%, Shift%, X As Single, Y As Single)
    If Option1.Value = True Then
        Picture1.DrawWidth = 1
    End If
    If Option2.Value = True Then
        Picture1.DrawWidth = 5
    End If
    If Button = 1 Then
        Picture1.Line -(X, Y)
    End If
End Sub
```

10.4.3 Circle 方法

Circle 方法用于在指定对象上画圆、椭圆、圆弧和扇形。圆的半径是圆心到圆周的距离；椭圆与圆的不同在于它的纵横比(如宽和高之比)不是1；扇形是圆的一部分；圆弧是扇形的弯曲部分。前面介绍的有关属性 DrawWidth,DrawStyle,FillColor,FillStyle 等在 Circle 方法中也同样适用。

语法格式为

```
[Object.] Circle [ [Step] (x,y) ,radius [,color] [start,end], aspect]
```

说明：

(1) (x,y)指定圆心的位置。Step 关键字表示相对坐标。radius 参数用于指定圆的半径。

(2) color 参数用于指定绘制圆的颜色。

(3) start 指定弧的起始角,end 指定弧终止角。它们的单位均是弧度,范围为 $0\sim2\pi$。画弧时,start,end 都用正值。从 start 开始,逆时针画到 end 处结束。如果画扇形,则 start,end 都取负值,即从 start 开始,逆时针绘制,到 end 结束。

(4) aspect 参数决定所画椭圆纵轴与横轴的比值。比值大于1时,绘制扁形椭圆(垂直方向大于水平方向)；小于1时绘制椭圆：等于1时绘制圆。

(5) 在 VB 坐标系中,采用逆时针方向绘圆。Circle 方法中参数前出现的负号,并不能改变坐标系中旋转的方向。使用 Circle 方法时,省掉参数不能省逗号。

例如：

```
Circle(50,50),25                           '以(50,50)为圆心,25 为半径画一个圆
Circle(0,0),1,vbRed,    - π/2,-π           '画扫过 π/2 的扇形
Circle(1.5,1.2),1,vbRed,3.0 * π/2,0        '画一圆弧
```

```
Circle(10,10),5,vbRed,,,1.5          '画一高宽比为 1.5 的椭圆
```

以上画扇形和圆弧的区别在于负号“一”,负号不代表负角度。

10.4.4 PSet 方法

PSet 方法可以在窗体、图形框或打印机等对象指定的位置用 color 参数给定的颜色画一个点。点的大小由对象的 DrawWidth 属性指定。PSet 方法通过在指定位置(x,y)处,用来画一个点。当一些特殊的图形无法用直线和弧线组成时,可以采用 PSet 方法来逐点绘制。

语法格式为

```
[Object.PSet[Step](x,y)[,color]
```

说明:(x,y)是画点的坐标,x 和 y 参数是单精度参数,可接受整数或分数的输入。color 用来指定绘制点的颜色,数据类型为 Long。默认时,系统用对象的 ForeColor 属性值作为绘制点的颜色。color 参数还可用 QBColor(),RGB()函数指定。Step 关键字是下一个画点位置相对于当前位置的偏移量的标记,即步长(水平、垂直两个方向,可正可负)。(x,y)坐标值是相对于当前位置的偏移量。执行 PSet 方法后,Current*X* 和 Current*Y* 属性被设置为参数指定的点。

例如:

```
PSet(100,200)                  '将(100,200)点的颜色改成黑色(默认)
PSet(120,220),vbRed            '把(120,220)点的颜色改成红色
```

例 10-9 使用 PSet 方法绘制正弦函数图像。程序执行结果如图 10-11 所示。

```
Const PI=3.1415926
Private Sub Form_Click()
    Form1.Scale(0, 0)-(5000, 2000)
    Line(0, 1000)-(5000, 1000)
    Line(200, 0)-(200, 2200)
    For i = 0 To 5000
        x = 200 + i
        y = 1000 + 1000 * Sin(PI * i / 1800)
        PSct(x, y)
    Next i
End Sub
```

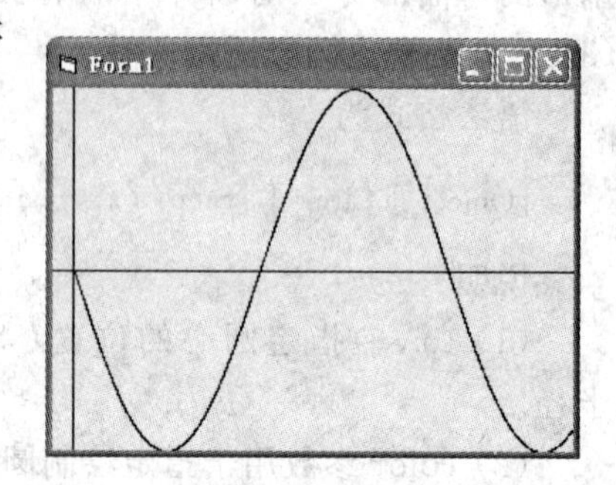

图 10-11 用 PSet 方法绘制正弦函数图像

10.4.5 Point 方法

Point 方法用于获取窗体或图片框上指定点的 RGB 颜色值。

语法语法为

```
[Object.] Point (x,y)
```

如果(x,y)坐标所引用的点位于对象之外,Point 方法将返回-1(True)。

10.4.6 PaintPicture 方法

PaintPicture 方法是窗体或图片框的一个很实用的方法，它能够将窗体或图片框中的一个矩形区域的像素复制到另一个对象上。使用 PaintPicture 方法，可以在窗体、图片框和 Printer 对象上的任何地方绘制图形，对图形进行拷贝、翻转、改变大小、重新定位及水平或垂直翻转等操作。但是，该方法只能对用 Picture 属性、LoadPicture 函数设置的图形进行操作，用绘图方法绘制的图形在未存储成图形文件前不能用它操作。

语法格式为

```
[object.]PaintPicture pic, dx, dy, [dw, dh,] sx, sy, [sw, sh], opcode
```

说明：

(1) object 是可选的窗体或图片框对象名字。如果省略 object，默认对象为带有焦点的窗体。

(2) pic 要绘制到 object 上的图形源。它是由窗体或图片框的 Picture 属性决定的。

(3) dx，dy 是传送目标矩形区域左上角的坐标，可以是目标控件的任一位置。dw，dh 是目标矩形区域的宽和高。

(4) sx，sy 是要传送图形矩形区域左上角坐标，sw，sh 是要传送图形区域的大小。

(5) opcode 指定传送的像素与目标中现有像素的组合模式，其取值如表 10-9 所示。

表 10-9 像素组合模式

常 量	数 值	说 明
vbDstInvert	&H00055009	逆转目标位图
vbNotSrcCopy	&H00330008	复制源位图的逆到目标位图
vbSrcCopy	&H00cc0020	复制源位图到目标位图
vbSrcInvert	&H00660046	用 XOR 组合源位图与目标位图

除 Opcode 外，PaintPicture 方法中的参数量度单位要受 ScaleMode 属性的影响，结果要受 AutoRedraw 属性的影响，在使用该方法前，最好将 ScaleMode 属性设置为像素，AutoRedraw 属性设置为 True。

在使用 PaintPicture 方法复制时翻转只要改变坐标系即可。如果设置图形宽为负数，则水平翻转图形；如果设置图形高度为负数，则上下翻转图形；如果宽度和高度都为负数，则两个方向翻转图形。例如，目标宽度为负数，PaintPicture 方法将像素复制到原点的左边，如果控件的坐标原点在左上角，目标图形就在控件以外，为使目标图形复制到控件中，必须将原点设置到另一角，实现时可以任意选定源或目标的坐标系。

10.5 工具栏与状态栏设计

工具栏和状态栏是 Windows 应用程序常见的图形界面元素。工具栏一般位于 Windows 窗口菜单栏的下方，为应用程序的最常用功能提供图形界面。状态栏位于窗口的底部，用于描述应用程序当前的状态、按键状态、操作对象以及环境信息等。定制应用程序的工具栏和状态栏，应将 Microsoft Windows Common Controls 6.0 部件添加到工具箱中。

通常，Windows 系统下的应用程序都是以图标的形式向用户提供其最常用功能的快速访问的，这就是工具栏。定制工具栏有两种方法：

(1) 手工制作。利用图形框制作外观，用命令按钮产生事件功能，但该方法比较烦琐。

(2) 利用 Visual Basic 提供的工具栏设计控件(ToolBar)来制作工具栏。方法简单、快捷和实用。

ToolBar 控件定制的工具栏界面是图标的集合，通常，这些图像是由 ImageList 控件来提供的。这两个控件都是 ActiveX 控件，使用它们之前必须将 Microsoft Windows Common Controls 6.0 部件添加到工具箱中。该部件包括一组控件，ToolBar、ImageList 控件就是其中的两个控件。

10.5.1 用 ToolBar 控件设计工具栏

在 Visual Basic 软件中，对使用 ToolBar 控件来创建工具栏，可采用如下方式进行。

1. 把 ToolBar 控件添加到工具箱

在 Visual Basic 常用工具箱中没有 ToolBar 控件，它不是常用控件，使用前需先按照下面的操作步骤将 ToolBar 控件添加到工具箱中。

(1) 选择菜单项"工程"→"部件"项打开"部件"对话框。

(2) 打开"控件"选项卡，单击 Microsoft Windows Common Controls 6.0 复选框，然后单击"确定"按钮，此时该控件在工具栏上，如图 10-12 所示，其图标为 。

(3) 然后双击工具箱中的 ToolBar 控件图标为窗体添加一个新的工具栏，工具栏会显示在窗体的标题栏下。

注意：添加的控件不仅包括工具栏，还包括其他控件，如图像列表控件、状态栏控件。

2. 在 ToolBar 控件中添加按钮

右键单击工具栏，在出现的弹出菜单中选择"属性"项，打开工具栏的"属性页"对话框，如图 10-13 所示，在该对话框中可以进行工具栏的编辑，其操作方式如下。

图 10-12　工具箱

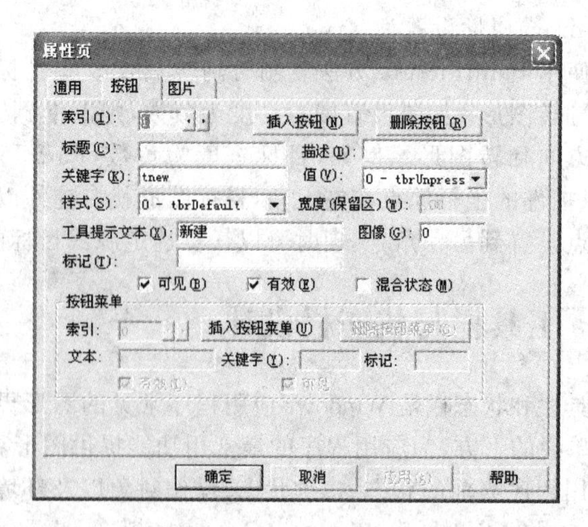

图 10-13　工具栏的"属性页"对话框"按钮"选项卡

(1) 打开“属性页”中的“按钮”选项卡，然后单击“插入按钮”，便把一个新按钮添加到工具栏中。

(2) 给新按钮添加显示文字，可以在“标题”文本框中输入相应的文字。

(3) 用户可以通过在“索引”文本框中输入数值来设置某个按钮的 Index 属性值，这是按钮在 ToolBar 控件中的索引值，用于标识该按钮。用户在工具栏中添加按钮时，Visual Basic 会自动为新按钮分配 Index 值。另外，用户还可以在“关键字”文本框中输入文字，设置按钮的 Key 属性值，该属性可帮助用户确认这个按钮。

(4) 按钮的样式(Style)属性决定按钮的行为。按钮对象的一个重要属性是样式属性。样式属性决定了按钮的行为特点，并且与按钮相关联的功能可能受到按钮样式的影响。表 10-10 列出了 5 种按钮样式以及它们的用途。

表 10-10　按钮样式属性的取值及用途

内部常数	值	用　途
TbrDefault	0	普通按钮，按钮按下后会自动地弹回，如“打开”按钮
TbrCheck	1	开关按钮，按钮按下后将保持按下状态，如“加粗”按钮
TbrButtonGroup	2	编组按钮，一组功能同时只能有一个有效，如“右对齐或”按钮
TbrSeparator	3	分隔按钮，分隔符样式的按钮可以将其他按钮分隔开
TbrPlaceholder	4	占位按钮，该按钮的作用是在 ToolBar 控件中占据一定位置，以便显示其他控件

3. 为按钮添加图标

在工具栏建立了按钮后，通常要在按钮中加上图标，即在工具栏按钮上显示一个图像，操作的方式是将 ImageList 控件与 Toolbar 控件相关联。要在窗体上添加 ImageList 控件，双击工具箱中的 ImageList 控件图标 。

在窗体上添加 ImageList 控件后(默认名为 ImageList1)，用鼠标右键单击控件，从快捷菜单中选择“属性”，则打开“属性页”对话框，然后在“属性页”对话框选择“图像”标签。通过“图像”标签，可以向 ImageList 控件中添加或删除图像。添加图像的操作如下：

(1) 单击“插入图片”按钮，打开“选定图片”对话框；

(2) 通过对话框选定一个图像文件，再单击“打开”按钮，则将图像插入到图像列表中；

(3) 然后为该图像设置一个关键字和标识。

重复上述过程，直到添加完毕，最后单击 ImageList 属性页中的“确定”按钮。加入“新建”、“打开”等图标的 ImageList 属性页如图 10-14 所示。

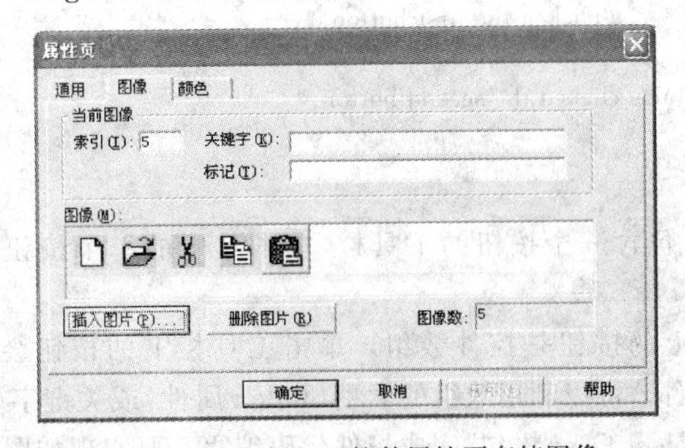

图 10-14　ImageList 控件属性页存储图像

注意：

① ImageList 控件要求图像的大小相等，否则会对图片强行裁剪；

② 在窗体上添加 ToolBar 控件后，选中该控件，右击鼠标，选择“属性”，打开“属性页”对话框。选择“通用”标签，通过“图像列表”下拉列表框选取 ImageList1，将 ToolBar1 和 ImageList1 二者关联在一起。

使用工具栏示例如图 10-15 所示，将 ImageList1 控件与 ToolBar1 控件按表 10-11 所示建立连接关系。

图 10-15　工具栏示例

表 10-11　ImageList1 控件与 ToolBar1 控件按钮连接关系

ImageList1 控件属性			ToolBar1 控件按钮属性				
索引（Index）	关键字（Key）	图像（Bmp）	索引（Index）	关键字（Key）	样式（Style）	工具提示文本	图像（Image）
1	inew	New	1	tnew	0	新建	1
2	iopen	Open	2	topen	0	打开	2
3	icut	Cut	4	tcut	0	剪切	4
4	icopy	Copy	5	tcopy	0	复制	5
5	ipaste	Paste	6	tpaste	0	粘贴	6

其中，索引 Index 或关键字可以唯一标识某一个按钮。

4. 为 ToolBar 控件中的按钮编写事件过程

工具栏界面创建完成后，还要编写相应的代码，这样按钮才能起作用。

ToolBar 控件常用的事件有两个：ButtonClick 和 ButtonMenuClick，前者对应按钮样式为 0～2，后者对应样式为 5 的菜单按钮。

例如为 ToolBar 控件编写 ButtonClick()事件程序，并在程序中通过判断 Button. Index 或 Button. Key 属性值来判断单击了哪一个按钮，通过 Select Case 结构来运行相应的程序，程序代码表示如下：

```
Private Sub Toolbar1_ButtonClick(ByVal Button As MsComctlLib.Button)
    Select Case Button.Index
    Case  1
        MsgBox  "You clicked the first button."
    Case  2
        MsgBox "You clicked the second button."
    Case  3
End Sub
```

该程序拥有一个包含三个按钮的工具栏，单击其中的一个按钮时，会给出不同的消息框。

实际上，工具栏上的按钮是控件数组。单击工具栏上的按钮会发生 ButtonClick 或 ButtonMenuClick 事件。可以利用数组的索引(Index 属性)或关键字(Key 属性)来识别被单击的按钮。使用 Select Case 语句，完成控件代码编写。要实现如图 10-15 所示的工具栏功能,程序代码可写为如下形式。

```
Private Sub Form_Load()
    Clipboard.Clear
    Toolbar1.Buttons(1).Enabled = False          '禁止使用
    Toolbar1.Buttons(2).Enabled = False
End Sub
Private Sub Toolbar1_ButtonClick(ByVal Button As MSComctlLib.Button)
    Select Case Button.Index
    Case 1
                                                 '代码省略
    Case 2
                                                 '代码省略
    Case 3
        Clipboard.SetText Text1.SelText, 1       '当前选中文本复制到剪贴板
        Text1.SelText = ""                       '删除选中的文本
    Case 4
        Clipboard.SetText Text1.SelText, 1       '当前选中文本复制到剪贴板
    Case 5
        Text1.SelText = Clipboard.GetText        '把剪贴板中的数据粘贴到光标处
    End Select
End Sub
```

10.5.2 手工创建工具栏

在窗体或 MDI 窗体上手工创建工具栏,通常是用 PictureBox 控件作为工具栏按钮的容器,用 CommandButton 或 Image 控件作为工具栏的按钮的。要为工具栏上的每一个按钮指定一个图像和提示文字信息。

手工创建工具栏的操作方式如下:

(1) 在窗体或 MDI 窗体上放置一个图片框。如果是普通窗体,则必须将它的 Align 属性设置为 1,图片框才会自动伸展宽度,直到填满窗体工作空间。如果是 MDI 窗体,则不需要做这一属性的设置,它会自动伸展。

(2) 在图片框中,可以放置任何想在工具栏中显示的控件。通常用 CommandButton 或 Image 控件来创建工具栏按钮。在图片框中添加控件不能使用双击工具箱上控件按钮的方法,而应该单击工具箱中的控件按钮,然后用出现的"+"指针在图片框中画出控件。

(3) 如果要删除按钮之间的空隙或调整间距,应首先选中这些控件,然后使用"格式"菜单的"水平间距"子菜单中的"删除"或"相同间距"命令。

(4) 设置属性。为工具栏上显示的每一个控件设置 Picture 属性,指定一个图片。如果用户需要的话,还可以通过 ToolTipText 属性来设置工具提示。

(5) 编写程序写代码。因为工具栏频繁地用于提供对其他命令的快捷访问,因而在部分时间内都是从每一个按钮的 Click 事件中调用其他过程的,如对应的菜单命令。

10.5.3 状态栏设计

在 Windows 界面中,状态栏通常在窗体的底部,用于描述应用程序当前的状态、按键状

态、操作对象以及环境信息等。Visual Basic 提供的 StatusBar 控件用于应用程序状态栏设计，在窗体上添加它后会默认出现在窗体的最下方，状态栏的设计主要通过状态栏的属性页来完成，其图标为 。

StatusBar 控件由面板(Panel)对象组成，每一个面板对象可以包含文本或图片。每个面板的外观属性包括 Width(宽度)、文本和图片的 Align(对齐)和 Bevel(斜面)。此外，还可以使用 Style(样式)属性值使面板自动显示通用数据，诸如日期、时间和键盘状态等信息。

在设计时，在 StatusBar 控件的属性页的"窗格"选项卡中设置的值能建立面板并定制它们的外观。在运行时，能重新配置 Panel 对象以反映不同的功能，这些功能取决于应用程序的状态。

状态栏操作方式如下：

(1) 设计时，在窗体上添加状态栏(StatusBar1)控件后，右键单击状态栏，在出现的弹出菜单中选择"属性"，打开状态栏(StatusBar1)的"属性页"对话框，如图 10-16 所示，选择"窗格"标签，就可以进行状态栏设计了。

(2) 单击"插入窗格"按钮，就能在状态栏中添加新的窗格了，一般最多可分成 16 个窗格。

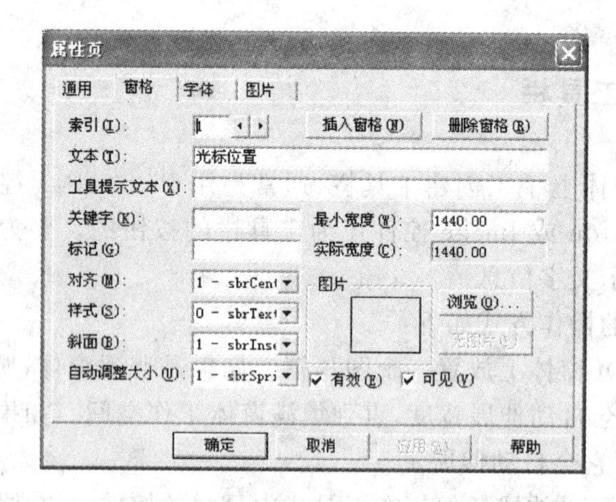

图 10-16　状态栏(StatusBar1)的属性页

其中，

① 通用标签。

通用标签主要用于设置状态栏的样式、鼠标指针，简单文本等内容。

② 窗格标签。

窗格标签主要用于在状态栏中插入或删除面板，并对面板进行相关设置，如文本、关键字，最小宽度等。窗格标签中部分选项的功能如下。

"索引"：面板的序数标识号，通过索引号可以访问各个面板。通过"插入窗格"或"删除空格"向状态栏增加或删除窗格，状态栏最多可分成 16 个窗格。

"文本"：窗格上的文本，对应于面板的 Text 属性。

"关键字"：面板的名称标识符，对应于面板的 Key 属性。

"样式"：指示面板的样式，主要用于通用面板样式，用于显示系统日期、时间以及键盘状态等。

"浏览"：用于插入图像，图像文件的扩展名为 *.ico 或 *.bmp.

例 10-10 状态栏设计示例。状态栏设置4个窗格，各窗格(Panel)主要属性设置如表10-12所示。在第一个窗格中显示光标在文本框(RichTextBox1)中的位置。RichTextBox控件是一个外部控件，它的许多特性与TextBox控件相同，它能感知键盘编辑状态的变化，比如大小写的变化以及插入和改写状态的变化等。

表 10-12 各窗格(Panel)主要属性设置

索引(Index)	样式(Style)	说 明
1	sbrText	运行时获得当前光标位置的值
2	sbrCaps	显示大小写控制键的状态
3	sbrIns	显示插入控制键的状态
4	sbrTime	显示当前时间

编写代码如下：

```
Sub disp()                                              '通用过程,用于显示光标位置
   Form1.StatusBar1.Panels(1).Text = "光标位置:" & RichTextBox1.SelStart
End Sub
Private Sub Richtextbox1_Click()
  Disp                                                  '调用显示光标位置的通用过程
End Sub
Private Sub Richtextbox1_GotFocus()
  disp
End Sub
Private Sub RichTextBox1_KeyDown(KeyCode As Integer, Shift As Integer)
  disp
End Sub
```

运行时，在RichTextBox1中移动光标，第一个窗格的数值也不断地变化，如图10-17所示。

图 10-17 运行后的状态栏

习题 10

一、判断题

1. 窗体、图片框和图像框控件都可以显示图片。
2. 图像框控件的Stretch属性设置为True时，允许使控件中的图片变大或变小。

3. Picture 图片框既可以用来显示图片和绘制图形，也可用 Print 方法来显示文字。

4. *.bmp 格式的图片，如果在 Autosize 设为 False 的图片框中，它会以图片框大小完整地显示出来。

5. 已知窗体的 FillColor＝RGB(255,0,0)红，ForeColor＝RGB(0,255,0)绿，FillStyle：0(Solid)语句 Circle(200,100),500,,,,2 的输出结果是红边绿心的长椭圆。

6. Image 与 PictureBox 的 Autosize 属性功能一样。

7. 用 Cls 方法能清除窗体或图片框中用 Print 方法打印的文本或用 Circle 或 Line 方法绘制的图形。

8. 用长整型数表示的颜色数要比使用 RGB 函数返回的颜色数多。

二、填空题

1. 在 Visual Basic 中可作为其他控件的容器的，除窗体外，还有________和________控件。

2. 设 Picture1. ScaleLeft＝－200，Picture1. ScaleTop＝250，Picture1. ScaleWidth＝500，Picture1. ScaleHeight＝－400，则 Picture1 右下角的坐标为________。

3. 窗体 Form1 在左上角坐标为(－200,250)，窗体 Form1 在右下角坐标为(300,－150)，x 轴的正向向________，y 轴的正向向________。

4. 当 Scale 方法不带参数时，则采用________坐标系。

5. PictureBox 控件的 AutoSize 属性设置为 True 时，________能自动调整大小。

6. Circle 方法绘画采用________时针方向。

三、选择题

1. 坐标量度单位可通过(　　)来改变。

A. DrawStyle 属性　　B. DrawWidth 属性
C. ScaleWidth 属性　　D. ScaleMode 属性

2. 以下的属性和方法中(　　)可重定义坐标系。

A. DrawStyle 属性　　B. DrawWidth 属性
C. Scale 方法　　D. ScaleMode 属性

3. 当使用 Line 方法画直线后，当前坐标在(　　)。

A. (0,0)　　B. 直线起点　　C. 直线终点　　D. 容器的中心

4. 语句 Circle(1000,1000),500,8,－6,－3 将绘制(　　)。

A. 圆　　B. 椭圆　　C. 圆弧　　D. 扇形

5. 执行指令 Line(1200,1200)－－Step(1000,500),B 后，Current$X$＝(　　)。

A. 2200　　B. 1200　　C. 1000　　D. 1700

6. 下列(　　)途径在程序运行时不能将图片添加到窗体、图片框或图像框的 Picture 属性。

A. 使用 LoadPicture 方法　　B. 对象间图片的复制
C. 通过剪贴板复制图片　　D. 使用拖放操作

7. 设计时添加到图片框或图像框的图片数据保存在(　　)。

A. 窗体的 FRM 文件　　　　B. 窗体的 FRX 文件

C. 图片的原始文件内　　　　D. 编译后创建的 EXE 文件

8. 当窗体的 AutoRedraw 属性采用默认值时，若在窗体装入时使用绘图方法绘制图形，则应将程序放在(　　)中。

A. Paint 事件　　B. Load 事件　　C. Initialize 事件　　D. Click 事件

9. 当对 DrawWidth 进行设置后，将影响(　　)。

A. Line、Circle、PSet 方法

B. Line、Shape 控件

C. Line、Circle、Point 方法

D. Line、Circle、PSet 方法和 Line、Shape 控件

10. 窗体 Form1 在左上角的坐标为(−200,250)，窗体 Form1 在右下角的坐标为(300，−150)，x 轴和 y 轴的正向分别为(　　)。

A. 向右、向下　　B. 向左、向上　　C. 向右、向上　　D. 向左、向下

四、编程题

1. 编程序，分别用 PSet 方法和 Line 方法，在窗体的中央绘制曲线 $y=\mathrm{Sin}x-\mathrm{Cos}2x$。要求曲线的高度为窗体高度的一半，绘制两个周期($x$ 取值为 $0\sim4\pi$)。

2. 编程序，以窗体中心为原点，随机向各个方向绘 200 条直线，如图 10-18 所示。

3. 编程序，在窗体的中央绘制 100 个半径随机、色彩随机的同心圆，如图 10-19 所示。

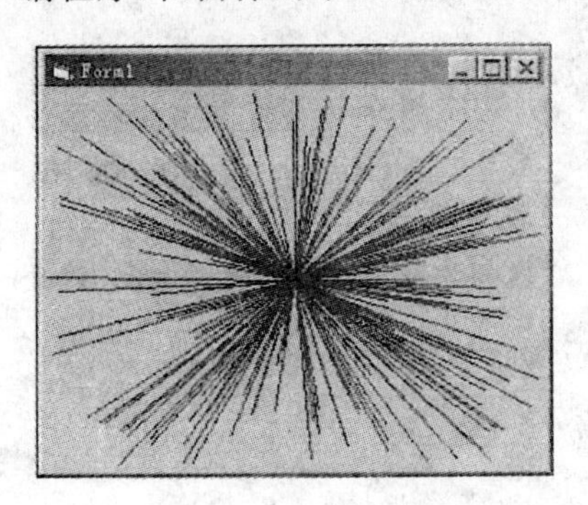

图 10-18　程序的运行效果

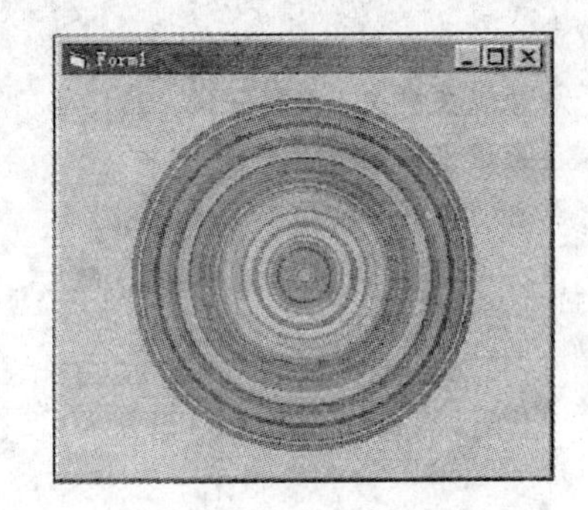

图 10-19　程序运行情况

上机实验

设计一个图片欣赏程序，要求程序启动后可以通过选择驱动器、文件夹，最后单击文件列表框中的图片文件时，图片载入图片框 Picture2 中。如果图片的宽度或高度超过容器 Picture1 的宽度或高度，可以使用水平或垂直滚动条移动 Picture2 在 Picture1 中的位置进行浏览，程序运行操作界面如图 10-20 所示。

提示：

(1) 在图片框控件 Picture1 内加入另一个图片框控件 Picture2，并将 Picture2 设置为自动适应载入图片的大小，没有边框。

（2）将文件列表框控件显示的文件类型设置为 BMP 文件和 GIF 文件。

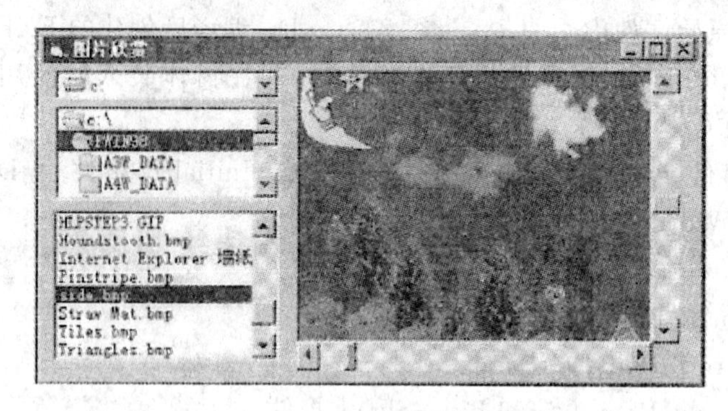

图 10-20　图片欣赏运行效果

第 11 章　Visual Basic 数据库应用基础

在计算机应用系统中,对于大量的数据,通常用数据库来进行存储。VB 与数据库技术相结合,可以很好地实现数据库的存取界面,开发出效率较高的数据库应用程序。

11.1　数据库概述

数据库(Data Base,DB)是以一定方式组织并存储在一起的相互有关的数据集合,是按照数据结构来组织、存储和管理数据的仓库。数据是描述事物的符号记录。描述事物的符号可以是数字,也可以是文字、图形、图像、声音、语言等多种表现形式。信息是对客观事物属性的反映,也是经过加工处理并对人类客观行为产生影响的数据表现形式。

数据库管理系统(DataBase Management System, DBMS)是用户与数据库之间的接口,提供对数据库使用和加工的操作,如对数据库的建立、修改、检索、计算、统计、删除等。数据库与计算机系统之间的关系如图 11-1 所示。

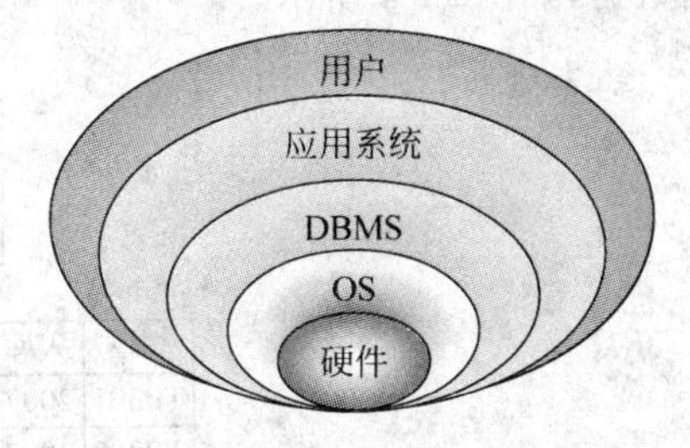

图 11-1　数据库与计算机系统的关系

11.1.1　数据库结构模型

数据库系统模型是指数据库中数据的存储结构,较常见的有层次模型、网状模型和关系模型,以及表示现实复杂问题的面向对象的模型。

1. 层次模型

该模型描述数据的组织形式像一棵倒置的树,它由节点和连线组成,其中节点表示实体。树有根、枝、叶,在这里都称为节点,根节点只有一个,向下分支,是一种"一对多"的关系。例如,行政机构或者家族谱的组织形式都可以看作是层次模型,如图 11-2 所示。

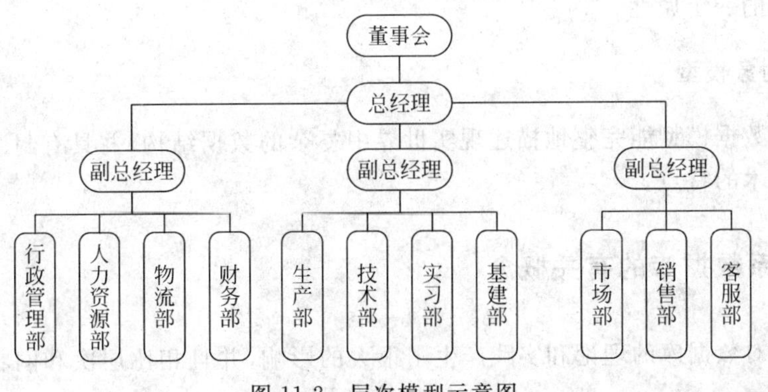

图 11-2　层次模型示意图

2. 网状模型

这种模型描述事物及其联系的数据组织形式就像一张网，节点表示数据元素，节点间的连线表示数据间的联系。它去掉了层次模型的两个限制，允许多个节点没有双亲节点，允许节点有多个双亲节点，此外它还允许两个节点之间有多种联系。节点之间是平等的，无上下层关系。如学校中的"教师"、"学生"、"课程"、"教室"等事物之间有联系但无层次关系，可认为是一种网状结构模型，如图 11-3 所示。

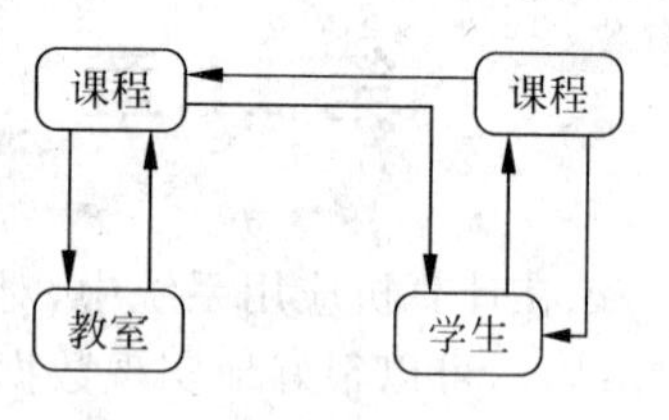

图 11-3 网状模型示意图

3. 关系模型

关系型数据库使用的存储结构是多个二维表格，即反映事物及其联系的数据描述是以平面表格的形式体现的。数据表与数据库之间存在相应的关联，这些关联将用来查询相关的数据，如图 11-4 所示。

进货负责人

员工编号	姓名	年龄	性别	联系电话
200003	范建	23	女	66668888
200004	范坚强	24	男	88886666

进书表

书号	入库日期	数量	员工编号
TP301	2007-3-21	8	200003
TP302	2007-6-22	12	200004
TP303	2007-3-23	9	200003
TP401	2007-6-24	30	200004
TP402	2007-9-25	5	200004

库存图书表

书号	书名	作者	出版社	类别编号
TP301	C程序设计基础	园园	清华大学出版社	A
TP302	程序设计基础VB 6.0	圈圈	铁道出版社	A
TP303	Java编程技巧	芳芳	科技出版社	A

图 11-4 关系模型示意图

在二维表中，每一行称为一条记录，用来描述一个对象的信息。每一列称为一个字段，用来描述对象的一个属性。

4. 面向对象模型

面向对象数据模型能完整地描述现实世界中复杂的数据结构，并具有封装性和继承性等面向对象技术的特点。

11.1.2 关系数据库的有关概念

关系模型对数据库的理论和实践产生了很大的影响，并且相比层次和网状模型有明显的优点，成为当今市场的主流。它是现代流行的数据管理系统中应用最为普遍的一种，也是最有效率的数据组织方式之一。

1. 关系模式

在关系数据库里，所有的数据都按表(在关系理论的术语中，表被称为“关系”)进行组织和管理。实体和联系均用二维表来表示的数据模型称为关系数据模型，如图 11-5 所示。

二维表的表头那一行称为关系模式，又称表的框架或记录类型。关系模式的特点如下：

(1) 它是记录类型，决定二维表的内容；

(2) 数据库的关系数据模型是若干关系模式的集合；

(3) 每一个关系模式都必须命名，且同一关系数据模型中的关系模式名不允许相同；

(4) 每一个关系模式都由一些属性组成，关系模式的属性名通常取自相关实体类型的属性名；

(5) 关系模式可表示为关系模式名(属性名 1，属性名 2，…，属性名 n)的形式，如教师信息表(编号，姓名，职称，年龄，性别，院系，联系电话，腾讯 QQ)。

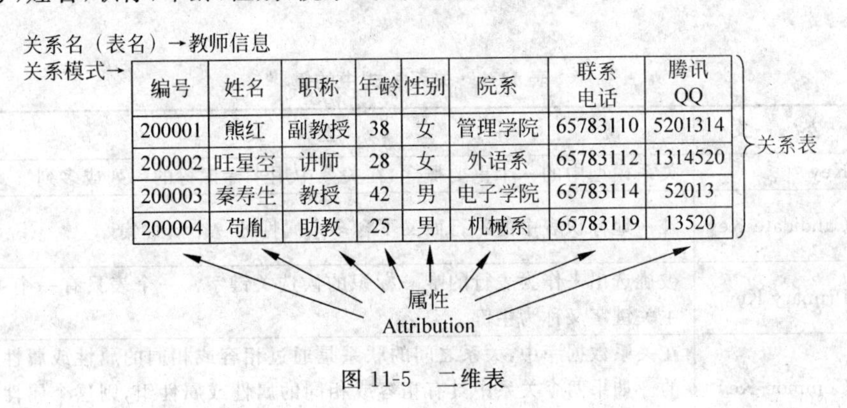

编号	姓名	职称	年龄	性别	院系	联系电话	腾讯QQ
200001	熊红	副教授	38	女	管理学院	65783110	5201314
200002	旺星空	讲师	28	女	外语系	65783112	1314520
200003	秦寿生	教授	42	男	电子学院	65783114	52013
200004	苟胤	助教	25	男	机械系	65783119	13520

图 11-5 二维表

2. 关系(表)

对应于关系模式的一个具体的表称为关系，又称表(Table)。关系数据库是若干表(关系)的集合。关系模式决定其对应关系的内容。每一个关系都必须命名(通常取对应的关系模式名)，且同一关系数据模型中的关系名互不相同。

3. 实体

实体是客观世界中存在的且可互相区分的事物。实体可以是人，可以是实物，也可以是抽象概念。例如：图书、学生、教师、课程等都是实体。

同一类实体的所有实例就构成该对象的实体集。实体集是实体的集合，由该集合中实体的结构或形式表示，而实例则是实体集中的某个特例。例如，在“教师信息”表中，该数据表为一个实体集，如图 11-6 所示，而每位教师的信息则为一个实体。

在实体集中包含有多个实体。而对于数据库来说，该数据表有许多记录内容。因此，一个实体也可以看作数据库中的一条记录。

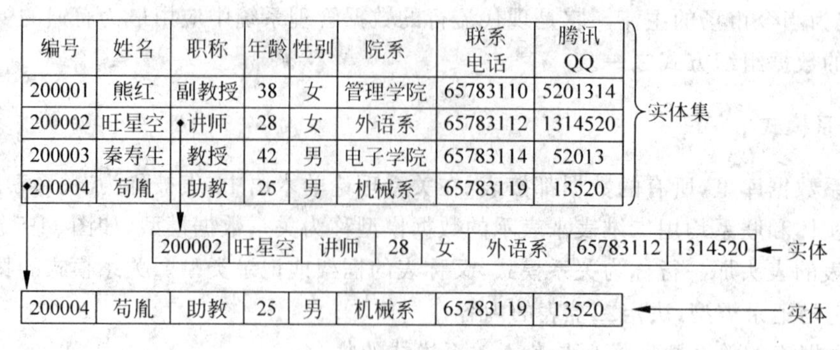

编号	姓名	职称	年龄	性别	院系	联系电话	腾讯QQ
200001	熊红	副教授	38	女	管理学院	65783110	5201314
200002	旺星空	讲师	28	女	外语系	65783112	1314520
200003	秦寿生	教授	42	男	电子学院	65783114	52013
200004	荀胤	助教	25	男	机械系	65783119	13520

图 11-6　实体集

4. 键

键(Key)在关系中用来标识行的一列或者多列。键可以是唯一(Unique)的，也可以不唯一(NonUnique)。表 11-1 中对关系数据库关于键的内容进行了描述，注意它们的区别与联系。

表 11-1　关系模式中的键

键名	英　文	含　义
键码	Key	关系模型中的一个重要概念，在关系中用来标识行的一列或多列
候选关键字	Candidate Key	唯一地标识表中的一行而又不含多余属性的一个属性集
主关键字	Primary Key	被挑选出来作为表行的唯一标识的候选关键字。一个表只有一个主关键字，主关键字又称为主键
公共关键字	Common Key	在关系数据库中，关系之间的联系是通过相容或相同的属性或属性组来表示的。如果两个关系中具有相容或相同的属性或属性组，则这个属性或属性组被称为这两个关系的公共关键字
外关键字	Foreign Key	如果公共关键字在一个关系中是主关键字，那么这个公共关键字被称为另一个关系的外关键字。由此可见，外关键字表示了两个关系之间的联系。外关键字又称作外键

例如，在“教师信息”表中，“编号”列是唯一键，如图 11-7 所示，因为一个编号值可以唯一地确定一行。

teacherinfo : 表

编号	姓名	职称	年龄	性别	院系	联系电话	QQ
200001	熊　红	副教授	38	女	计算机学院	65783110	5201314
200002	旺星空	讲师	28	女	外语系	65783112	1314520
200003	秦寿生	教授	42	男	电子学院	65783114	52013
200004	荀　胤	助教	25	男	机械系	65783119	13520
200005	全球同	讲师	48	男	汽车系	65783120	5460
200006	冯　况	教授	49	男	人文学院	65783136	5406
200007	刁丝缕	助教	32	女	会计学院	65783138	54601314
200008	南韶思	副教授	40	男	物理系	65783139	13145460
200009	联　通	实验师	27	女	化学系	65783130	540613
200010	易　动	药剂师	26	女	生物系	65783133	1414594

记录: 3 共有记录数: 10

图 11-7　教师信息表

11.1.3 SQL 概述及基本操作

结构化查询语言(Structure Query Language,SQL)是一种用于数据库查询和编程的语言。由于它功能丰富、使用方式灵活、语言简洁易学,已成为关系数据库语言的国际标准。SQL 语言由一系列 SQL 语句组成。

1. 创建表格

SQL 语言中的 create table 语句被用来建立新的数据库表格。create table 语句的使用格式如下:

```
create table tablename
(column1 data type,
column2 data type,
column3 data type);
```

如果用户希望在建立新表格时规定列的限制条件,可以使用可选的条件选项:

```
create table tablename
(column1 data type [constraint],
column2 data type [constraint],
column3 data type [constraint]);
```

举例如下:

```
create table employee
(firstname varchar(15),
lastname varchar(20),
age number(3),
address varchar(30),
city varchar(20));
```

简单来说,创建新表格时,在关键词 create table 后面加入所要建立的表格的名称,然后在括号内顺次设定各列的名称,数据类型,以及可选的限制条件等。

注意:所有的 SQL 语句在结尾处都要使用";"符号。

使用 SQL 语句创建的数据库表格和表格中列的名称必须以字母开头,后面可以使用字母,数字或下划线,名称的长度不能超过 30 个字符。

注意:用户在选择表格名称时不要使用 SQL 语言中的保留关键词,如 select, create, insert 等,作为表格或列的名称。

数据类型用来设定某一个具体列中的数据类型。例如,在姓名列中只能采用 varchar 或 char 的数据类型,而不能使用 number 的数据类型。

SQL 语言中较为常用的数据类型如下。

(1) char(size):固定长度字符串,其中括号中的 size 用来设定字符串的最大长度。char 类型的最大长度为 255 字节。

(2) varchar(size):可变长度字符串,最大长度由 size 设定。

(3) number(size)：数字类型，其中数字的最大位数由 size 设定。

(4) date：日期类型。

(5) number(size,d)：数字类型，size 决定该数字总的最大位数，而 d 则用于设定该数字在小数点后的位数。

最后，在创建新表格时需要注意的一点就是表格中列的限制条件。所谓限制条件就是当向特定列输入数据时所必须遵守的规则。例如，unique 这一限制条件要求某一列中不能存在两个值相同的记录，所有记录的值都必须是唯一的。除 unique 之外，较为常用的列的限制条件还包括 NOT NULL 和 Primary Key 等。NOT NULL 用来规定表格中某一列的值不能为空。Primary Key 则为表格中的所有记录规定了唯一的标识符。

2. 查询

简单的 SQL 查询只包括选择列表、FROM 子句和 WHERE 子句。它们分别说明所查询列、查询的表或视图，以及搜索条件等。

完整结构如下。

```
SELECT [ALL/DISTINCT]＜目标表达式＞[ ＜目标表达式＞]…
FROM＜表名＞[,＜表名＞]…
[WHERE＜条件表达式＞]
[GROUP BY ＜列名 1＞
[HAVING＜条件表达式＞]]
[ORDER BY＜列名 2＞ [ASC/DESC] ]
GROUP BY:
```

按列名 1 的值进行分组，属性值相等的为一个组，如果带 HAVING 短句，表示只有满足指定的条件才输出。

例如，下面的语句查询 testtable 表中姓名为“张三”的 nickname 字段和 email 字段。

```
SELECT nickname, email
FROM testtable
WHERE name='张三'
```

1) 选择列表

选择列表(select_list)指出所查询列，它可以是一组列名列表、星号、表达式、变量(包括局部变量和全局变量)等构成。

(1) 选择所有列。

例如，下面语句显示 testtable 表中所有列的数据。

```
SELECT *
FROM testtable
```

(2) 选择部分列并指定它们的显示次序。

查询结果集合中数据的排列顺序与选择列表中所指定的列名排列顺序相同，例如：

```
SELECT nickname, email
FROM testtable
```

(3) 更改列标题。

在选择列表中，可重新指定列标题，定义格式为

```
列标题=列名
列名 列标题
```

如果指定的列标题不是标准的标识符格式，则应使用引号定界符，例如，下列语句使用汉字显示列标题：

```
SELECT 昵称=nickname,电子邮件=email
FROM testtable
```

(4) 删除重复行。

SELECT 语句中使用 ALL 或 DISTINCT 选项来显示表中符合条件的所有行或删除其中重复的数据行，默认为 ALL。使用 DISTINCT 选项时，对于所有重复的数据行在 SELECT 返回的结果集合中只保留一行。

(5) 限制返回的行数。

使用 TOP *n*[PERCENT]选项限制返回的数据行数，TOP *n* 说明返回 *n* 行，而 TOP *n* PERCENT 时，说明 *n* 是表示一百分数，指定返回的行数等于总行数的百分之几。例如：

```
SELECT TOP 2 *
FROM testtable
SELECT TOP 20 PERCENT *
FROM testtable
```

2) FROM 子句

FROM 子句指定 SELECT 语句查询及与查询相关的表或视图。在 FROM 子句中最多可指定 256 个表或视图，它们之间用逗号分隔。

在 FROM 子句同时指定多个表或视图时，如果选择列表中存在同名列，这时应使用对象名限定这些列所属的表或视图。例如在 usertable 和 citytable 表中同时存在 cityid 列，在查询两个表中的 cityid 时应使用下面的语句格式加以限定。

```
SELECT username,citytable.cityid
FROM usertable,citytable
WHERE usertable.cityid=citytable.cityid
```

在 FROM 子句中可用以下两种格式为表或视图指定别名：

```
表名 As 别名
表名 别名
```

例如上面语句可用表的别名格式表示为：

```
SELECT username, b.cityid
FROM usertable a, citytable b
WHERE a.cityid=b.cityid
```

SELECT 不仅能从表或视图中检索数据，它还能够从其他查询语句所返回的结果集合中查询数据，例如：

```
SELECT a.au_fname+a.au_lname
FROM authors a, titleauthor ta
(SELECT title_id, title
```

```
FROM titles
WHERE ytd_sales>10000
) As t
WHERE a.au_id=ta.au_id
AND ta.title_id=t.title_id
```

此例中，将 SELECT 返回的结果集合给予一别名 t，然后再从中检索数据。

3）使用 WHERE 子句设置查询条件

WHERE 子句设置查询条件，过滤掉不需要的数据行。例如下面语句查询年龄大于 20 的数据。

```
SELECT *
FROM usertable
WHERE age>20
```

WHERE 子句可包括各种条件运算符。

（1）关系运算符（大小比较），>、>=、=、<、<=、<>、!>、!<；

（2）范围运算符（表达式值是否在指定的范围），BETWEEN … AND …，NOT BETWEEN…AND…；

（3）列表运算符（判断表达式是否为列表中的指定项），IN（项 1，项 2，…），NOT IN（项 1，项 2，…）；

（4）模式匹配符（判断值是否与指定的字符通配格式相符），LIKE、NOT LIKE；

（5）空值判断符（判断表达式是否为空），IS NULL、NOT IS NULL；

（6）逻辑运算符（用于多条件的逻辑连接），NOT、AND、OR。

例如：

范围运算符例。age BETWEEN 10 AND 30 相当于 age>=10 AND age<=30。

列表运算符例。country IN（'Germany'，'China'）。

模式匹配符例。常用于模糊查找，它用于判断列值是否与指定的字符串格式相匹配。可用于 char、varchar、text、ntext、datetime 和 smalldatetime 等类型查询。可使用以下通配字符：

（1）百分号即%。可匹配任意类型和长度的字符，如果是中文，请使用两个百分号即%%。

（2）下划线即_。匹配单个任意字符，它常用来限制表达式的字符长度。

（3）方括号即[]。指定一个字符、字符串或范围，要求所匹配对象为它们中的任一个。

（4）[^]取值与[]相同，但它要求所匹配对象为指定字符以外的任一个字符。

例如，

限制以 Publishing 结尾，使用 LIKE '%Publishing'。

限制以 A 开头，LIKE '[A]%'。

限制以 A 开头外，LIKE '[^A]%'。

（5）空值判断符例 WHERE age IS NULL。

（6）逻辑运算符，优先级为 NOT、AND、OR。

4）查询结果排序

使用 ORDER BY 子句对查询返回的结果按一列或多列排序。ORDER BY 子句的语法

格式为

```
ORDER BY {column_name [ASC|DESC]} [,…n]
```

其中 ASC 表示升序，为默认值，DESC 为降序。ORDER BY 不能按 ntext、text 和 image 数据类型进行排序。

例如：

```
SELECT *
FROM usertable
ORDER BY age desc, userid ASC
```

另外，可以根据表达式进行排序。

3. 向表格中插入数据

SQL 语言使用 insert 语句向数据库表格中插入或添加新的数据行。insert 语句的使用格式如下。

```
insert into tablename
(first_column, ..., last_column)
values (first_value, ..., last_value);
```

例如：

```
insert into employee
(firstname, lastname, age, address, city)
values ('Li', 'Ming', 45, 'No.77 Changan Road', 'Beijing');
```

简单来说，当向数据库表格中添加新记录时，在关键词 insert into 后面输入所要添加的表格名称，然后在括号中列出将要添加新值的列的名称。最后，在关键词 values 的后面按照前面输入的列的顺序对应地输入所有要添加的记录值。

4. 更新记录

SQL 语言使用 update 语句更新或修改满足规定条件的现有记录。update 语句的格式如下：

```
update tablename
set columnname = newvalue [, nextcolumn = newvalue2, ...]
WHERE columnname OPERATOR value [AND|OR column OPERATOR value];
```

例如：

```
update employee
set age = age+1
WHERE first_name= 'Mary'and last_name= 'Williams';
```

使用 update 语句时，关键一点就是要设定好用于进行判断的 WHERE 条件从句。

5. 删除记录

SQL 语言使用 delete 语句删除数据库表格中的行或记录。delete 语句的格式如下。

```
delete from tablename
WHERE columnname OPERATOR value [AND|OR column OPERATOR value];
```

例如：

```
delete from employee
WHERE lastname = May;
```

简单来说，当需要删除某一行或某个记录时，在 delete from 关键词之后输入表格名称，然后在 WHERE 从句中设定删除记录的判断条件。注意，如果用户在使用 delete 语句时不设定 WHERE 从句，则表格中的所有记录将全部被删除。

6. 删除数据库表格

在 SQL 语言中使用 drop table 命令删除某个表格以及该表格中的所有记录。drop table 命令的使用格式如下：

```
drop table tablename;
```

例如：

```
drop table employee;
```

如果用户希望将某个数据库表格完全删除，只需要在 drop table 命令后输入希望删除的表格名称即可。drop table 命令的作用与删除表格中的所有记录不同。删除表格中的全部记录之后，该表格仍然存在，而且表格中列的信息不会改变。而使用 drop table 命令则会将整个数据库表格的所有信息全部删除。

11.2 数据库的建立及基本操作

11.2.1 建立数据库

VB 提供了一个非常实用的工具程序，即可视化数据管理器(Visual Data Manager)，简称 VisData，设计界面如图 11-8 所示。使用它可以方便地建立数据库、数据表和数据查询。可以说，凡是有关数据库的操作，都能使用它来完成，并且由于它提供了可视化的操作界面，因此很容易掌握。下面以建立学生数据库为例用可视化数据管理器建立数据库。

1. 创建一个数据库

在 VB 6.0 设计窗口"外接程序"菜单中单击"可视化数据管理器"命令，在弹出的窗口中，选择 "文件"菜单中的"新建"子菜单。

在"新建"子菜单中选择 Microsoft Access 下的 Version 7.0 MDB(7)命令。

输入要创建的数据库文件名，如 Stu.mdb，并单击"保存"。

2. 创建数据表

创建数据表时必须定义表的结构，表结构包括各个字段的名称、类型、长度等。"学籍

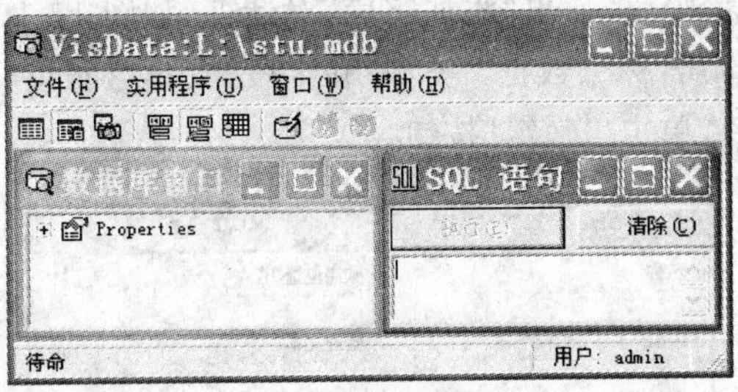

图 11-8　可视化数据管理器

表”的表结构即表 11-2 如下。

表 11-2　“学籍表”的表结构

字段名称	学号	姓名	性别	年龄	班号
类型	Text	Text	Text	Integer	Text
长度	11	10	2	默认	9

“成绩表”的表结构即表 11-3 如下。

表 11-3　“成绩表”的表结构

字段名称	学号	大学英语	程序设计基础
类型	Text	Integer	Integer
长度	6	默认	默认

(1) 在“数据库窗口”中右击鼠标，从快捷菜单中选择“新建表”命令，弹出“表结构”对话框，如图 11-9 所示。

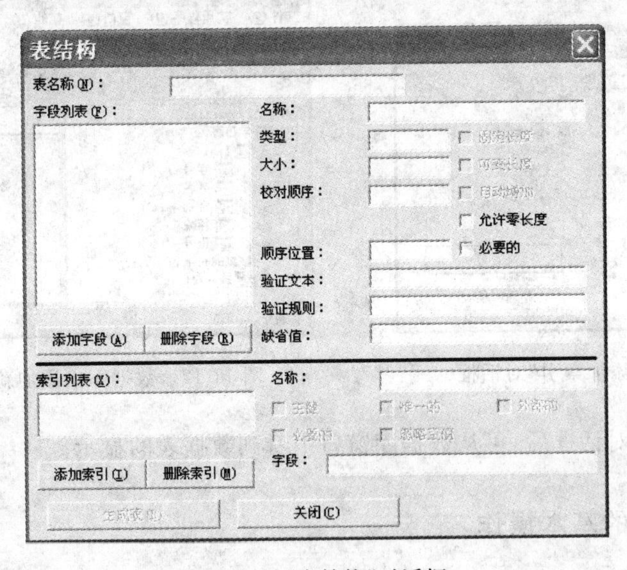

图 11-9　“表结构”对话框

在对话框中，可输入新表的名称并添加字段，也可从表中删除字段，还可以添加索引或删除索引。输入“学籍表”作为表名。

（2）单击“添加字段”按钮，弹出“添加字段”对话框，如图 11-10 所示。

（3）输入各个字段的“名称”、数据“类型”和字段“大小”(长度)。

（4）添加一个字段后，单击“确定”按钮。

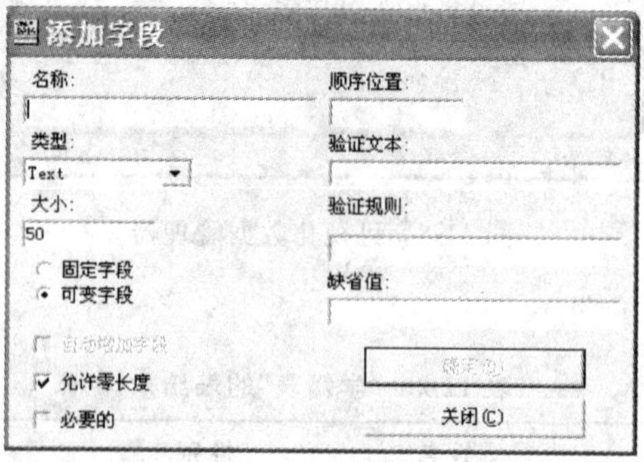

图 11-10 “添加字段”对话框

在“表结构”对话框中单击“添加索引”，打开“添加索引”对话框，如图 11-11 所示。其中，“名称”框用于输入索引名，“可用字段”列表框，从中选择用来建立索引的字段。一个索引可以由一个字段建立，也可以由多个字段组合建立。“主要的”复选框表示当前建立的索引是主索引(Primary Index)。在一个数据表中可以建立多个索引，但只能有一个主索引。“唯一的”复选框，设置该字段不会有重复的数据。“忽略空值”复选框表示搜索时将忽略空值记录。

当数据表设计完后，单击“表结构”对话框中的“生成表”按钮，就在数据库中添加了一个新的表，如图 11-12 所示。

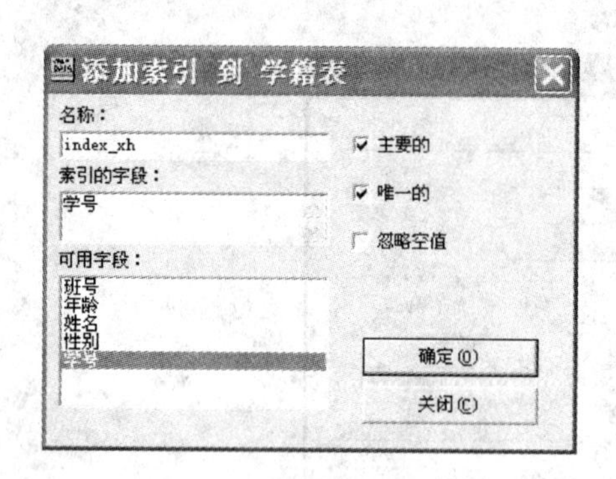

图 11-11 “添加索引”对话框

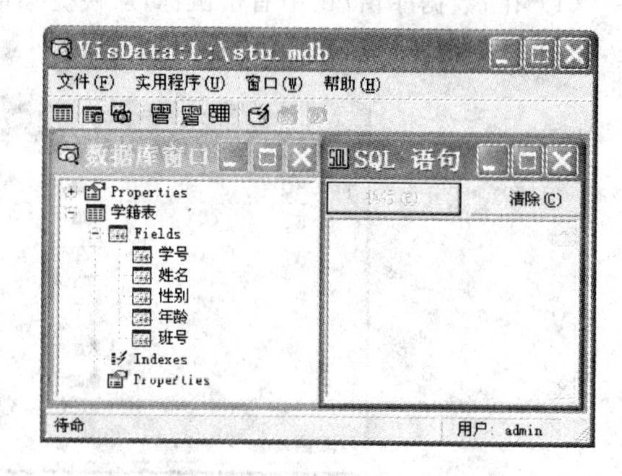

图 11-12 数据库中添加新表“学籍表”

关闭“表结构”对话框后，可从数据库窗口中看到数据表的显示。

11.2.2 数据库的基本操作

1. 关系数据库的基本操作

关系代数是一种抽象的查询语言，是关系数据操纵语言的一种传统表达方式。它用于关系运算及表达式查询。关系运算符有4类：集合运算符、专门的关系运算符、算术比较符和逻辑运算符，如表11-4所示。

表11-4 数据操作

运算类型	含义
集合运算符	并、差、交
比较运算符	大于、大于等于、小于、小于等于、等(不等)于
逻辑运算符	非、与、或
专门运算符	笛卡儿积、选择、投影、连接、除

根据运算符的不同，在关系代数中，可以将运算符分为传统的集合运算符和专门运算符。

1) 传统的集合运算

传统的集合运算是从关系的水平方向进行的，主要包括并、交、差及广义笛卡儿积。

并(Union)：关系 R 与 S 的并，记为

$$R \cup S = \{t \in R \cup t \in S\}$$

差(Difference)：关系 R 与 S 的差，记为

$$R - S = \{t \in R \wedge t \notin S\}$$

交(Intersection)：关系 R 与 S 的交，记为

$$R \cap S = \{t \in R \wedge t \in S\}$$

广义笛卡儿积(Extended Cartesian Product)：两个分别为 n 目和 m 目的关系 R 和 S 的广义笛卡儿积是一个 $n+m$ 列的元组的集合。元组的前 n 列是关系 R 的一个元组，后 m 列是关系 S 的一个元组。若 R 有 k_1 个元组，S 有 k_2 个元组，则 R 和 S 的广义笛卡儿积有 $k_1 \times k_2$ 个元组，记为

$$R \times S = \{t_r t_s \mid t_r \in R \wedge t_s \in S\}$$

2) 专门的关系运算

专门的关系运算可以从关系的水平方向进行运算，也可以向关系的垂直方向运算。下面介绍常见的三种方法。

(1) 选择运算。

选择是从关系中查找符合指定条件行的操作。以逻辑表达式为选择条件，将筛选满足表达式的所有记录。选择操作的结果构成关系的一个子集，是关系中的部分行，其关系模式不变。选择操作是从二维表中选择若干行的操作。

(2) 投影运算。

投影是从关系数据表中选取若干个属性的操作。所选择的若干属性将形成一个新的关系数据表，其关系模式中属性的个数由用户来确定，或者排列顺序不同，同时也可能减少某些元组。因为排除了一些属性后，特别是排除了关系中的关键字属性后，所选属性可能有相同值，出现了相同的元组，而关系中必须排除相同元组，从而有可能减少某些元组。

(3) 连接运算。

连接是将两个或者两个以上的关系数据表的若干属性拼接成一个新的关系模式的操作。对应的新关系中包含满足连接条件的所有行。连接过程是通过连接条件来控制的，连

接条件中将出现两个关系数据表中的公共属性名，或者具有相同语义、可比的属性。

2. 修改数据库结构

在可视化数据管理器中，可以修改数据库中已经建立的数据表的结构，操作如下。

(1) 打开要修改的数据表的数据库。在数据库窗口中用鼠标右键单击要修改表结构的数据表的表名，出现快捷菜单，如图11-13所示。

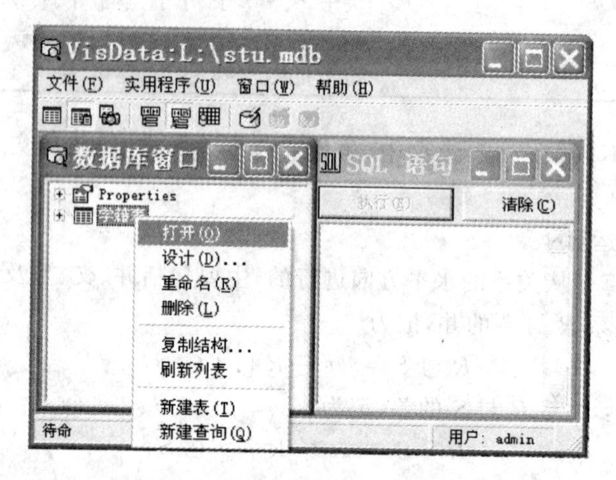

图11-13 “数据库窗口”中的快捷菜单

(2) 在快捷菜单中选择“设计”选项，将打开“表结构”。此时的“表结构”对话框与建立表时的对话框不完全相同。在该对话框中可以做的修改工作包括修改表名称、修改字段名、添加与删除字段、修改索引、添加与删除索引、修改验证和默认值等。单击“打印结构”按钮可打印表结构，单击“关闭”按钮完成修改。

3. 数据表中数据的编辑

“数据管理器”的工具栏。

可视化数据管理器的工具栏由“记录集类型按钮组”、“数据显示按钮组”和“事务方式按钮组”三部分组成。

(1) 记录集类型按钮组。

记录集类型按钮组开头的三个按钮，它们的说明如下：

表类型记录集：在以这种方式打开数据表中的数据时，所进行的增、删、改等操作都将直接更新数据表中的数据。

动态集类型记录集：以这种方式可以打开数据表或由查询返回的数据，所进行的增、删、改及查询等操作都先在内存中进行，速度快。

快照类型记录集：以这种方式打开的数据表或由查询返回的数据仅供读取而不能更改，适用于进行查询工作。

(2) 数据显示按钮组。

在记录集类型按钮组的右边三个按钮构成了数据显示按钮组，它们的说明如下。

在新窗体上使用Data控件：在显示数据表的窗口中使用Data控件来控制记录的滚动。

在新窗体上不使用 Data 控件：在显示数据表的窗口中不使用 Data 控件，而是使用水平滚动条来控制记录的滚动。

在新窗体上使用 DBGrid 控件：在显示数据表的窗口中使用 DBGrid 控件。

(3) 事务方式按钮组。

在数据显示按钮组的右边三个按钮构成了事务方式按钮组，它们的说明如下。

开始事务：开始将数据写入内存数据表中。

回滚当前事务：取消"开始事务"的写入操作。

提交当前事务：确认数据写入的操作，将数据表数据更新，原有数据将不能恢复。

4. 数据记录的输入、修改与删除

在"数据管理器"的工具栏中选择"表类型记录集"、"在窗体上使用 Data 控件"和"开始事务"选项，然后在如图 11-13 所示的快捷菜单中选择"打开"选项，即可打开数据表记录处理窗口，如图 11-14 所示。

图 11-14 数据记录处理窗口

在该窗口中有 6 个按钮用于记录操作，它们的作用分别如下：

添加/取消：向表中添加新记录或取消添加的记录。

更新：保存窗口中的当前记录。

删除：删除窗口中的当前记录。

查找：根据指定条件查找满足条件的记录。

刷新：用于记录刷新，这仅对多用户应用程序才是需要的。

关闭：关闭表处理窗口。

11.3 数据控件和数据绑定控件

Visual Basic 支持的数据库种类很多，也可以使用多种操作方式。例如，用户可以使用 Microsoft Access 打开数据库后交由 Visual Basic 进行存取；也可以经 Visual Basic 打开数据库让 Access 系统存取，用户不必做任何的转换工作。

Visual Basic 所支持的常见的数据库有以下几种。

1. Microsoft Access 格式数据库

这种数据库可由 Access 或 VB 直接建立和操作，执行速度最快。一个数据库的内容可以由多个数据表格(Table)构成，一个数据表包含多个记录，一个记录由若干个字段内容构成。

2. 外部数据库

包括 dBASEⅢ、dBASEⅣ、FoxPro2.0 及 Paradox 等类型的数据库，可以经由 VB 打开、建立及操作。这类数据库是比较广泛应用的数据库。

3. 开放式数据库

开放式数据库包括 Microsoft SQL Server 及 Oracle 等主从式结构，用户都可以传递 SQL 指令，进行数据库存取操作。

所谓开放式数据库是指开放式数据库连接器(Open DataBase Connectivity)，简称 ODBC。ODBC 是一套开放数据库系统应用程序接口规范，目前它已成为一种工业标准。使用 ODBC 开发数据库应用时，应用程序调用的是标准的 ODBC 函数和 SQL 语句，屏蔽了 DBMS 之间的差异，数据库底层操作由各个数据库的驱动程序完成。因此应用程序有很好的适应性和可移植性，并且具备了同时访问多种数据库管理系统的能力，从而彻底克服了传统数据库应用程序的缺陷。主要任务包括建立与数据源的连接；向数据源发送 SQL 请求；断开与数据源的连接。

在 Visual Basic 中，可用的数据访问接口有三种：ActiveX 数据对象(ADO)、远程数据对象(RDO)和数据访问对象(DAO)。数据访问接口是一个对象模型，它代表了访问数据的各个方面。

为什么在 VB 中有三种数据访问接口呢？因为数据访问技术总是不断进步的，而这三种接口的每一种都分别代表了该技术的不同发展阶段。最新的是 ADO，它比 RDO 和 DAO 更加简单，而且是更加灵活的对象模型。对于新工程，应该使用 ADO 作为数据访问接口。

11.3.1 Data 控件

对于特殊需要，可以直接利用 Data 控件编写数据库应用程序。数据控件是一种具有快速处理各种数据库能力的常用标准控件。可从 Visual Basic 工具箱中把 Data 控件添加到窗体上，默认名为 Data1，其外观如下图 11-15 所示。

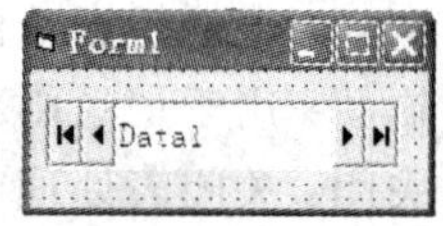

图 11-15　Data 控件外观图

Data 控件是 Visual Basic 中访问数据库的重要控件，它支持大多数与数据库有关的操作，通过使用 Data 控件可以开发非常复杂的数据库应用程序。Data 控件可以不使用代码完成以下功能。

(1) 完成对本地和远程数据库的链接。

(2) 打开指定的数据库表，或者是基于 SQL 的查询集。

(3) 将表中的字段传至数据绑定控件，并针对数据绑定控件中的修改来更新数据库。

(4) 关闭数据库。

1. Data 控件的属性

Data 控件有许多属性,其中如 Name、Left 等属性与数据库的访问无关,另一些属性与数据库访问密切相关,因此重点介绍如下属性。

1) Connect 属性

设置连接的数据库的类型。Visual Basic 提供了 7 种可访问的数据库类型,其中比较常用的有 Microsoft Access,dBASE 和 FoxPro 等,Visual Basic 默认的是 Access 的 MDB 数据库,也可以连接 DBF、XLS、ODBC 等数据库。可以在属性界面中单击 Connect 属性右边的按钮,在出现的一个公用对话框中选择相应的数据库类型;也可以在运行时利用语句进行设置。

注意:如果处理的是 Access 格式的数据库,则不需要设置这个属性。

2) DatabaseName 属性

设置被访问的数据库的名字和路径。可以在属性界面中单击 DatabaseName 属性右边的按钮,在出现的一个公用对话框中选择相应的数据库,也可以在运行时利用语句进行设置。

3) Exclusive 属性

设置是单用户(独占)方式还是多用户方式打开指定的数据库。设置为 True 时是单用户方式;为 False(缺省值)时是多用户方式。

4) ReadOnly 属性

设置是否以只读方式打开指定的数据库。设置为 True 是只读方式;为 False(缺省值)是读写方式。

5) RecordSource 属性

设置数据源为底层表、SQL 语句或 QueryDef 对象。指定具体可访问的数据,这些数据构成记录集对象 Recordset 对象,可以是数据库中的单个表名、一个存储查询,也可以是 SQL 查询命令。

6) Recordset 属性

返回一个指定数据源中的记录集或运行一次查询所得的记录的结果集合。

7) RecordsetType 属性

设置创建的 Recordset 对象的类型,其取值如表 11-5 所示。

表 11-5 RecordsetType 属性取值

取值	类型	说明
DBOpenTable	表记录集	一个记录集,代表能用来添加、更新或删除的单个数据库表
DBOpenDynaset	动态集	一个动态记录集,代表一个数据库表或包含从一个或多个表取出的字段的查询结果。可从 Dynaset 类型的记录集中添加、更新或删除记录,并且任何改变都将反映在基本表上
DBOpenSnapshot	快照	一个记录集的静态副本,可用于查找数据或生成报告。一个快照类型的 Recordset 能包含从一个或多个在同一数据库中的表里取出的字段,但字段不能更改

8）BOFAction 属性和 EOFAction 属性

当记录指针指向 Recordset 对象的开始(第一个记录前)或结束(最后一个记录后)时，数据控件的 EOFAction 和 BOFAction 属性的设置或返回值决定了数据控件要采取的操作。属性的取值如表 11-6 所示。

表 11-6　EOFAction 和 BOFAction 属性

属　性	取值	操　作
BOFAction	0	控件重定位到第一个记录
	1	移过记录集开始位，定位到一个无效记录，触发数据控件对第一个记录的无效事件 Validate
EOFAction	0	控件重定位到最后一个记录
	1	移过记录集结束位，定位到一个无效记录，触发数据控件对最后一个记录的无效事件 Validate
	2	向记录集加入新的空记录，可以对新记录进行编辑，移动记录指针，新记录写入数据库

2. Data 控件的方法

Data 控件的常用方法如下：

1）Refresh 方法

激活数据控件，使各用户对数据库的操作有效。例如：Data1. Refresh，该方法可以更新 Data 控件的数据设置。

注意：如果在程序运行时设置了 Data 控件的某些属性，如 Connect，RecordSource 或 Exclusive 等属性，则必须在设置完属性后使用 Refresh 方法使之生效。

2）UpdateRecord 方法

强制数据控件将绑定控件内的数据写入到数据库中，不再触发 Validate 事件。确认修改按钮代码为 Data1. UpdateRecord。

3）UpdateControls 方法

将数据从数据库中重新读到数据控件绑定的控件内，通过它可以终止用户对绑定控件内数据的修改。放弃修改按钮代码为 Data1. UpdateControls。

3. Data 控件的事件

Data 控件的常用事件如下。

1）Error 事件

当 Data 控件产生执行错误时触发，使用语法如下：

```
Private Sub Data1_Error (DataErr As Integer, Response As Integer)
```

其中 Data1 是 Data 控件名字；DataErr 为返回的错误号；Response 设置执行的动作，为 0 时表示继续执行，为 1 时显示错误信息。

2）Reposition 事件

当某一个记录成为当前记录后触发。通常是利用该事件进行以当前记录内容为基础的操作，如进行计算等。

3）Validate 事件

在记录改变之前，和使用删除、更新或关闭操作之前触发。

11.3.2 Recordset 对象

由 RecordSource 确定的具体可访问的数据构成的记录集 Recordset 也是一个对象，因而，它和其他对象一样具有属性和方法。下面列出记录集常用的属性和方法。

1. Recordset 对象的属性

1）AbsolutePosition 属性

AbsolutePosition 返回当前指针值，如果是第一条记录，则其值为 0，该属性为只读属性。

2）BOF 和 EOF 的属性

BOF 判定记录指针是否在首记录之前，若 BOF 为 True，则当前位置位于记录集的第一条记录之前。与此类似，EOF 判定记录指针是否在末记录之后。

3）Bookmark 属性

Bookmark 属性的值采用字符串类型，用于设置或返回当前指针的标签。在程序中可以使用 Bookmark 属性重定位记录集的指针，但不能使用 AbsolutePostion 属性。

4）Nomatch 属性

在记录集中进行查找时，如果找到相匹配的记录，则 Recordset 的 Nomatch 属性为 False，否则为 True。该属性常与 Bookmark 属性一起使用。

5）RecordCount 属性

RecordCount 属性对 Recordset 对象中的记录计数，该属性为只读属性。在多用户环境下，RecordCount 属性值可能不准确，为了获得准确值，在读取 RecordCount 属性值之前，可使用 MoveLast 方法将记录指针移至最后一条记录上。

2. Recordset 对象的方法

（1）Move 方法：在记录集中移动记录指针。Move 方法包括以下几种。

① MoveFirst，移至第一个记录。

② MoveLast，移至最后一个记录。

③ MovePrevious，移至上一个记录。

④ MoveNext，移至下一个记录。

⑤ Move[n]，向前或向后移动 n 个记录，n 为负数时表示向前移动。

（2）AddNew 方法：添加一条新记录。新记录的每个字段采用默认值（未指定则为空白）。

示例：

```
Data1.Recordset.AddNew
```

(3) Delete 方法：删除当前记录。在删除后应将当前记录指针移到其他位置(如下一个记录)。

(4) Edit 方法：在对当前记录内容进行修改之前，使用 Edit 方法使记录处于编辑状态。

(5) Update 方法：更新记录内容。示例：Data1. Recordset. Update。

(6) UpdateControls 方法：恢复记录的原先值。示例：Data1. UpdateControls。

(7) Refresh 方法：更新数据控件的记录集内容。如果为连接数据库有关属性(如 DatabaseName、Connect 等)的设置值发生了改变，也可以使用 Refresh 方法来打开或重新打开数据库。示例：Data1. Refresh。

(8) Find 方法：在记录集中查找符合条件的记录。如果找到满足条件的记录，则记录指针将定位在找到的记录上。Find 方法包括以下几种。

① FindFirst：查找符合条件的第一个记录。

② FindLast：查找符合条件的最后一个记录。

③ FindPrevious：查找符合条件的上一个记录。

④ FindNext：查找符合条件的下一个记录。

注意：这些查找方法只适用于动态集类型和快照集类型的记录集，对于表记录集类型则使用另一种方法 Seek 进行查找操作。

通过 Nomatch 属性可以判断是否找到符合条件的记录，如果找不到，通常需要显示信息以提示用户，例如：

```
Data1.Recordset.FindFirst "学号='951009'"
If Data1.Recordset.Nomatch Then
MsgBox "找不到 951009 号学生 "
End If
```

(9) Seek 方法：本方法用于在表类型(Table)的记录集中按照索引字段查找符合条件的第一条记录，并使之成为当前记录。在使用 Seek 方法之前，必须先通过 Index 属性打开表的索引。Seek 方法查找速度比 Find 方法快，使用格式为

```
Recordset.Seek 比较字符,关键字 1 ,关键字 2 , …
```

其中“比较字符”用于确定比较的类型，可以是＜、＜＝、＝、＞＝、＞之一，“关键字 1”、“关键字 2”等参数指定记录中对应当前索引字段的值。例如，打开“学籍表”中名称为 Ind_xh(学号)的索引，查找学号为 11301020301 的记录，可以采用如下方法：

```
Data1.Recordset.Index = "Ind_xh"
Data1.Recordset.Seek "=", "11301020301"
```

注意：该方法必须和一个活动的索引一起使用，而且活动索引指定的字段必须是已经设置为索引的才能使用。Recordset 的 Nomatch 属性可以作为是否符合条件的记录的判断依据，如果该属性值为 True，表明没有找到符合条件的记录。

11.3.3 ADO 控件

Microsoft ActiveX Data Objects(ADO)与 VB 固有的 Data 控件相似。使用 ADO Data 控件，可以利用快速建立数据绑定控件和数据提供者之间的连接。

ADO 控件可以实现以下功能。

(1) 连接一个本地数据库或远程数据库。

(2) 打开一个指定的数据库表,或定义一个基于结构化查询语言(SQL)的查询、存储过程或该数据库中的表的视图的记录集合。

(3) 将数据字段的数值传递给数据绑定控件,可以在这些控件中显示或更改这些数值。

(4) 添加新的记录,或根据更改显示在绑定的控件中的数据来更新一个数据库。

1. 创建 ADO 控件

ADO 控件不是 VB 6.0 的标准控件,因此在使用之前必须将其添加到工具箱中。在 VB 6.0 界面中选择"工程"菜单下的部件命令,在弹出的对话框中将 Microsoft ADO Data Control 6.0(SP6)前面的复选框勾选上√,如图 11-16 所示。

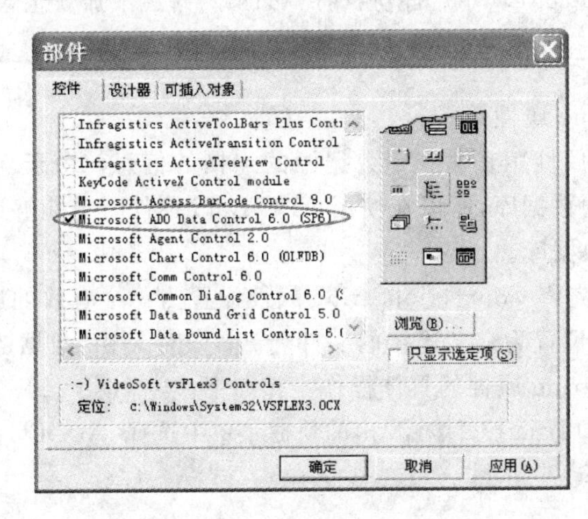

图 11-16 添加 ADO 控件

2. ADO 控件的属性

ADO 控件的常用属性如下。

1) Align 属性

Align 属性用来把数据控件摆放在窗体的特定位置,有 5 个可选的位置,如表 11-7 所示。

表 11-7 Align 属性

Align 属性	位置说明
VBAlignNone	可以用鼠标指针拖动控件到窗口的任何位置
VBAlignTop	将控件放到窗口的顶端
VBAlignBotton	将控件放到窗口的底部
VBAlignLeft	将控件放到窗口的最左边
VBAlignRight	将控件放到窗口的最右边

2) BOFAction 和 EOFAction 属性

当移动数据库记录指针时,如果记录指针移动到 BOF 或 EOF 位置后,再向前或向后移动记录指针将发生错误。BOFAction 和 EOFAction 属性指定当发生上述错误时,数据控件采取什么样的操作。BOFAction 和 EOFAction 属性的可选常量如表 11-8 所示。

表 11-8　BOFAction 属性 EOFAction 属性

属　性	常　量	说　明
BOFAction	ADDoMoveFirst	移动记录指针到第一个记录
	ADStayBOF	移动记录指针到记录的开始。记录指针移动到记录的开始位置时将引发数据控件的 Validate 事件和 Reposition 事件，这时可编写程序代码确定要执行的操作
EOFAction	ADDoMoveLast	移动记录指针到最后一个记录
	ADStayEOF	移动记录指针到记录的结尾，同样可利用它所引发的事件编写程序代码
	ADDoAddNew	当记录指针移动到文件尾部时，引发数据控件的 Validate 事件，然后自动执行 AddNew 方法添加新记录，并在新记录上引发 Reposition 事件

3）ConnectionString 属性

ConnectionString 属性用来建立到数据源的连接的信息。由于 VB 的 ADO 对象模型可以链接到不同类型的数据库，所以在使用 ADO Data 控件时也能够通过 ConnectionString 属性来设置要链接的数据库。

在设计时，可以首先将 ConnectionString 属性设置为一个有效的连接字符串，也可以将 ConnectionString 属性设置为定义连接的文件名。该文件是由“数据链接”对话框产生的。

设置 ConnectionString 属性的具体操作步骤如下。

(1) 右键单击 ADO Data 控件，在弹出的快捷菜单中选择“ADODC 属性”，出现如图 11-17 所示的“属性页”对话框。

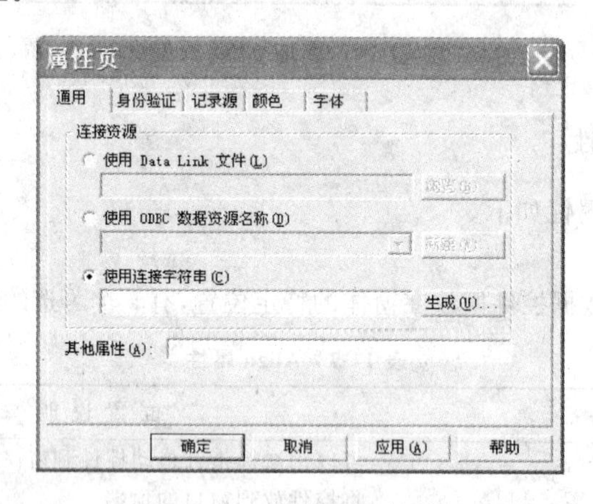

图 11-17　“属性页”对话框

在该对话框中允许通过三种不同的方式连接数据源：使用连接字符串、使用 Data Link 文件、使用 ODBC 数据资源名称。如果已经创建了一个 Microsoft 数据链接文件(.udl)，选择“使用 Data Link 文件”单选按钮，并单击“浏览”按钮，以找到计算机上的文件。如果使用 DSN，则单击“使用 ODBC 数据资源名称”连接，并从列表框中选择一个 DSN，或单击“新建”按钮创建。

(2) 采用“使用连接字符串”方式连接数据源。

单击“生成”按钮，打开“数据链接属性”对话框。在“提供程序”选项卡内选择一个合适的 OLE DB 数据源。若要使用 Access 数据库，选择 Microsoft Jet 3.51 OLE DB Provider 或 Microsoft Jet 4.0 OLE DB Provider 选项。然后单击“下一步”按钮或打开“连接”选项卡，在对话框内指定数据库文件，这里为 stu.mdb，如图 11-18 所示。为保证连接有效，可单击“连接”选项卡右下方的“测试连接”按钮，如果测试成功则关闭 ConnectionString 属性页。

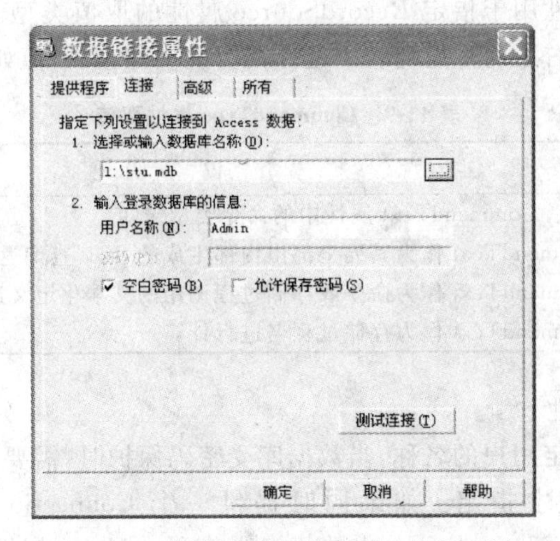

图 11-18 “数据链接属性”的“连接”选项卡

在创建连接字符串后，单击“确定”按钮。ConnectionString 属性将使用一个类似于下面一行的字符串来填充。

Provider=Microsoft.Jet.OLEDB.4.0; Data Source=l: \stu.mdb;Persist Security Info=False

在运行时，可以动态地设置 ConnectionString 以更改数据库。

(3) 在图 11-17 中打开“记录源”选项卡，配置 RecordSource。

在“命令类型”下拉式列表框中选择“2-adCmdTable”选项，在“表或存储过程名称”下拉式列表框中选择 stu.mdb 数据库中的“学籍表”，如图 11-19 所示。单击“确定”按钮关闭记录源属性页。此时，已完成了 ADO 数据控件的连接工作。

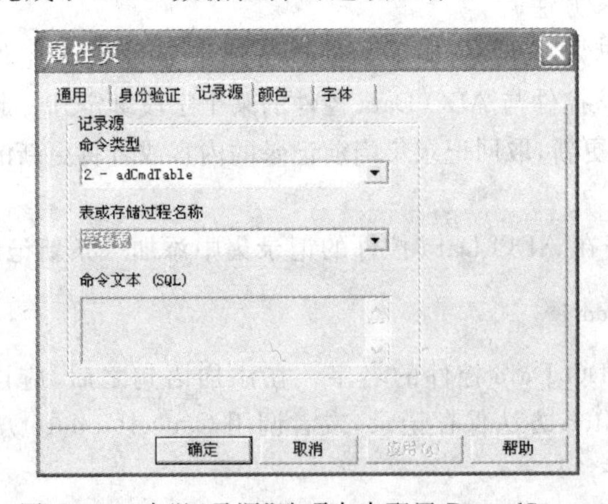

图 11-19 在“记录源”选项卡中配置 RecordSource

(4) RecordSource 属性。

RecordSource 属性设置要链接的表或者 SQL 查询语句。可以在属性界面中将"记录源"属性设置为一个 SQL 语句。例如：

```
SELECT * FROM student WHERE sex="男"
```

(5) CommandType 属性。

CommandType 属性用于指定 RecordSource 属性的取值类型。可直接在属性界面中 CommandType 属性框右边的下拉列表中选择需要的类型，其取值如表 11-9 所示。

表 11-9　CommandType 属性取值

属性值	说明
ADCmdUnknown	默认值。CommandText 属性中的命令类型未知
ADCmdTable	将 CommandText 作为其列全部由内部生成的 SQL 查询返回的表格的名称进行计算
ADCmdText	将 CommandText 作为命令或存储过程调用的文本化定义进行计算
ADCmdStoreProc	将 CommandText 作为存储过程名进行计算

(6) UserName 属性。

UserName 属性指定用户的名称，当数据库受密码保护时，需要指定该属性。该属性可以在 ConnectionString 中指定。如果同时提供一个 ConnectionString 属性以及一个 UserName 属性，则 ConnectionString 中的值将覆盖 UserName 属性的值。

(7) Password 属性。

Password 属性指定密码，在访问一个受保护的数据库时指定密码是必需的。和 Provider 属性与 UserName 属性类似，如果在 ConnectionString 属性中指定了密码，则将覆盖在该属性中指定的值。

(8) ConnectionTimeout 属性。

该属性设置等待建立一个连接的时间，以 s 为单位。如果连接超时，则返回一个错误。

3. ADO 控件的方法

ADO Data 控件的常用方法如下：

1) UpdateControls 方法

该方法用于更新绑定控件的内容。绑定控件是通过设置控件的 DataSource 属性和 DataField 属性，从而将该控件与 ADO Data 控件的某个字段绑定到一起的。使用绑定控件，可以让该控件的内容自动更新，取回记录集当前记录的内容或者将更新的内容保存到记录集中。

2) AddNew 方法

AddNew 方法用于在 ADO Data 控件的记录集中添加一条新记录，其使用语法如下：

```
Adodc1.Recordset.AddNew
```

其中 Adodc1 是一个 ADO Data 控件的名字。在添加语句之后，应该给相应的各个字段赋值，然后调用 UpdateBatch 方法保存记录，或者调用 CancelUpdate 方法取消保存。

3) Delete 方法

Delete 方法用于在 ADO Data 控件的记录集中删除当前记录，其使用语法如下：

```
Adodc1.Recordset.Delete
```

4）MoveFirst，MoveLast，MoveNext 和 MovePrevious 方法

此方法用于在 ADO Data 控件的记录集中移动记录。MoveFirst，MoveLast，MoveNext 和 MovePrevious 方法分别移到第一个记录、最后一个记录、下一个记录和上一个记录，其使用语法如下：

```
Adodc1.Recordset.MoveFirst
Adodc1.Recordset.MoveLast
Adodc1.Recordset.MoveNext
Adodc1.Recordset.MovePrevious
```

5）CancelUpdate 方法

CancelUpdate 方法用于取消 ADO Data 控件的记录集中的添加或编辑操作，恢复修改前的状态，其使用语法如下：

```
Adodc1.Recordset.CancelUpdate
```

6）UpdateBatch 方法

UpdateBatch 方法用于保存 ADO Data 控件的记录集中的添加或编辑操作，其使用语法如下：

```
Adodc1.Recordset.UpdateBatch
```

4. ADO 控件的事件

ADO Data 控件的常用事件如下。

1）WillMove 和 WillComplete 事件

WillMove 事件在当前记录的位置即将发生变化时触发，如使用 ADO Data 控件上的按钮移动记录位置时。WillComplete 事件在位置改变完成时触发。

2）WillChangeField 和 FieldChangeComplete 事件

WillChangeField 事件在当前记录集中当前记录的一个或多个字段发生变化时触发。而 FieldChangeComplete 事件则是在字段的值发生变化后触发的。

3）WillChangeRecord 和 RecordChangeComplete 事件

WillChangeRecord 事件是当记录集中的一个或多个记录发生变化前产生的。而 RecordChangeComplete 事件则是当记录已经完成后触发的。

5. ADO 数据绑定控件

与 Data 控件一样，可以利用 ADO 控件来连接数据源，而使用数据绑定控件来显示数据。ADO 数据绑定控件可以是标签、文本框、列表框等标准控件，也可以是专门与 ADO 控件绑定的 ActiveX 控件，如数据列表控件(DataList)、数据组合框控件(DataCombo)、数据网格控件(DataGrid)等。

DataGrid 控件是一种类似于表格的数据绑定控件，用于浏览和编辑完整的数据表或查询。DataList 控件和 DataCombo 分别与列表框(ListBox)和组合框(ComboBox)相似，

DataGrid 控件可以绑定到整个记录集，而 DataList 和 DataCombo 两个控件只能绑定到记录集的某一个字段。

11.3.4 数据绑定控件

在 Visual Basic 中，数据控件本身不能直接显示记录集中的数据，必须通过能与它绑定的控件来实现。利用数据控件可以使应用程序与数据库联系起来，但数据控件不能显示数据库中的数据。绑定控件、数据控件和数据库三者的关系如图 11-20 所示。

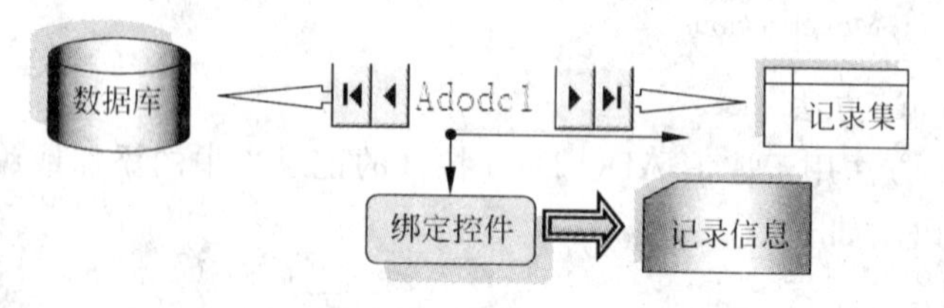

图 11-20 数据绑定关系图

数据绑定控件的主要属性是：DataSource 和 DataField。DataSource 用于定义数据绑定控件的数据源控件，DataField 用于定义数据绑定控件中显示的数据字段，要使绑定的控件被数据库中的数据约束，必须在设计或运行时对这些控件的上述属性进行设置。

当上述控件与数据控件绑定后，Visual Basic 将当前记录的字段值赋给控件。如果修改了绑定控件内的数据，只要移动记录指针，修改后的数据就会自动写入数据库。数据控件在装入数据库时，把记录集的第一个记录作为当前记录。当数据控件的 BOFAction 属性值设置为 2 时，当记录指针移过记录集结束位时，数据控件会自动向记录集加入新的空记录。

1. VB 的常用数据绑定控件

Visual Basic 中与数据控件绑定的常用控件对象有文本框、标签、图像框、图形框、列表框、组合框、复选框和 OLE 容器等。下面以 TextBox 为例介绍数据绑定控件。

TextBox 数据绑定控件在数据库应用程序中主要用于显示、修改、输入 ADO 或 DAO 控件数据中某个字段的值。TextBox 控件已经在基本控件中进行了介绍，在此主要介绍该控件与数据绑定有关的属性。

1）TextBox 数据绑定控件的 DataSource 属性

DataSource 属性用于定义 TextBox 数据绑定控件的 ADO 或 DAO 数据源。例如，Text1 的数据源是记录集 Adodc1。用户就需要在 Text1 控件的 DataSource 属性中输入 Adodc1。

2）DataField 属性

当用户定义了 TextBox 数据绑定控件的 ADO 或 DAO 数据源后，还需要用 DataField 属性定义 TextBox 控件中的数据字段。例如，Text1 的数据源是记录集 Adodc1，Text1 中的数据是“姓名”字段，用户就需要在 DataField 属性中选择输入：姓名。

3）DataFormat 属性

DataFormat 属性用于定义 TextBox 数据绑定控件中数据的显示格式，格式中主要包括通用、数字、货币、日期、时间、百分数、复选框、图片、自定义等，系统默认格式为“通用”。

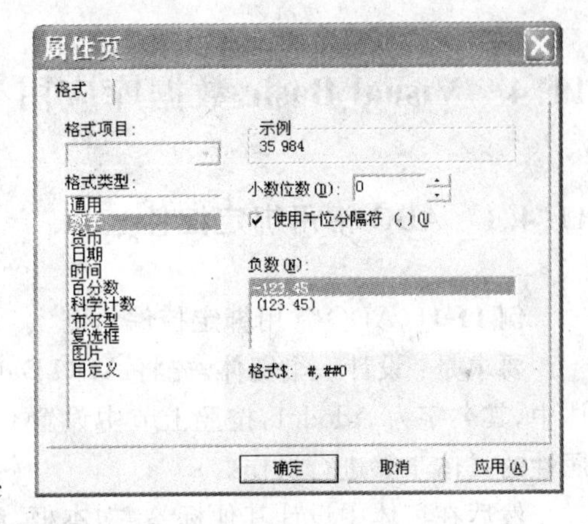

图 11-21 绑定控件的 DataFormat 属性

用户可根据需要和 TextBox 数据绑定控件中的数据类型,来设置 Text1 中数据的显示格式。

例如,Text2 中的数据是数字型,且需要在整数部分使用千位分隔符,小数部分只按两位显示。用户就需要在 Text2 的 DataFormat 属性中设置“小数位数: 2”,并选用“使用千位分隔符”,如图 11-21 所示。

2. VB 的高级数据绑定控件

随着 ADO 对象模型的引入,Visual Basic 6.0 除了保留以往的一些绑定控件外,又提供了一些新的成员来连接不同数据类型的数据。这些新成员主要有 DataGrid、DataCombo、DataList、DataReport、MSHFlexGrid、MsChart 控件和 MonthView 等控件。这些新增绑定控件必须使用 ADO 数据控件进行绑定。

Visual Basic 6.0 在绑定控件上不仅对 DataSource 和 DataField 属性在连接功能上做了改进,而且增加了 DataMember 与 DataFormat 属性使数据访问的队列更加完整。DataMember 属性允许处理多个数据集,DataFormat 属性用于指定数据内容的显示格式。下面以 DataGrid 为例介绍高级数据绑定控件。

要求是:使用 ADO 数据控件和 DataGrid 控件浏览数据库 stu.mdb,并使之具有编辑功能。

在窗体上放置 ADO 数据控件,并按前面介绍的 ADO 数据控件属性设置过程连接数据库 stu.mdb 中的“学籍表”。

DataGrid 控件允许用户同时浏览或修改多个记录的数据。在使用 DataGrid 控件前也必须先通过“工程”→“部件”菜单命令选择 Microsoft DataGrid Control 6.0(OLEDB)选项,将 DataGrid 控件添加到工具箱,再将 DataGrid 控件放置到窗体上。设置 DataGrid 网格控件的 DataSource 属性为 Adodc1,就可将 DataGrid1 绑定到数据控件 Adodc1 上。

显示在 DataGrid 网格内的记录集,可以通过 DataGrid 控件的 AllowAddNew、AllowDelete 和 AllowUpdate 属性设置控制增、删、改操作。

如果要改变 DataGrid 网格上显示的字段,可用鼠标右键单击 DataGrid 控件,在弹出的快捷菜单中选择“检索字段”选项。Visual Basic 提示是否替换现有的网格布局,单击“是”按钮就可将表中的字段装载到 DataGrid 控件中。再次用鼠标右键单击 DataGrid 控件,在弹出的快捷菜单中选择“编辑”选项,进入数据网格字段布局的编辑状态,此时,当鼠标指在字段名上时,鼠标指针变成黑色向下箭头。用鼠标右键单击需要修改的字段名,在弹出的快捷菜单中选择“删除”选项,就可从 DataGrid 控件中删除该字段,也可选择“属性”选项修改字段的显示宽度或字段标题。

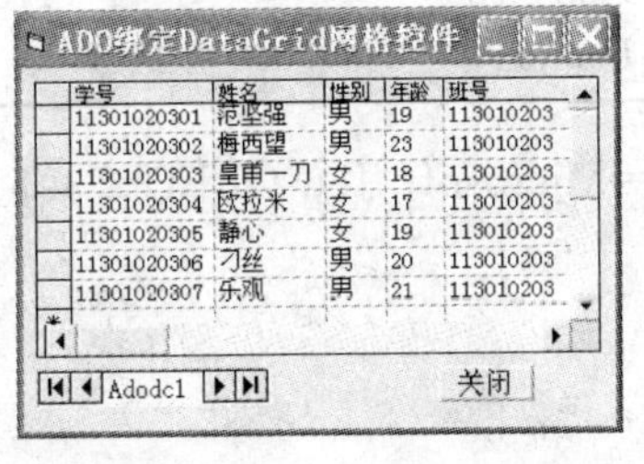

图 11-22 具有增、删、改功能的数据网格绑定

如图 11-22 所示为具有增、删、改功能的数据网格绑定。标有 * 号的记录行表示允许增加新记录。

11.4 Visual Basic 数据库应用举例

11.4.1 ADO 常用绑定控件

例 11-1 ADO 常用绑定控件示例。

要求是：设计一个窗体，先将 ADO Data 控件放置到窗体中，其名字为 Adodc1，按照上节中设置 ConnectionString 属性的具体步骤进行操作。

然后在窗体中设计其他标签、文本框、组合框和命令按钮，设计界面如图 11-23 所示。窗体各控件的属性设置如表 11-10 所示。

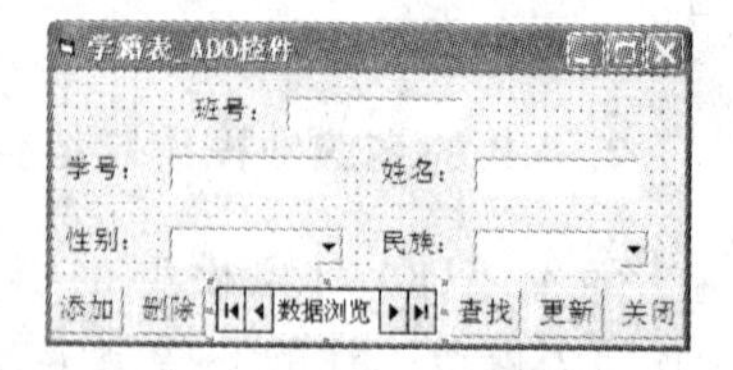

图 11-23 ADO 控件应用例子界面设计

表 11-10 各控件属性设置

控 件 名	属 性 名	设置值	控 件 名	属 性 名	设置值
Adodc1	ConnectMode	3		UserName	
	CursorLocation	3		Password	
	ConnectionTimeout	15		RecordSource	学籍表
	CursorType	3		Caption	数据浏览
	LockType	3	CmdUpdate	Caption	更新
	CommandType	2	Combo2	DataField	民族
	BOFAction	0		DataSource	Adodc1
	EOFAction	0	Combo1	DataField	性别
	ConnectStringType	1		DataSource	Adodc1
	DataSourceName		CmdClose	Caption	关闭
CmdFind	Caption	查找	lblLabels(0)	AutoSize	−1 True
CmdDelete	Caption	删除		Caption	学号
CmdAdd	Caption	添加	lblLabels(1)	AutoSize	−1 True
txtFields(0)	DataField	学号		Caption	姓名
	DataSource	Adodc1	lblLabels(2)	AutoSize	−1 True
txtFields(1)	DataField	姓名		Caption	性别
	DataSource	Adodc1	lblLabels(3)	AutoSize	−1 True
txtFields(2)	DataField	班号		Caption	民族
	DataSource	Adodc1	lblLabels(4)	AutoSize	−1 True
lblLabels(0)	AutoSize	−1 True		Caption	班号

其中 Adodc1 的 ConnectString 属性设置为 Provider=Microsoft. Jet. OLEDB. 3. 51; Persist Security Info=False; Data Source=L:\stu. mdb。

本窗体上设计的事件过程如下：

```
Private Sub CmdAdd_Click()
  bAdd = True
```

```
    Adodc1.Recordset.AddNew
    CmdDelete.Enabled = False
    CmdFind.Enabled = False
    CmdUpdate.Enabled = True
    txtFields(0).SetFocus
End Sub
Private Sub CmdDelete_Click()
    If MsgBox("真的要删除当前记录吗", vbYesNo, "信息提示") = vbYes Then
        Adodc1.Recordset.Delete
        Adodc1.Recordset.MoveNext
        If Adodc1.Recordset.EOF Then
            Adodc1.Recordset.MoveFirst
            If Adodc1.Recordset.BOF Then
                CmdDelete.Enabled = False
                CmdFind.Enabled = False
            End If
        End If
    End If
End Sub
Private Sub CmdClose_Click()
    Unload Me
End Sub
Private Sub CmdFind_Click()
    Dim str As String
    Dim mybookmark As Variant
    mybookmark = Adodc1.Recordset.Bookmark
    str = InputBox("输入查找表达式,如年龄=9", "查找")
    If str = "" Then Exit Sub
    Adodc1.Recordset.MoveFirst
    Adodc1.Recordset.Find str
    If Adodc1.Recordset.EOF Then
        MsgBox "指定的条件没有匹配的记录", , "信息提示"
        Adodc1.Recordset.Bookmark = mybookmark
    End If
End Sub
Private Sub CmdUpdate_Click()
    Adodc1.Recordset.Update
    Adodc1.Recordset.MoveLast
    CmdUpdate.Enabled = False
    CmdDelete.Enabled = True
    CmdFind.Enabled = True
End Sub
Private Sub Form_Load()
    If Adodc1.Recordset.EOF And Adodc1.Recordset.BOF Then
        CmdFind.Enabled = False
        CmdDelete.Enabled = False
    End If
```

```
    CmdUpdate.Enabled = False
    Adodc1.Recordset.MoveFirst
End Sub
```

本窗体的运行界面如图 11-24 所示。

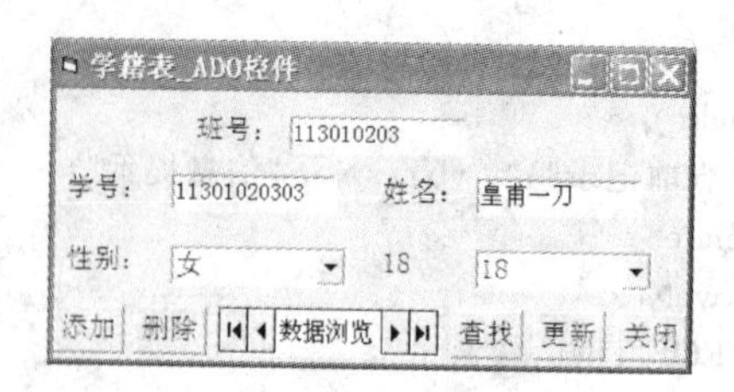

图 11-24　ADO 控件应用例子执行界面

11.4.2　VB 中高级绑定控件与 SQL 应用

SQL 中使用 SELECT 语句实现查询，SELECT 语句基本上是数据库记录集的定义语句。数据控件的 RecordSource 属性不一定是数据表名，可以是数据表中的某些行或多个数据表中的数据组合。可以直接在数据控件的 RecordSource 属性栏中输入 SQL，也可在代码中通过 SQL 语句将选择的记录集赋给数据控件的 RecordSource 属性，也可赋予对象变量。

例 11-2　设计一个窗体，计算 Student.mdb 数据库内学生成绩表中每个学生的平均成绩，产生姓名、平均成绩和最低成绩三项数据，按平均成绩降序排列数据，并用该数据作图。

学生成绩表中没有平均成绩和最低成绩这两项数据，可以在 SELECT 子句内使用统计函数 Avg()和 Min()产生，"GROUP　BY 学号"可将同一学生的记录合并成一条新记录。学生成绩表中没有姓名字段，故需要通过条件"学籍表.学号＝学生成绩表.学号"从学籍表中取得。然后，将产生的记录集连接到 ADO 数据控件上。

要显示作图数据，可在窗体上放置一个网格控件(选择"工程"→"部件"中的 Microsoft Data Grid Control 6.0 (OLEDB))，设置网格的 DataSource＝Adodc1，将其绑定到 ADO 数据控件上。此例将 Adodc1 控件的 Visible 属性设为 False，故在图 11-25 中看不到 Adodc1 控件。

要绘制图表，可使用绑定控件 MsChart。MsChart 控件也是一个 ActiveX 控件，需要通过"工程"→"部件"菜单命令，将 MsChart 控件添加到工具箱中。要将作图数据传送到 MsChart 控件，只需要设置 MsChart1.DataSource＝Adodc1。如果只要选择部分数据作图，可以将作图数据存入数组，再设置 MsChart1.Data＝数组名即可。

将 Adodc1 的 RecordSource 属性设置为 SQL 语句，代码如下：

```
SELECT 学籍表.姓名, Avg(英语)As 平均成绩, Min(英语)As 最低成绩 FROM 学生成绩表,学籍表
WHERE 学生成绩表.学号=学籍表.学号 GROUP BY 学生成绩表.学号, 学籍表.姓名 ORDER BY
Avg(英语)DESC
```

程序执行后将产生如图 11-25 所示的效果。

学生英语成绩统计

姓名	平均成绩	最低成绩
静 心	99	99
梅西望	98	98
刁 丝	82	82
皇甫一刀	79	79
乐 观	73	73
范坚强	67	67
欧拉米	60	60

图 11-25 显示作图数据

习题 11

一、简答题

1. 在 VB 中可以访问哪些类型的数据库?
2. VB 访问数据库有哪几种不同的方法?
3. 如何在记录集内移动、定位、编辑、删除和添加数据?
4. 利用 Data 控件说明如何将一个表中的字段绑定到一个文本框中?
5. 简述将 ADO 控件连接到数据源的步骤。
6. 简述 ADO 控件和 Data 控件及其数据绑定成员的主要区别。

二、编程题

1. 采用 Data 控件实现对 stu. mdb 数据库的学生表(其结构见表 11-11)的数据操作,其执行界面如图 11-26 所示。

表 11-11 "学生表"结构

字段名	学号	姓名	性别	民族	班号
类型	Text	Text	Text	Text	Text
长度	11	10	2	10	9

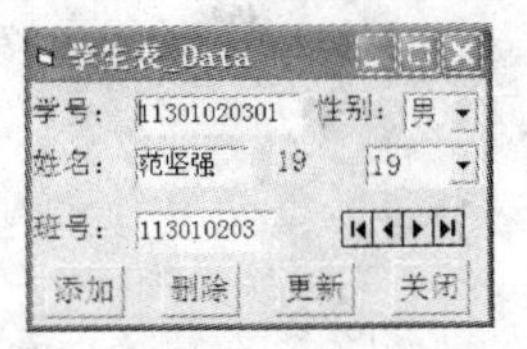

图 11-26 对学生表执行的数据操作界面

2. 有一个学生成绩表,其结构如表 11-12 所示。

表 11-12 "成绩表"结构

字段名	学号	姓名	数学	语文	英语
类型	Text	Text	Single	Single	Single
长度	11	8	默认值	默认值	默认值

使用 ADO Data 控件实现对其记录进行添加、编辑和删除功能。执行界面如图 11-27 所示。

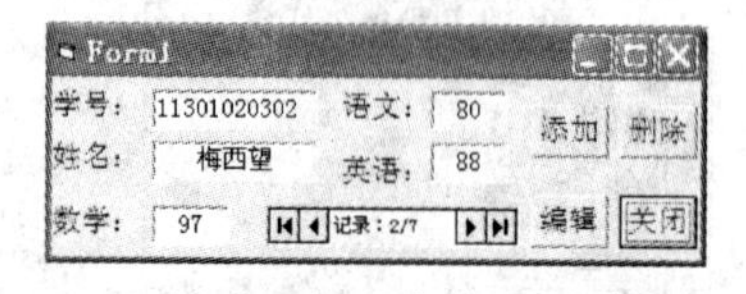

图 11-27 对学生表执行添加、编辑、删除操作

附录 A　ASCII 码表(基本集)

char	Dec	Oct	Hex	char	Dec	Oct	Hex	char	Dec	Oct	Hex	char	Dec	Oct	Hex
(nul)	0	0000	0x00	(sp)	32	0040	0x20	@	64	0100	0x40	`	96	0140	0x60
(soh)	1	0001	0x01	!	33	0041	0x21	A	65	0101	0x41	a	97	0141	0x61
(stx)	2	0002	0x02	"	34	0042	0x22	B	66	0102	0x42	b	98	0142	0x62
(etx)	3	0003	0x03	#	35	0043	0x23	C	67	0103	0x43	c	99	0143	0x63
(eot)	4	0004	0x04	$	36	0044	0x24	D	68	0104	0x44	d	100	0144	0x64
(enq)	5	0005	0x05	%	37	0045	0x25	E	69	0105	0x45	e	101	0145	0x65
(ack)	6	0006	0x06	&	38	0046	0x26	F	70	0106	0x46	f	102	0146	0x66
(bel)	7	0007	0x07	'	39	0047	0x27	G	71	0107	0x47	g	103	0147	0x67
(bs)	8	0010	0x08	(	40	0050	0x28	H	72	0110	0x48	h	104	0150	0x68
(ht)	9	0011	0x09	)	41	0051	0x29	I	73	0111	0x49	i	105	0151	0x69
(nl)	10	0012	0x0a	*	42	0052	0x2a	J	74	0112	0x4a	j	106	0152	0x6a
(vt)	11	0013	0x0b	+	43	0053	0x2b	K	75	0113	0x4b	k	107	0153	0x6b
(np)	12	0014	0x0c	,	44	0054	0x2c	L	76	0114	0x4c	l	108	0154	0x6c
(cr)	13	0015	0x0d	-	45	0055	0x2d	M	77	0115	0x4d	m	109	0155	0x6d
(so)	14	0016	0x0e	.	46	0056	0x2e	N	78	0116	0x4e	n	110	0156	0x6e
(si)	15	0017	0x0f	/	47	0057	0x2f	O	79	0117	0x4f	o	111	0157	0x6f
(dle)	16	0020	0x10	0	48	0060	0x30	P	80	0120	0x50	p	112	0160	0x70
(dc1)	17	0021	0x11	1	49	0061	0x31	Q	81	0121	0x51	q	113	0161	0x71
(dc2)	18	0022	0x12	2	50	0062	0x32	R	82	0122	0x52	r	114	0162	0x72
(dc3)	19	0023	0x13	3	51	0063	0x33	S	83	0123	0x53	s	115	0163	0x73
(dc4)	20	0024	0x14	4	52	0064	0x34	T	84	0124	0x54	t	116	0164	0x74
(nak)	21	0025	0x15	5	53	0065	0x35	U	85	0125	0x55	u	117	0165	0x75
(syn)	22	0026	0x16	6	54	0066	0x36	V	86	0126	0x56	v	118	0166	0x76
(etb)	23	0027	0x17	7	55	0067	0x37	W	87	0127	0x57	w	119	0167	0x77
(can)	24	0030	0x18	8	56	0070	0x38	X	88	0130	0x58	x	120	0170	0x78
(em)	25	0031	0x19	9	57	0071	0x39	Y	89	0131	0x59	y	121	0171	0x79
(sub)	26	0032.	0x1a	:	58	0072	0x3a	Z	90	0132	0x5a	z	122	0172	0x7a
(esc)	27	0033	0x1b	;	59	0073	0x3b	[	91	0133	0x5b	{	123	0173	0x7b
(fs)	28	0034	0x1c	<	60	0074	0x3c	\	92	0134	0x5c		124	0174	0x7c
(gs)	29	0035	0x1d	=	61	0075	0x3d	]	93	0135	0x5d	}	125	0175	0x7d
(rs)	30	0036	0x1e	>	62	0076	0x3e	^	94	0136	0x5e	~	126	0176	0x7e
(us)	31	0037	0x1f	?	63	0077	0x3f	_	95	0137	0x5f	(del)	127	0177	0x7f

参考文献

[1] 龚沛曾,陆慰民,杨志强. Visual Basic 程序设计教程(6.0 版). 北京: 高等教育出版社,2001.
[2] 罗朝盛,Visual Basic 6.0 程序设计教程(第 3 版). 北京: 人民邮电出版社,2009.